面向新工科普通高等教育系列教材

工 程 导 论
第 2 版

马忠贵　编著

机械工业出版社

本书结合工程教育专业认证中的非技术要求，以社会需求为导向，以实际工程为背景，以工程思维为主线，阐述了工程教育、工程学、工程伦理、工程创新、工程与环境、工程与社会、工程项目管理、工程经济分析、工程项目的策划与建设程序等内容。本书力图对各知识点进行系统梳理，形成完整的知识体系，着力提高学生的创新创业意识、工程技术素养和工程实践能力，从而培养和锻炼学生的工程思维，最终系统构建"会不会做""该不该做""可不可做""值不值做"四位一体的工程思维体系。本书注重理论与实践相结合，具有完整性、先进性和适应性等特点。为便于教学，本书提供授课用电子课件、项目设计报告模板、项目设计案例、课程考核说明、期末考核答辩评分表、课堂测试题等授课资源，需要的教师可登录机工教育服务网（www.cmpedu.com）免费注册、审核通过后下载，或联系编辑索取（微信：18515977506，电话 010-88379753）。

本书可作为高等学校工科各专业本科生及研究生的教材，也可供工程领域的科研人员和技术人员参考。

图书在版编目（CIP）数据

工程导论 / 马忠贵编著. -- 2 版. -- 北京：机械工业出版社，2025.5. --（面向新工科普通高等教育系列教材）. -- ISBN 978-7-111-78409-8

Ⅰ. TB

中国国家版本馆 CIP 数据核字第 2025TH2944 号

机械工业出版社（北京市百万庄大街 22 号　邮政编码 100037）
策划编辑：李馨馨　　　　　　　　　　责任编辑：李馨馨　汤　枫
责任校对：颜梦璐　杨　霞　景　飞　　责任印制：刘　媛
北京富资园科技发展有限公司印刷
2025 年 7 月第 2 版第 1 次印刷
184mm×260mm · 16.25 印张 · 418 千字
标准书号：ISBN 978-7-111-78409-8
定价：69.00 元

电话服务　　　　　　　　　　网络服务
客服电话：010-88361066　　　机　工　官　网：www.cmpbook.com
　　　　　010-88379833　　　机　工　官　博：weibo.com/cmp1952
　　　　　010-68326294　　　金　书　网：www.golden-book.com
封底无防伪标均为盗版　　机工教育服务网：www.cmpedu.com

前　言

工业革命，作为人类历史上的重要篇章，历经四次重大变革，每一次都如同巨浪般席卷而来，创造出显著的"代差"，为经济的飞跃发展铺设了道路，并悄然铺陈出世界格局变革的蓝图。从第一次到第四次工业革命，每一次都伴随着全球产业结构的深刻转型以及国际格局的大调整。特别值得一提的是，当前的第四次工业革命，正以前所未有的速度推进，各项具有颠覆性的技术呈现指数增长的态势。在这一波技术浪潮中，大量新型科技成果迅速融入人们的日常工作与生活中，深刻影响着人们的思想、文化、生活和对外交流模式，进而深度影响到政治、经济、文化、科技、外交、社会等层面，引领全球进入一个全方位、深层次的变革时代。

现代工程构成了现代社会存在和发展的基础，也是现代社会实践活动的主要形式。工程活动是一种既包括技术要素又包括非技术要素的，以系统集成为基础的物质实践活动。工程活动担负着将科学技术成果转化为直接生产力，使之造福于人类的重要使命，支持和推动了经济社会的可持续发展。如果说 19 世纪是科学的时代，20 世纪是技术的时代，那么 21 世纪就是工程的时代。

工程作为推动社会进步与发展的重要力量，正以前所未有的速度改变着我们的世界。从高耸入云的摩天大楼到深邃遥远的太空探索，从精密复杂的医疗设备到便捷智能的生活用品，无一不彰显着工程技术的卓越成就与无限潜力。大工程时代的来临和新工业经济的发展，呼唤高等工程教育进一步深化改革，加快培养新型工程人才和卓越工程师，为服务于国家发展战略，实现从制造大国、工程大国向制造强国、工程强国的转型升级奠定坚实的人才基础。为顺应时代的发展，我们在第一版的基础上对本教材进行了修订，注重增强内容的时效性和前瞻性。

中国工程教育专业认证协会于 2024 年 11 月审议通过了《工程教育认证标准（2024 版）》，坚持面向中国式现代化、面向世界、面向未来，以服务卓越工程师培养为目标，推动完善立德树人机制，推动产教融合、协同育人，助力深化工程教育改革，加强工程教育创新能力培养，更好适配国家战略及经济社会发展的需要。其中，本次修订版关于复杂工程问题的定义中，必须具备下列特征①，并同时具备特征②～⑦中的部分或全部：①基于深入的工程原理，经过分析才能解决；②涉及广泛的和/或相互冲突的技术与非技术问题（如伦理、可持续性、法律、政治、经济、社会），以及对未来需求的考虑；③没有明确或成熟的解决方案，必须通过问题抽象、原创性思考，经过分析建立合适的模型才能解决；④涉及非常见的或新出现的问题；⑤涉及专业工程标准和实践规范未完全包含的问题；⑥涉及跨工程学科、其他领域和/或具有广泛不同需求利益相关方的合作；⑦具有较高的综合性，包含多个相互关联的子问题，需要系统的解决方案。

《工程教育认证标准（2024 版）》将复杂工程问题定义的第②个特征列为重要特征，说明工程教育专业认证不仅重视传统教育中的专业知识和技术要求，更加重视非技术要求（工程伦理、环境和可持续发展、工程经济、工程与社会、工程与法律等）。体现工程教育实践性、综合性和创新的特点，以适应未来的变化。但是，这些非技术能力往往很难在专业教学环节中达成，一直是困扰工科专业教育教学和工程教育认证的一个瓶颈。为了更好地培养非技术能力，北京科技大学从 2019 年开始开设"工程导论"课程，面向全校工科类专业学生讲解非技术能力的各个方面；在对非技术能力有较深认识的基础上，再要求学生在后续专业教学环节中有意识地培养、加强这些能力，这对于非技术能力全面达成具有重要的作用。

本版教材在第 1 版的基础上重点做了如下调整：

增加了第 6 章工程与社会（内容包括工程的社会性、工程文化、工程与法律、工程风险与安全），强调基于社会需求分析非技术要素（文化、法律、工程风险与安全）在工程教育中的必要性，介绍非技术要素的内涵、基本原理和方法，分析非技术要素与技术要素在解决复杂工程问题中的互相影响和作用，帮助工程类专业学生或从业者构建对完整工程实践活动的认知和理念，理解应承担的责任，从而构建"会不会做"（专业知识与技能、工程创新）、"该不该做"（工程伦理、道德品质和价值取向）、"可不可做"（社会、文化、法律、环境、工程风险与安全等外部约束）、"值不值做"（经济和社会效益）四位一体的工程思维体系。高等工程教育培养的应该是具有上述基本素质特征的现代工程师，坚持人道主义、社会公正、人与自然和谐发展三项原则，能够设计出技术上可行、经济上合理、生产上适用的方案，并付诸实施。

第 1 章的 1.1 节增加评价工程师能力常用 KSA 能力模型、工程职业制度等。1.2 节增加工程理念。

第 2 章增加 2.1 节工程的实例（包括古代工程和现代工程）和 2.3 节工程的全生命周期过程。此外，增加工程的内涵、工程活动、工程共同体等内容。

第 3 章增加 3.2 节工程伦理问题及处理的基本原则。

第 4 章对前 2 节内容进行了重新调整和修改，最后一节重新修订了 TRIZ 理论解决问题的 5 个步骤。

其他章节增加了一些实例和插图。对教学内容不断进行重组和优化，突出重点，与时俱进。

本书在编写过程中，参考了大量工程导论相关的技术资料，在此向资料的作者表示感谢；曾得到北京科技大学的相关领导、同事、朋友以及家人的大力支持与帮助，在此一并表示诚挚的感谢！本书得到北京科技大学教材建设经费资助，并得到了北京科技大学教务处的全程支持，特此致谢！同时感谢机械工业出版社的支持与帮助。由于笔者水平有限，书中不妥之处在所难免，恳请同行专家和广大读者批评指正。

时代发展对工程师的要求是：专业+社会、政治、经济、文化、法律、伦理、健康、安全、环境、管理等，本教材旨在为读者提供一个理解工程的全方位视角，我们期待该书能成为每一位读者探索工程世界的起点，让我们一起开启这段充满挑战与机遇的旅程。

马忠贵

目　　录

前言
第1章　工程教育概论 …………………… 1
　1.1　工程师 …………………………… 1
　　1.1.1　工程师的概念 ………………… 1
　　1.1.2　工程师与科学家的关系 ……… 5
　　1.1.3　工程师的分类 ………………… 5
　　1.1.4　工程师的执业资质 …………… 8
　1.2　工程思维 ………………………… 9
　　1.2.1　工程理念 ……………………… 9
　　1.2.2　科学思维与辩证思维 ………… 10
　　1.2.3　工程思维 ……………………… 10
　1.3　工程教育 ………………………… 12
　　1.3.1　国外工程教育的起源与发展 … 13
　　1.3.2　国内工程教育的起源与发展 … 15
　　1.3.3　CDIO 工程教育模式 ………… 17
　　1.3.4　工程教育专业认证 …………… 18
　1.4　现代工程观 ……………………… 20
　　1.4.1　工程系统观 …………………… 20
　　1.4.2　工程价值观 …………………… 21
　　1.4.3　工程发展观 …………………… 21
　　1.4.4　工程实践观 …………………… 22
　　1.4.5　工程伦理观 …………………… 22
　　1.4.6　工程生态观 …………………… 23
　　1.4.7　工程文化观 …………………… 23
　　1.4.8　工程社会观 …………………… 24
　　1.4.9　工程创新观 …………………… 25
　参考文献 ……………………………… 25
第2章　工程学概论 ………………………… 26
　2.1　工程的实例 ……………………… 26
　　2.1.1　古代工程实例 ………………… 26
　　2.1.2　现代工程实例 ………………… 28
　2.2　科学、技术与工程 ……………… 30
　　2.2.1　科学、技术与工程的基本概念 … 30
　　2.2.2　科学、技术与工程之间的关系 … 37
　2.3　工程的全生命周期过程 ………… 42
　2.4　工程的分类 ……………………… 46

　　2.4.1　按照工程所在的国民经济产业
　　　　　 分类 ………………………… 46
　　2.4.2　按照工程的用途分类 ………… 47
　　2.4.3　按照工程的知识体系分类 …… 48
　　2.4.4　其他分类 ……………………… 49
　2.5　理解工程活动的几个维度 ……… 49
　2.6　工程哲学 ………………………… 51
　参考文献 ……………………………… 52
第3章　工程伦理 …………………………… 53
　3.1　工程伦理概述 …………………… 53
　　3.1.1　道德与伦理 …………………… 54
　　3.1.2　工程伦理的概念 ……………… 55
　　3.1.3　工程伦理的作用 ……………… 56
　　3.1.4　不同的伦理立场 ……………… 56
　　3.1.5　伦理困境与伦理选择 ………… 59
　3.2　工程伦理问题及处理的基本
　　　　原则 …………………………… 61
　　3.2.1　主要工程伦理问题 …………… 61
　　3.2.2　处理工程伦理问题的基本原则 … 61
　3.3　工程师的伦理责任 ……………… 63
　　3.3.1　工程师伦理责任的概念 ……… 63
　　3.3.2　增强工程师伦理责任的重要意义 … 63
　　3.3.3　现代工程师应具备的伦理责任 … 64
　　3.3.4　工程伦理教育 ………………… 69
　3.4　工程伦理章程 …………………… 71
　　3.4.1　IEEE 伦理章程 ……………… 71
　　3.4.2　工程伦理规范范本 …………… 71
　参考文献 ……………………………… 72
第4章　工程创新 …………………………… 73
　4.1　创新的概念、内容和分类 ……… 73
　　4.1.1　创新的概念 …………………… 73
　　4.1.2　工程创新的内涵 ……………… 75
　　4.1.3　创新及工程创新的特点 ……… 76
　　4.1.4　创新的内容和分类 …………… 77
　4.2　创新的过程、原则与基本原理 … 78

V

4.2.1 创新过程的一般模式 ·············· 78
4.2.2 创新的原则 ·············· 79
4.2.3 创新的基本原理 ·············· 81
4.3 创新思维 ·············· 83
4.3.1 惯性思维 ·············· 84
4.3.2 创造性思维 ·············· 86
4.3.3 创新思维实践：头脑风暴 ········ 88
4.4 TRIZ 理论 ·············· 91
4.4.1 TRIZ 理论的起源与发展 ········ 91
4.4.2 TRIZ 理论的体系结构 ········ 92
4.4.3 TRIZ 理论的核心思想 ········ 105
4.4.4 TRIZ 理论的求解过程 ········ 106
参考文献 ·············· 108

第 5 章 工程与环境 ·············· 109
5.1 环境问题及挑战 ·············· 109
5.1.1 环境问题概述 ·············· 109
5.1.2 当代全球环境问题挑战 ········ 113
5.1.3 产生环境问题的根源 ········ 117
5.2 工程环境伦理观与工程环境价
值观 ·············· 117
5.2.1 工程活动对环境的影响 ········ 118
5.2.2 工程环境伦理观的基本思想 ······· 118
5.2.3 工程环境伦理观的核心问题 ······· 119
5.2.4 工程环境伦理观的原则 ········ 120
5.2.5 工程活动中的环境价值观 ········ 121
5.3 工程师的环境伦理责任与规范 ··· 123
5.3.1 工程共同体的环境伦理责任 ······· 123
5.3.2 工程师的环境伦理责任 ········ 123
5.3.3 工程师的环境伦理规范 ········ 124
5.4 环境保护与可持续发展 ·········· 125
5.4.1 关于可持续发展的 4 次重要国际
会议 ·············· 126
5.4.2 可持续发展的基本内涵与特征 ····· 127
5.4.3 可持续发展的基本原则 ········ 129
5.4.4 我国实施可持续发展战略的主要
做法 ·············· 130
5.4.5 我国实施可持续发展战略的
行动 ·············· 131
5.5 应对环境挑战的途径 ·········· 134
5.5.1 我国政府应对环境挑战的途径 ····· 134
5.5.2 企业应对环境挑战的途径 ········ 135
5.5.3 公众应对环境挑战的途径 ········ 136
5.5.4 工程师应对环境挑战的途径 ······· 136
参考文献 ·············· 137

第 6 章 工程与社会 ·············· 138
6.1 工程与社会概述 ·············· 138
6.1.1 工程的社会属性 ·············· 138
6.1.2 工程的社会运行 ·············· 140
6.1.3 工程的社会影响 ·············· 141
6.1.4 工程的社会责任 ·············· 142
6.2 工程文化 ·············· 143
6.2.1 文化与工程文化的概念 ········ 144
6.2.2 工程文化的内容 ·············· 146
6.2.3 工程文化的特征 ·············· 147
6.2.4 工程文化的作用和影响 ········ 148
6.3 工程与法律 ·············· 150
6.3.1 法律的概念和法的表现形式 ······· 150
6.3.2 《中华人民共和国民法典》 ······· 152
6.3.3 工程实践与法律法规 ········ 156
6.3.4 法律法规在工程实践中的基本
原则 ·············· 161
6.4 工程风险与安全 ·············· 162
6.4.1 工程风险与工程安全的概念 ······· 162
6.4.2 工程风险防范 ·············· 164
6.4.3 工程风险评估与管理 ········ 167
6.4.4 工程风险控制 ·············· 168
参考文献 ·············· 169

第 7 章 工程项目管理 ·············· 170
7.1 工程项目管理的基本概念 ········ 170
7.1.1 管理 ·············· 170
7.1.2 项目与工程项目 ·············· 170
7.1.3 项目管理 ·············· 173
7.1.4 工程项目管理 ·············· 179
7.2 工程项目管理十大知识领域 ····· 180
7.2.1 项目整合管理 ·············· 182
7.2.2 项目范围管理 ·············· 186
7.2.3 项目进度管理 ·············· 187
7.2.4 项目成本管理 ·············· 189
7.2.5 项目质量管理 ·············· 190
7.2.6 项目资源管理 ·············· 190
7.2.7 项目沟通管理 ·············· 192
7.2.8 项目风险管理 ·············· 193

7.2.9　项目采购管理 ··················· 194
7.2.10　项目相关方管理 ············· 195
7.3　工程项目管理的研究方法 ········ 196
7.3.1　系统分析法 ··················· 196
7.3.2　控制论 ························· 197
7.3.3　信息论 ························· 197
7.3.4　定性定量相结合的方法 ·· 197
7.4　工程项目管理的 5 大过程组 ····· 198
7.4.1　启动过程组 ··················· 198
7.4.2　规划过程组 ··················· 199
7.4.3　执行过程组 ··················· 199
7.4.4　监控过程组 ··················· 201
7.4.5　收尾过程组 ··················· 202
7.5　工程项目管理的 6 个关键要素 ··· 203
7.5.1　项目的出发点——目标 ········· 203
7.5.2　项目的权衡取舍——"多快
　　　　好省" ························· 204
7.5.3　项目的成功保障——项目团队 ···· 204
参考文献 ······································· 204
第 8 章　工程经济分析 ················· 205
8.1　工程经济分析概述 ················· 205
8.1.1　工程经济与工程经济分析 ········ 205
8.1.2　工程经济分析的目的和意义 ······ 207
8.1.3　工程经济分析的基本原则 ········ 208
8.2　资金时间价值与现金流量 ········ 209
8.2.1　资金时间价值 ··················· 209
8.2.2　现金流量和现金流量图 ········ 211
8.2.3　资金的等值计算 ··············· 212
8.3　工程经济分析的基本要素 ········ 216
8.3.1　投资 ····························· 216
8.3.2　费用和成本 ··················· 217
8.3.3　收入 ····························· 219
8.3.4　税金 ····························· 220
8.3.5　利润 ····························· 221
8.4　工程经济分析的基本方法 ········ 221
8.4.1　费用效益分析 ··················· 221
8.4.2　方案比选法 ··················· 222

8.5　工程经济分析的一般过程 ········ 223
8.5.1　问题定义 ····················· 223
8.5.2　提出备选方案 ··············· 223
8.5.3　估计经济效果 ··············· 223
8.5.4　选择决策判据 ··············· 223
8.5.5　分析和比较备选方案 ········ 224
8.5.6　选择最佳备选方案 ·········· 224
8.5.7　执行过程的监督与结果的后
　　　　评价 ························· 224
8.6　工程经济效果评价 ················· 224
8.6.1　工程经济效果的评价指标 ······ 224
8.6.2　工程项目投资方案的类型 ······ 229
8.6.3　独立方案的经济效果评价 ······ 229
8.6.4　互斥方案的经济效果评价 ······ 229
8.6.5　相关方案的经济效果评价 ········ 232
参考文献 ····································· 232
第 9 章　工程项目的策划与建设程序··· 233
9.1　工程项目策划的概念 ············· 233
9.2　工程项目的前期策划 ············· 234
9.2.1　工程项目的需求分析 ········ 234
9.2.2　工程项目的目标设计 ········ 236
9.2.3　工程项目的可行性研究 ······ 237
9.3　工程项目的实施策划 ············· 239
9.3.1　工程项目实施策划的概念、作用和
　　　　要求 ························· 239
9.3.2　工程项目管理规划大纲 ······ 240
9.3.3　工程项目管理实施规划 ······ 241
9.3.4　工程项目施工组织设计 ······ 243
9.4　工程项目的建设程序 ············· 245
9.4.1　项目建议书阶段 ··············· 245
9.4.2　可行性研究阶段 ··············· 246
9.4.3　设计方案阶段 ················· 246
9.4.4　建设准备阶段 ················· 247
9.4.5　工程施工阶段 ················· 248
9.4.6　竣工验收及交付使用阶段 ······ 248
9.4.7　通信工程项目的建设程序 ········ 248
参考文献 ····································· 250

第1章 工程教育概论

工程的历史是人类适应自然、改造自然的历史。人类在抵抗自然灾害、利用自然资源的过程中逐渐发展、不断进步，为了让生活更方便、更舒适，人们改变了河道、修筑了道路并开采和利用了自然资源（如伐树和采矿等）。我国从古至今曾取得很多伟大的工程成就，都江堰水利工程就是一项造福人类的伟大水利工程。它建于公元前256年，2000多年来，它一直发挥着巨大作用，不仅是中华文明的伟大杰作，也是世界文明的伟大杰作。

工程是现代社会的重要标志，也是现代社会的主要活动。工程强调的是系统、集成、整体，是安全、经济，还要与环境和社会相协调。工程是人类以建构社会存在物为目的的有计划、有组织、有规模的物质性实践活动。工程活动塑造了现代物质文明和精神文明，构成了人类社会实践活动的主要形式和永恒主题。而高等工程教育是顺应工业社会和科学技术发展需要，以技术科学为其主要学科基础，面向工程的实际应用，其教育目标是培养善于将科学技术转化为生产力的工程人才。当前，我国正处在从工程大国和工程教育大国走向工程强国和工程教育强国的历史进程之中。为实现中华民族伟大复兴，国家在实施科教兴国、人才强国、可持续发展、区域协调发展等重大战略的基础上，又相继提出了"创新驱动发展""互联网+""质量强国""网络强国""航天强国""海洋强国""交通强国""数字中国""军民融合发展"等一系列重大发展战略，这些都对新型工程人才培养提出了更新、更高的要求。目前，我国虽是工程大国、制造大国，却不是工程强国、制造强国。中国工程院前院长徐匡迪院士指出："能否为建设制造强国培养出各类高素质的工程科技后备人才，能否用全球视野和战略眼光引领并带动新一轮中国制造业在全球竞争中脱颖而出，是中国工程教育不可回避的时代命题。"大工程时代的来临和新工业经济的发展，呼唤高等工程教育进一步深化改革，加快培养新型工程人才和卓越工程师，为服务于国家发展战略，实现从制造大国、工程大国向制造强国、工程强国的转型升级奠定坚实的人才基础。

本章首先介绍工程师的概念和分类；然后介绍工程理念与工程思维，理解利益相关者理论；之后介绍国内外工程教育的起源与发展以及工程教育认证；最后介绍几种主要的现代工程观。

1.1 工程师

1.1.1 工程师的概念

提到工程，就不得不提工程的设计者和实践者——工程师（engineer）。在西方，医生、教师、律师、牧师是古老的职业，相对而言，工程师是新兴的职业。这个职业是伴随着工业革命的兴起而出现的。同时，工程师的概念也随着时代的变迁和社会的发展而不断变化，不同历史时期对工程师的解读和要求有所不同。

古代的工程师概念与军事有关，主要指军事机械的设计者和操纵者以及建造城防工事的工匠。中世纪，在军队中与石弩等战争装置打交道的工匠被称为"ingeniator"，这个称谓一直沿用至文艺复兴时期。随着时间的推移和技术的进步，工程活动变得越来越复杂，工程师渐渐从手工操作中解脱出来，与军人的联系也日渐弱化，"工程师"一词的应用开始从军事领域扩展到民用领域。

中国工程院前院长徐匡迪院士指出："人类世界物质文明和精神文明少不了工程师的伟大创造。工程师是现代社会新生产力的重要创造者，是新兴产业的积极开拓者。"高等工程教育的培养目标就是培养工程师。所谓工程师，是指掌握和运用现代科技理论、工程科学原理和工程系统方法，在人类改造物质自然界、建构人工物的全部工业生产与工程建设实践活动和过程中，从事研究、设计、开发、生产、制造、施工、维修、管理等工作的工程技术人才。以问题为导向、以结果为验证标准、将理论与实践相结合的行事方法和风格，就是工程师的立身之本。工程师不但是把创新想法落地成为现实应用的"造物者"和实践者，也是发明活动的主力军和新兴产业的开拓者，是推动新生产力发展和社会进步的中坚力量。

工程技术的基础是科学，工程是科学的延伸和再创造，工程实践经验只有融入工程技术才能创造出工程成果。因此，工程师应具有广博的知识、熟练的技巧和较强的适应能力，以及将科学转化为技术，并将技术转化为生产力的素质和能力。这就要求他们不仅对科学研究的相关成就，尤其是相关科学的最新成果有深入的了解，而且应在某个技术领域（如计算机工程、计算机网络、软件工程、通信工程、物联网工程等）具有丰富的实践经验。

由此可知，工程技术是基础科学在各个门类中的具体应用。工程技术方面的知识、能力和实践经验是工程师的特色所在，因而相关的技术科学理论知识对工程师来说是必不可少的。一个工程项目的实施、实现和完成往往会涉及相关法律、法规方面的问题，一项设计的完成、一项工程的实现、一个新产品对市场的占领，不仅需要一个团队的共同努力，还需要对社会和人们的需求有一定的了解，这就要求工程师具有一定的社会人文知识。当代工程师不仅需要出色的专业技术能力，而且需要优秀的职业能力，如图 1-1 所示。专业技术能力体现为解决工程实际问题的能力，即必须掌握一项或多项专门技术。职业能力是人们从事某种职业所需的多种能力的综合。工程师的职业能力反映了专业技术人员的学术和技术水平、工作能力及工作成就。就学术而言，它具有头衔的性质；就专业技术水平而言，它具有岗位的性质。职业能力体现为职业道德、沟通能力及团队合作能力，这些都是当前世界各国工程教育改革的共识。2005 年，美国国家工程院发布《培养 2020 年的工程师：为新世纪变革工程教育》，提出了 2020 年现代工程师应具备分析能力（analytical skills）、动手原则（practical ingenuity）、创新能力（creativity）、经营和管理原则（business and management principles）、领导能力（leadership）、高尚的道德（high ethical standard）、灵敏的专业触觉（sense of professionalism）、精力充沛、活跃、达观且适应性强（dynamism, agility, resilience, flexibility）、终身学习能力（lifelong learner）。

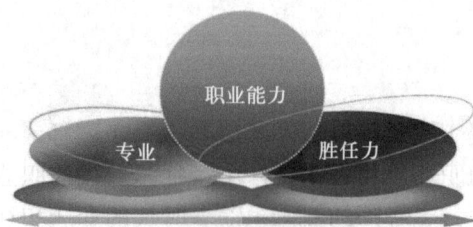

图 1-1　专业、职业能力和胜任力

如今世界即将迎来第四次工业革命，人工智能、大数据、云计算、物联网将推动新的效率和创新。工程仍是这次革命的核心，新兴的创新和科学突破会把新观念转变为发明和产品。工程师要做的工作一如既往：利用科学技术、数学和训练有素的智力技能来变革世界。当今的主要区别是，变革步伐不断加快，以至于最近一百年的技术突破超过了最近几千年的技术累积成果。以信息与通信技术（ICT）为例，在过去十年中对全世界产生了深远的影响：云计算和大数据技术为各行各业提供了强大的计算能力和数据分析能力，推动了数字化转型和智能化升级；5G 技术为视频直播、云游戏等新兴应用提供了前所未有的支持，同时推动了自动驾驶、智能交通和智能城市等领域的发展；物联网技术实现了物与物之间的连接和通信，推动了智慧家居、智慧城市和智能制造等领域的发展；ICT 为远程工作和在线教育提供了技术支持和保障，在线教育平台通过直播、录播和互动等方式，实现了教育资源的共享和优质教育资源的普及化。ICT 推动了数字化转型和智能化升级，提高了社会生产力和居民生活质量。未来，工程师和工程学科将会被赋予更大的社会责任，成为推动各国经济发展的主要驱动力，比如教育、卫生、交通、住房、智慧城市以及为所有人提供就业机会的产业等。

综上所述，现代工程师应具备的知识、能力和素质可以归纳如下：

1）具有必要的工程基础知识，本专业坚实的基本理论和基本知识，以及从事工程工作所需要的相关数学、自然科学知识和一定的经济管理知识。

2）具有较强的工程实践和集成创新的能力，例如在项目设计、组织生产、产品或工程质量控制和评价、解决工程或生产中的实际问题等方面的能力；具有强烈的创新创业意识、创新创业欲望和创新创业能力。

3）具有运用各种规范的工程语言、质量标准、技术标准、技术及信息资源的能力。

4）具有项目计划、决策、组织、协调工程项目或生产的能力。

5）了解本专业的前沿发展现状和趋势，具有市场发展预测和灵活应变的能力。

6）具有包括外语在内的文字和语言交流的能力。

7）具有娴熟的计算机和计算机网络运用能力。

8）具有较好的人文社会科学素养、较强的社会责任感和良好的工程职业道德。

9）具有相关法律、法规知识，有明晰的节能和环保意识。

10）具有自我知识更新和能力扩展延伸的能力。这也是高等教育的目的：要使学生将来要做什么，就能学习什么，就能学会什么。

评价工程师能力常用 KSA 能力模型，它是对工程师从知识（Knowledge）、技能（Skill）和态度（Attitude）三个维度进行综合评价，全面反映了工程师在工作中的能力状况和发展潜力。其中，知识是 KSA 能力模型中的基础要素，它涵盖了工程师为了完成工作所需要掌握的理论和实践知识。这些知识可能是通过正式的教育、培训获得的，也可能是通过长期工作经验累积的。在各行各业中，工程师需要不断更新和扩充自己的知识储备，以适应不断变化的工作环境和市场需求。技能是 KSA 能力模型中实践性的部分，是工程师运用知识完成具体工作的能力。在现代职场中，技能的多样性和熟练程度往往决定了员工的工作效率和工作质量。态度是 KSA 能力模型中最为内在但也至关重要的部分。它包括了工程师的工作热情、责任心、适应性、团队合作精神等多个方面。一个积极的工作态度不仅能够提高工程师的工作效率和创造力，也能对团队和组织的整体氛围产生积极影响。

企业对人才的要求在 KSA 能力模型的基础上又增加了"经验"，形成企业的人才招聘标准，如图 1-2 所示。

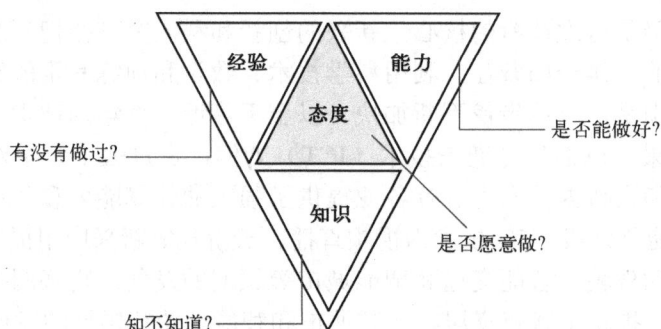

图 1-2 企业的人才招聘标准

表 1-1 是企业根据人才标准要求拟定的一个面试内容样例。

表 1-1 企业的面试内容样例

姓名：***	应聘职位：通信工程师	时间： 年 月 日	
考察项目	具体考察点	考察点得分（5 分制）	考察的职业能力
仪表和姿态	仪表着装		态度
	坐姿		
	气质/精神面貌		
	亲和力		
	工作热情		
知识和经验	学历及继续教育		知识和经验
	工作时间		
	与岗位相关工作时间		
	专业与岗位匹配性		
	实际掌握程度		
能力	思维的逻辑性		能力
	口头表达		
	理解能力		
	学习能力		
	沟通能力		
	团队合作		
	语言能力		
	潜力		
其他的个性特征	道德品质		综合
	职业精神		
	责任心		
	积极主动		
	个人素质		
	性格与工作要求的符合度		
	态度及工作抱负与工作目标的一致性		
综合评价意见（可包括应聘人与拟招聘岗位的匹配性、应聘人在业务水平上的优劣势、个人可塑性、薪资等）：			
评分标准：按 5 分优秀、4 分良好、3 分基本可接受、2 分需改进、1 分较差。			

实际上，现代工程师应该具有的知识、能力和素质就是高等工程教育的培养目标，也是接受高等工程教育的学生自我塑造的目标。我国改革开放 40 多年来的工程教育经验告诉我们，单靠理论知识传授，只重视课堂教育，而忽视工业实践等实践性教育教学环节，是不可能培养出满足上述要求的工程师的；只注重理论知识的学习，只会考试，轻视实践的思想和学习态度也是工科大学生必须摒弃的。

当然，对于一名称职的现代工程师来说，要具备各种知识、经验和能力绝非一日之功，需要长期积累和历练。因此，高等教育应该通过各种教育教学环节，为学生日后成长为合格的现代工程师打下良好的基础。

1.1.2　工程师与科学家的关系

科学家是指对真实自然及未知生命、环境、现象进行统一性的客观数字化重现与认识、探索、实践的人。美籍匈牙利空气动力学家及航空航天工程专家西奥多·冯·卡门教授有句名言："科学家发现现有的世界，工程师则创造从未有过的世界"。"发现"集中地体现了思维与现实的"反映性"关系，例如发现某一科学定律；"创造"集中地体现了从思维出发构建新的现实，例如设计并建设 5G 通信系统。工程师常说"一切皆有可能！"对他们来说只有想不到的，没有做不到的。而科学家认为每件事都有很多可能性，当然经过一段时间论证后有些可能性就变成了必然性。科学家和工程师的思维方式有很大的不同。科学家采用科学思维方式，需要大胆地假设，同时也要对假设进行严谨的推理论证。工程师采用工程思维方式，遵循工程规范，具有筹划性、集成性、逻辑性、科学性、艺术性、可靠性等特征。

此外，工程师需要具备责任担当与职业操守，对社会和公众负责。工程师对错误的"零容忍"体现了工程师的责任重大。下面这个对比阐述了工程师的责任：一个科学家进行了 100 次实验，前 99 次都失败，最后一次成功了，那他是一个成功的科学家。但是对一个工程师来说，99 个工程都成功了，最后一次失败了，那他可能会因此进监狱。所以选择做工程师就选择了责任。

工程师与科学家之间的关系如下：

1）从目的来看，科学家力图明白世界是怎么运作的；工程师旨在根据已知条件设计、运作产品或系统，用于实际需要。科学家在探寻世界的运行规律，其产品为定律、定理、规律；工程师在创造新世界，其产品为人造物。

2）从过程来看，科学家往往在某一领域观察现象、收集数据、分析数据、提出理论，以描述研究结果，理论往往可以用数学公式表示；工程师则根据功能要求，按照科学规律构思并制作模型、测试完善模型、形成产品并推向市场。

3）从方法来看，科学家的研究以分析为主，剔除系统中不必要的信息，使信息递减，凸现规律；工程师的工作以综合为主，使系统不断复杂化，以完善功能。

工程师的工作主要体现在以下几个方面：应用科学知识和数学分析方法，采用抽象或物理模型，展示、诠释其产品；面对实际问题或需求，依据标准或约束，寻求最好的（优化的）解决方案；在工程活动中，应用成熟原理和方法，结合现有解决方案，使用可靠零部件和工具，进行产品设计和制造。

1.1.3　工程师的分类

现代科学与技术高速发展，工程门类日趋齐全，工程师的种类日益繁多，形成了一个庞大的、种类齐全的职业群体。在工程师职业群体内部，又存在不同的分工。按照工程师所发挥的作用、工作性质、承担的责任等的不同，合理划分出适用于不同工程学科、不同工程环节、不同工业产业的工程师类型，有利于客观、全面地反映整个社会对工程人才层次和类型的需求，也有利于工程师的个体发展和对工程师的分类管理。

目前国内对工程师职业群体的分类主要有以下几种。

（1）按工程师等级分类

我国的工程师系列目前采用的是专业技术职称体系，即按照初、中、高 3 个级别把工程师划分为技术员（员级）、助理工程师（初级）、工程师（中级）、高级工程师（副高级）、教授级高级工程师（正高级）共 5 个等级。在这种传统的工程师等级划分中，各层级均有一个与高校、科研机构等系统专业技术人员，甚至是国家机关、事业单位行政工作人员对应的级别关系。例如，助理工程师对应助教、实习研究员等初级技术职务及科员等行政职务，工程师对应讲师、助理研究员、科长等，高级工程师对应副教授、副研究员、处长等，教授级高级工程师对应教授、研究员、厅局长等。上述这种参照高校教师、科研人员专业技术职称进行的工程师等级划分，可以体现出明显的权利、责任及社会地位的差异，在工程师队伍建设、工程师积极性和创造性的激发等方面都发挥过正面作用。

事实上，各国都对工程师执业层级给出基于个人才能的划分标准，并努力加强这一标准和程序的技术色彩。但这种划分只是对工程师等级的划分，而不是对工程师类型的划分，且存在两方面的不足：一方面，专业技术职务的评聘和晋升是以用人单位为基础的，难以在全社会和行业中形成衡量各类工程师的统一标准，并可能导致不同企业同一级别的工程师在水平上存在较大差距；另一方面，这种划分标准没有与高校的工程人才培养相结合，不利于工程人才的分类培养。

（2）按工作职能分类

工程师作为一个特殊的职业群体，各自都有相应的工作职能，履行相应的工作职责。这些职能或者从事的具体工作包括研究、试验、开发、设计、制造、测试、安装、使用、维修、营销、管理、咨询和教育等。与之对应，就有研究工程师、开发工程师、设计工程师、项目工程师、产品工程师、生产工程师、制造工程师、营销工程师、造价工程师、测试工程师、管理工程师、咨询工程师等。工程师按其工作职能可具体划分为以下几类：

1）设计工程师。设计工程师的工作主要是发明或改进现有的产品或系统，包括调研、方案设计、方案分析、方案测试、样机制作、样机测试以及产品详细设计等，以确保其所设计的产品具有竞争力。设计工程师应具备解决工程中复杂问题的能力，更强调系统集成的技术能力。

2）制造工程师。制造工程师的工作是将设计工程师的设计转换为实际产品。因此，制造工程师需要确定或开发产品制造工艺，包括设备选择、制造参数选择等，以确保产品制造过程是高效、高质量的。

3）研发工程师。研发工程师通常拥有硕士甚至博士学位，主要从事工程相关产品或系统关键技术的研究与开发。研发工程师应具有提出新概念，制定新规程，开发新材料、新工艺、新产品的能力。

4）测试工程师。测试工程师的工作是测试产品的可靠性和对特定场合的适用性。因此，测试工程师应具有相关产品的专业背景，掌握产品的性能，具有实验及试验设计、数据采集及分析的相关专业技能，具有相关工程专业硕士及以上学位。

5）咨询工程师。咨询工程师提供工程服务，如行业分析、事故分析等。因此，咨询工程师应具备熟练的专业技术和经营管理知识、丰富的实际工作经验、广泛的社会联系和良好的社会信誉。

6）运行工程师。运行工程师的工作是运行和维护产品设施，如铁塔、固网等。因此，运行工程师应具有相关专业学位背景，并需要经过现场在线培训获得运行执照或上岗资格证书。

7）销售工程师。销售工程师的工作是协助销售人员，解决产品销售过程中的技术问题。因此，销售工程师需要拥有相关产品的技术背景，具有相关工程专业学位。

8）工程科学家。工程科学家通常拥有博士学位，其主要职责是探索并研究工程实践中尚未被人类完全理解或掌握的基础科学问题。他们的工作性质和自然科学领域的科学家一样，都是探索自然规律，但工程科学家所探索的是具有明确应用前景的自然现象或科学问题。工程科学家主要从事工程、技术导向的科学研究，探索新知识、新技术或新方法，解决工程实践中的科学和技术问题。他们既具有工程专业背景，又具有科学技术素养、扎实的数学与科学理论基础、熟练的实验及分析能力和严谨的书面表达能力。他们也提供咨询服务，并通过专业团体以及政府和教育委员会来完成有关工作。

有专家指出，我国对工程师的需求正在逐步呈现多元化、多样化的发展趋势。如今，我国在发展中迫切需要以下 5 种类型的工程师：

1）以解决实际工程技术问题为主的专业技术工程师。

2）以科技研发为主的研究导向型工程师。

3）以多种专业知识交叉应用为主的技术集成创新型工程师。

4）以创新设计为主的产品创意设计型工程师。

5）侧重于创业与市场开发能力的经营管理型工程师。

一般来说，工业企业界更倾向于用这种分类方法来命名工程师。但这种分类方法不利于行业内部对工程师进行分类管理，不适合不同行业之间工程师能力的比较和行业之间工程师的流动，会给工程教育界在工程人才培养上造成专业设置过细、适应性差等问题。

（3）按工程门类和工程师从事的专业分类

随着现代科技的不断分化和知识的不断细化，工程技术的专业化程度越来越高，工程种类和工程师类型也越来越多。从工程的门类来说，除了传统的土木工程、机械工程、采矿工程、冶金工程、电气工程、化学工程外，还有新兴的电子工程、计算机工程、软件工程、网络工程、通信工程、物联网工程、生物工程，以及跨学科的环境工程、能源工程、管理工程和系统工程等。在不同的工程行业中，每一类工程师从事不同的专业，分工负责不同的技术。相应地，就有土木工程师、机械工程师、电气工程师，还有新型的电子工程师、计算机工程师、信息工程师、网络工程师、软件工程师，以及跨学科的环境工程师、能源工程师和管理工程师等。

（4）按工程师角色分类

根据工程师的社会角色究竟是以生产为目的还是以非生产为目的，可以将工程师分为两大类。

1）生产性质的工程师，如土木工程师、机械工程师、电气工程师、化学工程师、信息工程师、生物工程师、航空工程师等。

2）非生产性质的工程师，如医学电子工程师、给水排水工程师、监理工程师、注册计量师、注册测绘师、商务工程师、系统工程师、金融工程师、安全工程师、社会工程师等。

（5）按工程环节和工程技术流程分类

工程（技术）链是由研究开发（规划决策）、设计、制造（施工）、营销服务（运行维护）、管理等环节构成的。在工程系统中，工程链上不同环节的工作应由具有特殊才能和技术的不同工程师完成。根据工程的不同实施环节和不同技术流程，有以下几种大同小异的工程师类型的划分。

1）工程科学家（研究型工程师）、设计开发工程师、制造工艺工程师和营销管理工程师。钱学森认为："纯科学家与从事实用工作的工程师间密切合作的需要，产生了一个新的职业——工程研究者或工程科学家。他们成为纯科学和工程之间的桥梁。他们是将基础科学知识应用于工程问题的那些人。"因此，可以认为工程科学家是一种从事工程科学研究工作的特殊类型的工程师，也可称为研究型工程师。

2）研发工程师、设计工程师、工艺工程师、管理工程师和营销工程师。

3）技术发明家、设计工程师、试验工程师、工艺工程师、生产工程师等。

上述按工程环节和工程技术流程进行分类的方法获得了工业企业界、行业协会和工程教育界更多的认同。这几类工程师的基本界定和工作职责分别是：①研发工程师是指从事创意设计和概念设计的工程师，也包括少量工程科学家。研究工程师应用数学和自然科学原理、实验技术和归纳推理来探求新的工作原理及方法，而开发工程师则把研究成果应用于实际。②设计工程师是指从事结构设计和工艺设计的工程师。设计工程师在设计一种结构或产品时，要选择方法、规定材料、确定满足技术要求和性能规格的设计方案等。③生产（施工、工艺）工程师都是现场工程师。施工工程师负责准备场地，决定既经济又安全、达到质量要求的工作步骤，指导材料存放，组织人员和利用设备等；生产工程师在考虑人和经济因素的情况下，负责工厂的布局和设备、工具和工艺过程的选择及材料和元件的流程，以及试验和检查等。④管理工程师和营销工程师（包括从事售后服务的技术人员）的任务是负责工程项目的规划、组织和协调工作，分析市场和顾客的需求，推荐设备并解决其使用和管理的有关问题等。

总之，我国在工程师类型的划分上目前尚缺乏官方或其他权威机构的界定，与工程师的使用、管理和培养相对应的工业企业界、行业协会和工程教育界对工程师类型的认识与理解存在差异，工程教育领域对工程人才的培养目标也没有明确的细分。

1.1.4 工程师的执业资质

随着工程职业的发展，为了更好地让工程师能够尽职尽责，形成了工程职业制度，具体包括职业资格制度、职业准入制度和执业资格制度。工程师职业准入制度是成为工程师的第一步，它包括高等教育及专业评估认证、职业实践、资格考试、注册执业管理、继续教育五个环节。高等教育及专业评估认证是首要环节，对申请者的教育程度进行了限定。职业实践包括尝试性实践、模拟性实践、职业性实践和参观性实践。资格考试要求工程专业学生积累了相应的实践经验后才可以申请。资格考试主要分为基础考试与专业考试，通过后会获得资格证书，进而申请职业注册，最终取得执业资格。职业资格制度以职业资格为核心，包括从业资格范围与执业资格范围，主要是围绕着考核、鉴定、证书颁发等流程建立起来的制度与机构的总称。从一定程度上来说，执业资格制度属于职业资格制度的一部分，是专业技术人员从事技术、提升能力的必备标准。工程职业制度的内容如图 1-3所示。

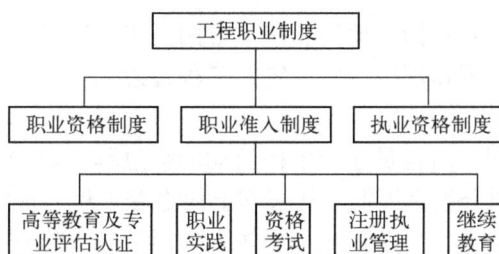

图 1-3　工程职业制度图

1.2　工程思维

　　思维方式是一定时代人们的理性认识方式,是按一定的结构、方法和程序把思维各个要素结合起来的相对稳定的思维运行方式。人的思维活动与实践活动是密切联系在一起的,依据不同的实践方式而划分出相应的思维方式和类型。例如,与工程实践、科学实践、艺术实践等不同的实践方式相对应,分别形成了科学思维、辩证思维、工程思维、艺术思维等不同的思维类型。工程活动中形成的思维方式称为工程思维。工程活动是一个理念在先、观念先行,在某种理念和思维引领下主动变革世界、建构社会存在物的动态实现过程。工程思维是提出工程问题、解决工程问题的过程。

　　纵观人生历程,其实就是一个不断发现问题并不断解决问题的过程。工作也好,生活也罢,都是如此,所以有必要了解工程思维。

　　工程问题涉及不同性质约束的交互问题,因此,工程思维涉及寻求多约束问题的合理解决方案,工程思维需要基于严谨的科学思维,更需要具有发散的创造性思维。

1.2.1　工程理念

　　理念是指理性的认识和观念,那么,工程理念就是指从工程实践中概括出来的理性认识和观念。以来自工程实践的理念指导工程活动,表明工程活动是人类有计划、有组织、有规模的物质性实践活动,而不是自发的活动。工程理念是人类关于为何造物和怎样造物的理念。

　　任何工程活动都是在一定的工程理念指导下进行的,正确的工程理念必定包含明确的目的。如生态环保工程、南水北调工程、西气东输工程、智能交通工程等,都是基于人的需要为目的的工程理念的体现,又是在这一工程理念指导下的工程实践。而那些高能耗、缺少人性化、破坏生态环境的工程,都是工程理念上出了错误,工程目的不正确。

　　例如,2021 年 12 月 20 日,国家发展改革委、自然资源部、水利部、国家林草局等四部门印发《青藏高原生态屏障区生态保护和修复重大工程建设规划(2021—2035 年)》,该工程包括草原保护修复、河湖和湿地保护恢复、天然林保护、防沙治沙、水土保持等措施。具体措施包括草原禁牧和草畜平衡、河湖湿地保护修复、森林资源管护和中幼林抚育、沙化土地封禁保护、冰川雪山保护和监测、野生动植物栖息地生境保护恢复等。通过该工程的实施,青藏高原高寒生态系统得到全面保护和有效修复,生态系统良性循环能力和服务功能基本稳定,生态系统适应气候变化能力进一步提高,生态系统固碳功能显著提升,生态安全屏障体系全面优化,优质生态产品供给能力基本满足人民群众需求,人与自然和谐共生的绿色家园全面建成。

一般来说，工程理念主要从指导原则和基本方向上指导工程活动，工程理念先于工程的实施和建造。因此，工程决策和规划要以一定的工程理念为指导，一定的工程理念总要通过具体的规划体现出来。

工程理念不仅指导规划，而且贯穿于工程活动的全过程。对于工程活动，工程理念深刻地影响和渗透到工程活动的全生命周期，从根本上决定着工程的优劣和成败。

当代工程的规模越来越大、复杂程度越来越高，对社会、经济、生态、环境、法律、文化等方面的影响越来越大，需要全面认识和把握工程的本质和发展规律，树立新的工程理念，使人与自然、人与社会协调发展。

1.2.2　科学思维与辩证思维

科学思维在知识经济时代是极其重要的。知识影响着人们的行为方式，而科学思维可以让人们更快、更多地了解专门知识。科学思维是全面的、严谨的思维方式，而不是孤立的辩证思维、分析思维与逻辑思维。科学思维在理论和实践上是一致的，它是给人们带来可靠知识的方法。

科学家采用科学方法研究自然并探索宇宙，这是他们在进行科学思维。然而，科学思维不为科学家所独有。任何人，即使不在研究和探索自然，只要学习科学方法或应用科学知识，都可以认为是在进行科学思维。辩证思维是人们通过科学思维获得问题的答案或解决问题的方法的思维方式。辩证思维可以给人们带来关于生活和社会各方面的可靠知识，不严格局限于正规的研究和探索自然的工作。科学思维和辩证思维本质是相同的，只不过科学家通常采用科学思维，而普通大众通常采用辩证思维。学校通过将科学思维应用到所有学科及领域，达到培养学生辩证思维的目的。辩证思维是人们在学校学到的最重要的技能之一。这一技能不仅可以在科研领域发挥作用，也可以在商业、法律、新闻及政府部门发挥作用。这也就是大学开设科学课程的原因：无论最终从事什么专业或职业，人们不仅可以从科学课程中学到知识，更重要的是可以学会科学思维方式，不断增强辩证思维能力。

1.2.3　工程思维

人类有两种旨趣殊异的思维活动：一是认知；二是筹划。认知是为了弄清对象本身究竟是什么样子；筹划是为了弄清如何才能利用各种条件做成某件事情。认知的最高成果是形成理论，即用抽象概念建构起来的具有普遍性的观念体系；筹划的典型表现就是工程，即用具体材料建构起来的、具有目的性和个别性的工程物。认知的结果是形成观念体系，它是客体对象的主观化；筹划的结果是形成工程物，它是主体意愿的客观化。从两种思维的表现形式看，认知型思维的高级形式是理论思维；筹划型思维的高级形式则为工程思维。

工程思维是筹划思维的高级形式，适合用于解决工程筹划问题。工程思维以选择和制定工程行动目标、行动计划、行动模式、行动路径以及筹谋做什么、如何做，并进行多种约束条件下的统筹协调以找到最优解决方案为思维内容与核心。与工程思维相对应的是用来解决理论认知的理论思维，两种思维方式可以相互借鉴、相互印证，但不可以相互代替，既不可使用理论思维来设计工程，也不可使用工程思维来建构理论。

工程思维涉及改造世界的活动，为了改善生活，人们应用工程思维及所掌握的或观察到的事物、技术及方法去想象和重建人类世界。通常将工程思维与创造性活动相联系，工程思维涉及寻求多约束问题的合理解决方案。尽管人类没有完全理解创造性思维和过程，但还是可以对创造的方法和思路进行一些探讨。

从工程的角度来讲，现代工程师综合素质的核心应该是"工程思维习惯"和"工程思维能力"。所谓工程思维习惯，概括地说，是指工程技术人员在处理工程技术问题时进行活动的心智模式，是提出问题的时机、工作的排序与调整、有效的思维模式和如何判断工作成果的优劣等关于从事工程活动的程序和方法。工程思维能力是指完成工程活动所需的工程知识、工程技能（工程制图技能、工程写作技能、沟通技能等）和工程能力（运用能力、创造能力、价值判断能力等）。

工程活动的影响因素非常多，要搞好一项工程，就得仔细研究和处理好各种因素及其相互关系。特别是在大型工程建设中，利益关系往往非常复杂，设计与施工也面临越来越多的挑战。为了有效地协调各种利益关系，成功地开展工程活动，必须遵循一定的方法论原则。根据我们的认识，将工程思维的基本原则概括为科学性、系统性、辩证性、创造性、周全性和优化性。

1）科学性原则。工程设计必须具有科学技术上的合理性，这就要求工程师正确地运用科学原理，使设计达到预期的目的。工程思维讲科学性并不意味着工程思维是科学思维，而是指工程认知和筹划必须基于科学原理，否则设计的工程物便无法实现预期的功能目标。工程思维的科学性原则要求工程主体必须具有严肃的科学态度和科学精神，实事求是，做事凭理性，绝不主观臆断、盲目蛮干。

2）系统性原则。工程活动涉及技术、资源、资本、土地、劳动力、市场、环境等异质要素，这些要素之间发生十分复杂的相互作用。从系统与环境的角度来看，工程作为系统，自然与社会构成其环境。工程是一种开放的、动态的复杂巨系统。工程建设体系是一个有机整体，应将其作为一个系统来研究、组织、管理、设计和实施，处理好局部与整体的关系，以及各部分之间的关系，以求达到人们所希望得到的结果。

3）辩证性原则。工程活动涉及自然、社会与人，包括许多方面的因素，涉及多方利益相关者，会遇到各种各样的关系，容易引发矛盾与冲突。例如，工程建设与环境保护和社会发展之间的矛盾、工程活动中各种利益之间的矛盾（如经济效益与社会环境效益、功利价值与人文价值之间的矛盾）、工程中各种复杂关系引发的矛盾（如安全与经济、质量与造价、质量与进度、竞争与协作之间的关系）、工程技术问题上的矛盾与冲突（如技术引进与自主开发、技术的先进性与实用性、规范与创新、结构与功能之间的关系）、思维方式上的矛盾（如逻辑与直觉之间的关系）等。因此，工程思维必须遵循辩证性原则，特别是要保持适度的平衡，不走极端，不非此即彼。

4）创造性原则。从本质上讲，工程设计是一种创造性思维过程。工程问题的新颖性、多解性，以及方案优化的可能性，要求工程问题求解必须具有创造性，其实质是最大限度地发挥主体的主观能动性。

5）周全性原则。工程是一种社会大系统的子系统，其本身也是一种复杂巨系统。在工程活动中，必须通盘考虑对自然的保护、适应与改造，考虑各相关者的利益，以及正确处理安全、经济、实用、美观之间的关系。

6）优化性原则。工程设计所解决的问题是没有唯一答案的，即设计方案并不唯一，这是因为达到工程目的可用的手段、方法、途径都不是唯一的。在一定条件下，可通过优化设计找到相应的最优方案。工程师必须尽可能多地提出答案，并在其中进行优化选择。就任何工程的整体而言，通常具有多个目标，如经济效益、社会效益、工程安全、使用功能和美学功能等。因此，工程优化是一种复杂的多目标优化问题，而且这些目标只能在工程进行的不同阶段分别予以重点考虑。

按照一般工程项目实施的经验和常态，作为一个工程技术人员，实施工程项目需要充分考虑"5W2H"分析法，也称为七问分析法，是一种问题解决方法，通过提出一系列问题来帮助分析和解决问题。这种方法由五个以 W 开头的英语单词和两个以 H 开头的英语单词命名，分别是：What（做什么）、Why（为什么）、Who（由谁做）、When（何时做）、Where（何处做）、How（怎么做）和 How Much（多少），如表 1-2 所示。该方法简单、方便，易于理解，广泛应用于工程活动和工程项目中，对于决策和执行中的工程活动措施也非常有帮助，有助于弥补考虑问题的疏漏。

表 1-2 工程项目实施中的"5W2H"分析法

"5W2H"分析法	具体描述
What? ——做什么？	明确任务或项目的目的和内容
Why? ——为什么？	探究项目或问题背后的原因、目的以及可能的替代方案
Who? ——由谁做？	确定项目的执行者、相关人以及负责人
When? ——何时做？	明确项目的开始时间、完成时间以及持续时间
Where? ——何处做？	指定项目执行的地点和相关资源位置
How? ——怎么做？	描述执行项目的具体方法、步骤，考虑如何提高效率和改进
How Much? ——多少？	量化项目的功能指标、成本、利润、生产数量等

在面对不同性质的约束和准则进行决策时，工程师可借鉴以前的类似问题和解决方案。因此，类比推理是工程思维的核心。工程师应该进行类比方法培训，并给出大量的类比源以供推理。传统专利库和现代互联网提供了丰富的、可供工程师借鉴和类比的工程案例。

现代产品通常具有跨学科的特点，即单一产品可能涉及多个工程技术领域，由于时间、精力的限制，人们不可能在大学期间学完所有工程技术，而只能选择一两个专业进行系统的学习。因此，一般人在大学毕业时，还只是掌握一些专门知识的工科学生，不具备独自开发相应工程产品的能力，不仅要在所学专业领域继续努力工作学习以增强工程技能，还需要学会与其他专业的工程师、技术专家合作。这时，技术交流与团队合作能力成为专业技能以外极为重要的一项能力。

1.3 工程教育

从 1747 年巴黎第一所高等工程学校皇家路桥学校（现名为巴黎高科路桥学校）的成立开始，高等工程教育经历了三个演化阶段：科学化阶段、技术化阶段和回归工程本质阶段。现代高等工程教育最大的特征就是把工程教育当作综合性的教育，强调技术知识与经济、社会、文化、环境、管理跨学科边缘知识的综合，强调创新精神和实践能力的培养及工程伦理的教育。

随着第四次工业革命的到来，以人工智能、移动互联网、虚拟现实、清洁能源等为核心的科技和产业领域蓬勃发展。第四次工业革命（绿色工业革命）是继第一次工业革命（蒸汽技术革命）、第二次工业革命（电力技术革命）、第三次工业革命（信息技术革命）后的又一次工业革命。回顾历史，每一次工业革命都为全球工程科技发展带来新的可能，同时也为各国发展带来新的机遇与挑战。工程科技是人类文明进步的直接推动力，是促使产业革命、经济发展、社会变革的重要力量，更是联系科学发现与工业发展的桥梁。高等工程教育是工程科技传播与升华的主要途径，是培养无数工程技术人才的直接场所，并为社会进步和经济发展创造必要条件。因此，在第四次工业革命的背景下，高等工程教育的转型发展是必然趋势。同时，随着第四次工业革命席卷全球，各类新科技领域的交叉融合使行业边界变得越来越模糊，客观上造就市场对新型"跨界"工程科技人才的迫切需要，导致高等工程教育为了适应市场开始加快改革和创新步伐，加大变革的力度，以提升其支撑和服务产业发展的能力。对于我国的新型工程技术人才培养，除了顺应当前的发展与时代背景，还要依托我国的基本国情与社会背景，因此，我国高等工程教育适应历史进程并结合当前国情的需要选择发展路径是必要的。

工程教育在我国又称为工科教育，其目标是培养具有工程执业能力的专业人才。高等工程教育作为一种技术教育，以技术科学为主要基础学科，以应用技术为主要专业内容，以培养技术科学和应用技术研究、开发和应用人才为目标。高等工程教育以工程应用为主要服务对象，以此与农林、医药教育相区别。我国高等工程教育的培养目标可以概括为培养适应社会主义现代化建设需要，德、智、体、美、劳全面发展，获得必要的工程师训练的高级工程科技人才。工程教育与普通的科学教育有共性又有其个性。工程教育区别于普通的科学教育和技术教育之处在于，工程教育着重于向学生传授较为广泛的多学科综合知识和技术，强调具备广泛的个人能力，强调人际沟通能力以及产品的设计、生产和系统构建的能力。这些能力可以保证学生在社会和工程企业背景下的团队工作时，能发挥较为重要的综合作用。

工程人才培养就是未来工程师的培养，20 世纪八九十年代，高校的工科院系都把自己看作"工程师的摇篮"。作为工程师，不仅要有扎实的理工科基础知识，还要有很强的实践动手能力，最重要的是要有深厚的工程素养和相当的人文素养，同时创新力也是不可或缺的。

1.3.1　国外工程教育的起源与发展

工程师的培养必须经历学习、体验、实践 3 个环节，缺一不可。早在 1961 年，美国工程与技术认证委员会（Accreditation Board for Engineering and Technology，ABET）的前身美国工程职业发展委员会（ECPD）就曾指出："工程是一种专门职业（profession），从事这种职业的人需要把通过学习（study）、体验（experience）和实践（practice）所获得的数学和自然科学知识用于开发并经济有效地利用自然资源，使其为人类造福。"

为了更好地理解在工科大学为什么要学习相关课程，有必要了解工程教育认证及其目的。ABET 是一个独立于政府之外的民间组织（美国四大学科认证机构之一）。它的主要工作之一是为美国的工程教育制定专业鉴定政策、准则和程序，统管鉴定工作，并授予专业鉴定合格资格。ABET 的专业鉴定得到了美国教育部、各州专业工程师注册机构以及全美高等教育鉴定机构的民间领导组织——高等教育认证委员会（Council for Higher Education Accreditation，CHEA）的承认。所以，可以说 ABET 是得到美国官方和非官方机构承认，得到美国高教界和工程界广泛认可和支持的工程教育专业鉴定机构。它的专业鉴定具有不可忽视的权威性。ABET 成立于 1932 年，自 1933 年起，为了保证工程教育质量，ABET 开始对工程教育进行认证，其主要目的是确保工程专业毕业生具有工程执业所需的知识和能力。ABET 主页 2020 年 5 月 20 日公布的数据显示，ABET 已在 32 个国家和地区的 812 所大学认证了 4144 个专业，体现出持续的生命力和创造性。

在教育全球化进程的影响下，以专业认证为代表的高等工程学历的国际互认和注册工程师执业资格的国际互认，折射出各国工业界与教育界对新阶段工程科技人才能力素质的共识。为了提高工程教育国际化程度，促进全球工程人才的国际流动，目前主要形成了《华盛顿协议》《悉尼协议》《都柏林协议》等有关工程教育学历和工程师执业资格的国际互认协议。其中，以美国、英国等国家牵头建立的《华盛顿协议》（Washington Accord）最具权威性，体系较为完善，影响最为深远。

ABET 是《华盛顿协议》的 6 个发起工程组织之一，这意味着它的专业鉴定已经得到了全世界工程教育界及工业界的广泛认同。事实上，高等学校经过认证的工程专业，其毕业生很容易得到工业界认可而获得工作岗位。ABET 评估某个工程专业时，需要评价其学生质量、教师水平、教学设施、课程体系及内容。课程必须包括：①通识教育课程；②一学年的大学数学和基础科学课程；③一年半的工程科学、技术和设计课程。工程课程的教学内容必须考虑到以下约束：经济、环保、可持续、工艺性、道德观念、健康与安全、社会和政治，使工程产品达到最优。ABET 并不规定课程列表，而是允许各个工程学院设计自己的课程以使学生达到特定的目标。

1939 年第二次世界大战的爆发是美国工程教育的分水岭。战争开始后，由于军事需要，电力和电子技术得到了空前的发展，使得工程教育从原先极力强调对工业直接产生效用的实际问题，转化为强调技术中的科学原理问题。进入 20 世纪 50 年代，工程教育科学化的转型真正开始，这也标志着工程教育严重偏离了工程实践。20 世纪 60 年代初，工程教育偏离工程实践的状况已经相当严重。20 世纪 70 年代起，美国工程教育开始关注集成化的工程与技术教育，但总体上没有改变应用科学主导工程教育的趋势。20 世纪 80 年代末是工程教育发展史上的又一个里程碑。这一时期，美国意识到"工程科学化运动"的弊端导致了工业竞争力的下降。随后，由美国发起，并波及全世界的工程教育"回归工程实践"的运动，深刻地影响了美国乃至全世界工程教育的改革。

2004 年，美国国家工程院（National Academy of Engineering，NAE）发布了《2020 年的工程师：新世纪工程的愿景》，2005 年，发布了《培养 2020 年的工程师：为新世纪变革工程教育》，这两份报告指出了工程实践的背景性、系统性、复杂性、多元性和全球性，呼吁工程教育应培养能胜任当代工程实践的工程师。2007 年，美国国家科学基金会（NSF）发布了《大力推进工程教育改革》报告，指出工程实践要响应瞬息万变的国际环境，工程人才和工程教育观念随之而变。2008 年，美国卡内基教学促进基金会（CFAT）发布了《培养工程师：谋划工程的未来》报告，从如何回归工程实践的角度，提出了工程教育改革的建议。2009 年，美国工程教育学会（ASEE）发布了《创建工程教育系统革新的文化》报告。这一系列报告具有一定的继承性，虽各有侧重，但是共同传递的含义有以下几点：①社会政治、经济、文化、科技等的快速发展，已经对工程实践、工程研究以及工程教育带来了巨大挑战；②工程教育只有面向工程实践，才能培养应对全球化挑战的工程师，从而提升国家的综合竞争力；③21 世纪的工程实践不仅强调技术的作用，还强调非技术因素对解决工程问题的重要性；④工程教育的回归需要从愿景走向行动，从宏观的规划、环境、结构转向微观的课程与教育教学，以及学生学习的经验和方法。

与美国不同，欧洲的工程教育一开始就以科学为基础，其教育也偏离了工程实践。从 20 世纪 90 年代开始，欧洲工程教育先后经历了 4 项改革计划回归工程实践，包括欧洲高等工程教育（Higher Engineering Education in Europe，H3E）改革计划、提升欧洲的工程教育（Enhancing Engineering Education in Europe，E4）改革计划、欧洲工程教育教学与研究（Teaching and Research in Engineering in Europe，TREE）改革计划、欧洲和全球的工程教育（European and Global Engineering Education，EUGENE）计划。H3E、E4 和 TREE 3 个改革计划向人们传递的信号是：工程教育需要了解工业产业界的真实想法，面向工业界的实际问题；工程教育面向的工程实践，需充分考虑国际化、跨学科、研究性、问题导向、数学分析等特征；工程教育改革必须深入课程、教学与学生学习经验和方法的培养等微观层面。EUGENE 计划是建立在社会性、创新性、全球化等工程实践特征基础上的，反映了回归工程实践的愿景，即工程教育必须回归到全球背景下技术驱动的工业实践中来。

1.3.2　国内工程教育的起源与发展

与欧美国家的快速发展相比，我国的工程教育发展较为缓慢。1870 年—1911 年，一些高等工业学堂的建立、《奏定学堂章程》的颁布、科举的废止、学部及教育行政机关的设立等，标志着我国工程教育的地位正式确立。1902 年，清政府颁布的《京师大学堂章程》把工科分为土木、机器、造船、造兵器、电气、建筑、应用化学、采矿冶金 8 个科目。这也是我国第一次工科科目的划分。辛亥革命后，孙中山提倡科学，教育部长蔡元培先生积极进行教育改革，并颁布了《专门学校令》《大学令》和《大学规程》等制度，把机织、染色、窖业、酿造及图案等增补为工科科目，推动了我国工程教育的发展。1922 年，民国政府颁布的《新学制》进一步放宽了对大学的限制，许多工业专门学校升格为大学或并入其他大学工科，时为“工专改大时期”。

中华人民共和国成立后，为了适应当时工业发展的需要，我国工程教育按照苏联模式发展。1949—1965 年，我国的工程教育得到了蓬勃发展，其特点是理论联系实际。1952 年，我国为了培养工业建设的专门人才，以发展工业专门学院为重点进行院系大调整；随后又根据国民经济建设需要调整了院校的布局与专业设置，当时我国的高等工程教育以单科性工科学院为主。1958 年，我国提出“教育与生产劳动力相结合”的方针，对我国工程教育的发展起到了推动作用。20 世纪 60 年代，我国高等学校的工科类学生，除了实验教学以外，还有金工实习、企业生产认识实习、企业生产实习等实践环节。

1978 年，高考恢复及改革开放后的较长时期内，我国工程教育实现了跨越式发展。1980 年，《教育部关于直属高等学校工业学校修订本科教学计划的规定》中提出的培养目标，由原来的培养工程师转变为获得工程师的基本训练，突出了基础理论知识扎实、专业内容少而精的思想，使全国大多数高等院校工科学生的培养目标偏离了工程实践方向。

进入 21 世纪以后，我国实施了工程教育的一系列改革行动，表达了“回归工程实践”的强烈愿望。2006 年，教育部科学技术委员会组织实施“面向创新型国家建设的工程教育改革”的重大专题研究项目，形成了《面向创新型国家的工程教育改革研究》总报告。2007 年，教育部与财政部联合推出“本科教育质量提升工程”（简称质量工程），其中“工程教育人才培养模式创新试验区”作为重点内容专题立项，全国共有 10 所学校 80 个试验区获得首批立项。此外，“质量工程”中还专门开辟了“专业规范和专业认证”项目，成立了工程教育专业认证专家委员会，对我国工程教育实施专业认证试点工作。2008 年，颁布了《国家中长期科学和技术发展规划纲要》，从国家层面对科技、人才和教育的发展进行了顶层设计。为落实 2010 年《国家中长期教育改革和发展规划纲要（2010—2020 年）》和《国家中长期人才发展规划纲要（2010—2020 年）》重大改革项目的精神，教育部下发了《关于实施卓越工程师教育培养计划的若干意见》（教高〔2011〕1 号）。该文件特别强调：“面向工业界、面向世界、面向未来，培养造就一大批创新能力强、适应经济社会发展需要的高质量各类工程技术人才”“为满足工业界对工程人员职业资格要求，遵循行业指导的原则，制订‘卓越计划’人才培养标准”。该文件还提出“通过高等院校和企业共建工程实践中心，课程中强化工程实践能力、工程设计能力与工程创新能力，创立高等院校和企业共同制定培养目标、共同建设课程教学、共同实施培养过程、共同评价培养质量"等措施。这说明我国政府教育主管部门已从战略高度认识到了工程教育应"回归工程实践"的时代趋势，并从宏观策略和人才培养过程两方面进行了部署。2010 年 6 月 23 日，教育部联合中国工程院、工信部、人社部、财政部等 22 个部门和 20 多家企业正式召开了"卓越工程师教育培养计划"启动会，批准了 61 所高等院校为首批"卓越工程师教育培养计划"试点院校。2013 年 11 月 28 日，教育部、中国工程院发布了《卓越工程师教育培养计划通用标准》。该标准分为本科工程型人才培养通用标准、工程硕士人才培养通用标准和工程博士人才培养通用标准 3 个部分。如今，我国高等工程教育规模位居世界第一，是名副其实的工程教育大国。随着工程教育理念研究的深入和各高等院校"卓越工程师教育培养计划"试点专业工作的展开，我国正在从工程教育大国向工程教育强国迈进。

近年来，随着全球科技革新不断涌现，以有效提升资源使用效率为核心的第四次工业革命逐渐拉开序幕。为应对新工业革命带来的挑战，美国、英国、德国、法国等发达国家都已着手布局，以积极的姿态参与到新工业革命中。美国在 2012 年颁布旨在重塑其在制造业领域全球领先地位的"国家制造创新网络"战略计划。作为传统工业强国的德国在 2013 年实施"工业 4.0 战略"，在制造业中引入物联网技术和网络实体系统，推动工业制造向智能化生产全面转型。2013 年，在英国工业经济发展面临衰退危机的背景下，英国政府提出推动制造业发展与复苏的"英国工业 2050 战略"。法国在 2013 年和 2015 年分别提出"新工业法国"以及"新工业法国II"战略，旨在提升本国工业的整体实力，重塑法国全球工业制造第一梯队的品牌与形象。

在我国的工程教育领域，为主动适应新技术、新产业、新经济发展，推动工程教育改革创新，2017 年 2 月 18 日，教育部在复旦大学召开综合性高校工程教育发展战略研讨会，会上达成了新工科建设"复旦共识"。2017 年 2 月 20 日，教育部高教司发布《关于开展新工科研究与实践的通知》，启动"新工科研究与实践"项目。2017 年 4 月 8 日，教育部在天津大学举行工科优势高校新工科建设研讨会，公布《新工科建设行动路线》，即"天大行动"。"新工科"是在以互联网产业化、工业智能化、工业一体化为代表的科技革命、产业变革、新经济以及新起点等大背景下，为主动应对新一轮科技革命与产业变革，支撑服务创新驱动发展等一系列国家战略而提出的新概念。2017 年 6 月 9 日，新工科研究与实践专家组成立暨第一次工作会议在北京会议中心召开，与会专家审议并原则通过了《新工科研究与实践项目指南》，形成新工科建设的"北京指南"。新工科建设"三部曲"起承转合、渐入佳境，推动"新工科"建设，以探索领跑全球的中国工程教育发展新模式、新经验。2018 年，教育部印发《关于实施卓越教师培养计划 2.0 的意见》，并于 2018 年 3 月 29 日在教育部网站公布了认定的首批 612 个"新工科"研究与实践项目名单，高校新工科建设已经进入实施阶段。同年，教育部、工业和信息化部、中国工程院联合印发《关于加快建设发展新工科实施卓越工程师教育培养计划 2.0 的意见》，在此基础上，教育部印发《关于加快建设高水平本科教育，全面提高人才培养能力的意见》，决定实施"六卓越一拔尖"计划 2.0。2019 年，探索中国特色三级专业认证（一级认证"保合格"、二级认证"上水平"、三级认证"追卓越"）制度，服务一流本科专业建设。

目前，工程教育改革以前所未有的广度和深度令全世界关注。这是由于工程教育肩负着培养亿万工程人才的重任，而正是这些人才创造了或正在创造或将继续创造人世间的工程、技术，推动经济和产业的发展，影响着人们的思维和生活方式。我国目前虽是世界工程教育大国，却不是工程教育强国。我国工程教育人才培养的数量虽多，但质量还有待进一步提高。因此，我国以 2016 年加入国际工程教育《华盛顿协议》组织为契机，以新工科建设为重要抓手，持续深化工程教育改革，加快培养适应和引领新一轮科技革命和产业变革的工程科技人才，打造世界工程创新中心和人才高地，提升国际竞争力。

1.3.3　CDIO 工程教育模式

在第四次工业革命的浪潮下，提升教育质量已成为全球范围内工程教育改革与发展的主旋律。各学校也开展了一系列卓有成效的改革，最引人注目的有 CDIO（conceive，design，implement，operate，即构思、设计、实现和运作）、基于问题式学习（problem based learning，PBL）、基于项目式学习（project based learning）的教学模式改革。其中 CDIO 最为流行，因此，本书仅简要介绍 CDIO 工程教育模式。

麻省理工学院（MIT）、瑞典皇家理工学院（Royal Institute of Technology）、查尔姆斯理工大学（Chalmers University of Technology）、林雪平大学（Linköping University）于 2000 年得到了克纳特及爱丽丝·瓦伦堡基金会（Knut and Alice Wallenberg Foundation）的资助，经过 4 年的探索研究后创立了 CDIO 工程教育理念，并于 2004 年成立了 CDIO 国际合作组织。迄今为止，已有几十所世界著名大学加入了 CDIO 组织，其机械系和航空航天系全面采用 CDIO 工程教育理念和教学大纲，取得了良好效果，按 CDIO 模式培养的学生深受社会与企业欢迎。

CDIO 是一种新的工程教育模式，是欧美国家近年来工程教育改革的最新成果。CDIO 教育模式以从产品研发到产品运行的整个生命周期为载体，让学生以主动的、实践的、课程之间有机联系的方式学习工程。而这样一个完整生命周期及其相应学习过程的各个阶段可由下述 4 个英文单词加以概括表示：构思（conceive）、设计（design）、实现（implement）和运作（operate），如图 1-4 所示。

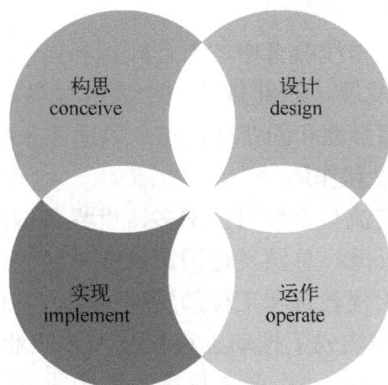

图 1-4　CDIO 工程教育模式

CDIO 培养大纲将工科毕业生的能力分为工程基础知识、个人能力、人际团队能力和工程系统能力 4 个层面，要求以综合的培养方式使学生在这 4 个层面达到预定目标。

CDIO 的教育理念不仅继承和发展了欧美国家 20 多年来工程教育改革的成果，更重要的是通过 CDIO 培养大纲，系统地提出了具有可操作性的能力培养、全面实施的内容和方法，以及检验测评的 12 条标准。

国内外的经验表明，CDIO "做中学" 的理念和方法是先进且可行的，适合工科教育教学过程各个环节的改革。CDIO 工程教育改革的核心内容包括 1 个愿景、1 个大纲和 12 条标准。

2008 年，我国教育部高教司主持成立了"中国 CDIO 工程教育模式研究与实践"课题组，指导有关院校开展 CDIO 工程教育模式试点工作。自 2009 年起，试点工作组每年举行两次全国性的 CDIO 试点工作会议，进行 CDIO 试点工作的交流、研讨和总结，并举办相关的 CDIO 培训班，为全国高校实施 CDIO 培养骨干人才。2016 年，在教育部原"CDIO 工程教育改革试点工作组"的基础上成立"CDIO 工程教育联盟"，有利于更广泛地推动中国工程教育改革和提高教育质量。截至 2020 年年底，我国共有 160 余所联盟高校和众多企业成员，在工程教育方面开展了有益的探索并卓有成效。

1.3.4 工程教育专业认证

世界经济正日益国际化，我国工程和产业"走出去"战略的关键是工程科技人才能走出国门，无障碍地进行跨国界流动。要实现我国工程人才在全球范围内的流动和配置，工程人才的知识视野、职业素质和能力水平必须达到国际水准，工程师的职业地位和职业资质必须获得国际认可。而要做到这一点，必须推进工程教育的国际化，设置权威公认的、与国际实质等效的专业认证体系。开展工程教育专业评估与质量认证，并加入工程教育学位和工程师国际互认协议，是经济与工程全球化、高等教育国际化的必然要求，也是保障世界各国工程教育质量的重要机制和核心手段。

2016 年 6 月，我国成为《华盛顿协议》正式成员，标志着我国本科工程教育实现了国际多边互认。工程教育专业认证工作以先进的理念为引领，通过国际实质等效的质量标准，推动高等教育改革发展。具体的好处如下：①促进高等工程教育和国家工程师制度的改革，提高高等工程教育质量；②建立与注册工程师制度衔接的工程教育认证体系，促进我国工程教育参与国际交流，实现国际互认；③密切工程教育与企业界联系，加强工程实践教育，增强工程技术人才培养对产业的适应性；④通过国际专业认证，在世界同专业领域产生影响力和竞争力。

工程教育专业认证不仅重视传统教育中的专业知识和技术要求，更加重视非技术要求，如工程与社会、环境和可持续发展、职业规范、个人和团队、沟通、项目管理、终身学习等，体现工程教育的实践性、综合性和创新性特点，以适应未来的变化。

1. 工程教育专业认证的概念和作用

随着经济全球化以及国际交流与合作日益增多，世界各国越来越多的领域建立起了与国际接轨的通行活动准则和技术标准。总结发达国家的成功经验，可以看到国际工程科技人才开发主要基于两个关键认证：工程教育和工程师资质认证。它们一个处于人才开发的前端，一个处于人才开发的后端，共同构成了推动工程科技人才职业化发展的关键支撑。《国际高等教育百科全书》提到："认证是由一个合法负责的机构或者协会对学校、学院、大学或者专业学习方案（课程）是否达到某既定资质和教育标准的公共性认定。"认证通过初始的和阶段性的评估进行。认证过程的宗旨是提供一个公认的、对教育机构或教育方案质量的专业评估，并促进这些机构和方案不断改进和提升质量。所谓工程教育专业认证，是指以工程专业为对象，由专业认证机构依据公认的、统一的质量标准（常常是与国际实质等效的、以成果为导向的质量标准），采用定性与定量相结合的方法，对所设专业的培养目标、毕业生质量以及课程设置、师资配备、硬件设施和教学管理等方面进行有效评价，以保证其办学质量符合相关标准，毕业生能达到相应"教育产出"要求的质量认证过程。

推进工程教育专业认证，是构建我国工程教育质量保障体系的重要途径和有效举措。工程教育专业认证确定了工程教育的基础性标准，各个高校的工程专业教育只有达到这个标准，才能保证专业教育的基本质量。并且专业认证往往不是一次性的，而是周期性地重复认证，从而保证了工程专业教育质量的持续改进。开展工程教育专业认证，就能通过认证标准规范高校专业建设，推动工程教育改革，保障人才培养质量，为工程专业毕业生进入相关职业领域提供准入资格，并为我国建立专业的工程师认证与注册体系打下坚实的基础。而高校通过专业认证，并超越认证标准，也能证明自身的教育教学质量和办学实力，使毕业生在就业市场上更具竞争力，同时以其良好的专业声誉吸引更多的优质生源。此外，工程专业认证还可密切高校与业界的联系，促进我国与国际同行的交流。

经济、科技和工程的全球化趋势带动了工程教育的国际化，工程教育国际化强调国际标准、国际等效和国际认可，因而也离不开工程教育质量评估和认证的国际化。国际经验表明，加入国际工程教育和执业资格互认体系，是工程教育和工程人才国际化的重要途径。工程教育专业认证倡导培养国际化人才，追求工程教育的国际可比性与等效性。所谓实质等效，是指并不要求被认证的专业具有同样的教学内容与毕业要求，而是它的毕业生就业后通过适当培训和体验式学习，就能满足执业能力要求，获得执业资格。开展与国际工程教育实质等效的工程专业认证，意味着该专业的办学与国际逐步接轨，签约成员国会相互承认认证结果，认可该专业的办学特色和人才培养质量，从而提升专业办学的国际影响力和毕业生的国际竞争力。

2. 国际工程教育专业认证的发展概况和共同特征

发达国家的工程教育专业认证已有很长的发展历程，最早起源于美国。1932 年，ABET 成立。ABET 是一个具有广泛国际影响力、得到美国教育部认可的非官方权威认证组织，它负责制定认证的程序和标准（最典型的是 EC2000 标准），聘请工程教育界、企业界和工程界的同行作为评估专家，对美国高校及工程类专业开展认证活动，以国际化的标准引导和推动美国的工程教育。认证的结果不仅为学生升学和就业、用人单位选择雇员提供信息，还是学生今后获得注册工程师资格的必要条件。

1989 年，来自美国、英国、加拿大、爱尔兰、澳大利亚、新西兰 6 个国家的民间工程专业团体发起和签署了《华盛顿协议》，针对国际本科工程学历资格互认，工程伦理教育被纳入工程专业教育认证的制度体系中。

成果导向教育（outcome based education，OBE）是指教学设计和教学实施的目标是学生通过教育过程最后所取得的学习成果。OBE 强调以下 4 个问题：①想让学生取得的学习成果是什么？②为什么要让学生取得这样的学习成果？③如何有效地帮助学生取得这些学习成果？④如何知道学生已经取得了这些学习成果？《华盛顿协议》目前已全面采用 OBE 模式，而 ABET 早在 20 世纪 90 年代就开始采用 OBE 模式。根据 ABET 2017 年本科工程教育的一般标准，工程教育本科生学习成果包括以下 11 项能力：①能应用数学、科学和工程学的知识；②能设计和开展实验，并分析和解释数据；③在经济、环境、社会、政治、伦理、健康和安全、可制造性和可持续性发展等现实约束条件下，能设计系统、要素或过程，以满足所需要求；④能在多学科小组活动中发挥作用；⑤能理解、阐述和解决工程问题；⑥能理解职业和伦理的责任；⑦能有效交流；⑧拥有必要的、足够的教育，以理解在全球经济环境及社会背景下，工程解决方案可能产生的影响；⑨有意识并致力于终身学习；⑩能认识当代社会存在的问题；⑪能使用工程实践所需的技术、技能和现代工具。ABET 还积极推进工程教育国际化和国际多边合作交流，开展国际咨询和认证服务，与英国的工程委员会、澳大利亚的工程师学会、日本的工程教育认证委员会以及德国、加拿大等国的类似认证机构签订多国合作与互认协议，实现各国工程教育专业学位和工程师资格的相互认可。

美国专业认证的成功经验为世界各国所仿效，成为各国高等教育外部质量保障体系不可或缺的重要组成部分，并形成了各具特色的工程教育专业认证模式。例如，英国的专业认证始于 20 世纪 60 年代，其工程教育认证由英国工程委员会负责实施，该委员会的使命就是为工程师、工艺师和技术员制定其专业能力和职业道德的国际公认标准。此外，加拿大、德国、澳大利亚、日本、爱尔兰、新西兰、俄罗斯、韩国、中国香港等国家和地区也都建立了比较完备的专业认证体系，形成了国际互认的认证标准。

总的来说，发达国家的工程专业认证具有以下共同特征：

1）独立性。其工程专业认证多由非官方的行业协会负责实施，这些机构能独立运作，即独立自主地制定认证准则和认证程序等认证全套规则，独立自主地开展认证活动和给出认证结论，对接受认证的高等院校和社会公众负责。

2）权威性。其工程教育专业认证制度的建立，起点几乎都是成立一个以政府立法或授权方式得到肯定的权威性组织机构，参加签约的组织更是所在国家唯一的工程专业认证机构。

3）专业性。开展认证的工程组织的核心领导都是工程界和工程教育界的资深人士，参加认证的人员不仅有教育界的专家，也有工程界和企业界的专业人士，认证人员都能得到很好的培训。

4）成果导向性。目前世界两大工程教育认证体系，即《华盛顿协议》和《欧洲工程教育项目认证计划》，两者都强调 OBE 的认证，并突出学生解决复杂问题能力的培养。

5）衔接性。专业认证制度与工程师执业资格制度能相互衔接，拥有通过专业认证的学校的学习经历是获得工程师执业资格的必要条件。

1.4 现代工程观

工程哲学认为，相对于科学的发现活动和技术的发明活动，工程是一种人工造物活动，而人类的工程造物活动总是在一定的工程观指导下进行的。现代工程观是人们在深刻认识工程活动规律，总结工程活动历史经验，把握工程发展趋势的基础上形成的对工程的总体认识、根本概念和基本要求，它不仅是人们认识和进行工程活动的指南，对高等工程教育改革同样具有引领和指导作用。工程观影响着人们对待工程的态度，影响着工程风险的认知评估和工程责任的分配承担。

马克思主义哲学认为，自然观与历史观是统一的，人类的物质生产活动是联系自然界发展与社会历史发展的中间环节。殷瑞钰院士等在《工程哲学》一书中创造性地发展了这个观点，该书从工程活动是最重要的物质生产活动、"自然—人（工程活动）—社会"三元关系以及"自然—科学—技术—工程—产业—经济—社会"知识链的角度出发，提出了工程理念、工程系统观、工程生态观、工程社会观、工程伦理观、工程文化观等思想，阐明了现代工程活动不仅具有自然科学技术的性质，而且具有人文社会科学技术的性质。现代工程观不仅开拓了从自然观到历史观的通道，而且在马克思主义哲学中增添了新的、重要的内容。本节将对这些研究成果总结，对 9 种主要的现代工程观——工程系统观、工程价值观、工程发展观、工程实践观、工程伦理观、工程生态观、工程文化观、工程社会观和工程创新观的基本内容进行简要介绍。

1.4.1 工程系统观

系统按照其组成元素的性质，可以划分为自然系统和人工系统。工程活动是典型的人工系统。工程系统本身的构成要素是人、物料、设备、能源、信息、技术、资金、土地、管理等，工程与其外部环境（自然、经济、社会等）是一个包括工程在内的更大的系统。人们在进行工程活动时，不仅要考虑工程自身的系统，更要考虑工程与其外部环境构成的更大的工程系统，它包括工程对象系统、工程过程系统、工程技术系统、工程组织系统、工程支持系统和工程管理系统 6 个子系统。可见，工程系统是为了实现集成创新和建构等功能，由各种"技术要素"和诸多"非技术要素"按照特定目标及功能要求所形成的完整的集成系统。它具有整体性、复杂性、层次性、动态性、协调性、目的性等特征。

现代工程是一个包括多种要素的复杂动态系统，现代工程活动对工程技术人员，特别是工程师的视野、知识背景、实践创新能力等不断提出新的更高要求，其中包括系统观念、系统理论、系统方法等内容。卓越工程师必须树立工程系统观，掌握系统思维与系统分析方法，用系统整体的观点认识、分析和处理工程实践中遇到的复杂工程问题，努力使自己成为具有战略眼光、系统思维、全局思想与综合素质的新型工程技术专家。

1.4.2　工程价值观

工程价值观是对工程价值的认知以及对自己工程建构行为结果的作用、效果和重要性的总体评价。工程是人类为了某种特定目的和需要，综合运用及有效集成科学理论、技术手段、实践经验与必要的自然资源、社会资源，有组织、规模化、系统化地改造客观世界的建构性实践活动和过程，以及所取得的具有使用价值的工程实体或人工物系统。工程建设活动是为了造福人类、满足经济社会发展和人们生活的需要，但工程不能为建设而建设，它必须有正确的价值取向。如果说科学活动的最终价值是"求真"，技术活动的主要价值是"求用"和"求实"，那么，现代工程的目标和价值追求则是多属性和多元化的，有科学价值、经济价值、社会价值、政治价值、军事价值、文化价值、生态价值、伦理价值、审美价值等。工程的多元价值之间可能是协调的，也可能是相互矛盾和彼此冲突的。

工程科技人员以不同的价值观做出的价值选择会对自然、社会和人类产生截然不同的影响。基于多元价值的工程评论对工程活动具有很强的导向作用，会使工程活动的过程与结果更趋于理性化与人本化。在工程评估和工程评论的评价标准上，工程活动的生态价值、社会价值应高于工程活动的经济价值、政治价值，工程活动的整体价值、长远价值也应高于工程活动的局部价值、眼前价值。

1.4.3　工程发展观

工程活动是人们自觉或者不自觉地在某种工程理念和工程发展观的支配下进行的创造性实践活动，要促进科学发展观在工程领域的落实，推动我国工程科技的进步和工程建设的可持续发展，关键是要树立以人为本的工程发展观、工程发展协调观以及工程发展和谐观。

工程的最终目的，是人类应用科学技术，使自然界的物质和能源通过各种结构、机器、产品、系统和过程，高效而可靠地做出对人类有用的东西。工程系统作为一种人造系统和社会性的协作活动，是由人来决策、设计、建造和运作的，也是为人服务和为人使用的。这就决定了工程自始至终以人为中心的本质，因而在工程活动中必须首先确立以人为本的工程发展观。

现代工程逐步走向规模化、结构复杂化、绿色化和高新技术化，成为一个受多种因素和边界条件制约的复杂的动态系统。工程中的协调既包括工程子系统内组成要素之间的协调、工程子系统之间的协调、工程与环境关系的协调，也包括工程系统与更大社会系统相关因素

（如生态因素、社会因素、政治因素、经济因素、文化因素、伦理因素）之间关系的协调。过去，社会中出现的工程问题主要是线性的、机械的、离散的，工程师凭借数学和科学的应用就能解决；如今，日趋复杂的现代工程问题，需要凭借"工程共同体"来解决。也就是说，面对复杂的现代大型工程，靠过去单兵作战的个体力量和单一的工程技术已经远远不够，必须通过现代的复杂性工程管理和组织调控，统筹协调好不同工程参建单位之间、工程共同体内部成员之间、工程利益相关者之间以及工程系统内部不同技术要素和非技术要素之间的关系，才能实现工程的整体协作和集成优化以及社会的和谐。因此，在工程活动中必须树立工程发展协调观。

此外，要正视工程的"风险与造福"的"两重性"，规范和制衡人的工程行动。正因为工程是一把"双刃剑"，所以要确立健康、理性、和谐的工程发展观。同时，应把维护自然生态系统平衡，促进人与自然、人与社会的和谐发展以及人类社会的可持续发展作为工程行动的约束条件和价值取向。随着工程活动对人类社会生存和发展负面效应的不断增加，工程实践主体应该摒弃功利、短视的工程行为，树立健康、和谐、可持续的工程发展观，树立一切工程都要造福人民、服务人类长远利益的思想，自觉尊重工程自身的客观规律，遵循科学的建设程序，追求工程对经济发展、社会进步和生态文明建设的持续、长期的贡献以及人与自然、人与社会和人与人的和谐，以高效、低耗、绿色、可持续的发展方式，建设健康长寿的优质工程。

1.4.4 工程实践观

现代工程构成了现代社会存在和发展的物质基础，它深刻地影响着人类生活的各个方面。工程是人们综合应用科学理论和技术手段改造客观世界的实践活动。工程实施过程是一个复杂的工程链。工程的本质就是一种切实的造物实践，实践是工程的基本属性之一，是工程理念转化为现实存在物的过程和载体。从大工程的角度来看，作为一名现代工程师，应该具备以实践创新能力为核心的多维能力结构，包括研究开发能力、工程规划与决策能力、工程设计能力、工程实施能力、工程管理能力、交往合作能力、表达沟通能力、国际交流能力、处理工程与社会和自然和谐的能力、信息获取与工具使用能力、终身学习能力等。工程师获得和掌握这些能力的途径主要是在校期间的工程实践训练及工作后的实践锻炼。因而，高等工程教育必须坚持工程的实践本位，它源于工程实践，最终也要回归实践，从工程中来，到工程中去，这也是世界工程教育发展的共同趋势。事实上，杜威主张的"做中学"理论、陶行知倡导的"教学做合一"思想、茅以升提出的"习而学"工程教育模式，说明的都是这个道理。

工程教育必须从"科学范式"走向"工程范式"，把工程性和实践性放在首位，让学生积极参与工程实践。这样能帮助学生明白工程师的工作性质和职责以及工程与科学、技术之间的联系；帮助学生认识到工程师的工作是创造性活动，工程创新是创新活动的主战场，它深深地影响着人们所生活的世界；使学生在分析和解决实际问题的实践中能够运用学到的知识，并培养他们以实践能力和创新创业能力为核心的多方面能力；帮助学生充分认识工程与自然、社会之间的关系，并运用现代工程观应对现今社会面临的诸多挑战。

1.4.5 工程伦理观

工程是一个集成了科学、技术、经济、政治、法律、文化、军事、环境等要素的系统。工程活动中蕴含着十分丰富的伦理内涵和多元伦理关系，包括工程与自然（环境）、工程与社会、工程与人的伦理关系以及工程与经济、政治、文化等的伦理关系。伦理在工程活动中对工程主体的道德行为起着重要的定向调节作用。

工程伦理是指工程共同体成员在其职业工作或工程实践中的全部行为规范的总和。工程伦理渗透于工程活动的全过程，是考察、评价工程实践活动的价值尺度和工程实践主体的道德维度，其核心是一种职业伦理和社会责任。工程伦理的首要目标是维护公众的安全、健康和福祉，因而在工程伦理观中，最根本的是工程师应该自觉地担负起造福人类的责任，将公众的安全、健康和福祉置于首要地位。工程活动主体，特别是工程师要将这一伦理原则内化为自己的道德需要和行动自觉，时刻以正确的工程伦理观进行工程决策、工程设计、工程施工和工程项目管理，在各种复杂利益与价值的矛盾冲突中坚守伦理道德原则与规范，以避免行为失范，防止工程风险和事故的发生。也就是说，在工程活动中，工程师担负的责任不仅是深刻地理解和成功地应用技术标准，保证技术的可靠性和有效性，还需要对工程产品的性能（如稳定性、安全性、有效性、服务能力）等负责，对环境、社会伦理负责，使每一项具体的工程既是工程师智慧的结晶，又能展现出工程活动主体的社会责任意识、社会价值眼光和对工程综合效应的道德敏感性。

1.4.6 工程生态观

工程活动是科技成果转化为现实生产力的桥梁，是人与自然界相互作用的中间环节。人类对外部世界进行改造的工程实践会对自然环境产生直接和显著的影响，并会带来许多无法预知的风险及对生态平衡的破坏。随着科学技术的迅猛发展和广泛应用，能源资源被大量消耗，生态环境日趋恶化。当今社会，酸雨、温室气体、全球变暖、土地沙漠化、植被破坏、水土流失、水质污染、雾霾、沙尘暴、干旱和洪涝灾害、物种灭绝等环境问题，日益成为人类面临的亟须解决的重大问题。人类不恰当的、功利性的工程活动导致的生态环境问题严重影响人类的生存质量，给经济、社会和环境的可持续发展带来严重威胁，这就迫使人们对传统的工程观、工程建造的科学性及工程技术应用的合理性问题进行生态性反思，迫切需要工程从单纯为了满足人类利益需要而利用、改造自然转向为保护生态环境、维持生态平衡服务，使工程与社会、生态和谐共处、可持续发展。如果不敬畏自然，不遵循生态活动的规律，不按照自然规律建设工程，人类必将受到自然的严厉惩罚。

工程活动不应是单纯改造自然的物质活动，而应是协调人与自然、人与社会关系的造物活动，工程活动所造之物包含对外部生态环境和自身生态功能的重塑。在现代社会，人们必须树立科学的工程生态观，既要把生态环境作为工程活动的外在约束条件，更要把生态因素作为工程决策、设计、实施、运行和评估的内生要素，做到既改造环境，又保护环境、优化环境，促进生态环境的健康和永续发展。这就要求工程的创新与建设必须以工程生态观为核心，必须符合生态循环的规律。也就是树立生态循环工程观，将工程作为整个生态系统的一个子系统，将工程造物现象理解为生态循环系统之中的生态社会现象和整个生态循环过程中的一个环节，尽可能使工程资源能够循环使用，使工程的经济、社会和科技功能顺应与服从生态循环规律。

1.4.7 工程文化观

一切工程都是在"自然—人—社会"的三维时空中建构的。现代工程不仅具有自然科学技术的性质，而且具有人文社会科学的性质。工程与文化的结合，形成了工程文化。所谓工程文化，是指工程共同体在长期工程实践过程中逐步生成和发育起来的、体现自身特色的、为工程共同体所认同和共有的精神财富、活动方式，以及蕴含于工程实体中的理念、风格、传统、技术、艺术等文化的总和，具体包括环境文化、物质文化、行为文化、制度文化和精神文化。工程文化是联系自然界与人类社会的重要媒介，从一定意义上说，有什么样的工程文化，就有什么样的工程产物。工程文化具有民族性、整体性、渗透性、时代性、空间性、审美性等特性，它影响工程设计的结果、工程实施的质量、工程评价标准的合理性及工程未来的发展前景。对工程文化和工程文化观的丰富内涵，可着重从文化传承与文化创新两个维度来理解和把握。

在文化传承层面，工程活动主体，特别是工程师要理解以下三点：①工程活动主体是文化的传承人。他们要明白自己文化传承人的身份和作用，传承本民族先进文化和其他民族文化，防止将民族文化功利化、庸俗化。②工程活动是文化传承的载体。工程是在一定的文化背景下进行的，因而工程建构活动必然反映它所处的时代和民族的文化，不同的时代和不同的民族有不同的工程文化。③工程活动的文化传承要与当地的文化及自然环境相和谐。

在文化创新层面，工程活动主体要认识到工程对文化创新的积极作用。工程文化蕴含于工程活动之中，也是文化系统里的一个重要分支，工程活动对文化创新起着十分重要的作用。

总之，工程文化与工程建设活动紧密相关，它是工程活动的灵魂和精神动力。工程的文化品位和艺术风格是由人决定的，也就是说，是由工程实践主体，特别是工程师来设计和选择的。所以，要建设富有文化的工程，首先必须有"文化人"；要建设有品位的工程，首先必须是有品位的人。工程共同体成员应具有理性的工程文化观和较高的文化素质，应戒除浮躁心态、低俗的美学和艺术品位、贫乏的人文素养和急功近利的作风，不能只考虑近期需求和眼前利益。富含工程文化要素的工程具有旺盛的生命力，而缺少工程文化要素的工程将可能危害人类和自然。因此，工程建设者，特别是工程师在进行每一项工程活动时，都要坚持正确的工程文化观，努力传承和弘扬传统的、有民族和时代特色的工程文化。

1.4.8 工程社会观

工程活动不仅是技术活动，还是一种社会活动。工程是社会建构的产物，社会性是现代工程发展的显著特征。工程与社会之间存在非常复杂的关系，在技术要素集成与综合的过程中，同时发生社会要素的综合与集成，发生着与技术过程、技术结构相适应的社会关系结构的形成。所以，工程作为人类有目的、有计划、有组织的社会实践活动，同时具有自然属性和社会属性，也就是既具有认识自然、改造自然的自然属性，也具有适应社会、变革社会的社会属性。其中，工程活动的自然属性是其社会属性存在的载体和物质基础，工程活动的社会属性是其自然属性的目标追求和价值实现，两者是协调统一的。

现代工程的社会属性主要表现为工程活动主体的社会性、工程目标的社会性、工程影响的社会性、工程活动及过程的社会性以及工程评价的社会性。工程的这些社会属性客观上要求人们树立正确的工程社会观。也就是说，人们在考察、分析和反思工程问题时，既要看到在工程中所发生的技术和工艺现象必须符合自然规律，要用科学技术的观点去认识和分析工程；又要认识到工程活动绝不是一个纯自然的现象和纯技术的过程，还必须从社会的观点出发，全方位地认识和理解工程。需要考虑的方面包括：工程活动是在一定的规范指导和约束下进行的活动，除了各种技术规范外，还包括各种法律、伦理、社会、宗教、文化规范以及许多社会习俗、惯例等；在工程决策、设计和实施过程中，决策者和工程师不仅应考虑技术因素和技术规范问题，还必须考虑社会规范和人的因素，考虑工程活动对当地历史环境、文化环境、生态环境和民风民俗的影响；工程决策和工程设计不仅要关注当地的经济结构、地缘政治、环境保护等显性因素，更要关注和尊重当地的历史、文化、风俗、伦理、宗教等隐性因素，建造与所在地历史和社会文化相融合、相承继、相协调的优质工程。因此，从工程社会观的角度认识工程的技术属性与社会属性、经济效益与社会效益，分析和理解与工程相关的社会问题，使工程活动既考虑技术经济因素又考虑社会文化因素，并重视对工程中多种社会行动的有效集成。这对促进人与自然、人与人、人与社会的和谐及工程与社会的协调发展，具有重要意义。

1.4.9　工程创新观

当前，我国已进入新的发展时期，全国上下正在为实现全面建成小康社会、新型工业化社会、和谐社会及创新型社会的宏伟目标而奋斗，各行各业都在进行着大规模的工程建设，工程活动和工程创新的重要作用与地位日益凸显。我国已成为世界上的工程大国，并且可以预见，今后 20 年，中国将逐步走向创新型国家、新型工业化社会和工程强国。工程建设将一直是经济建设的主战场，工程创新将一直是创新活动的主阵地，这迫切要求高等工程教育培养造就一大批具有现代工程创新观以及创新精神、创新思维和创新创业能力俱佳的创新型工程科技人才。工程创新观是一个卓越工程师所必备的现代工程观，它在一定程度上决定了工程创新的成败。要求工程师必须树立工程创新的复杂性观念和集成创新的观念。

综上所述，工程活动是有规模、有目的、有组织的人工建构活动，是科学、技术、经济、政治、文化、历史、环境等诸多因素综合作用的社会活动。任何工程都是在一定的工程观指导下进行的：现代工程观包含的内容非常丰富，上述 9 种工程观仅是其中的主要方面，它们之间不是孤立存在和截然分开的，而是相互联系、相互交叉的。现代工程观要求工程活动应建立在符合客观自然规律和社会规律的基础上，遵循资源节约、环境友好、以人为本、社会和谐、创新发展的伦理准则及价值取向，实现工程规划和决策的系统化、民主化、科学化以及工程设计与实施的人本化、生态化、文化化，并妥善处理好工程活动中存在的多元价值观、伦理道德和复杂的利益关系，实现工程系统的集成与综合优化，促进人与自然、社会的协调及可持续发展。工程实践主体，特别是卓越工程师应增强社会责任感，树立科学且理性的现代工程观，并将其运用于工程实践之中。

参 考 文 献

[1] 张仕斌，李飞，王海春. 信息技术工程导论[M]. 西安：西安电子科技大学出版社，2016.

[2] 姚立根，王学文. 工程导论[M]. 北京：电子工业出版社，2012.

[3] 殷瑞钰，汪应洛，李伯聪. 工程哲学[M]. 3 版. 北京：高等教育出版社，2018.

第 2 章　工程学概论

在人类发展的历史中，对自然资源的开发利用是改善生活的重要途径。从兴修水利、挖掘运河，到修建道路和桥梁、铺设通信网络等，这些提升生活品质的重大活动往往不是一个人能够完成的，而是需要一群人进行有计划、有组织、有规模的实践活动，这就是工程活动。

"工欲善其事，必先利其器"，从事任何工程活动都离不开工具。在原始社会，人们依靠石器工具来劳动；农耕时期，人们使用碓臼、耕具等工具进行生产活动；蒸汽时代出现的蒸汽机进一步提升了劳动生产力；电气时代电力的广泛使用更是极大地提升了人类的生产效率；信息时代电子计算机的诞生延伸了人们的脑力，拓宽了人们的眼界和思想。继蒸汽时代、电气时代和信息时代之后，人工智能技术的快速发展再次将人类和社会的发展推到了高峰，促使人类迈向智能时代。马克思说过："各种经济时代的区别，不在于生产什么，而在于怎样生产，用什么劳动资料生产。"劳动资料更能显示一个社会生产时代的具有决定意义的特征。四次工业革命都深刻改变了生产力和生产关系，在提高人类生活水平的同时，也带来了全球产业的大转移和国际格局的大调整。中国已经建立了完整的工业体系，并在移动互联网时代实现了产业能力的突破。当前，以人工智能技术为核心的第四次工业革命已拉开帷幕。这是一次数字化、智能化与网络化深度融合的技术革命，将带领人类进入智能时代。

工程活动塑造了现代文明，改变了现代社会的面貌，深刻地影响着人类社会生活的各个方面。它是社会存在和发展的物质基础。工程学或工学是通过研究与实践应用数学、自然科学、经济学、社会学等基础学科的知识，来达到改良各行业中现有建筑、机械、仪器、系统、材料和加工步骤的设计和应用方式的一门学科。实践与研究工程学的人称作工程师。当代工程师不仅需要扎实的专业基础知识，而且需要优秀的团队协作精神。

本章首先介绍工程与科学、技术的关系，掌握工程的概念和特征；其次，使学生认识到工程蕴含在各行各业中，并以不同形式表现出来，通过深入实际，观察和比较不同种类的工程，了解其各自的特点和共性，从而在今后的学习中掌握工程的一般性原则、方法、工具等。

2.1　工程的实例

我们正生活在一个工程化社会，工程无处不在，随时可见。例如，土木工程、水利工程、交通工程、机械工程、电力工程、通信工程、物联网工程、网络工程、软件工程、航天工程、生物工程、医药工程等。

2.1.1　古代工程实例

1. 都江堰水利工程

我国 2000 多年前的都江堰水利工程（见图 2-1）至今依旧在灌溉田畴，它是世界水利文化的鼻祖，是战国时期（公元前 256 年）秦国蜀郡太守李冰及其子率众修建的一座以无坝引水为特征的宏大水利工程。该工程主要由鱼嘴、飞沙堰、宝瓶口三大主体工程构成无坝引水，利用地形与水势，科学地解决了江水自动分流、自动排沙、控制进水流量等问题，消除了水患。其因势利导构思之巧妙，就地取材施工之便宜，水资源充分利用之合理，至今仍令中外水利专家赞叹不已，可以说是大禹治水以来，采用疏导与防堵相辅相成、辩证统一的典范。都江堰以其"历史跨度长、工程规模大、科技含量高、灌区范围广、社会经济效益大"的特点享誉世界，在政治、经济、文化上都有着极其重要的地位和作用，不仅是中华文明工程史上的一座丰碑，也是世界文明的伟大杰作。

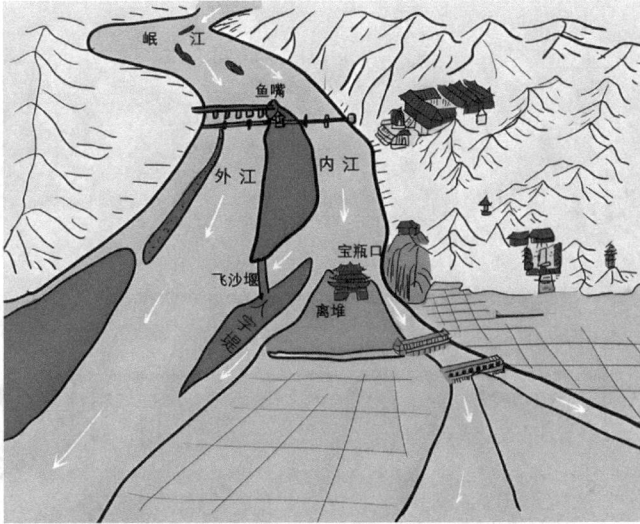

图 2-1　都江堰水利工程

2. 京杭大运河工程

始建于春秋时期的京杭大运河（见图 2-2）是世界上里程最长、工程最大的古代人工运河之一，它是我国第二条"黄金水道"。大运河南起杭州，北到北京，途经浙江、江苏、山东、河北四省及天津、北京两市，贯通海河、黄河、淮河、长江、钱塘江五大水系，主要水源为微山湖，大运河全长约 1794km。大运河对中国南北地区之间的经济、文化发展与交流，特别是对沿线地区工农业经济的发展起了巨大作用。大运河工程涉及测量、计算、流体力学、水利水文学、施工、管理等多方面的科技知识，反映了中国古代劳动人民的聪明才智和创新精神，是我国古代劳动人民创造的一项伟大工程，显示了中国古代航运工程技术的卓越成就。

图 2-2　京杭大运河

3. 北京故宫博物院

北京故宫博物院（见图 2-3）是典型的中国古代土木工程代表之一，通常有"九梁十八柱七十二条脊"之说，足可见其结构的复杂程度。北京故宫是世界上现存规模最大、保存最为完整的木质结构古建筑之一，1987 年被列为世界文化遗产，不仅是中华文明的伟大杰作，也是世界文明的伟大杰作。

图 2-3　北京故宫博物院

此外，我国的万里长城、埃及的金字塔、罗马的凯旋门等都是古人留下的伟大工程。

2.1.2　现代工程实例

20 世纪 40 年代的曼哈顿计划、60 年代的阿波罗登月计划及 90 年代的人类基因组计划，堪称现代世界三大工程。我国 20 世纪六七十年代完成的"两弹一星"工程、改革开放后建设的大亚湾核电工程、宝钢二期工程、中国铁路 5 次大提速工程，以及三峡工程、探月工程、南水北调工程、西气东输工程、青藏铁路工程、首次火星探测等，创造了中国历史发展进程的神话。它们表明今天的中国正在从工程大国向工程强国迈进。可以说工程活动塑造了现代文明，并深刻地影响着人类社会生活的各个方面。现代工程构成了现代社会存在和发展的基础，构成了现代社会实践活动的主要形式。

1. 中国载人航天工程

中国载人航天工程（见图 2-4）是中国空间科学实验的重大战略工程之一，于 1992 年 9 月 21 日由中国政府批准实施，代号"921 工程"。从最初的发射载人飞船，到突破航天员出舱活动技术和空间交会对接技术，再到全面建成中国空间站，中国载人航天工程始终遵循着"三步走"的发展战略，稳扎稳打，步步为营。中国载人航天工程由航天员系统、空间应用系统、载人飞船系统、长征二号 F 运载火箭系统、酒泉发射场系统、测控通信系统、着陆场系统、空间实验室系统、货运飞船系统、载人空间站系统、光学舱系统、长征五号 B 运载火箭系统、长征七号运载火箭系统和海南发射场系统，共计 14 个系统组成。中国载人航天工程充分体现了工程的集成性，是我国航天史上迄今为止规模最大、系统组成最复杂、技术难度和安全可靠性要求最高的跨世纪国家重点工程。中国载人航天工程是彰显国家科技实力、推动全球太空探索合作并屡创辉煌的里程碑式工程。

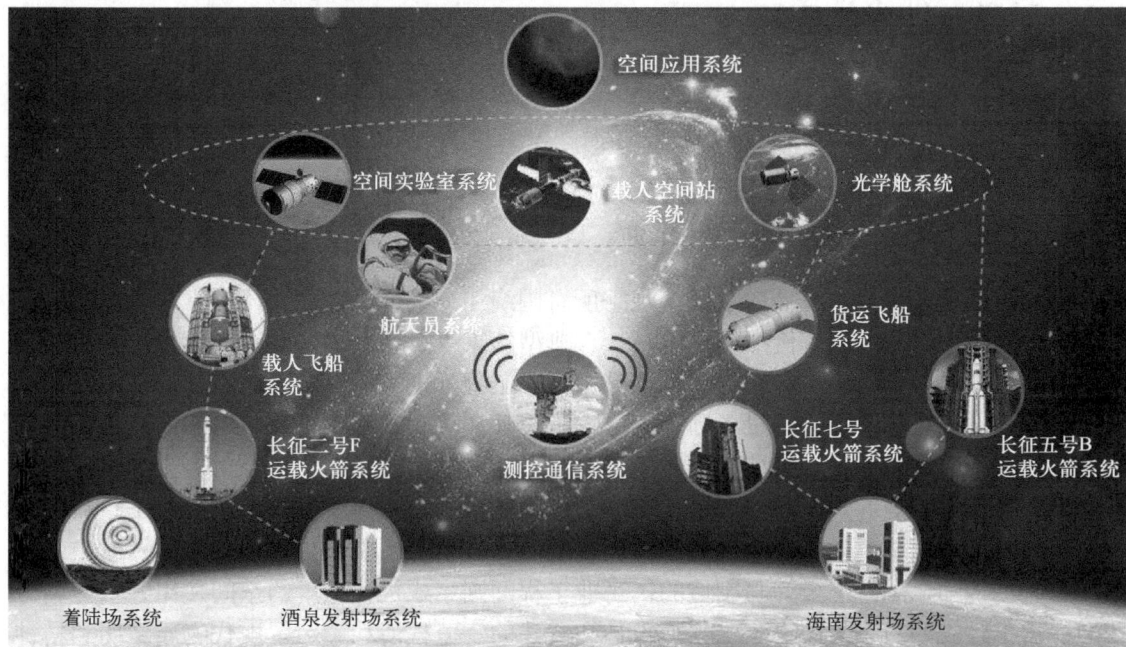

图 2-4 中国载人航天工程的系统组成

2. 北斗卫星导航系统

北斗卫星导航系统（Beidou Navigation Satellite System，BDS）是中国自行研制的全球卫星导航系统，也是继美国 GPS、俄罗斯 GLONASS 之后的第三个成熟的卫星导航系统。北斗卫星导航系统由空间段、地面段和用户段三部分组成，可在全球范围内全天候、全天时为各类用户提供高精度、高可靠定位、导航、授时服务，并且具备短报文通信能力。北斗卫星导航系统已经广泛应用于交通运输、农林渔业、水文监测、气象测报、通信授时、电力调度、救灾减灾、公共安全等多个领域。

3. 中国高铁

中国高铁的发展历程是一段充满挑战与突破的壮丽篇章，从最初的探索与尝试，到如今的全球领先，中国高铁不仅改变了国人的出行方式，更成为国家实力和创新精神的象征。

1994 年，中国第一条准高速铁路——广州至深圳铁路建成通车，时速达到 200km/h。2007 年，中国铁路开启第六次大面积提速，和谐号动车组亮相，最高运行时速可达 250km/h，宣告中国铁路进入高速时代。2008 年，京津城际高铁建成通车，成为世界上第一条运营时速 350km/h 的高速铁路。

最近 10 年，"八纵八横"高速铁路规划总里程约 4.56 万 km，截至 2024 年底目前已完成约 81%。2017 年，复兴号动车组投入运营，这是中国自主研发、具有完全知识产权的新一代高速列车，标志着中国铁路技术装备水平进入一个崭新时代。全长 308km 的成渝高铁，已实现"一小时高铁生活圈"，"九省通衢"的武汉已建成连通沪汉蓉高铁、京广高铁、武九高铁等高铁网络。同时，北京、上海、郑州等中心城市，"八纵八横"主通道骨架已建成。2021 年 6 月，世界上最长的沙漠公路——京新高速全线通车，特别是河套平原西面是 500km 的无人区，要穿越沙漠戈壁，修建难度极大。3 万名建设者在极其恶劣的自然环境里修筑起这条沙漠巨龙，不仅是在技术上，更是在精神上向世界证明了中国力量。

2.2 科学、技术与工程

在现代社会中，科学、技术与工程是三种重要的社会活动，三者既有密切联系，又有本质区别。如果说 19 世纪是科学的时代，20 世纪是技术的时代，那么 21 世纪就是工程的时代。

2.2.1 科学、技术与工程的基本概念

工程是创造造福人类产品的手段。几乎所有围绕在人类周围的物体（通常称为产品）都是工程师努力工作的结果。例如椅子就是一个典型的工程产品。椅子的金属零件，其材料来源于矿山中开采的金属矿石，采矿的过程是由采矿工程师设计的；金属矿石由冶金工程师通过冶金机械设备提炼，而这些设备则是由土木工程师和机械工程师设计制造的；机械工程师负责设计椅子的各个零件及制造椅子的机器；椅子的高分子材料或纺织物大多来源于石油，石油工程师负责石油的开采与生产，而化学工程师则从石油中提炼并制造出高分子材料；装配好的椅子是通过货车或飞机运送到客户所在地，而货车或飞机是由机械工程师、航空工程师和电气工程师在工厂中设计与制造的；工业工程师则完成优化工厂的空间使用、资金和劳动力；货车行驶的道路是由土木工程师设计和修建的。工程活动塑造了现代物质文明和精神文明，构成了现代社会存在和发展的基础以及现代社会实践活动的主要形式，深刻地影响和改变着人类社会生活的各个方面。

1. 科学的概念

科学（science）是指对各种事实和现象进行观察、分类、归纳、演绎、分析、推理、计算和实验，从而发现规律，并对各种定量规律予以验证和公式化的知识体系。科学的任务是揭示事物发展的客观规律，探求真理，作为人们改造世界的指南。通过发现问题并寻求不带偏见的、统一的答案，科学让人们了解真实的世界。

科学知识的基本形式是科学概念、科学假说和科学定律，科学活动的最典型的形式是基础科学研究，包括科学实验和理论研究。

科学的特征主要体现在以下几个方面：
1）它是一种知识形态的理论、概念学说。
2）它是一种不以人的意志为转移的客观存在，具有重复性、再现性和可比性。
3）它具有连续性、深入性和创造性。
4）它的发展变化没有止境。

2. 技术的概念

在西方语言中，技术（technology）一词出自希腊语中"techne"（工艺、技能）与"logos"（词、讲话）的组合，意指对造型艺术和应用技艺进行论述。当它 17 世纪在英国首次出现时，主要指各种应用技艺。在我国《辞海》（1979 年版）中，"技术"被解释为"人类在利用自然和改造自然的过程中积累起来并在生产劳动中体现出来的经验和知识，也泛指其他操作方面的技巧和手段"。技术是指人类根据生产实践经验和自然科学原理改变或控制其环境的手段和方法。技术的本质是为实现预期结果而重复进行的优化操作。

技术知识的基本形式是技术原理和操作方法，技术活动的最典型方式是技术开发，包括发明、创新和转移。

技术具有综合性与集成性、通用性与适用性、依存性与连锁性、先进性与经济性、自然和社会双重属性、个性化等特征。

3. 工程的概念

演绎工程学历史的一种方法是通过现在人们认为与工程十分类似的活动来追溯工程学。这些活动与工程存在相似之处是出于各种原因。例如，虽然现代的建筑与埃及金字塔大不相同，如今也没有工程师从事类似建造金字塔的工程项目，但是建造金字塔这样宏伟的建筑不仅需要运用数学来创建物理结构，还需要复杂且大规模的人力和资源，而这两点正是现代工程的特征。不过，埃及金字塔与现代工程项目还是有所不同的，现代工程项目重在实现一些有益的目的，以便为人类服务，提高人类的生活质量。金字塔虽然令人印象深刻，但追求的是一种超脱世俗的目的，这在现代工程中非常罕见。

什么是工程？在国外，"工程"（engineering）的概念是伴随着社会的发展、科学技术的进步以及人类社会实践的不断深化而逐步演变的。西方"工程"一词最早源于 17 世纪至 18 世纪欧洲军事斗争的需要，起初它主要指攻防器械和设施，如弩炮、云梯、浮桥、城堡、碉楼、器械等的建造活动，其设计者就是工程师（engineer）。工程学诞生于 17 世纪后期的法国军队，成为一种特殊的专业，有专门的培训和教育模式。例如，"精灵军团"中的士兵们在训练营接受专门的军事技术培训。18 世纪下半叶，英国出现了最早的公共民用工程（civil engineering），如运河、道路、灯塔、江河渠道、码头、城市上下水系统等，我国习惯称之为土木工程。之后美国很快赶上了法国，西点军校成立后，工程学校就从军事训练学校中发展出来。西点军校成立几年后，开始采用法国军事工程学校的课程。到 19 世纪 30 年代，许多成功的工程学校在美国发展起来，它们教授同样的课程。

现代工程产生于 19 世纪末 20 世纪初。伴随着相对论、量子理论、DNA 遗传密码、混沌理论等重大科学发现，原子能、计算机、生物、纳米、航天等重大技术发明，以及人类社会的发展与实践的不断深化，现代工程朝着多元方向发展，并渗透到工业等更广泛的领域，在传统的土木工程、纺织工程、机械工程、采矿工程、电力工程、化工工程等之外，又出现了新兴工程领域，如系统工程、信息工程、计算机工程、网络工程、通信工程、物联网工程、医药工程、生物工程、遗传工程、管理工程、材料工程、绿色环保工程乃至农业工程等新概念。工程学（engineering sciences）体系日臻完善，于是"工程"又有了"学科"的含义。

直到 20 世纪 80 年代以后，有人提出了"大工程"的观念，把工程作为一项具有社会性、综合性和整体性的生产活动来加以思考。大工程观要求把工程实践看作一个受多种因素制约的复杂的运作体系。工程活动是以一种既包括科学技术要素又包括非技术要素的以系统集成为基础的物质性实践活动。它不仅涉及科学技术在决策、设计、构建、生产管理过程中的有效应用，还包含组织管理、社会协调、经济核算等基本要素，并会产生直接而广泛的社会影响。因此，工程活动必须协调社会、政治、法律、文化、伦理、自然环境、资源等多种因素才能付诸实施。

在我国，"工程"一词最早出现于北宋时期《新唐书·魏知古传》中的"会造金仙、玉真观，虽盛夏，工程严促"。此处的"工程"指的是金仙、玉真观这两个土木构筑项目的施工进度，着重过程。到了明清时期，"工程"主要指宫室、庙宇、运河、城墙、桥梁、房屋的建造等，强调施工过程和结果。近代之后，"工程"广泛被认为是人类利用自然界的资源、应用一切技术的生产、创造、实践活动。

在现代社会，工程概念的应用更加广泛，形成了广义的和狭义的工程概念。广义的工程概念认为，工程是参与者为达到某种目的，在一个较长周期内进行协作活动的过程。这种广义的理解强调众多主体参与的社会性，如"希望工程""菜篮子工程""211 工程""阳光工程"等。狭义的工程概念则认为，工程是以满足人类需求的目标为指向，应用各种相关的知识和技术手段，调动多种自然与社会资源，通过参与者的相互协作，将某些现有实体（自然的或人造的）汇聚并建造为具有预期使用价值的人造产品的过程。狭义的工程概念不仅强调多主体参与的社会性，而且主要指针对物质对象的、与生产实践密切联系、运用一系列科学知识和技术方法，并结合经验的判断，经济地利用自然资源为人类服务的一种专门活动，如"化学工程""三峡工程""载人航天工程""高速铁路工程""人类基因组工程"等。本书所讨论的"工程"，主要指狭义的工程概念。

沈珠江院士认为："工程活动的内涵可以概括为'一个对象，两种手段和三个阶段'。"其中"一个对象"指的是改造对象，如水利工程中的一条河流、矿业工程中的一座矿山、农业工程中的一种野生植物、机电工程中的钢铁等原材料；或者指改造后得到的成品，如水利工程中的大坝、机电工程中的定型产品和工艺流程、生态工程中生存环境的改善等。"两种手段"指技术手段和管理手段，后者包括行政手段、经济手段和法律手段等。"三个阶段"即策划阶段，包括可行性研究、规划、设计、调查、勘测等一系列前期工作；实施阶段，包括施工、建造等；使用阶段，包括使用、跟踪监测和维修。

《不列颠百科全书》将工程定义为"应用科学原理将自然资源，以优化的方式转换成结构、机器、产品、系统及工艺，以造福人类的方法"。工程是应用于实际的、科学的、符合数学法则、重视经验、需要判断力和常识的艺术。满足人类社会发展需求、基于自然规律、运用人类的智慧及创造力是工程的关键要素。

殷瑞钰等将工程定义为：工程是人类有目的、有计划、有组织地运用知识（技术知识、科学知识、工程知识、产业知识、社会知识、经济知识等）和各种工具与设备（各种手工工具、各种动力设备、工艺装备、管控设备、智能性设备等）有效地配置各类资源（自然资源、经济资源、社会资源、知识资源等），通过优化选择和动态地、有效地集成，构建并运行一个"人工实在"的物质性实践过程。这一定义中的限制词"有目的"把无意识地自发改变世界的活动排除在外。例如，人们污染环境的行动虽然也改变了世界，但不能称为工程。而环境工程是有目的地改善环境的活动，所以是工程的一种。其次，定义中的限制词"有组织"则把分散的个体活动排除在外。因此，原始人把野生稻改造为栽培稻不算工程，而"大禹治水"是组织很多人进行的，应是一种早期的工程活动。

王章豹教授将工程定义为：工程是人类为了某种特定目的和需要，综合运用科学原理、技术手段和改造自然的实践经验，有效地配置和集成必要的知识资源、自然资源和社会资源，有计划、有组织、规模化地创造、建构和运行社会存在物的物质性实践活动和过程，以及所取得的具有使用价值的工程实体或人工物系统，而实现工程活动的专门学科、技术手段和方法的知识体系则称为工程学。目的、对象和手段是工程活动的三要素。

4. 工程的内涵

工程主要包括三方面的含义：

1）工程科学。工程科学是人类为解决实际需求，综合运用数学、自然科学以及各种技术或经验形成的理论知识与技能的集合，其目的是用来指导结构和产品设计、设施建造、机器生产、产品的合理使用等。工程科学是人类知识的结晶，是科学技术的一部分。

2）工程过程。工程过程是人们有目的、创造性地将自然或人造实体转化为人造产品的过程。工程过程通常包括"工程决策→工程规划→工程设计→工程实施与建造→工程运行与维护→工程退役"这一全生命周期（见 2.3 节）；或者包括新产品与装备的开发、制造和生产过程，以及技术创新、技术革新、更新改造、产品或产业转型过程等。因此，"工程"又包含人们经常使用的"工程项目"的概念。

3）工程成果。工程成果是人类为了实现认识自然、利用自然的目的，应用科学技术创造的具有一定使用功能或实现价值要求的产品。工程成果必须有使用价值（功能）或经济价值，往往是物化成果，例如一座桥梁、一台计算服务器、一个路由器、一个通信网络等。

5. 工程活动

工程活动是现代社会存在和发展的基础，科学技术是第一生产力，工程是直接的生产力，没有工程活动，社会就无法存在，就要瓦解崩溃。工程活动担负着将科学技术成果转化为生产力，使之造福于人类的重要使命。

工程是直接的生产力，工程活动是一种既包括技术要素又包括非技术要素的、以系统集成为基础的物质实践活动，是现代社会实践活动的主要形式。技术要素包括工程活动全生命周期过程中的工程决策、工程规划、工程设计、工程实施与建造、工程运行与维护、工程退役等活动，技术要素构成了工程的基本内涵；非技术要素包括资源、资金、市场、环境、社会、政治、经济、文化、法律、伦理、安全等因素，非技术要素是工程的重要内涵。工程的基本结构是由技术要素和非技术要素一起构成的"圈层结构"，如图 2-5 所示。

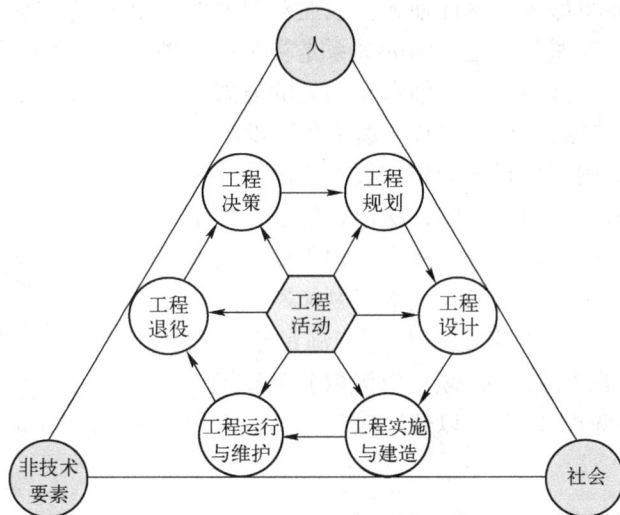

图 2-5　工程的基本结构

其中，内圈结构是技术要素的集成系统，构成工程的基本内涵；外圈结构是非技术要素的集成系统，形成工程活动过程中的"边界条件"；内圈层与外圈层的优化与集成所形成的更大一级系统就是工程。

因此，工程的本质可以理解为工程要素与各种资源的集成与整合，有以下几个层面的意义：

1）工程是利用各种技术要素和非技术要素去创造和构建工程产物的实践活动，是一种直接生产力。

2）工程活动的结果是构建新的存在物，即各种各样的工程产品，因此工程是"造物"。

3）工程项目是通过"工程决策→工程规划→工程设计→工程实施与建造→工程运行与维

护→工程退役"这一全生命周期过程来完成的，是一个复杂的构建过程。

4）优秀的工程是对先进的技术要素和相关非技术要素的合理选择，有效地集成建造产物，这个过程实际上体现着工程的集成创新。

在工程活动中，不但体现着人与自然的关系，还体现着人与社会的关系。我们应该在"自然-人-社会"的三元关系中认识和研究工程活动。人、自然与社会三者相互依存、相互影响，共同构成了一个动态的生态系统。首先，人是这一关系中的核心主体。作为有意识的生物，人类不仅依赖自然环境提供的资源（如空气、水、食物等）来维持生命活动，还通过社会实践和文化活动不断塑造和发展社会。人类的行为、决策和创造力对自然和社会都产生着深远的影响。例如，农业革命使人类从依赖自然采集转向有组织的农业生产，既改变了自然生态，又促进了社会的复杂化和分工的发展。其次，自然是人与社会存在的基础。自然环境为人类提供了生存和发展的物质条件，包括土地、水源、气候等。同时，自然界的规律也制约着人类的活动。例如，气候变化、自然灾害等自然现象会对人类社会造成重大影响，甚至引发社会动荡。此外，自然资源的枯竭和环境的破坏也会威胁到人类的生存和发展。最后，社会是人类与自然相互作用的中介和结果。人类通过社会组织、经济活动、工程活动和政治制度等方式来管理和利用自然资源，以满足自身的需求和欲望。社会结构和文化价值观也会影响人类对自然的看法和态度，从而决定人类对待自然的方式。例如，工业社会强调经济增长和物质财富积累，这往往导致对自然资源的过度开发和环境的破坏；而现代社会则更加注重可持续发展和环境保护，这促使人们改变对自然的利用方式，寻求与自然和谐共处的方式。综上所述，人、自然与社会之间的关系是复杂而微妙的。人类需要认识到自身在这一关系中的位置和责任，积极寻求与自然和谐共处的方式，同时推动社会的可持续发展。只有这样，才能实现人类、自然和社会的共同繁荣和进步。

现代工程是人们运用现代科学知识和技术手段，在资源、环境、社会、政治、经济、文化、法律、伦理、安全等非技术要素的限制范围内，为满足社会某种需要而创造新的物质产品的过程。解决现代工程技术问题，需要综合运用多种专业知识。因此，现代工程师不能满足于专业知识和具体经验的纵向积累，必须广泛汲取各类知识，建成有机的知识体系（见图2-6），以便适应现代工程这一综合性系统的要求。

图2-6　现代工程师合理的知识体系

6. 工程的特征

尽管对工程有各种各样的理解和定义，但从现代工程活动的基本构成和基本过程来看，可以将工程的基本特征总结和概括为集成性、复杂性、实践性、创新性、科学性、规模性、社会性、生态性、效益性、风险性共10个方面。

（1）集成性

工程是按照一定目标和规则对科学、技术和社会的动态整合及各种要素的有机组合与集成。因此，对于各类工程活动，不仅要求对其中的科学、技术要素进行优化整合，而且必须在工程整体尺度上对技术、市场、产业、经济、社会、环境、文化、伦理、道德、法律以及相应的管理等诸多层面进行更为综合的优化整合。每项工程往往有多种技术、多个方案、多条实施路径可供选择，涉及人流、物质流、能量流、信息流等诸多方面的问题，工程活动就是要在发展理念、发展战略、工程决策、工程设计、施工技术和组织、生产运行优化等过程中，按照一定的目标以及一定的集成方式、规则和模式，努力寻求和实现在一定边界条件下的重组与优化集成，以更大限度地提高集成体的整体功能。没有现代宇宙学、航天医学、新材料、控制理论、信息通信和系统论等的发展，就不会有载人航天、探月工程、空间站等航天工程的发展；没有现代生物学、遗传学、生态学的发展，就不会有杂交水稻等生物工程的发展。例如，前面介绍的中国载人航天工程充分体现了工程的集成性，是我国航天史上迄今为止规模最大、系统组成最复杂、技术难度和安全可靠性要求最高的跨世纪国家重点工程。

（2）复杂性

工程是由各种因素组成的复杂系统。其复杂性主要体现在：现代工程项目规模大，协作面广，投资大，建设周期长；有新知识、新工艺的要求，技术复杂，往往是非常复杂的组织系统或技术群；由许多专业组成，有众多工程建设单位、复杂的社会管理系统和复杂的利益群体的参与及共同协作；工程实施过程复杂，工程项目要通过具体的设计、建造（制造）和使用等实施过程来完成，包括构思、决策、规划设计、采购供应、施工、验收使用和运行维护等诸多环节；除技术因素外，工程还涉及社会、政治、法律、文化、伦理、环境和安全等多种复杂因素；工程系统中的这些因素有较强的不确定性，若干因素之间常常又带有不确定的联系，一项工程往往存在多方案、多技术、多路径的选择和决策问题。工程的复杂性特征要求工程从业人员，特别是管理者和工程师必须具有系统的理念和思维，把握总体目标任务，注重全过程的协调和局部之间的联系。要善于将不同经历、不同利益诉求和来自不同组织的人有机地组织在一个特定的组织内，在多种约束条件下实现预期目标。为了达到效益最大、成本最低、风险最小的目的，决策者、管理人员和工程师必须采用最优化技术或系统技术，要经常使用多因素分析、多方案的选择和决策等复杂问题研究方法。

（3）实践性

工程是改造客观物质世界的实践活动，它是通过建造实现的。工程本身既是实践活动，又是实践活动的结构和结果，离开了工程的实践是抽象的实践。每个工程项目都要通过具体的规划、设计、施工、运行和维护等实施过程来完成。工程本身就是一个复杂的建构和运行实践过程。可以说，工程活动是人类最基本的实践活动，是人类的存在方式。现代社会生活中工程更是无处不在，工程实践已经渗透到经济建设和社会发展的各个领域。工程的实践性特点还体现为工程必须考虑现实的可行性，必须接受实践的检验。

（4）创新性

创新是工程的重要特征，工程活动通过各种要素的组合创造出一个世界上原本不存在的新的人造物。工程不是科学的简单应用，也不是相关技术的机械组合，工程追求的是在优化组合各类技术、组织协调各类资源的过程中，创造出全新的存在物。工程中所采用的技术不一定是全新的，但其技术组合却是全新的。因此，工程创新主要是组合创新与集成创新。工程创新活动需要对多个学科、多种技术和非技术要素在较大的时空尺度上进行选择、组织与优化集成，即工程不能只依靠单一技术的创新，而需要与之相结合的多学科知识及相关技术的协同支撑。

（5）科学性

工程是在一定约束条件下的技术集成与优化，必须正确应用和遵循科学规律，必须依据一定的科学理论，尤其是工程科学、系统科学的理论和方法，还要考虑到管理、组织等社会科学的要素以及环境科学的规章制度。工程不是技术和装备的简单堆砌与拼凑，它在集成过程中有自身的理论、原则和规律，都必须建立在科学性的基础之上。工程就是将科学知识和技术成果转化为现实生产力的活动，任何一个工程建造活动都具有多种基础学科交叉、复杂技术综合运用的特点，特别是工程中运用和集成的关键性技术，都有自然科学甚至社会科学的原理作为依据。

（6）规模性

工程通常有较大的规模，是复杂的组织系统或社会化系统。工程的出现可以认为是人类对个人能力有限性妥协的一种体现，是实践推动和社会分工合作的结果。工程是个人无法完成的项目，需要许多人的劳动分工与协作，需要有组织者和管理人员，而普遍合作的结果就是人类劳动的规模越来越大。很多人习惯上用规模来衡量工程，而规模庞大也是工程与技术的重要区别之一。

（7）社会性

工程的社会性首先体现在工程实施主体的社会性。特大型工程，如"曼哈顿计划""阿波罗计划""三峡工程"等往往会动用十几万、几十万甚至上百万名工程建设者。在这里，有必要进一步明确工程内部的职能分工：①工程决策者，确定工程的目标和约束条件，对工程的立项、方案做出决断，并把握工程起始、进展、结束或中止的时机；②工程设计者，即通常意义上的（总）工程师，根据工程的目标和约束条件（如资源、性能、成本等），设计和制订具有可行性的计划和行动方案；③工程管理者，负责对人员和物资流动进行调度、分配和管理，保障工程的有效实施；④工程实现者，即通常意义上的工人和工程师，负责工程项目的实际建造。

工程社会性的另一个主要表现形式是往往对社会的经济、政治和文化的发展具有直接的、显著的影响和作用。工程是人类通过有组织的形式、以项目方式进行的成规模的建造或改造活动。工程活动有明确的社会目标，即增进社会利益和满足社会需求。一切工程活动都是因为人类的需要而开展的，工程项目都有其特殊对象、特殊目标以及科学的设计步骤和实施阶段，工程的价值只有通过满足社会和人们的生活需要才得以实现。

大型工程涉及经济、政治、文化等多方面的因素，对自然环境和社会环境会造成持久的影响。工程的社会性要求树立一种全面的工程观，不是将工程抽象地看作人与自然、社会之间简单的征服与被征服、攫取与供给的关系，而是人类以社会化的方式并以技术实现的手段与其所处的自然和社会环境之间所发生的相互作用与对话。在当代，全面协调的、可持续的发展观要求树立与之相适应的工程观，这是对新时期工程伦理研究提出的重大课题。

（8）生态性

工程是人类改造自然和征服自然的产物，是在自然界中建造的人造系统。许多工程一经建设成功，会长期甚至永久性占用土地、破坏植被和污染环境，导致原有的生态状况不复存在，而该地域将来也不可能复原到原生态。大规模的工程建设会有效推进社会经济的发展，极大地提高人们的生活水平；但与此同时，也会对社会、经济、文化和环境保护以及人们的生活带来一些负面影响，如耗费大量资源、破坏环境与生态平衡以及施工噪声、污染等，会制约全社会的可持续发展。

（9）效益性

工程活动都有明确的效益目标，工程效益主要表现为经济效益、社会效益和生态效益。也就是说，一个成功的工程项目，不仅在技术上是先进的和可行的，而且在效益上是合算的。这里所说的效益主要指经济效益。所谓经济效益，是指有效地利用有限的资源，用尽可能低的工程造价、尽可能快的速度和优良的工程质量建成工程，使其实现预定的功能。要做到经济上的合理性，就要多目标优化设计方案、科学选址选型、进行系统综合平衡及成本效益核算、降低资源消耗，从而最优地实现工程项目的质量、投资、工期、安全、环保五大目标，在经济效益、社会效益和生态效益协调上达到利益最大化。

（10）风险性

工程是有风险的。工程的安全和风险是指在工程建设和运行过程中所产生的人和财产的损失及这种损失存在的可能性。任何一项工程都是人工建构的产物，都不可能是理想的和完美的，必然存在多种风险，包括决策风险、经济风险、安全风险、技术风险、自然风险、环境风险、市场运营风险等。

工程是创造造福人类产品的手段。几乎所有围绕在人类周围的物品都是工程师努力工作的结果，如人们日常使用的锅、碗、椅子、手机、计算机等。工程师不仅在把产品推向市场的过程中起着关键作用，还是一些非常具有挑战性的人类探索活动的核心参与者。例如，我国的"神舟系列"项目是使人类摆脱地球引力、登上太空的伟大事业。这是我国迄今为止最伟大的工程成就之一。

7. 工程共同体

工程活动是以集体活动或工程共同体活动的方式来从事和进行的社会活动，工程活动的基本特征是其集体性和社会性，工程活动的基本主体不是个人，而是一种特定形式或类型的共同体——工程共同体。在现代复杂的社会中存在多种多样的共同体，其中，工程共同体是人数最多的共同体，也是支撑社会存在和发展的最基本、最重要的社会共同体。按照组织形式或制度形式不同，工程共同体大致可分为工程活动共同体和工程职业共同体两种类型。

工程活动共同体是由在一起分工合作、从事工程活动的各种成员所组成的共同体。在现代社会中，工程活动共同体由投资者、管理者、设计者、工程师、工人和其他利益相关者组成。

工程活动共同体重点关注整个工程活动或工程建设，而工程职业共同体重点关注保障本职业群体的"共同利益"。例如，工人自发组织的工会、工程师协会或由学会、投资人和管理者组成的雇主组织等。工程活动共同体的成员构成较为复杂，而工程职业共同体的成员较为单一，大多是同职业的人员。

在众多工程职业共同体中，工会、雇主组织与工程师协会可谓"三足鼎立"。工会是中国共产党领导的职工自愿结合的工人阶级群众组织，旨在维护职工的合法权益，是中国共产党联系职工群众的桥梁和纽带。中华全国总工会及其各工会组织代表职工的利益，依法维护职工的合法权益。雇主组织是指由雇主（用人单位）依法组成的，旨在代表、维护雇主利益，并努力调整雇主与雇员以及雇主与工会之间关系的团体组织，其宗旨和目标是维护雇主利益、建立协调的劳资关系、促进社会合作。工程师协会是科技类社会组织，旨在加强工程师人才队伍建设，推动工程技术事业发展，促进国内外技术交流合作。工程师协会一方面强调其成员应符合自身的职业伦理规范，承担相应的社会责任，另一方面重视维护本职业成员的权利。其核心职能包括搭建交流平台、传播科学知识、推广工程技术、提升专业能力、促进自主创新等。

2.2.2　科学、技术与工程之间的关系

科学是以探索发现为核心的人类实践活动；技术是以发明革新为核心的人类实践活动；工程是以集成建造为核心的人类实践活动。这 3 种不同性质和类型的活动之间既相互联系、彼此互动，又相对独立、相互区别，如图 2-7 所示。科学为技术的发展提供理论基础和指导方向，技术是科学原理的具体体现和实际应用中的桥梁，而工程则是科学和技术在实际应用中的集成和创新，它们共同构成了一个完整的体系，推动着人类社会不断向前发展。例如，

电子计算机的出现，就是基于物理学、数学和工程学等多学科知识的融合与创新，它极大地提高了人类处理信息的能力，推动了信息时代的到来。同时，科学也是工程的理论基础和原则，而在工程集成建造活动中往往又会发现新问题，反过来又会促进科学理论的进一步发展。例如，没有空气动力学的理论基础，就不会有航空技术和工程的快速发展，而空气动力学的科学理论不是一成不变的，航空技术和工程的发展是促进和完善空气动力学科学理论的重要因素。技术是工程的构成要素和支撑，单一技术或是若干技术的系统集成决定了工程的规模和水平。工程是技术的系统优化集成和创新。构成工程的各技术要素之间是有机联系在一起的，它们形成一个系统的整体，其中涉及的技术有核心和辅助之分。科学规律可以表明工程理论上的可行性，但是没有技术，工程就没有实现的可能。正确认识和深刻理解工程与科学、技术之间的辩证关系，对于明确工程的定位和边界，推动科学、技术与工程的一体化发展具有重要意义。

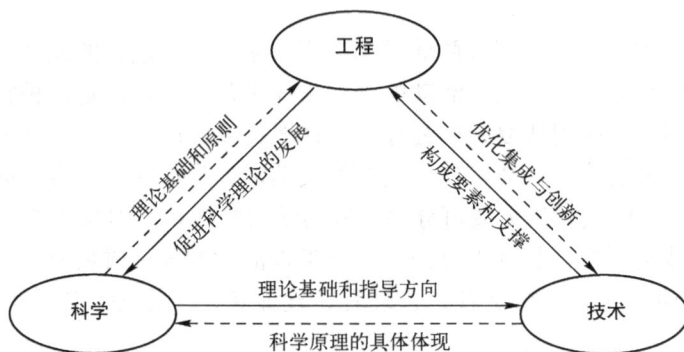

图 2-7　科学、技术与工程的辩证关系

1. 工程与科学的关系

工程与科学既有区别，又有联系。工程活动自古有之，而科学应用于工程则主要是近代以来的事情。从活动类型上讲，工程是造物活动，科学是发现活动；从活动结果上讲，工程的成果是社会存在物，科学的成果是知识；从活动主体上讲，工程的主体是工程共同体，科学的主体是科学家。

工程与科学之间具有密切联系。

1）科学是工程的理论基础和原则。

2）科学与工程都是协调人和自然关系的重要中介。科学的突出特征是探索发现，工程的突出特征是集成建造。它们的共同本质在于都反映了人对自然界的能动关系，都是人类不断认识和改造自然的实践活动。

3）科学与工程之间互为条件、双向互动。科学指导工程，工程反过来促进科学的发展。科学的探索发现与工程的集成建构是两种相对独立的创造性活动，两者却处于互为条件、双向互动的辩证过程之中。科学所探索发现的事物及其运行规律对工程建造活动有正向促进作用，同时工程的集成建造活动中发现的新问题反过来又促进科学理论的新发现和新进步。

有时候，工程有可能先于科学的发展。例如，从历史的角度来看，蒸汽机的发明先于热力学三大定律的明确提出。蒸汽机的发明是人类历史上的一个重要里程碑，它推动了工业革命的发展，改变了人类的生产和生活方式，促使人类进入蒸汽时代。蒸汽机的发明并非一蹴而就，而是经历了漫长的探索和改进过程。

蒸汽机的雏形可以追溯到古希腊数学家希罗在公元 1 世纪发明的汽转球（Aeolipile），如

图 2-8 所示。汽转球主要由一个空心的球和一个装有水的密闭锅子通过两个空心管子连接在一起。当锅底加热使水沸腾变成水蒸气后，水蒸气会进入球中并从球体两旁喷出，使得球体转动。然而，当时的汽转球只是一种新奇的玩物，并未应用于实际生产生活中。但真正意义上的蒸汽机是在 17 世纪末至 18 世纪初由托马斯·塞维利（1698 年）和托马斯·纽科门（1712 年）等人逐步发展起来的。特别是詹姆斯·瓦特在 18 世纪末（从 1765 年到 1790 年）对蒸汽机进行了重大改进，比如分离式冷凝器、气缸外设置绝热层、用油润滑活塞、行星式齿轮、平行运动连杆机构、离心式调速器、节气阀、压力计等，使蒸汽机的效率提高到原来纽科门机的 3 倍多，最终发明出工业用蒸汽机，如图 2-9 所示。

图 2-8　汽转球　　　　　　　　　图 2-9　瓦特蒸汽机

而热力学三大定律的提出则是在 19 世纪中叶。热力学第一定律（能量守恒定律）在 19 世纪 40 年代由迈尔（J. R. Mayer）和焦耳（J. P. Joule）等人通过实验验证并确立；热力学第二定律（熵增定律）于 1851 由德国物理学家克劳修斯（Rudolph Clausius）、英国科学家开尔文（Lord Kelvin）等人提出；热力学第三定律（绝对零度不可达到定律）则是在 20 世纪初由瓦尔特·能斯特（Walther Nernst）等人归纳得出。

尽管蒸汽机的发明先于热力学三大定律的提出，但热力学理论的发展对蒸汽机的改进和优化起到了至关重要的作用。蒸汽机的发明推动了热力学理论的深入研究，而热力学理论的发展又为蒸汽机的进一步改进提供了坚实的理论基础。热力学第一定律指出，能量不能被创造也不能被消灭，只能从一种形式转换为另一种形式。蒸汽机正是将煤燃烧产生的热能转换为机械能的典型例子。在蒸汽机中，热能通过蒸汽的膨胀推动活塞做功，进而转化为机械能。这一过程遵循了热力学第一定律，即能量的总值在转换过程中保持不变。热力学第二定律揭示了能量转换过程中的不可逆性和损失性。在蒸汽机中，尽管我们努力将煤的燃烧热能转化为机械能，但仍有相当一部分热能以蒸汽的形式散失到环境中，无法被完全捕获和利用。这正是热力学第二定律所揭示的能量转换过程中的损失性。为了提高蒸汽机的效率，工程师们不断努力改进设计，减少能量损失，但始终无法完全消除这一损失。

热力学三大定律的提出与蒸汽机的发明，不仅代表了科学理论与工程技术的重要成就，还体现了科学与工程之间的互动与促进关系。蒸汽机的发明推动了热力学理论的深入研究，使得人们对能量转换和守恒的理解更加深入和全面。同时，热力学理论的发展又为蒸汽机的进一步改进提供了坚实的理论基础和指导。这种互动与促进关系不仅推动了蒸汽机技术的不断进步，也促进了热力学理论的不断完善和发展。这也正好体现了美国著名教育家约翰·杜威（John Dewey）提出的"做中学"的教育理念。我国著名教育家陶行知先生也提出了相似的教育理念"教学做合一"，两者都强调了实践在学习过程中的重要性。

2. 工程与技术的关系

工程依赖技术的发展。技术是实现工程的手段，它比工程更依赖科学的发展。也可以认为技术是建立在科学与工程之间的桥梁，这也是人们总是将科学与技术统称为"科技"的原因。尽管技术工作和工程工作存在较大的区别，但这两项工作所需要的科学基础知识和技能却非常相似。由这些基础知识和技能组成的课程体系逐步形成了现代大学的工科专业，从而根据学生个人的兴趣和爱好，为国家培养科学家、技术专家及工程师。

从以上对"技术"和"工程"的词源、词义分析来看，可以发现技术与工程之间既相互区别，又彼此联系。两者的区别主要表现为以下几个方面：

1）二者的内容和性质不同。技术是以发明为核心的活动，它体现为人类改造世界的方法、技巧和技能；工程则是以建造为核心的活动，"工程的建造过程，也就是科学、技术与社会的互动过程，并最终在工程中发挥科学、技术的社会功能，实现其价值的过程"。

2）二者"成果"的形式和性质不同。技术活动成果的主要形式是发明、专利、技术技巧和技能（体现为技术文献或论文），它往往在一定时间内是有"产权"的私有知识；工程活动成果的主要形式是物质产品、物质设施，它直接地体现为物质财富本身。

3）二者的活动主体不同。技术活动的主体是发明家；工程活动的主体是工程共同体。

4）二者的任务、对象和思维方式不同。技术是探索带有普遍性的、可重复性的"特殊方法"，技术活动是利用科学原理和技术手段的发明创造过程。任何技术方法都必须具有可重复性。但是，任何工程项目都是一个相对独立完整的活动单元，其目的明确，在时间、空间上分布不均匀，规模一般比较大，需要周密地分工合作和严格地管理，牵涉组织、管理、体制、文化等因素，具有独一无二的特征。

技术与工程之间虽然存在差异，但是彼此也有着紧密的联系。首先，它们都是以满足人类的某种需要为目的，都是人类在认识世界的过程中为了获得更优质的生活而改造世界的活动。其次，任何时代的工程活动都要以那个时代的技术为基础，工程要对技术进行集成。同时，工程也必然成为技术的重要载体，并使技术的本质特征得以具体化。"当作为过程的技术在工程中被集成时，动态的技术在其过程中要经历形态的转化，要与工程过程中的相应环节匹配、整合，而被集成为工程技术。"〇

虽然没有无技术的工程，也没有"纯技术"的工程，但工程活动不是一种单纯的技术活动，而是技术与政治、经济、社会、文化、环境、管理、伦理等非技术要素综合集成的产物。也就是说，对任何一个具有一定规模的工程项目而言，技术问题通常只是包括经济、制度、文化等在内的诸多要素中的一部分，在这个意义上，大多数现代技术可以看作工程技术。对于不同的工程项目来说，有时技术要素是工程成败的关键要素，有时非技术要素则是工程成败的决定性因素。

总而言之，作为活动手段的技术与作为活动过程的工程，在任何时候、任何情况下都是不可分离的。也就是说，没有不依托于工程的技术，也没有不运用技术的工程；技术是工程的构成要素，工程是技术的集成；技术是工程的支撑，工程是技术的载体和应用。正因为如此，人们经常把"工程"和"技术"这两个名词组合起来，使用"工程技术"这个复合词。

3. 科学、技术与工程的关系

科学的本质是发现，技术的灵魂是发明，工程的核心是建造。它们之间的关系体现了人在协

〇 李正风，丛杭青，王前. 工程伦理[M]. 2 版. 北京：清华大学出版社，2019.

调人与自然关系过程中能动性的不断加强，以及人对自然界的认识在这些活动中不断深化。科学是工程的理论基础和必须遵循的原则。技术是工程的手段，工程是技术的载体和呈现形式，技术往往包含在工程之中。美籍匈牙利空气动力学家及航空航天工程专家西奥多·冯·卡门（Theodore Von Karman）曾就工程与科学的关系做过这样的表述："科学工作者（家）发现现有的世界，工程师则创造从未有过的世界。"这一表述可以很清晰地让人们了解工程与科学的区别和分工。简而言之，科学活动以发现为核心，技术活动以发明为核心，工程活动以创造为核心。

一般而言，科学是对自然界客观规律的探索，其任务是要有所发现，从而增加人类的知识和精神财富。科学知识的基本形式是科学概念、科学假说和科学定律，科学活动最典型的形式是基础科学研究，包括科学实验和理论研究。进行科学活动的主要社会角色是科学家。技术是改造世界的手段、方法和过程，它是在科学认识的基础之上有所发明，从而增加人类的物质财富并使人类生活得更美好。技术知识的基本形式是技术原理和操作方法，技术活动最典型的形式是技术开发，包括发明、创新和转移。进行技术活动的主要社会角色是发明家。工程是实际的改造世界的物质实践活动和建造实施过程，它要有所创造，从而为人类的生存发展条件建造所需要的人工自然物。工程知识的主要形式是工程原理、设计和施工方案等，工程活动的基本方式是计划、预算、执行、管理、评估等。进行工程活动的主要社会角色是工程师。

科学、技术与工程的关系见表 2-1。

表 2-1　科学、技术与工程的关系

项目	科学	技术	工程
概念	对自然界客观规律的探索	改造世界的手段、方法和过程	实际的改造世界的物质实践活动和建造实施过程
研究对象	以发现为核心，直接以自然或社会为研究对象，其特点是探索、发现和开拓	以发明为核心，以人工自然物为研究对象，包括发明方法、装置、工具、仪器仪表等，追求构思与诀窍，其特点是发明、革新和创造	以建造为核心，以人工自然物为研究对象，其特点是集成、建造和创新
研究目的	认识世界，揭示自然规律，发现真理，解决自然界"是什么""为什么"的问题，目标是解释	改造世界，实现对自然物和自然力的利用，解决"做什么""怎么做"的问题	创造世界，具有很明确的特定经济目的或特定的社会服务目标，为人类的生存发展条件建造所需要的人工自然物，目标是问题求解
知识形式	科学概念、科学假说和科学定律	技术原理和操作方法	工程原理、设计和施工方案等
活动形式	最典型的形式是基础科学研究，包括科学实验和理论研究	技术开发，包括发明、创新、转移	计划、预算、执行、管理、评估等
成果形式	最终结果是知识形态的科学概念、科学理论、科学规律，以论文和著作的形式公开发表，具有公有性或共享性	技术专利、图样、配方、诀窍，在一定时间（专利保护期）内属私有	物质产品、物质设施，信息类和服务类产品
评价标准	评价是非正误，讲求以真理为准绳，坚持真善美统一和同行评价原则，强调理论与事实的符合性、逻辑性和创新性	讲求价值性评价与事实性评价两大原则，用是否有效作为评判标准，评价利弊得失，强调创造性、效用性、可行性和经济性	讲求价值，重视环保，用好与坏和善与恶评价，工程达不到预期目标就意味着失败
价值取向	好奇取向。与社会现实的联系相对较弱，一般是价值中立的，但也具有长远的经济价值	任务取向。与社会现实的关系密切，在技术中时时处处体现直接的经济价值	显示出更强的实践价值依赖性。一项工程的实施不仅与技术的有效集成有关，还对资源的合理利用和环境保护负有责任，工程不是价值中立的
研究方法	目标常常不甚明了，探索性强，偶然性多，采用的研究方法主要是观察、假说、实验、推理、归纳、演绎等	应用目的较明确，偶然性较少，多采用调查、设计、试验、修正等方法	通过定义、设计和验证，系统性和集成性强，多采用基于工程全生命周期的工程方法、工程管理方法、工程思维方法、美学方法和法治方法等
实践主体	科学家	发明家	工程师

科学技术推动了工程的发展,而工程及其产品也为科学和技术的发展提供了新的手段。例如,"中国天眼"(见图2-10),全称500m口径球面射电望远镜,是中国独立自主设计并建造的世界最大的单口径射电望远镜。位于中国贵州省黔南布依族苗族自治州境内,由我国天文学家南仁东于1994年提出构想,历时22年建成。自2016年9月25日落成启用以来,它不断拓展着人类观察宇宙视野的极限,为探索宇宙的起源、演化及其结构提供了重要的观测数据。

图2-10 "中国天眼"

2.3 工程的全生命周期过程

正如所有的生命体,都有其生命周期一样,工程虽为无生命物,但也有类似于生命体从"出生"到"死亡"的全生命周期过程。殷瑞钰、李伯聪等学者选择从过程论的观点讨论工程活动的过程。他们认为工程活动的产物不是自古就有的,也不是永远存在的,呈现为一个"从生到灭"的过程,而工程活动也表现为一个全生命周期的过程。工程活动具有过程性、有序性、动态性、反馈性,是全生命周期的集成与构建。从理论上分析和概括整个过程,可以提出一个关于工程活动全生命周期过程的概念模型,把工程活动划分为6个阶段:工程决策、工程规划、工程设计、工程实施与建造、工程运行与维护、工程退役。

1. 工程决策

工程决策是工程活动的初始阶段,也是最重要的阶段。

工程决策是为了实现特定的目标,工程决策者针对相关的工程项目进行部署,运用科学的理论和方法,对于预选工程实施方案进行分析、比较和评判,从而选出最佳实施方案的抉择过程。即根据工程总目标和现实的约束条件,确定工程任务、工程进程、工程实施程序、步骤及效果,提出工程蓝图与总体方案,并做出工程是否可行的决策阶段。

工程总目标包括:

1)功能目标,即项目建成后所达到的总体功能。

2)技术目标,即对工程总体技术水平的要求或限定。

3）经济目标，如总投资、投资回报率等。

4）社会目标，如对国家或地区发展的影响等。

5）生态目标，如环境目标、对相关污染的治理程度等。

6）其他有关目标。

从广义上讲，工程决策过程包括 3 个步骤：针对问题确定工程总目标，收集和处理有关信息并拟定多种备选方案，选择具体的实施方案。正确的决策是建立在全面、及时、准确地收集和处理相关信息的基础上的。如果没有全面、及时、准确的相关信息，方案的制订就会成为无源之水。在决策过程中，根据工程总目标的要求和战略部署需要，广泛收集技术、自然、社会、经济、文化等方面的信息，对这些信息进行加工整理，提出可行的工程实施方案。工程将给社会、经济和生态环境等带来多方面的影响，因此往往会提出多种备选方案。选择具体的实施方案，是要对多种备选方案进行综合评价与比较分析，从中选择最满意的方案。

工程决策阶段主要包括项目建议书和可行性研究阶段。其中，项目建议书提出项目的初步设想，包括项目的背景、目标、初步方案等内容；可行性研究对项目的可行性进行全面分析，包括技术、经济、环境、社会等方面的评估，确保项目可行性和合理性。

2. 工程规划

工程规划是谋划未来的工程任务、工程进程、工程效果和环境对工程活动的要求，以及为此而规定工程实施的程序和步骤的过程，是在人类对自身所处的社会经济环境具有清晰认识的条件下，结合社会、经济、文化发展水平和工程技术水平实现未来的理想而提出的总体规划，它反映了人们将自身的经验与自身所创造的理论相结合的努力。

工程规划的目的是合理、有效地整合各种技术与非技术要素，对工程系统的组织环境和社会环境进行分析，然后根据分析结果确定目标工程的战略设想与计划安排，并对每一步骤的时间、顺序和方向做出合理的安排。与工程设计的不同之处在于工程规划主要考虑工程项目的技术可行性及其可能发挥的社会作用。

工程规划的过程包括几项具体的相互关联的活动。由于技术与经济是工程的核心要素，工程规划活动首先是技术的分析，用于评估技术资源及其与供应关系间的经济效益。其次是对资源的分析与预测，预测未来在工程实施中对各种技术性资源、物质性资源、经济性资源、土地与环境资源的需求与供应关系。最后是整合各种外部环境要素：全面而综合地考虑社会、经济、资源、环境、技术、文化、工艺等各方面的问题；安排各种要素供需关系的发展进程，并在空间上予以合理的布置；统筹解决整体与局部、近期与远期等各种矛盾和关系。

工程规划阶段主要是进行项目启动与规划，明确项目目标、范围、时间、成本和质量等要求。在此阶段，需要进行详细的市场调研，分析项目的可行性和潜在风险，同时制订详细的项目计划，包括项目时间表、预算和资源分配等。

3. 工程设计

工程设计是指工程设计者运用各学科知识、技术和经验，通过统筹规划、制订方案，最后用设计图纸与设计说明书等来完整表达设计者的思想、设计原理、整体特征和内部结构，甚至设备安装、操作工艺等的过程。

工程设计的过程包括 5 个步骤：

1）明确设计要求和约束条件。设计的约束条件包括工程要求与目标、技术条件、经济条件、环境条件、工艺条件等，还应包括工程设计所应依据的法律、规范等设计文件，以及成本和时间的限定等。

2）确定设计问题。这些问题是根据设计要求和约束条件提出的。

3）拟定设计方案。根据设计要求和对设计问题的把握，提出可能的解决方案。一般情况下，很难找到满足所有要求的解决方案，故通常是提出多个备选方案。

4）选择设计方案。工程设计问题没有唯一解答，也没有选择方案的唯一标准。经过多次反复修改评估，确定最终的设计方案。

5）工程设计检验。工程设计检验主要是指综合应用相关学科理论对设计方案进行检验。

工程设计从提出设计要求到完成设计，一般需要经历 3 个阶段：概念设计、初步设计和详细设计。

1）概念设计。此阶段主要进行任务分析和设计方案确定，研究项目的目的、要求和所需资源，将其转化为基本的功能要求，进而提出设计方案的初步概念和设想，形成一个具有战略指导意义的大框架。这是整个工程设计中重要的一环，是整个工程设计的基础，体现了设计师对工程项目的理解，在很大程度上决定了工程未来的"命运"。

2）初步设计。此阶段要验证基本方案设计的可行性，并进行认真的功能分析，把系统的技术要求准确合理地逐级分解及分配到各个子设计系统中去。在初步设计完成时，工程项目的具体设计方案应该已经确定，并且已经用规范的文件详细地确定下来。

3）详细设计。在此阶段，设计人员要把选中的各个技术方案变成可以加工、制造的图纸和文件，要详细到可以完全满足"按图施工"的要求。

在工程设计阶段，工程设计者要在对工程所涉及的资源、要素、工艺、技术、设备、程序和系统等进行集成和整合的基础上，在头脑中将整个工程分解为若干子系统，对各种指标进行具体的、优化的定量化、操作化，并通过有序、有效、可操作实施的设计方案，来解决构建人工系统问题的行动结构和实际行动方法。

4. 工程实施与建造

工程活动最本质的内容和最核心的阶段是工程实施与建造阶段。没有工程的实施与建造阶段，无论多么好的规划和设计方案都将是空中楼阁。工程活动的实施与建造过程不是由单独的个人来进行的，而是由一个集体来执行的。

工程实施与建造就是由工程主体按照工程设计方案（设计图纸等），使用物质工具、手段、技术、设备等，对原材料进行一系列的实际操作和加工，从而制造、构建出合格的人工系统、人工实体（例如建成一个机器人），并实现工程目标的过程。工程实施与建造是从抽象到具体的实践过程，这一具体化过程就是通常所说的工程实践过程。工程实施与建造的具体化过程，实质上是使自然界存在的物体从形式上发生根本的转变，向人工的工程实体转化的过程。工程实施与建造阶段的核心过程及主要内容如图 2-11 所示。

5. 工程运行与维护

工程经过实施与建造出一个新的社会存在物后，便进入了运行与维护阶段。工程运行是指工程建成后投入使用，即工程使用。造物的目的是用物，所以工程建造的目的是运行或运营。工程运行过程是体现工程目标群的关键环节，也是评价工程理念是否正确、工程决策是否得当、工程设计是否先进的依据。一项人工系统构建并创造出来后，在其生命周期的成长过程中，为保持其功能的正常发挥，保证其高效、有序、协同并可持续地运行，还需要必要的日常维护与管理。例如，一部电梯工程制造完工，交付用户使用后，还需要定期进行工程维护、保养与管理。如果缺乏必要的、合理的维护与保养，轻则可能使其功能受损、寿命缩短，重则造成重大工程安全事故。所以，成功的工程活动开展，离不开科学合理的工程运行、维护与相应的管理方法。

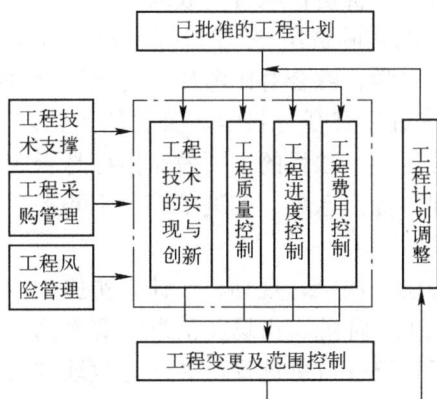

图 2-11 工程实施与建造阶段的核心过程及主要内容

6. 工程退役

任何工程项目，都有一个从无到有、到运行、到终结直至退役的过程。工程退役是指在工程目标完成、功能失效、设计寿命终结、危害生态环境，或不能适应客观要求的变化，或因不可抗力造成工程运行终止时，对工程项目进行妥善清退与科学处置并使其退出工程运行的过程。

工程退役是工程全生命周期的最后一个阶段，也是非常重要的一个阶段。以往许多人忽视了这个阶段的重要性，只有在目睹了在这个阶段出现了越来越多的严重后果后，才越来越深刻地认识到这个阶段也是工程全生命周期中的一个绝不能忽视的阶段，必须认真分析和研究这个阶段可能出现的各种问题，必须努力合理、适当地解决这个阶段出现的各种问题，必须科学合理地终结工程生命周期，使工程合理消亡并无害化地融入生态循环之中。

应该注意，不同类型的工程，退役方式是不同的，甚至千差万别。但是，工程退役绝不仅仅是对作为工程客体、人工物、人工系统等的消极关闭、简单处理与报废。在当前环境问题日益突出，倡导绿色发展、建设美丽中国、促进人-工程-自然和谐发展的现实环境中，工程退役问题必须被提升到有助于形成工业生态链、产业生态链与循环经济的战略高度来统筹考虑。总而言之，工程退役阶段至关重要，它是关乎工程能否"善终"的大问题。

在工程活动的全生命周期过程中，以上几个阶段环环相扣、紧密衔接，不断地发生形态转变与内容更新，构成一个有机体系，这就使工程活动成了一个生命成长的动态演变过程，体现了工程活动的动态性与过程性。如果违背了工程活动的全生命周期过程的规律，工程将会遇到困难，甚至导致失败。

上述几个阶段是工程生命周期中相对独立的阶段，具有明显的阶段性特征。此外，在工程全生命周期中，还存在一些并非完全独立，而是存在于各个阶段甚至贯穿于全过程的工程活动要素，如工程评价、工程管理等。工程评价是依据一定的评估标准，对工程的技术、质量、环境影响、投入产出效益、社会影响、人文、审美等而进行的综合评价，其实质是工程合理性评价。在工程评价中坚持进行必要的价值审视，可突出工程活动的方向性和目标性，从而强化工程活动的正面价值，批判其负面价值，为工程活动确立一个价值框架，起到良好的价值导向和调控作用。

工程评价包括事前评价和事后评价。事前评价是指方案的预评价，其目的是确定项目是否可以立项。它是站在项目的起点，主要应用预测技术来分析评价项目未来的效益，以确定项目投资是否值得及可行。事后评价是在项目建成或投入使用后的一定时期，对项目的运行进行全面评价，即对投资项目的实际费用-效益进行审核。将项目决策初期效果与项目实施后的终期实际结果进行全面、科学、综合对比考核，对建设项目投资产生的财务、经济、社会和环境等方面的效益与影响进行客观、科学、公正的评估。通过项目活动实践的检查总结，确定项目预期的目标是否达到，项目的主要效益指标是否实现。通过分析评价，达到肯定成绩、总结经验、吸取教训、提出意见、改进工作、不断提高项目决策水平和投资效果的目的。

工程活动不仅受到工程理念、决策、规划、设计、实施、运行等过程的支配，也关联到资源、材料、资金、人力、土地、环境、市场和信息等要素的合理配置。同时，一个工程往往有多种技术、多个方案、多种路径可供选择，如何有效地利用各种资源，用最小的投入获得最大的回报，实现在一定边界条件下的综合集成和多目标优化。因此，必将引起特定的管理问题——工程管理。它是围绕工程活动过程产生到发展的系列管理活动（包括工程决策管理、研发管理、规划管理、设计管理、施工管理、生产管理、经营管理、产品管理、产业管理、生态-环境管理等）。这些管理的理论与方法系统化而形成工程管理学。工程管理活动是指为了实现预期的目标，有效地利用各类资源，在正确的工程理念指导下，对具体工程进行决策、规划、组织、指挥、协调与控制的活动和过程。一般而言，工程管理活动具有产业性、专业性、系统性、综合性和复杂性。

2.4 工程的分类

工程的分类对我国高等院校工程类专业的设置、工程类行业和企业的分类等都具有重要作用。对于工程，可以从以下不同角度进行分类。

2.4.1 按照工程所在的国民经济产业分类

从产业的角度看工程，工程类型与产业分类有较强的对应性。根据社会生产活动历史发展的顺序，产业结构可划分为四次产业：产品直接取自自然界的部门称为第一产业；初级产品进行再加工的部门称为第二产业；为生产和消费提供各种服务的部门称为第三产业；生产和传递无形产品的知识产业称为第四产业。

国民经济的不同产业和行业在经济活动中涉及不同的工程。由于工程的多样性，工程分布于国民经济的各个领域，所以工程建设与国民经济的各个产业、各个行业都相关，在相应产业（行业）中的工程就具有相应的产业（行业）特点。与此对应则有以下相应的4大类工程：

（1）第一产业涉及的工程

第一产业是指以利用生物的自然生长和自我繁殖的特性，人为控制其生长和繁殖过程，生产出人类所需要的不必经过深度加工就可消费的产品或工业原料的一类行业。其范围在各国不尽相同，一般包括农业、林业、畜牧业、渔业和采集业，有的国家还包括采矿业。我国国家统计局对产业的划分规定，第一产业指农业、林业、畜牧业、渔业等，因此，第一类产业涉及的工程包括农业工程、林业工程、畜牧工程、渔业工程等。

（2）第二产业涉及的工程

第二产业是指对第一产业和本产业提供的产品（原料）进行二次加工的产业部门，涵盖了除第一产业之外的物质生产的其他所有行业，包括采矿业，制造业，电力、燃气及水的生产和供应业，建筑业。在第二产业的不同行业中涉及各类工程，如制造工程、矿业工程、电力工程、燃气工程、自来水工程、土木工程等。

（3）第三产业涉及的工程

第三产业是指除第一、二、四产业以外的其他行业，其是为人类正常的生产和生活（消费）提供服务，属于社会基础结构的类型。第三产业包括交通运输、仓储和邮政业，信息传输、计算机服务和软件业，批发和零售业，住宿和餐饮业，金融业，房地产业，租赁和商务服务业，科学研究、技术服务和地质勘查业，水利、环境和公共设施管理业，居民服务和其他服务业，教育，卫生、社会保障和社会福利业，文化、体育和娱乐业，公共管理、社会组织和国际组织等。由于第三产业包括的行业多、范围广，根据我国的实际情况，第三产业可分为两大部分：流通部门和服务部门；或者分为传统服务业和现代服务业。第三产业与第一、二产业最显著的不同就是它不是物质生产部门，它的产品是无形的。但第三产业也涉及形形色色的工程，如通信工程、电子信息工程、物联网工程、网络工程、软件工程、信息系统工程、电子商务工程、物流工程、金融工程、水利工程、环境工程、医学工程等。

通信工程简单地说就是通信网络建设及设备施工，包括通信线路敷设、通信设备安装调试、通信附属设施的施工等。通信工程建设需遵守基本的建设程序，实行工程项目管理，这对提高工程质量，保证工期，降低建设成本起到重要作用。其中通信工程设计环节是工程项目建设的基础，也是技术的先进性、可行性及项目建设的经济效益和社会效益的综合体现。

（4）第四产业涉及的工程

第四产业是指生产和传递无形产品的知识产业。第四产业包括咨询业、设计业、教育业、科技研究业、信息情报业等。

2.4.2　按照工程的用途分类

工程的类型有很多，用途也各不相同，这使得各类工程的专业特点相异，由此带来了设计、建筑材料和设备、施工设备、专业施工队伍的不同。工程按照用途可以分为以下 5 类：

（1）住宅工程

这类工程主要是居民的住房，包括城市各种类型的房地产建设工程和农村的大多数私人自建房工程。住宅工程（房地产业）是我国 20 多年来最为普遍、发展最迅速的工程。

（2）公共建筑工程

这类工程按照不同用途还可以细分为大型公共建筑（如医院、机场、公共图书馆、学校、旅游建筑等）和商业用建筑（如大型购物场所、智能化写字楼、电影院等）。这类工程以满足公共使用功能为目的，需要较高的建筑艺术性，要符合地方文化和独特的人文环境的要求。公共建筑工程和上述住宅工程在国民经济行业分类中同属房屋建筑工程，其产值一般占建筑业总产值的 65%以上。

（3）土木水利工程

土木水利工程主要是指水利枢纽工程、港口工程、大坝工程、水电工程、高速公路、铁路、隧道、桥梁、运输管道和城市基础设施工程。在我国，这些工程主要由政府投资。近 30年来，我国基础设施，特别是高速公路、铁路和高速铁路、城市基础设施（地铁、轻轨、天桥）等的建设高速发展。我国的水利水电工程也获得了长足发展，其中大型水利工程就有各种大江、大河、大湖治理工程，跨流域调水工程，江河湖库清淤工程，水土保持工程等。

（4）工业工程

工业工程主要是指化工、医药、冶金、石化、火电、核电、汽车等工程。这些工程主要是建造生产这些产品的工厂，如化工厂、发电厂、汽车制造厂等，涉及国民经济的各个工业部门。

（5）其他工程

其他工程主要包括：信息工程、软件工程、通信工程、生物工程、环境工程、航天工程、军事工程等现代高技术工程，以及节能环保、新一代信息技术、生物、高端装备制造、新能源、新材料和新能源汽车等七大战略性新兴产业中的相关工程。

2.4.3 按照工程的知识体系分类

现代工程具有高度复杂性和系统性，是许多学科专业的集成，工程实体的构建和正常运行需要多门学科知识的应用和多专业的协同配合。我国在原《授予博士、硕士学位和培养研究生的学科、专业目录》（1997年颁布）和《普通高等学校本科专业目录》（1998年颁布）的基础上，分别于2011年、2018年、2020年和2022年分别进行了更新。目前，我国高等教育学科体系包括学科门类、一级学科和二级学科3个等级，是国家进行学位授权审核与学科专业管理、学位授予单位开展学位授予与人才培养工作的基本依据。

学科门类是具有一定关联学科的归类，是学科体系的最高层次，用于宏观上划分学科领域，具有广泛的综合性和概括性。它是授予学位的学科类别，划定了学位授予范围。我国现行的学科门类有14个，其代码为2位阿拉伯数字，分别是哲学（01）、经济学（02）、法学（03）、教育学（04）、文学（05）、历史学（06）、理学（07）、工学（08）、农学（09）、医学（10）、军事学（11）、管理学（12）、艺术学（13）、交叉学科（14）。

一级学科是学科门类的下一级分类，是具有相对独立的知识体系和研究方向的学科群体，在学科体系中起着承上启下的作用。在14个学科门类中，与工程领域相对应的学科门类是工学学科（简称工科，代码为08）。工学学科门类是最大的学科门类，下设49个一级学科，它们分别是：0801力学（可授工学、理学学位）；0802机械工程；0803光学工程；0804仪器科学与技术；0805材料科学与工程（可授工学、理学学位）；0806冶金工程；0807动力工程及工程热物理；0808电气工程；0809电子科学与技术（可授工学、理学学位）；0810信息与通信工程；0811控制科学与工程；0812计算机科学与技术（可授工学、理学学位）；0813建筑学；0814土木工程；0815水利工程；0816测绘科学与技术；0817化学工程与技术；0818地质资源与地质工程；0819矿业工程；0820石油与天然气工程；0821纺织科学与工程；0822轻工技术与工程；0823交通运输工程；0824船舶与海洋工程；0825航空宇航科学与技术；0826兵器科学与技术；0827核科学与技术；0828农业工程；0829林业工程；0830环境科学与工程（可授工学、理学、农学学位）；0831生物医学工程（可授工学、理学、医学学位）；0832食品科学与工程（可授工学、农学学位）；0833城乡规划学；0835软件工程；0836生物工程；0837安全科学与工程；0838公安技术；0839网络空间安全；0851建筑*；0853城乡规划*；0854电子信息；0855机械；0856材料与化工；0857资源与环境；0858能源动力；0859土木水利；0860生物与医药；0861交通运输；0862风景园林。

二级学科是一级学科的进一步细分，是具有更具体的研究对象和研究内容的学科分支，体现了学科研究的具体方向和深度。二级学科可理解为一级学科下设的具体专业。例如，电子信息类专业包括：电子信息工程、电子科学与技术、通信工程、微电子科学与工程、光电信息科学与工程、信息工程。

2.4.4　其他分类

除了上述工程分类，工程还可以按以下标准分类：

1）根据被改造对象（自然界和人类社会）的不同，工程可分为自然工程和社会工程。前者又称为"硬工程"，如三峡工程、高速铁路工程、退耕还林工程、天然林资源保护工程等；后者又称为"软工程"，如希望工程、"211"工程、知识创新工程等。

2）根据各种要素投入比例的不同，工程活动可以划分为劳动密集型工程、资本密集型工程和知识（技术）密集型工程。古代的工程活动，如中国万里长城、埃及金字塔、古希腊神庙、古罗马斗兽场等，大多属于劳动密集型工程；互联网工程、微电子工程、软件工程、生物工程、航天工程、探月工程等现代工程则属于技术密集型工程。

3）根据工程规模的不同，工程可分为特大型工程、大型工程和中小型工程。

4）根据工程出现的次序，工程可分为传统工程和现代工程。传统的工程活动主要集中在土木建筑工程、水利工程、交通工程、电力工程、机械工程、冶金工程、化工工程等大规模集约化劳动的领域。随着科学技术的飞速发展和知识经济时代的到来，出现了许多时代特色鲜明的现代工程，如医药工程、信息工程、生物工程、材料工程、遗传工程、网络工程、航天工程等。

2.5　理解工程活动的几个维度

与科学、技术或文化类似，工程活动也是非常复杂的社会现象，从单一视角理解工程不仅比较困难，而且非常局限。因此，需要从以下多个维度理解工程活动：

1. 哲学的维度

从哲学的维度理解工程，主要涉及对工程的本质、工程的价值、工程师及其相关人员的责任等问题的反思。可以说，什么是工程，工程的意义和价值何在，就是工程的两个基本哲学问题。这种哲学的思考，首先是反思自身的责任。工程的价值何在？什么是好的设计和好的工程？工程师如何更好地履行自己的使命？这些的确都是需要工程师以及其他工程活动的参与者共同思考的重要问题。其次是要回应对工程活动的质疑和批判。20 世纪中期以来，关于技术和工程的批判不绝于耳。批评者认为，工程师们把丑陋的建筑和毫无用途的消费品带到人类社会，同时导致了生态失衡等诸多问题。为了应对这些批评，说明工程活动的合理性，需要工程师们从哲学的角度思考工程的本质和意义。特别是以哲学的视角来看待工程活动及其引发的诸多伦理困境时，也涉及对"好的生活"的价值指向和相应行为规范的反思。

2. 技术的维度

工程活动越来越依赖于技术的进步，许多引领设计与建造潮流的工程，最终的实现往往得益于应用了先进的材料与技术。在工程实践的过程中，为了使人造物体现新的设计理念，具备优良的品质，展现独特的风格，成为城市或地区的标志，工程设计师和建造者往往努力寻求最佳技术路径，探索利用新的材料和技术来实现奇思妙想。比如工程历时 14 年之久的悉尼歌剧院，就是当代艺术与现代科技结合的产物。它的完成不仅体现了建筑应与周围环境有机融合的"有机建筑"理念，而且也代表了当时建筑技术和建筑材料的最高水平。值得注意的是，工程并不只是简单地应用技术，而是要创造性地把各种先进的技术"集成"起来共同实现新的人工建造物，而且在这个过程中也可能发明新的技术，发现技术的新用法，或者实现技术上的重大突破。可以说，工程实践不仅为技术提供了用武之地，而且其本身也是孕育新技术的温床。

3. 经济的维度

"经济"是理解工程活动的常见视角之一，事实上，是否具有重大经济价值往往是衡量工程意义的重要指标。经济维度的考量主要包括工程的经济价值和工程的经济性两个方面。一方面，很多工程能够立项并得以实现，主要是会带来显著的经济效益。尽管工程的实施还必须充分考虑社会、生态等多方面因素，但经济利益无疑是激发人们开展工程活动的重要动力。另一方面，对耗资巨大、影响广泛、管理复杂的工程实践来讲，如何以尽可能小的投入获得尽可能大的收益是需要仔细核算的问题。经济性既涉及微观层次的工程成本最小化问题，也涉及宏观层次的工程价值最大化问题。微观层次的问题主要集中于工程本身的经济成本效益分析；宏观层次的考虑则把工程纳入更大的市场、社会等框架内进行考量。近30年来，工程经济学中的微观部门效果分析逐渐同宏观的社会效益研究和环境效益分析更紧密地结合在一起，国家社会发展、环境保护政策等宏观问题也成为当代工程经济学研究的新内容。

4. 管理的维度

由于工程往往需要众多的行动者集体参与，而且需要较长的实施周期，因此，如何根据工程的需要最有效地把众多行动者、可利用的资金和自然资源等组织起来，使工程的不同环节、相继的时间节点实现高效协同，就成为工程实践中必须面对的重要问题。管理的维度就是要从实践上解决上述问题，从理论上探讨和总结管理的经验与规律，从方法上探索最佳管理模式与工具。在长期实践的基础上，工程管理已经成为管理科学的重要组成部分，同时，一些富有成效的管理模式和方法也与工程实践密切相关。比如，系统工程的方法就是基于著名的曼哈顿工程的实践而被总结和提炼出来的。

5. 社会的维度

社会的维度在工程实践和研究中正在受到越来越多的关注。如前所述，工程实践具有广泛的社会性。一方面，工程需要众多行动者的集体参与，包括工程的投资者、管理者，进行工程技术设计和实施的工程师，参与工程具体建设的专业公司和技术工人，以及受到工程影响的社会公众等。在具体的工程项目中，这些行动者形成了为实现特定工程目标而紧密关联的工程共同体。是否能够为工程的顺利实施相互协作，取决于如何处理这个网络中不同的社会关系。另一方面，从事工程实践的工程师构成了特殊的社会群体——工程师共同体，并以不同类型的专业协会的形式存在，在这个共同体中，工程师们拥有相近的目标追求，探索并遵循共同的职业准则和行为规范。此外，工程过程也关系到不同的利益群体，有些利益相关者直接介入到工程过程之中，有些虽未直接参与工程活动，但却是工程实施或完成之后产生的实际后效的承担者，例如怒江水电开发项目中的移民。如何处理这些利益关系，也是社会维度必须考虑的重要问题。

6. 生态的维度

生态的维度是近年来受到高度重视的重要视角，原因在于工程实践直接对自然环境和生态平衡造成不可还原、不可逆转的重要影响。从历史上看，这种影响始终存在，不论是古代文明因土地沙化、水土流失而湮灭的历史教训，还是近代工业化过程中出现的举世震惊的生态环境公害，都说明了工程实践可能对生态环境带来的严重影响。特别是近年来，工业化迅速推进过程中的气候变化、环境和生态破坏成为全球性的社会问题，同时，由于科学和技术发展，当代工程活动改造和控制自然的强度、规模越来越大，对生态和环境问题的影响也越来越广泛和深远，更使得生态和环境维度的考虑越来越重要。

7. 伦理的维度

人们一般把伦理的问题归结为哲学问题，把伦理的维度纳入哲学的维度中，但实际上，伦理的维度所涉及的问题远超出了哲学的范围。伦理的维度探讨的是人们如何"正当地行事"，从这一视角理解工程，可以发现几乎以上所谈及的各种维度都不可避免地与伦理的思考形成交集。如何"正当地行事"不仅是理论问题也是实践问题，不仅需要从过去的历史中学习，也需要面对新的现实问题，发现新的、更好的行事策略与方法。而且值得注意的是，在具体的工程实践中，伦理问题一般会表现出一定的特殊性，与具体的工程情境密切相关。

第 3 章将探讨工程实践中具有一定普遍性的伦理问题，同时也将就不同类型的工程实践中面临的特殊伦理问题展开具体的分析。

2.6　工程哲学

人类生活实践包括许多领域，如政治、经济、教育、宗教、艺术、科学、技术、工程等。不难理解，哲学批判反思的触角伸到哪里，哪里便会出现相应的哲学探讨。工程活动作为人类的一种社会实践活动，自然会进入哲学分析的视野。工程哲学就是要对工程实践的经验和教训进行系统的总结，并将其上升到哲学理论高度。这种认识可以启发工程师的思路，使其尽可能少走弯路，并有效应对日益复杂的工程问题。此外，工程哲学研究还有助于社会对工程进行合理的规范，使其沿着健康的方向发展。

科学哲学诞生于 300 多年前，现正趋于成熟。技术哲学从 1877 年德国哲学家恩斯特·卡普（Ernst Kapp）的《技术哲学纲要》一书出版算起也有 140 多年的历史了，而工程哲学则是 21 世纪伊始才诞生的。毫无疑问，工程哲学迟到了。早期的工程哲学研究是在技术哲学的名义下进行的，故技术哲学中包含着工程哲学思想。然而，工程不是纯技术性活动，而是一类多种社会角色、多种工程要素、多种价值要求参与的社会实践，而技术只是其中的一个要素。从技术的角度对工程的批判反思显然无法涵盖工程的非技术维度。技术哲学暴露出来的缺陷使越来越多的哲学家关注工程实践，而越来越多的工程师也开始对自己的工作进行反思，从而诞生了工程哲学。

作为一种"认识世界、改变世界"的哲学，工程哲学是对人类依靠自然、适应自然、认识自然和合理改造自然的工程活动的总体性思考，是关乎工程活动的根本观点和普遍规律的学问。

工程哲学的基本研究内容主要包括以下方面：

1）工程哲学的概念、学科定位及其与其他相关学科的关系问题。

2）工程的定义、特征、范畴、层次和分类问题。

3）工程的地位、社会作用、工程发展规律及与科学、技术的关系问题。

4）工程理念、工程意识、工程价值、现代工程观及工程主客体关系问题。

5）工程的决策、设计、施工、运行、评价等工程诸环节的哲学问题。

6）工程知识、工程思维、工程创新和方法论问题。

7）工程精神、工程文化、工程伦理和工程美学问题。

8）工程对自然、对环境的作用，人与自然、工程的关系以及工程政策、工程规则问题。

9）工程共同体的构成、社会作用、基本特征和工程利益相关者问题。

10）工程师的职业演变、社会地位、基本分类、伦理责任、素质结构、成长规律及与科学家的区别问题。

11）重大工程案例分析、评价及其发展规律问题。

12）面向卓越工程师培养的工程教育改革以及公众理解工程问题等。

如果对上述研究内容从哲学的范畴加以归类，又可分为工程本体论、工程自然论、工程认识论、工程活动论、工程演化论、工程伦理学、工程方法论、工程价值论、工程社会论、工程文化论、工程艺术论等方面的工程哲学研究领域。

当代工程活动的系统性、整体性、综合性、复杂性等特征，使工程哲学研究面临诸多问题与挑战，工程哲学作为面向工程事实本身的开放性研究体系，在回应实践诉求、破解现实难题的过程中不断深化和发展，工程哲学的研究领域也将在回应实践关切中不断得到拓展，从而构建出多学科交叉与融合的工程哲学理论体系。

参 考 文 献

[1] 沈珠江. 论科学、技术与工程之间的关系[J]. 科学技术与辩证法，2006(3)：21-25.

[2] 殷瑞钰，李伯聪，汪应洛，等. 工程方法论[M]. 北京：高等教育出版社，2017.

[3] 王章豹. 工程哲学与工程教育[M]. 上海：上海科技教育出版社，2018.

[4] 殷瑞钰，汪应洛，李伯聪. 工程哲学[M]. 3版. 北京：高等教育出版社，2018.

[5] 胡绳荪. 工程导论[M]. 北京：机械工业出版社，2022.

[6] 彭熙伟，胡浩平，郑戌华，等. 工程导论[M]. 2版. 北京：机械工业出版社，2024.

第3章 工 程 伦 理

工程活动是人类最基本的社会实践活动之一。通过工程实践活动，人们生活在一个工程化的人工世界中。工程在为人类创造巨大福祉的同时，也带来了诸多风险和挑战，其中涉及众多有关人的行为、价值和道德的工程伦理问题，因此工程师的伦理责任成为工程伦理学研究的重要课题之一。

工程伦理是伦理学的一个分支学科，是以工程活动中的社会伦理关系和工程主体的行为规范为对象，进行系统研究和学术建构的理工与人文两大领域交叉融合的新学科。它所讨论的主要问题是工程决策和设计、实施过程中关于工程与社会、工程与人、工程与环境的关系合乎一定社会伦理价值的思考和处理。

随着世界范围内的新工业革命与我国新型工业化发展，新工科教育成为我国高校工程教育发展的新方向。新工科教育更要以"工程伦理先行"为导向，培养兼具专业知识和伦理素养的多样化、创新型科技人才。工程是人类利用所掌握的自然规律以及创造的经验和技术，改变自然界并将自然界的资源转变成人类财富的社会活动。工程技术让工程师有能力实现工程设计与施工，而工程技术课程是针对技术实现展开的，它关心的是人们有没有技术能力的问题。工程伦理则是讨论工程的社会综合价值和价值关系，以及这些价值如何实现的问题。因此，工程伦理关心的是人们该不该做以及怎么做的问题。张寿荣院士认为，工程哲学的基本问题应该是告诉人们"什么能做""什么不能做""应该怎样做"和"由谁来做"。

本章在论述工程伦理相关概念以及增强工程师伦理责任和加强工程伦理教育的必要性、紧迫性的基础上，考察工程师伦理责任的历史演变，探讨现代工程师应具备的伦理责任，提出加强工程伦理教育的路径和保障措施。

3.1 工程伦理概述

从人类的发展来看，工程实践活动有悠久的历史。可以说，人类社会的发展始终伴随着不同类型的工程行为。中国万里长城、埃及金字塔等闻名遐迩的伟大建筑，既是人类文明的重要遗产，也是古代浩大工程的典范。公元前 256 年李冰父子修建的都江堰水利工程至今依然福泽川蜀。但值得注意的是，随着人类文明的发展，人类大规模改造自然的工程行为不可避免地要涉及人与自然、人与社会、人与人之间的关系问题，多重价值追求、不同利益诉求也会导致工程行为选择上的困境和冲突，并引发对工程行为意义与正当性的反思。因此，人类的工程实践不仅是一种改造自然的技术活动，也是一种关涉人、自然与社会的伦理活动。这成为"工程伦理"作为一门学科建立和发展的现实背景。

工程伦理研究始于西方 20 世纪 60 年代，是一门哲学、伦理学与工程学、社会学交叉的新兴学科门类。在规范性意义上，"工程伦理"是指工程中得到论证的道德价值，明确何为嵌入工程活动中的"德行"（virtues）和"卓越"（excellences）。在描述性意义上，工程伦理关注的是工程实践中出现的特定伦理问题和伦理困境，通过践行并不断完善伦理规范和规则来实现"有限的伦理目标"，为应对工程中出现的具体伦理问题提供指导。

　　"伦理"通常与"道德"这个概念关联使用，甚至这两个词常常被相互替换使用。但实际上，这两个概念既密切相关，又有一定的区别。本节将具体探讨道德与伦理的关系，分析不同的伦理立场，可能出现何种伦理问题，以及面对伦理选择时一般应注意的问题。

3.1.1　道德与伦理

　　英语中的"伦理"（ethics）的概念源于希腊语中的"ethos"，"道德"（moral）则源于拉丁文中的"moralis"，且古罗马人征服了古希腊之后，古罗马思想家西塞罗（Cicero）使用拉丁文"moralis"作为希腊语"ethos"的对译。由此可见，这两个概念在起源上的确密切相关，都包含传统风俗、行为习惯之义。此后这两个概念的含义发生了一定的变化，"道德"一词更多地包含了美德、德行和品行的含义。因此，尽管"伦理"一词经常与"道德"这个概念关联使用，有时甚至被同等对待，但人们也注意到两者之间存在的差异。比如，德国哲学家黑格尔（Hegel）就认为，道德与伦理"具有本质上不同的意义""道德的主要环节是我的识见、我的意图；在这里，主观的方面，我对善的意见，是压倒一切的"。道德是个体性、主观性的，侧重个体的意识、行为与准则、法则的关系。伦理则是社会性和客观性的，侧重社会"共同体"中人与人的关系，尤其是个体与社会整体的关系。相较道德，伦理更多地展开于现实生活，其存在形态包括家庭、社会、国家等。作为具体的存在形态，"伦理的东西不像善那样是抽象的，而是强烈的、现实的"。从精神、意识的角度来考察，道德是个体性、主观性的精神，而伦理则是社会性、客观性的精神，是"社会意识"。

　　在中国文化中，"伦理"与"道德"一词相通，是指依靠非强制的、社会自觉的精神力量维持的人类道德现象、道德关系和道德行为规范，侧重指关于这种现象、关系和行为规范的道理与理论。在汉语里，"伦"有类别、辈分、顺序等含义，即人伦；"理"最早指玉石上的条纹，具有治玉、条理、道德、治理等含义。汉语中的"伦理"是指不同辈分之间、人与人之间的关系，不同关系、不同类别的人应该遵循不同的行为规范和道德礼仪。"道德"这个概念则可追溯到中国古代思想家老子的《道德经》。老子说："道生之，德畜之，物形之，势成之。是以万物莫不尊道而贵德。道之尊，德之贵，夫莫之命而常自然。"其中，"道"可引申为自然的力量及其生成、变化的规则与轨道；"德"则意味着遵循这种规则对自然的力量善加利用，唯此方可更好地在自然之中生存与发展。简言之，伦理指社会道德，而道德指个人道德。

　　把"伦理"与"道德"关联起来看，这两个概念的区别在于，"道德"更突出个人因为遵循规则而具有"德行"，"伦理"则突出依照规范来处理人与人、人与社会、人与自然之间的关系。两者的共同之处在于，伦理与道德都强调值得倡导和遵循的行为方式，都以善为追求的目标。就其表现形式而言，善既可以取得理想的形态，又展开于现实的社会生活。善的理想往往具体化为普遍的道德准则或伦理规范，以不同的方式规定了"应当如何"，即"应当如何行动（应当做什么）""应当成就什么（应当具有何种德行）""应当如何生活"等。进而，善的理想通过人的实践进一步转化为善的现实。"应当"表现为人与人之间相互关系的要求和道德责任，从而引申出"应当如何"的观念和伦理规范。伦理规范"反映着人们之间，以及个人与个人所属的共同体之间的相互关系的要求，并通过在一定情况下确定行为的选择界限和责任来实现"。它既是行为的指导，又是行为的禁例，规定着什么是"应当"做的，什么是"不应当"做的，因而同时也就规定了责任的内涵。

　　伦理规范既包括具有广泛适用性的一些准则，也包括在特殊的领域或实践活动中被认为应该遵循的行为规范，或者那些仅适用于特定组织内成员的特殊行为的标准。后者往往与特殊领域的性质和行为特点密切相关，是结合所从事的工作的特点，把具有一定普遍性的伦理规范具体化，或者从特殊工作领域实践的要求出发，制定一些比较有针对性的行为规范。本书所讨论的工程伦理，就属于工程领域中的伦理规范。

根据伦理规范得到社会认可和被制度化的程度，伦理规范可以分为两种情况：①制度性的伦理规范。在这种情况下，伦理规范往往得到了比较充分的探究和辩护，形成了被严格界定和明确表达的行为规范，对相关行动者的责任与权利有相对清晰的规定，对这些行动者有严格的约束并得到这些行动者的承诺。比如，对医生、教师或工程师等职业发布的各种形式的职业准则大体上属于这种情况。②描述性的伦理规范。在这种情况下，人们只是描述和解释应该如何行为，但并没有使之制度化。描述性的伦理规范往往没有明确规定行为者的责任和权利，因此可能在一些伦理问题上存在不同程度的争议。同时，描述性的伦理规范也比较复杂，其中既可能包括对以往行之有效的约定、习惯的信奉和维护，也可能包括对一些新的有意义的行为方式的提倡。因此，同制度性的伦理规范相比，描述性的伦理规范并不总是落后的或保守的，对其中在实践中形成的有价值的、合适的新的行为方式，在一定条件下经过进一步探究和社会磋商，有可能成为新的制度性的伦理规范。

3.1.2　工程伦理的概念

关于"工程伦理"的定义，目前学术界尚未达成共识。余谋昌认为："工程伦理，又称工程师伦理，是对工程技术人员（包括技术员、助理工程师、工程师、高级工程师）在工程活动中，包括工程设计和建设以及工程运转和维护中的道德原则及行为规范的研究。"郑文宝认为："工程伦理是指人在实施工程行为的时候，在自觉保护生态、维护工程持续发展过程中，建构出来的工程主体所必须具备的真、善、美的道德精神，以及具体化为对工程行为的使命感、责任心、自觉心理与习俗等一系列道德心理与道德规范。"肖平教授则从工程伦理学视角来定义工程伦理，他认为："工程伦理是伦理学的一个分支学科，它是以工程活动中的社会伦理关系和工程主体的行为规范为对象，进行系统研究和学术建构的理工与人文两大领域交叉融合的新学科。"工程伦理道德是指工程共同体在长期工程造物实践中逐渐积淀、升华形成的，依靠社会舆论、传统习惯、组织内在伦理需求和个体内心信念来维持的，以善恶评价为标准的道德准则、伦理规范和道德活动的总和，包括工程共同体伦理道德和工程师个人职业伦理道德两部分。其中，工程师的个人职业伦理道德是指他们在工程活动过程中所具有的道德理想、伦理观念和行为规范，是他们对工程活动的对象、过程、结果所带来的多种伦理冲突的理性选择以及对人类社会和环境产生影响的伦理判断。而工程共同体的工程伦理就是工程界已经形成并被社会有关行业权威机构发布施行的一套关于义务、权利及理想等的道德原则和行为准则。可见，工程伦理不仅是一种职业伦理，还与社会伦理、环境伦理、公众道德和个人品德密切相关。

工程伦理是指从事工程类职业的人员在工程设计、工程实施、工程运行管理等工程实践中的全部行为规范的总和，它规定了工程师及其共同体应恪守的价值观念、社会责任和行为规范。工程伦理学就是研究工程实践和工程技术中的伦理道德问题的学问，它是工程哲学和应用伦理学的分支学科及重要研究领域。

工程伦理学研究的主要内容包括：①工程伦理的基本概念、基本理论、基本内容（包括个体伦理学和团体伦理学以及微观、中观和宏观伦理问题）和基本特征；②对工程决策、实施和运行过程中各阶段面临的价值冲突和道德问题的审视，如工程师与雇主、业主与承包人、工程与社会、工程与自然等的利益冲突问题，工程中的诚信和环境责任问题，工程风险及其防范问题；③工程伦理的共同原则及与一般伦理原则和传统伦理原则的关系；④探讨某些应用范围广、社会影响大的典型工程领域的道德问题，对具体工程项目的案例分析和伦理思考；⑤对工程活动的价值评判；⑥工程师及其他工程共同体成员应具备的伦理素养和道德规范；⑦国内外工程伦理比较研究；⑧工程伦理的应用研究和工程伦理教育。

3.1.3 工程伦理的作用

工程伦理的作用包括以下3种：

（1）禁止性

大多数工程伦理章程聚焦于不应当做什么，而不是聚焦于应该做的。这可以理解成禁止性伦理。根据对美国国家职业工程师协会伦理章程的条款内容统计可知，80%的条款是由或明或隐的表达禁止性条款的内容所构成的。禁止性成为国外工程伦理章程的主基调，其原因大概有两个方面：①作为职业人员，首要的责任是不伤害；②与肯定性、开放性的条款相比，否定性的条款更加具体，容易执行。

（2）预防性

另一种思考问题的角度是，不仅关注禁止不道德的行为，也关注预防不当事情的发生，称之为预防性伦理。通过预测那些有可能会变得相当严重的伦理问题，包括伦理上禁止的问题，也许事先就可以阻止它们发生或者将其后果的严重程度降至最低。当然，这有赖于道德推理与道德想象力。

（3）激励性

尽管许多工程伦理章程会明确提出职业的理想与目标，但这些理想和目标往往是用开放性的语句表达的，因而不同的人会有不同的理解。一些工程师会设立比较高的职业理想和目标。工程伦理章程中激励工程师个体追求更高的职业理想和目标称作工程伦理的激励性。工程伦理的激励性说明了仅有禁止性或预防性的工程伦理的局限性。工程师选择工程作为毕生事业的主要目的，并不是避免职业上的不当行为，甚至不是防止不道德的行为的发生，事实上，工程师是被工程的意义和价值所吸引的。

3.1.4 不同的伦理立场

伦理规范在人类社会生活中是否值得应用，如何得到应用，以及什么是好的、正当的行为方式？对此问题的思考和争议由来已久，并且形成了不同的伦理学思想和伦理立场，大体上可以把这些伦理立场概括为功利论、义务论、契约论和德性论。

1. 功利论

功利论的伦理思想可以追溯到古希腊的伊壁鸠鲁（Epicurus）等，他们把正当的行为视为追求幸福和快乐的行为。但功利论被发展成为系统的、有影响的伦理学理论，是在18世纪和19世纪。其主要代表人物是英国思想家穆勒（John Stuart Mill）和边沁（Jeremy Bentham）等。

功利主义者认为，一种行为如果有助于增进幸福，则为正确的；如果导致了与幸福相反的结果，则为错误的。同时，他们强调幸福不仅涉及行为的当事人，也涉及受该行为影响的每一个人。最好的结果就是达到"最大的善"，并寻求实现最大化效用的行为。只有当一个行为能够达到"最大的善"时，它才是道德上正确的。功利论聚焦于行为的后果，以行为的后果来判断行为是否是善的。功利论也被称为后果论或效益论，其本质的特点是它对后果主义的承诺和对效用原则的采用。

在工程中,"将公众的安全、健康和福祉放在首位"是大多数工程伦理规范的核心原则,而功利主义是解释这个原则最直接的方式。一方面,它以成本-效益分析方法帮助工程师对可供取舍的行为及其可能产生的结果进行比较和权衡,然后把这些结果与替代行为的结果在相同单位上进行比较,以便最大限度地产生好的效用。同时,通过对以往人类关于什么类型的行为使效用最大化的经验进行总结,为形成伦理规范提供基于过去经验的粗略的指导。例如,要求工程师"在职业事务上,做每位雇主或客户的忠实代理人或受托人,避免利益冲突,并且绝不泄露秘密"。另一方面,当在特定场合不这么做将产生"最大的善"的时候,这些规则可以修改乃至违背,"不做有损害雇主和客户利益的事,除非更高的伦理关注受到破坏"。当一套最优的道德准则产生的公共善大于其他准则(或至少与其他准则一样多)时,个人行为就可在道德上得到辩护。

2. 义务论

功利论者关注的重点是行为的后果而非动机,与此不同,义务论者更关注人们行为的动机,强调行为的出发点要遵循道德的规范,体现人的义务和责任。义务论认为,一个选择或行为是否正确取决于它是否符合某个指定的规范,以遵循"最高道德原则"的方式确立人的责任和义务,强调正确的行为就是要严格遵守和履行自身所具有的义务。对义务或责任的强调,同样可以追溯到古代的思想家。比如,我国春秋时期的儒家伦理思想就倡导要"取义成仁",不能"趋利忘义",认为"君子喻于义,小人喻于利"。西塞罗在《论义务》一书中,以父母和子女的天然情感为基础,认为公民对祖国的爱是最崇高的,并主张将仁爱与公正推广到一切民族。至 18 世纪和 19 世纪,经过霍布斯、洛克、卢梭和康德等人的探讨,义务论的思想不断丰富,形成了比较系统的伦理学思想。

如果说功利论聚焦于行为的后果,那么义务论则关注的是行为本身。义务论者强调,行为是否正当不应该仅依据行为产生的后果来判定,行为本身也具有道德意义。行为本身或行为所体现的规则是否遵从了道义或道德准则,可以帮助人们判断行为是否正当。因此,义务论也被称为道义论。总体上看,义务论反对把"人"作为获得功利目的的工具或手段,强调"人"本身应该是目的。维护人的权利和尊严,应该是判断行为正当与否的重要原则。因此,义务论强调正当的行为应该遵循道义、义务与责任,而这些道义、义务与责任都基于把人的权利和尊严置于极其重要的位置。

康德(Kant)是理想主义义务论的主要代表人物。在康德看来,人是理性的存在,理性追求的是理想至善,道德法则的使命就是"自己为自己立法",人的自由意志就是要实践道德法则。为遵循"心中的道德法则",康德强调对道德律令的理性自觉和自我约束,即道德自律。

康德有关义务、人是目的、对人的尊重和不受个人感情影响的合作的论述已经对工程伦理学产生很大影响,尤其是其责任观念对工程伦理规范的制定发挥了重要的作用。比如,"工程师在履行职业责任时不得受到利益冲突的影响""工程师应为自己的职业行为承担个人责任""接受使工程决策符合公众的安全、健康和福祉的责任"。

在康德之后,罗斯(W. D. Ross)提出了直觉主义义务论的思想,以克服康德的绝对主义的弊端。罗斯认为,人应该遵循的道德原则是自明的(self-evident),人们通常可以依赖直觉发现正确的道德原则。罗斯提出了以下道德原则:①遵守诺言(promise keeping);②忠诚(fidelity);③感恩(gratitude for favors);④仁慈(beneficence);⑤正义(justice);⑥自我改进(self-improvement);⑦不行恶(non-maleficence)。

3. 契约论

契约论通过一个规则性的框架体系，把个人行为的动机和规范伦理看作是一种社会协议，它首要考虑的是通过履行契约使利益最大化。

契约论的思想可以追溯到古希腊思想家伊壁鸠鲁，他视国家和法律为人们相互约定的产物。在17世纪—18世纪，英国哲学家霍布斯、洛克，法国思想家卢梭等进一步发展了契约论的思想，提出了社会契约论。20世纪契约论的主要代表人物是美国学者约翰·罗尔斯（John Rawls）。他主张"契约"或"原始协议"不是为了参与一种特殊的社会，或为了创立一种特殊的统治形式而订立的，订约的目的是确立一种指导社会基本结构设计的根本道德原则，即正义。罗尔斯围绕正义这一核心范畴，提出了正义伦理学的两个基本原则：①个人自由和人人平等的"自由原则"；②机会均等和惠顾最少数不利者的"差异原则"。

事实上，原初的传统风俗和行为习惯正是经过不同形式的社会契约，才得以发展为伦理的规范。工程伦理最初是作为工程师职业道德行为守则出现的，通过建立于经验之上的理想化的原初状态达成理性共识的工程职业行为准则，并将其制度化为具体行业的行为规范。这个制度框架既允许理性的多元性存在，又能够从多元理性中获得重叠共识的价值支持。这样，当具有理性能力的工程师从事具体的职业活动时，个人自由权利就能在现实工程实践中得到有效保障，而且这些规范为他们提供了相应的评估行为的优先次序的指导。例如，西方几乎所有工程师协会的伦理准则都既把公众的安全、健康和福祉放在首位，同时也认同工程师拥有"生活和自由追求自己正当利益的基本权利""职业角色及其相关义务产生的特殊权利"等。

4. 德性论

德性论（virtue ethics）有时也被称为美德伦理学或德性伦理学。功利论或义务论以"行为"为中心，关注的是"我应该如何行动"；与此不同，德性论以"行为者"为中心，关注的是"我应该成为什么样的人"。

德性论者认为，伦理学的核心不是"我应该做什么"的问题，而是"我必须具有何种品德"的问题。由此出发，德性论主要关心的是人的内在品德的养成，而不是外在行为的规则。它反对把伦理学当作一种能够提供特殊行为指导规则或原则的汇集，强调要培养和产生高尚、卓越的人，这种人是出于高尚、卓越的品格而自发行动的。

德性论的主要代表包括古希腊时期的亚里士多德，以及当代伦理学家麦金太尔等。

亚里士多德（Aristotle）把道德的本质特征定义为"实践智慧"和"卓越"，认为"人的德性就是一种使人变得善良，并获得其优秀成果的品质"，主张德性是"在适当的时间、就适当的事情、对适当的人物、为适当的目的和以适当的方式产生情感或发出行动"。亚里士多德具体讨论了理智、勇敢、节制、慷慨、自重、诚实、公正等个人美德，同时把公正作为一种社会美德，并明确提出了"公正乃美德之首"。

当代伦理学家麦金泰尔（MacIntyre）继承并发展了亚里士多德的德性论思想。他认为，并不存在抽象的、超越历史的德性，德性只有通过实践才能达到自我实现。在《依赖性的理性动物：人为什么需要德性》一书中，他从人的生命脆弱性与依赖性出发，提出德性是人们共同抵御生命的脆弱性和无能的精神纽带，是扶持人们共同支撑生命存在的社会力量源泉。生命的脆弱性和生存的依赖性，使得人类只有在有德性的状态下共处才可兴旺与昌盛。因此，拥有德性并在实践中践行德性的行为才是正当的、好的行为。麦金泰尔认为，德性体现了人类生活的实践智慧，承载了文明的传统，也是维系人类生存的力量。

以上4种传统的伦理理论为工程职业伦理章程的制定和常见工程实践伦理困境的解决提

供了方法论基础，也表明了工程伦理规范与传统道德要求之间的联系。但由于价值标准的多元化，传统伦理理论的局限性越来越突出，它既对由于现代工程活动复杂性产生的伦理困境力不从心，又常常忽视工程活动中人与自然、社会和谐共生的伦理期望。建立在传统理论框架之上的职业伦理章程更多的只是指导工程师在遭遇伦理困境时识别应该避免的行为，而不是推荐具体的正确行为去解决问题。4 种传统伦理理论赋予了职业伦理章程各自的内在价值，反过来又削弱了规范的实践作用而流于空洞的说教。后面将进一步讨论这个问题。

3.1.5　伦理困境与伦理选择

1. 伦理困境

价值标准的多元化以及现实人类生活本身的复杂性，常常导致在此情境之下的道德判断与抉择的两难困境，即伦理困境。

"电车难题"即是伦理学上著名的"伦理困境"实验，由菲利帕·福特（Philippa Foot）在 1967 年出版的《堕胎问题和教条双重影响》一书中首次提出。假设你是一名电车司机，你的电车以 60km/h 的速度行驶在轨道上，突然发现在轨道的尽头有 5 名工人在施工，你无法使电车停下来，因为制动坏了，如果电车撞向那 5 名工人，他们会全部死亡。你极为无助，直到你发现在轨道的右侧有一条侧轨，而在其尽头，只有 1 名工人在那里施工。而你的方向盘并没有坏，只要你想，就可以把电车转到侧轨上去，牺牲 1 个人而挽救 5 个人的生命，如图 3-1 所示。那么，你是否应通过牺牲这 1 个人的生命而拯救另外 5 个人？是否可以用生命的数量进行衡量？我们该用何种道德价值去衡量生命的尺度？此难题涉及人对群体利益和个体利益之间的取舍。

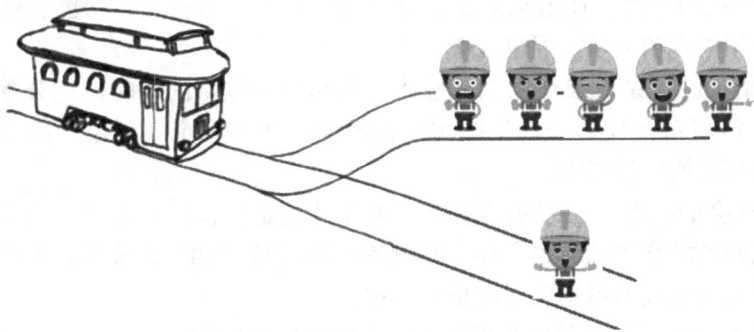

图 3-1　"电车难题"示意图

"电车难题"反映出人类社会生活和道德生活中的一个不可忽略的事实，那就是在多元价值诉求之下单纯依赖伦理规范进行道德选择的滞后性和局限性。同样，现代工程是复杂的，它使得人们处于风险之中，工程伦理规范在复杂性和风险性情境下也面临着与时俱进的挑战和压力。工程伦理关注的是工程实践中出现的特定伦理问题和伦理悖论，通过践行并不断完善伦理规范和规则来实现"有限的伦理目标"，为应对工程中出现的具体伦理问题提供指导。

2. 伦理选择

工程实践中应该坚持何种伦理立场？功利论以道德"效用"或"最大的善"为基础，认为行为的道德正确性标准在于通过行为来产生的某种非道德的价值，如幸福；义务论则认为行为本身就具有内在价值，康德更是认为道德要求体现在所谓的"绝对命令"中；契约论并不偏重行为的结果，而是更注重行为的程序合理性，达成共识契约之后按照契约行动；德性论则从职业伦理的角度为人的行为提供了一种内在的倾向性标准，如诚信、正直、友爱等。价值标准的多元化导致了人们在具体工程实践情境中选择的两难，工程生活本身的复杂性又加剧了行为者在反映不同价值诉求的伦理规范之间的权衡。此外，工程系统各个部分之间的"紧密合作"和"复杂配合"又使得运气的存在成为可能，它削弱了工程伦理规范带给行为者的安全感和稳定感，继而在对可期待的工程活动的结果中产生了一种极大的不确定性。工程实践中的伦理困境深刻地显现出伦理规范的脆弱性导致人类道德生活的脆弱性。

面对复杂的伦理问题或伦理困境，如何进行伦理选择和伦理决策？在工程伦理学的一个被广泛讨论的案例中，一个人可以简单地把他的工作、生活、责任与义务截然分开吗？是通过相互让步来解决道德困境和分歧，还是通过部分有选择性地坚持来调和冲突？由于功利论和义务论对一种不偏不倚的观点的承诺，它们并不关注现实中特殊的个人关系，这就产生了不可接受的结果——一个人要么到实验室从事生化战争的研究，获得足以养家糊口的薪水，但是每天经受着良心的自我叩问；要么坚持自己基本的道德原则拒绝这份工作，生活清贫，但很有可能自己的孩子会饿死。麦金泰尔曾指出，我们具有什么样的道德，与个体所处的特殊伦理共同体及其文化传统和道德谱系有着历史的实质性文化关联，不可能有普遍有效的道德原则。当工程实践出现"超越道德"的情形时，我们只能承认存在一个有限的道德选择和伦理行为的范围，在这个范围内，通过道德慎思为自己的伦理行为划分优先顺序，审慎地思考和处理几对重要的伦理关系，以更好地在工程实践中履行伦理责任。

1）自主与责任的关系。在尊重个人的自由、自主性的同时，要明确个人对他人、对集体和对社会的责任。

2）效率和公正的关系。在追求效率、以尽可能小的投入获得尽可能大的收益的同时，要恰当处理利益相关者的关系，促进社会公正。

3）个人与集体的关系。在追求工程整体利益和社会收益的同时，充分尊重和保障个体利益相关者的合法权益；反过来，工程实践也不能一味追求个人利益，而忽视了工程对集体、对社会可能产生的广泛影响。

4）环境与社会的关系。工程实践的一个重要特点是对自然环境和生态平衡带来直接的影响。在实现工程的社会价值的过程中，如何遵循环境伦理的基本要求，促进环境保护，维护环境正义，是工程实践不得不面对的重要挑战。

特别需要指出的是，当责任冲突导致工程实践的伦理困境时，行为者的实践智慧要诉诸遵循社会伦理和公序良俗的最初直觉，引领工程实践追求"好的生活"。

在工程实践的伦理困境中做出正确的选择，不能仅靠他律的伦理规范，对每一位行为者来说，"我对……负责"的决定权在于生动的生活而不在于教条的规范。这就要求工程行为者不论是遵循伦理规范，合理汲取不同伦理原则的合理之处，还是恰当处理上述各种伦理关系，具体的责任落实都是依赖"我"积极主动的伦理实践。在工程实践与个人生活的统一中，伦理规范指导个体行为者在当下具体的工程活动中"应当做什么"和"应当如何做"，而美德贯穿于个体行为者的整个工程生活，与对"好的生活"的思考紧密联系在一起，它是个体行为者获得"好的生活"的能力。因为，美德赋予个体行为者实现自身价值的方式——将工程行业的伦理规范与个人美德结合——通过自我反思而达到对伦理规范的更新认识，并以现实的行动实践这种认识。当面对工程实践中的伦理困境时，反思、认识、实践，一方面通过身体力行将伦理规范条款中的原则、准则运用到具体生动的工程实践场景中，另一方面又将这种通过反思而达到的更新认识化作现实的意志冲动，变为自觉的行为。

3. 解决伦理困境的步骤

通过权衡所有相关的道德理由和事实，仔细推理判断，从而解决伦理困境的步骤如下：

1）识别可应用于该情形的道德价值和理由。这些价值和理由可能来自职责、义务、权利、职业理想、公共善或其他道德考虑。

2）确定并尝试澄清与眼下困境相关的关键概念、标准、规范及准则的意义和重要性。规范只是给予工程师可以尝试解决问题的选择项，这些选择项只是建议而不能代替工程师在当下困境中的道德判断。

3）确定并尝试了解事实，获得相关信息。

4）重新考虑所有可应用于该情形的道德价值和理由。

5）将工程师的角色责任、职业责任、社会责任与公共道德及自己的个人生活统一，有理有据地做出合理选择。

3.2 工程伦理问题及处理的基本原则

3.2.1 主要工程伦理问题

工程实践中主要的工程伦理问题包括：工程风险伦理问题、工程价值伦理问题、工程环境伦理问题和工程职业责任伦理问题，如图 3-2 所示。工程风险伦理问题是由于工程内部技术、外部环境和工程活动参与者诸多因素的不确定性引发的工程风险，以及涉及的社会伦理问题。工程价值伦理问题表现在：工程为谁服务？为什么目的服务？公平公正地确定工程实践中利益相关方和社会成本承担问题。工程环境伦理问题包括自然界的内在价值问题、自然界和生命的权利问题以及人与自然和谐发展问题。工程职业责任伦理问题是指工程师作为一种职业形式，在工程实践中应如何遵循伦理章程、伦理规范，如何建立理论责任意识，提升职业伦理的决策能力。

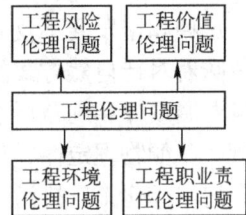

图 3-2 主要工程伦理问题

处理工程伦理问题的基本思路包括：

1）培养工程实践主体的伦理意识。

2）利用伦理原则、底线原则与相关情境相结合的方式化解工程实践中的伦理问题。

3）遇到难以抉择的伦理问题时，需多方听取意见。

4）根据工程实践中遇到的伦理问题及时修正相关伦理准则和规范。

5）逐步建立遵守工程伦理准则的相关保障制度。

一般意义上来说，处理好工程实践中的诸多伦理问题，行为者首先需辨识工程实践场景中的伦理问题，然后通过对当下工程实践及其生活的反思和对规范的再认识，将伦理规范所蕴含的"应当"转化为自愿、积极的"正确行动"。

3.2.2 处理工程伦理问题的基本原则

伦理原则是指处理人与人、人与社会、社会与社会利益关系的伦理准则。从不同的伦理学思想出发，人们对什么是合乎道德的行为有不同的认识，对应该遵循的伦理原则也有不同的态度。但总体上看，工程伦理要"将公众的安全、健康和福祉放在首位"。由此出发，从处理工程与人、社会和自然的关系的 3 个层面看，处理工程中的伦理问题要坚持以下3个基本原则：

1. 人道主义——处理工程与人关系的基本原则

人道主义提倡关怀和尊重，主张人格平等、以人为本。其包括两条主要的基本原则，即自主原则和不伤害原则。其中，自主原则是指所有的人享有平等的价值和普遍尊严，人应该有权决定自己的最佳利益。实现自主原则的必要条件有两点：一是保护隐私，这一点是与互联网、信息相关的工程需遵从的基本原则；二是知情同意，这一点在医学工程和计算机工程中被广泛运用。此外，不伤害原则是指人人拥有生存权，工程应该尊重生命，尽可能避免给他人造成伤害。这是道德标准的底线原则，无论何种工程都强调"安全第一"，即必须保证人的健康与人身安全。

2. 社会公正——处理工程与社会关系的基本原则

社会公正原则用以协调和处理工程与社会各个群体之间的关系，其建立在社会正义的基础之上，是一种群体的人道主义，即要尽可能公正与平等，尊重和保障每一个人的生存权、发展权、财产权和隐私权等。这里的平等既包括财富的平等，也包括权利和机会的平等。具体到工程领域，社会公正体现为在工程的设计与建造过程中需兼顾强势群体与弱势群体、主流文化与边缘文化、受益者与利益受损者、直接利益相关者与间接利益相关者等各方利益。同时，不仅要注重不同群体间资源与经济利益分配上的公平公正，还要兼顾工程对不同群体的身心健康、未来发展、个人隐私等其他方面所产生的影响。

3. 人与自然和谐发展——处理工程与自然关系的基本原则

自然是人类赖以生存的物质基础，人与自然的和谐发展是处理工程伦理问题的重要原则。这种和谐发展不仅意味着在具体的工程实践中注重环保，尽量减少对环境的破坏，同时，还意味着对待自然方式的转变，即自然不再是机械自然观视域下的被支配客体与对象，而具有自身发展规律和利益诉求。人类的工程实践必须遵从规律，这种规律又包含两大类：一类是自然规律，如物理定律、化学定律等。这些规律具有相对确定的因果性，如建筑不符合力学原理就会坍塌，化工厂排污处理不得当就会污染环境。另一类是自然的生态规律。相比自然规律，生态规律具有长期性和复杂性。例如，大型水利工程、垃圾填埋场对水系生态系统和土壤生态系统的影响和可能破坏，往往需要多年才得以显现，与此同时，对自然环境和生态系统破坏的影响更为深远、后果也更难以挽回。因此，人与自然和谐发展需要工程的决策者、设计者、实施者以及使用者了解和尊重自然的内在发展规律，不仅注重自然规律，更要注重生态规律。

以上3点是在作为整体的工程实践活动中处理工程伦理问题的基本原则。为规范人们的工程行为，结合不同种类的工程实践活动，如在水利、能源、信息、医疗等工程领域各自形成了相对独立的行为伦理准则。这些行为准则建立在工程伦理基本原则的基础上，兼顾了不同伦理思想和其他社会伦理原则的合理之处，结合具体实践的情境和要求制定。

处理工程伦理问题的基本思路如图3-3所示。

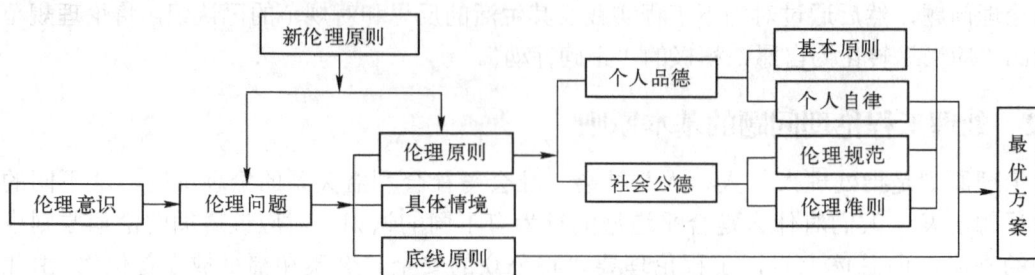

图3-3 处理工程伦理问题的基本思路

3.3 工程师的伦理责任

3.3.1 工程师伦理责任的概念

"责任"与"义务"相通,是最重要的道德范畴之一,它是指人们意识到的、自愿承担的对社会、集体和他人的道德责任。责任在日常用法中可以有 3 种基本含义:承担责任、追究责任和惩罚。

"伦理责任"是指人们在处理人与自然、人与社会、人与人的各种关系中,依据已经形成并被广泛接受的关于义务、权利及理想等的规则标准,应当对自己的行为本身及其所产生的后果承担的义务和责任。工程师的伦理责任不仅是一种职业责任,还与社会责任和公民义务有所关联,它是义务、过失和角色等责任的综合体。正如米切姆(C. Mitcham)所说:"在当代社会生活中,责任在西方对艺术、政治、经济、商业、宗教、伦理、科学和技术的道德问题的讨论中已成为试金石。"根据责任的 3 种含义,形成了伦理责任分析的两个维度:前瞻性维度和后视性维度。承担责任具有主动性的意味,体现的是责任伦理的前瞻性维度。它是指责任主体以其知识和能力承担一定的功能、作用或社会角色,并为其行动负责。追究责任和惩罚具有被动性的意味,体现的是责任伦理的后视性维度。如果责任主体的行动产生了好的后果,责任主体应当受到赞扬;反之,责任主体就要接受相应的道德谴责、赔偿义务乃至惩罚。由此,工程师的伦理责任可以理解为:工程师在工程活动中,依据工程伦理对自己的行为本身及其造成的后果承担的职业义务和社会责任。

3.3.2 增强工程师伦理责任的重要意义

工程师是工程活动的重要实践者,在工程活动中扮演着关键角色,他们具有特殊的职业性,同时也是社会中受人尊敬的特殊群体。工程的本质属性决定了工程师具有特殊的职业性,也决定了工程师应具有更大的、特殊的伦理责任。这是因为:

从前瞻性维度来看,工程师在社会分工中获得了"工程师"这一特殊职业地位,意味着要承担与之相应的社会责任。随着科学技术的飞速发展和技术力量在工程领域的扩张,技术在推动经济社会发展和工程建设中发挥着越来越重要的作用。人类社会财富的创造和人们生活水平的提高,越来越离不开工程师掌握的专业技术及其创造性劳动。社会对工程师的要求不断提高,工程师的社会责任问题也越发凸显。这种责任涉及工程活动的所有利益相关者,既包括顾客、业(雇)主、领导、同事、工人的利益,也包括社会公众和自然环境的利益。工程师必须肩负各方面的伦理义务,并且工程师的这种伦理责任既不同于普通公民的法律责任,也不同于工程其他主体,如工人的责任。

从后视性维度来看,工程师的职业活动不仅要有良好的动机或善的出发点,而且要对其活动的后果有合理的关照。工程活动在为人类带来巨大社会财富和物质享受的同时,也引起了生态恶化、环境污染、资源枯竭等问题。在当今人类对自然的干预能力越来越巨大、后果越来越严重的科技时代和现代社会,工程师群体作为工程建构和技术活动的重要主体,通过所从事的工程技术活动对社会和环境也产生了诸多负面影响,这就要求工程师担负起人与人、人与自然、人与社会和谐共生的生态责任,促进技术的合理应用和工程的可持续发展。并且,伴随着工程活动中"豆腐渣工程""烂尾工程""面子工程"等的不断出现,以及"楼裂裂""楼脆脆""楼歪歪""楼靠靠""楼倒倒"等建筑工程质量与安全事故的频繁发生,全社会都感受到了其中所体现出来的部分工程师伦理责任的丧失和职业道德的沦丧。可见，从工程对整个社会造成的负面影响来看，工程产品安全和环境危机这两个方面的问题尤为突出，社会的发展对工程师的伦理责任要求日益迫切。

工程师作为工程的设计者和工程建设的直接参与者，如果只关注工程的技术先进性、可行性和经济效益，而忽视工程的社会效益和生态效益，其结果就是与造福大众的终极目标背道而驰，导致现实中的工程质量问题和安全事故比比皆是。现代工程往往是一个复杂而庞大的系统，在工程的规划（研发）、设计、实施和运行管理中，始终渗透着各种伦理道德问题。工程师的任务不是解决某一孤立的技术问题，还要承担起对他人、对社会、对环境以及对全人类可持续发展的伦理责任。工程师只有不断提高自己的伦理责任意识和道德水平，才能保证工程的质量，最大限度地避免工程风险和安全事故的发生。

3.3.3 现代工程师应具备的伦理责任

在现代工程活动中，工程师扮演的角色越来越重要，产生的经济社会影响也越来越大，这就要求工程师在工程活动中肩负起更大的责任。他们不仅要遵守法律责任的显性约束，更要遵守伦理责任的隐性制约。工程伦理是一种实践伦理，从工程伦理涉及的主体（个人、职业和社会）及其范围来看，可分为微观伦理和宏观伦理（也有人将工程伦理分为微观、中观和宏观 3 个层次）。其中，微观伦理主要指工程活动中面向个人的个体伦理问题；宏观伦理主要是指面向职业、行业、地区甚至全社会的工程伦理问题。正如马丁（Mike W. Martin）等人认为的：微观问题涉及个人和公司做出的各种决策，而宏观问题则是涉及范围更广的问题。相应地，工程师的伦理责任也大致包括微观和宏观两个层面。微观层面的工程师伦理责任关注个体工程师的伦理责任以及与工程职业的内在关系，主要是指工程师在具体工程的规划、设计、实施、运行、管理等过程中所应承担的伦理责任；宏观层面的工程师伦理责任关注的是工程师职业群体在更广阔的社会语境下的集体社会责任以及工程整体发展的责任，主要是指工程师对社会公众和自然环境的伦理责任。也就是说，工程师必须兼顾微观和宏观的伦理责任，正确处理局部利益与全局利益、个体利益与社会利益、经济效益与环境效益、现实需要与长远发展之间的关系，以及人与自然、人与社会、工程与环境的关系。

1. 微观层面的工程师伦理责任

现代工程活动是复杂的、具有生命周期的社会活动，包括工程调研论证、工程规划与决策、工程设计、工程组织与实施、工程验收与评估、工程运行维护与管理等各个阶段和环节。作为人工物的建造过程，在工程项目的构思、决策、设计、实施、运行、管理、评价等过程中会涉及社会的政治、经济、法律、文化、生态环境等诸多方面，涉及多门学科知识的交叉应用、不同技术的优化集成、各类工程共同体成员和建设单位的参与，并且始终关涉公众的安全、健康和福祉，环境保护和可持续发展，以及利益冲突、成本效益、风险防范等丰富的伦理道德、责任义务和人类价值问题。工程建造的过程性和生命周期性特征客观上决定了伦理责任问题在整个工程过程各阶段都会出现，因此工程师的伦理责任贯穿于工程产品的全生命周期，并在不同阶段表现出不同要求。

（1）工程规划中工程师的伦理责任

工程规划中的伦理考量，直接关系到工程项目的安全性、可持续性、社会影响以及公平正义。工程规划中工程师的伦理责任主要包括以下几个方面：

1）防范工程风险。工程师在工程规划中应承担防范工程风险的伦理责任。这包括有意识地思考、预测和评估工程活动的潜在风险，并采取有效措施预防或减少这些风险。这意味着工程师必须遵循科学原理，拒绝采用未经充分验证的技术或材料，即使在面临成本压力或时间限制时，也应坚守安全第一的原则。

2）保护环境和公众利益。工程师在工程规划中还需承担起促进环境可持续性的责任。这要求工程师在设计时考虑项目的全生命周期环境影响，包括能源效率、资源消耗、废弃物处理及生态影响等。通过采用绿色设计、循环经济和生态修复等技术手段，工程师可以推动工程项目的低碳、节能、环保，为后代留下一个更加宜居的地球，从而促进环境保护和社会和谐。

3）尊重社会多样性与公平。工程规划往往涉及土地征用、社区迁移、文化遗址保护等复杂社会问题，工程师需在此过程中展现出对社会多样性和公平性的尊重。这意味着工程师应积极倾听并考虑不同利益相关者的意见和需求，尤其是弱势群体的声音，确保项目不仅符合经济效益，也兼顾社会效益，避免加剧社会不公。通过社区参与、文化敏感性分析和公平补偿机制，工程师可以促进工程项目的社会接受度和长期成功。

4）推动透明度与责任追溯。在工程规划与实施过程中，工程师应保持高度的透明度，确保项目决策、资金使用、环境影响评估等信息公开透明，接受社会监督。同时，建立有效的责任追溯机制，对于项目中出现的问题或事故，能够迅速查明原因，明确责任归属，采取补救措施，并向公众说明情况。这种透明度与责任追溯不仅是对公众负责的表现，也是维护工程师职业声誉和行业公信力的关键。

综上所述，工程师在工程规划中的伦理责任是多方面的，包括防范工程风险、保护环境和公众利益、尊重社会多样性与公平、推动透明度与责任追溯等。这些责任共同构成了工程师在工程规划中的伦理责任体系。

（2）工程决策中工程师的伦理责任

在工程决策中，不仅会遇到知识和技术问题，还会遇到伦理道德和不同利益相关者的利益问题。例如，工程决策者在进行工程决策时，必须全盘考虑工程活动对相关地区自然环境和社会环境的影响。在自然环境方面，工程决策者要以多门自然学科知识和工程技术知识为背景，全面考虑工程活动对当地生态环境、自然资源的影响，努力根据当地的地理位置、地形地貌等自然环境的特点来开展工程活动；在社会环境方面，工程决策者要仔细考虑工程活动对当地历史环境、文化环境和民风民俗的影响，建造与当地历史及文化相融合的、和谐的人工物。

虽然工程师并不具有对工程的最终决策权，但其在工程决策中的地位不容忽视。一个工程项目的决策和一项工程设计目标的选择，除了要考虑社会需要和公众需求之外，更重要的是要考察在技术上是否可行，因为技术是确保工程安全的决定性因素。由于工程师拥有专业的科学知识和丰富的实践经验，并直接参与工程实践活动，他们了解工程的具体情况，清楚工程潜在的危险。因此，项目决策者必须进行民主决策，让众多利益相关者都能够以适当的方式参与决策，特别是要在倾听和参考专业工程师的意见后，再做出最终决策，这样才能提高工程决策的科学性和可靠性。基于此，在工程决策，特别是技术决策过程中，工程师承担着一定的伦理责任，主要体现在以下 3 个方面：

1）工程师有责任根据相应的伦理道德规范，针对工程项目的实际情况提供不同的项目备选方案，供工程最终决策者进行选择。

2）工程师有责任在提供决策建议和参与决策的过程中，把公众的安全、健康和福祉放在首位。在事关公众利益和工人安全的问题上，如果业主（雇主）和决策者拒绝接受工程师的建议，工程师有责任向有关部门和机构反映、揭发。

3）在明确知道决策失误，会危害到公众的安全和福祉、损害工程活动所在地自然环境和社会环境的情况下，工程师有责任提出合理化建议和可行性论证报告，如建议得不到采纳，就要对其加以阻拦或举报。

（3）工程设计中工程师的伦理责任

工程是蕴含人们的思维、想象、目的、意志、手段的系列计划活动，设计是工程活动的起始阶段，它是"根据一定的目的要求预先制定方法、程序、方案等的活动"。而工程师则是设计目标的决定者和工程项目的具体设计者，他们在工程设计阶段，必须综合运用自然科学、工程科学、人文社会科学等学科的知识开展设计工作，并承担起工程设计安全的伦理责任。正如美国麻省理工学院布西亚瑞利（L. L. Bucciarelli）教授所言："现代设计工作的组织和文化正在发生变化，工程设计准则应该加以拓展，使之包括伦理、情景和文化要素，工程师需要拓展视野，成为具有跨学科知识的多面手。"

质量问题始终是工程活动中备受关注的问题之一，它是现实中工程安全的具体保证和体现，而工程设计是确保工程质量的关键。工程师在进行工程设计时，要考虑设计的产品是否存在安全缺陷和质量隐患，是否会给用户造成伤害，是否会对所在地环境造成严重污染，是否符合职业卫生和劳动保护的标准，是否侵犯专利权等问题。如果工程师在工程设计活动中具有高尚的道德和伦理情怀，就可以采取有效的手段和措施来提高设计质量，防止工程事故的发生。

（4）工程实施中工程师的伦理责任

工程实施是工程中最主要及最核心的步骤，工程实施情况往往决定了工程质量的高低。工程实施阶段必须在工程师的指导下，按照工程设计方案进行施工，这是各种技术集成和创新的过程。工程实施的过程包含一系列工程活动，是工程主体借助技术知识，对工程建造材料的选择、建造技术及设备的优化组合、组织实施的系统管理以及人工物的实际建造过程。工程师在将工程设计方案付诸实践的过程中，担负着首席执行者和工程实施目标监督者的关键角色。工程实施中工程师的伦理责任主要体现在以下两个方面：

1）在工程实施的各个环节中，工程师要树立强烈的质量安全意识，承担起技术与质量监督的责任。因为安全问题是工程活动中最受关注的问题，它主要表现在施工（生产）安全、技术安全、公共安全、环境安全、人员安全等方面。由于现代工程的系统复杂程度及其具有的社会影响，使工程安全事故的突发性、灾难性和破坏性程度极大增加，甚至严重危及自然环境的安全与生态平衡。因此，工程师必须树立工程安全责任意识，并内化于心、外化于行，以负责任的工作态度，严格遵循相关的技术规范、工程质量标准和安全操作规程，认真把好工程质量关，建造（制造）符合安全要求的优质工程产品。

2）工程师应自觉抵制腐败，拒绝贿赂等诱惑，并保证数据、工艺、材料等的真实性，保守商业和技术秘密，用实际行动捍卫工程质量、维护公众利益。工程师还应肩负起对自己的下级——技术员和工人的伦理责任，把以人为本、安全第一放在施工的第一位，通过提高工程现场的安全标准、建立相应的保障措施来降低工人的施工风险，确保他们的生命安全。

（5）工程运行维护与管理中工程师的伦理责任

工程具有不确定性和风险性，会导致工程产品最初的承诺与实际成果之间出现偏差。对于工程运行阶段存在的这些风险，作为工程产品设计者和首席执行者的工程师负有重要责任。工程运行管理中工程师应具备以下伦理责任：

1）事前预防。工程师在工程技术成果完成且未开始使用时，有责任凭借自己的知识和能力去预测及评估工程技术成果的正面与负面影响。若发现工程产品有可能对公众的安全、健康和福祉造成威胁，或发现业主（雇主）为了追逐经济利益而降低产品的环保标准、破坏生态环境，工程师应拒绝执行雇主的指令，甚至挺身而出检举揭发，以阻止该项工程的实施；若明知某项工程有重大隐患，却出于私利等各种原因而知情不报，并继续实施该项工程，那么这样的工程师显然责任心弱甚至伦理道德败坏。

2）风险告知。风险告知责任是指工程师有责任向使用该工程产品的消费者（用户、顾客和相关公众）告知产品的风险，不应该夸大宣传、欺瞒消费者。并且，工程师有义务对社会公众进行工程普及教育，给予公众相关的合理建议，培养公众面对工程风险的理性和应对工程风险的基本能力。

3）检验评估结果。任何一项工程在结束时都需要对工程质量进行评估和验收。工程师作为评估工程质量的检验者，必须从维护公众健康和安全的角度出发，依据质量标准逐一验收和检测工程的各个环节，绝不能因为人情或收受贿赂而恶意降低检测评估标准，以保证工程对人的健康和环境不造成损害，最大限度地实现其社会效益和伦理要求。

4）事后追究。事后追究责任是指一旦在工程运行过程中出现由于工程产品设计的缺陷和施工的不完善而引发的工程事故，工程师负有不可推卸的责任。经调查，如工程师在该工程中的工作行为确实有失误，特别是有欺上瞒下和弄虚作假行为，并造成严重的事故与恶劣的社会影响，则要受到舆论指责和道德谴责，甚至从法律上追究其民事责任或刑事责任。

2. 宏观层面的工程师伦理责任

在工程活动中，人工物不仅体现着人与自然的关系，而且也体现着人与人、人与社会的关系。因而宏观层面的工程师伦理责任主要有 2 个维度的理解：①对社会公众强调安全、健康和福祉；②对生态环境强调可持续发展。工程师应该坚持尊重人类与尊重自然相统一的原则，时刻将公众的安全、健康和福祉置于行为选择的第一位，肩负起对自然、对社会、对全人类以及对职业、对雇（业）主等的伦理责任，为改善环境、提高人类生活质量服务。

（1）工程师对社会公众的伦理责任

随着科技的进步和工业化的发展，越来越多的工程和工程技术领域与公众的利益密切相关。社会公众是工程利益相关者中的特殊群体，虽然他们并不直接参与工程建设，却是工程建设最大的直接或间接受益者（消费者）；他们虽不拥有工程师那样的专业知识，却能够在一定程度上影响工程建设的进程，甚至决定工程的命运。工程师是为公众服务的，对公众的安全、健康等负有责任。世界上几乎所有工程师学会都把"维护公众的安全、健康和福祉"放在工程师伦理准则的首位。因此，作为工程建设主体和引领技术发展的工程师，肩负着保护公众利益的伦理责任，特别要关注以下几点：

1）工程师要保证工程质量。良好的工程质量是"维护公众的安全、健康和福祉"、保护公众免遭不可接受风险的基本条件，也是工程建构物和技术产品发挥功能、实现其内外在价值的基础。现代工程大多是具有风险性的复杂产品，现代工程技术也是极具创新性的技术。日益复杂的技术系统会产生预料不到的后果甚至失败，现代工程，特别是大型工程正面临着空前巨大而复杂的风险。质量是工程的生命线，任何质量问题和小小失误都有可能酿成无法挽回的损失，给人民的财产、健康及生命安全带来巨大的危害。世界上多个国家在大地震后研究和分析造成人员伤亡的原因时发现，放宽建筑标准和未按规定进行检测常常是许多建筑物倒塌的直接原因，而在其深层则存在着质量安全意识薄弱、伦理道德缺失等方面的原因，因此保证工程质量是工程师的首要责任。工程师必须坚定不移地把质量安全放在工程建设的首位，严格按照质量标准、工程准则和规章制度要求，正确处理质量与安全、速度与效益的关系，确保工程产品质量。

2）工程师要保持诚实和公正。诚信是保证人际交往和社会生活正常运行的一个重要条件。工程活动直接影响到千千万万人的生存环境和生命安全，这使诚信（包括诚实、守信、正直、严谨）更成为对工程活动的一个重要伦理要求，成为工程师的基本行为规范和道德素养。许多国家的工程伦理章程都要求工程技术人员必须"诚实而公正"地从事他们的职业。例如，IEEE 伦理章程的准则要求其工程技术人员在陈述主张和基于对现有数据进行评估时，要保持诚实和真实，寻求、接受和提供对技术工作的诚实批评。尤其值得一提的是，面对当前大规模工程建设中出现的复杂的利益冲突问题，特别是面对经济利益的诱惑时，工程师必须保持诚实和公正，并能经受住伦理和"良心"的考验，避免"修了一条路，倒下一批人"之类的惨痛事故重复发生。

3）工程师要将公众利益放在首位。工程师一般都服务于或受雇于一定的组织（公司、企业），而组织对雇员（包括工程师）最基本的要求就是服从命令，维护组织利益，"对雇主（或委托人）忠诚"在很多国家都成为工程师职业伦理的一个基本原则。但工程师具有"双重的忠诚"，他们既要忠诚于雇主，也要对公众忠诚、对社会负责。当工程活动需要以牺牲社会公众或其他不知情人的利益为代价来获取最大的经济效益时，一些作为公司管理者的雇主们通常会以一种"近视"的眼光和"功利"的态度采取行动，将公众的安全、健康和福祉置于次要位置。他们认为工程师过于追求安全，欠缺对投入产出效益或市场方面的考虑。与之对照，工程师是一个肩负着强烈责任的特殊职业，他们承担着独特的通告与预防的责任，有义务将公众利益放在首位。

由于现代工程师大多处于服从命令的地位，公众与公司之间在一些情况下产生冲突，会使工程师陷入"良知"与"服从""举报"与"忠诚"的两难选择和伦理困境之中。但是，当公司的利益与公众的安全、健康和福祉之间存在冲突时，或者在有可能违反法律和带来社会隐患（如危害公众利益、破坏生态环境）的情况下，工程师的伦理责任要求他们对社会和公众的忠诚应该高于对直接雇主的狭隘利益的忠诚，即将公众的利益置于对雇主的保密、忠诚和利润之上，必要时还应进行揭发和举报，以尽量减少公众利益的损失，为社会公众和子孙后代谋福利。以美国"挑战者号"航天飞机事故为例，莫顿·瑟奥科尔公司的副总工程师伦德，当时坚决主张不发射航天飞机，原因在于如果在低温下发射，那么初级和次级 O 形环可能会无法准确地密封。这是一个科学的判断，而且工程师切实履行了自己的责任。虽然工程师的行为未能阻止这场悲剧的发生，但事故的直接责任者不再是工程师，而是宇航局的管理者。

（2）工程师对生态环境的伦理责任

工程是改造大自然的产物，是人类社会与自然环境之间进行物质、能量、信息重新交换分配的过程。任何一项工程的开发和使用，都或多或少地对自然环境造成负面影响，较之人类的其他活动，工程对自然环境的破坏和影响可能更大。伴随着工程实践干预自然的程度加深以及人类对自然环境的过度索取，加之科学技术的不可预测性、现代工程活动的复杂性和风险性以及技术的滥用和误用，使人们今天的自然生态系统出现了越来越严重的危机，人类的生存环境（特别是空气和水）日趋恶化。工程活动是一种社会空间建构，这意味着工程实践及造物活动对环境和人类生活质量产生的负面影响，可以通过有效手段与合理规范加以避免或最小化，使改造自然的工程实践成为变革社会、造福子孙后代的造物活动。工程师对自然环境的伦理责任表现在以下 3 个方面：

1）工程师自身应该建立起正确的环境伦理观。在过去，以改造自然、征服自然为表现形式的人类中心主义曾是占据主导地位的思潮，人们在处理人与自然的关系时，过分强调人类改造和征服自然的一面，而忽视了自然对人类的限制和反作用的一面。当今人类社会面临的日益恶劣的自然环境和严重的自然灾害，正是警告人们这种观念的极端错误性和危害性。"绿水青山就是金山银山"，爱护大自然就是爱护我们人类自身。面对人口爆炸、环境污染、能源短缺等日趋严峻的生态危机，工程师必须重新审视人类在生态系统中的地位，树立正确的、可持续发展的生态伦理观。也就是说，工程活动不是单纯以改造自然为目的，而是要遵循生态活动的规律，在更高的社会生活水平上重塑生态活动的方式，使社会、经济、环境相协调、可持续发展。工程师对自己的行为必须进行认真反思，既要对自然环境的破坏承担责任，又要对保护自然环境与生态平衡、维持人类社会的可持续发展履行义务。

2）工程师应承担起保护环境、节约资源等环境责任。这有助于提升工程师的环境伦理责任，并按照伦理规范要求去选择自己的行为，更加关注生态环境、节能降耗、低碳发展等问题。例如，在工程决策、工程施工、工程运行和工程评估等工程活动中，工程师既要把生态环境保护作为工程活动的外在约束条件，又要将其作为工程活动的内在因素，把工程理解为"生态循环系统之中的生态社会现象"，使改造自然的工程实践成为塑造物质文明、造福子孙后代的造物活动。

3）工程师有责任向客户、向企业宣传正确的环境伦理观念，因为环境问题需要全体人类的努力，单靠工程师个体的力量是远远不够的。要促使客户、企业树立资源节约、环境友好、循环经济、绿色制造、清洁生产，促进人与自然、工程与社会协调可持续发展的现代工程理念和工程生态观，建设更多符合社会道德伦理规范、生态规律和可持续发展要求的绿色工程。

正如在 2004 年召开的第二届世界工程师大会发表的《世界工程师之歌》所讴歌的："地球是我们美丽的家园，大地为我们无私地奉献，我们是理想的勇敢实践者，光荣的使命落在我们双肩！不分民族，不分肤色，有着一致的目标！生活更好，发展更快，是我们共同的心愿！保护环境，珍惜资源，我们站在最前沿！为了今天，为了明天，让我们联合全世界！"

总之，工程师对公众、对自然环境的社会伦理责任是工程师伦理责任的最高层次。工程师在工程活动中具有的主体性，决定了工程师有义务、有责任自觉维护公共利益，为公众安全和健康服务，保护自然环境，造福人类。一些工业发达国家把接受、认同、履行工程专业的伦理道德规范作为职业工程师的充分和必要条件。工程师职业伦理规范作为工程师在从业范围内所采纳的一套行为标准，表明了他们在职业行为上对社会的承诺，也标志着在职业行为方式上社会对他们的期待。工程师职业伦理规范有助于提高工程技术人员在面临义务冲突、利益冲突时做出正确判断和解决实际问题的能力，并能够提高工程技术人员前瞻性地思考问题、预测自身行为的可能后果并做出判断的能力。这就要求工程师在工程活动过程中，必须依据工程师职业伦理规范，运用其所掌握的专业知识和实践经验，从多个方面综合考量工程活动及其工程产品对社会公众和自然环境产生或可能产生的影响，至少不危及和损害人类的生存、健康和安全。

3.3.4 工程伦理教育

所谓工程伦理教育，是指对工程专业的学生和从事工程实践的工程师进行的伦理道德教育。长期以来，工程伦理教育并未在我国的工程教育中找到一席之地，工程师有限的伦理知识主要来自工程实践和亲身经历。我国当前的"一带一路"倡议需要大量有跨文化、全球视野的工程师人才，需要工程师具备在不同文化下的工程伦理规范意识。近年来工程伦理教育受到高度关注。一方面，工程实践在现代社会中发挥着越来越重要的作用，工程活动对人们的生活产生越来越广泛的影响；另一方面，工程实践越来越密切地关系到各种伦理问题，这些伦理问题涉及对工程行为正当性的思考和价值判断，往往需要在价值冲突中做出正确的选择。针对当前我国工程科技人员工程伦理意识淡薄、工程教育中伦理教育缺失的状况，切实加强工程伦理教育，帮助大学生树立正确的工程伦理观，提高对复杂工程问题做出合理伦理判断的意识和能力，增强社会责任感、道德信念和道德情操，就显得非常必要和迫切。

20 世纪 70 年代以来，美国、法国、德国、日本、英国等发达国家相继开展工程伦理教育。20 世纪 90 年代之后，加强工程伦理教育，提高工程师和其他工程实践者的社会责任，成为工程教育的重要内容。自 1992 年起，美国工程教育协会（ASEE）和美国国家科学基金会（NSF）分别发表了关于工程教育改革的相关报告，呼吁重视工程师面临的伦理问题，加强工程伦理方面的教育。美国国家工程院的报告也指出："伦理标准是未来工程师具备的基本素质之一。"1996 年开始，美国注册工程师考试将工程伦理纳入"工程基础"考试范围，从而使工程伦理教育被纳入到教育认证、工程认证的制度体系之中。

工程伦理教育的主要任务如下：

（1）明确社会角色身份是工程伦理教育的逻辑起点

工程师在工程技术的研究和实践中能追求真理、勇于探索、敢于攻坚、不畏艰险、尊重事实、坚持真理、修正错误。工程技术人员在处理与企业和社会之间的关系时，既要忠诚于雇主、努力工作、对企业负责，又要忠诚于人民和社会，不能以损害他人和社会利益的形式追求企业的利益。工程技术人员在处理与生态环境的关系时，要热爱自然、尊重生命、保护环境、节约资源。

（2）坚定价值取向是工程伦理教育的根本保证

价值取向就是人们在一定场合以一定方式采取一定行动的价值态度倾向。人的价值取向直接影响着其工作态度和行为。诺贝尔经济学奖获得者、著名心理学家西蒙（Simon）认为，决策判断有 2 种前提：价值前提和事实前提，说明了价值取向的重要性。

工程师在面临多种道德可能时，总是根据一定的道德价值标准，自觉、自主地进行善恶取舍的行为选择。任何一种技术行为，都灌注着行为者的价值目的性与价值理念，都标志着行为者的道德情感与道德责任意识等内容。

在价值取向上，早期的工程师作为公司的雇员，在自身的职业原则上"顺理成章"地确立和接受了"为雇主和公司服务"的职业伦理原则和立场。而当代卓越工程师的价值取向再也不能是单纯地忠诚于雇主，而必须把忠诚于社会放在首要位置。正如美国学者斯蒂芬·安格尔（Stephen Unger）所言："过去，工程伦理学主要关心是否把工作做好了，而今天是考虑我们是否做了好的工作。"

（3）工程师道德自律性是工程伦理教育的内在保证

道德作为一种实践理性，是以实践精神的方式把握世界，其自律性必须通过主体道德选择体现出来。道德教育的理想是培养有高度自律道德的人，即让学生学会自律。道德教育理应是学生主体"自己塑造自己""自己构建自己"的活动，而不是被动地"被塑造"的活动。对道德教育的认识也应从"服从、适应"的接受层次提升到"自主、超越"的发展层次，即追求自律，说通俗点就是要思考"哪些该做、哪些能做、哪些不可以做"，要有自我约束的能力。自律是优秀人才的基本素质之一，学校所提出的行为规范不是哪个机构的约束，而应该转变成学生自我完善、发展的需要；学校的道德教育不应是一种异己的力量，而应是一种"化我"的动力；学校的道德教育不是为了学生的"道德认识"，而是为了学生的"道德内化"；学校道德教育追求的不是制造"规范人"，而是培养"文化人"。

工程师道德选择的自律性是在一定的过程活动中，通过对工程中的伦理冲突做出自觉、自主、自愿的道德选择来体现的。工程伦理教育要特别关注如何解决几条职业规范的要求相互冲突的情形，即伦理困境。工程伦理教育要对典型的工程伦理案例进行评议，提出处理建议，供学生学习借鉴。

3.4 工程伦理章程

工程伦理的制度化建设包括 4 个层面：工程伦理教育、职业注册制度（职业工程师执照制度）、工程社团和社团伦理章程的制定、企业伦理政策的制定与实施。本节主要介绍 2 种与电子信息类专业强相关的工程伦理章程：IEEE 伦理章程和工程伦理规范范本。

3.4.1 IEEE 伦理章程

电气和电子工程师协会（Institute of Electrical and Electronics Engineers，IEEE）伦理章程如下：

1）承担使自己的工程决策符合公众的安全、健康和福祉的责任，并及时公开可能会危及公众或环境的因素。

2）无论何时，尽可能避免已有的或已经意识到的利益冲突，并且当它们确实存在时，向受其影响的相关方告知利益冲突。

3）在陈述主张和基于现有数据进行评估时，要保持诚实和真实。

4）拒绝任何形式的贿赂。

5）提高对技术、技术适当的应用及其潜在后果的理解。

6）保持并提高我们的技术能力，并且只有在经过培训或实习具备资质后，或在相关的限制得到完全解除后，才承担他人的技术性任务。

7）寻求、接受和提供对技术工作的诚实的批评、承认和纠正错误，并对其他人做出的贡献给予适当的认可。

8）公平对待所有人，不考虑诸如种族、宗教信仰、性别、残障、年龄或民族的因素。

9）避免错误地或恶意地损害他人财产、声誉或职业的行为。

10）对同事和合作者的职业发展给予帮助，并支持他们遵守本伦理章程。

3.4.2 工程伦理规范范本

世界工程组织联合会（World Federation of Engineering Organizations，WFEO）制定了一份《工程伦理规范范本》，作为各成员组织制定伦理规范的参考依据，反映了国际工程共同体的伦理考量。《工程伦理规范范本》经 2001 年修订后的最新内容包括 4 个部分。其中，第二部分列出 9 条实用伦理准则：①职业工程师必须在与可持续发展原则一致的前提下，高度重视公共安全、健康与福祉，保护自然与人造环境；②在工作场所促进健康与安全；③仅在自己的能力和业务范围内，以谨慎和勤勉的方式提供服务、建议或者执行工程作业任务；④忠实于客户或者雇主，恪守诚信，披露利益冲突；⑤持续学习，以保持专业能力，在业务范围内努力提升知识结构，并为下属与同僚从业者提供职业拓展的机会；⑥为人公正，对客户、同事以及他人信守承诺，对财物收入和付出予以信用，批评与自我批评都客观公平；⑦确保客户与雇主明白其行为或项目的社会及环境后果，努力以一种客观与实事求是的方式向公众解释工程论题；⑧明确告知雇主与客户否决或无视工程决策或判断的可能后果；⑨向所在社团或适当机构报告任何非法或不道德的工程决策、工程业务及其他不正当行为。该范本第三部分单独列出 7 条环境伦理准则，其中前两条是：①工程师在从事任何职业活动时，必须以最大的能力、勇气、热情以及奉献，努力获取技术成就，为所有人贡献并促进健康宜人的户外和室内空间；②尽可能以最低的自然物质和能源消耗、最低的浪费和污染代价，完成工作目标。该范本最后总结，要永远牢记战争、贪婪、穷困以及无知，加上自然灾害、人为污染和资源破坏，是日益加剧的环境损害的主要原因，而工程师作为社会的积极一员，必须运用他们的才能、知识以及想象力来帮助社会排除邪恶，并为所有人提高生活品质。强调"做好的工程"的责任优先于"把工程做好"的责任，这就赋予了工程师超越职业限制的社会责任和道德义务。

2015 年全国工程教育专业认证专家委员会公布的《工程教育专业认证标准》中，对工程专业毕业生应具有的伦理责任提出了明确要求："能够理解和评价针对复杂工程问题的专业工程实践对环境、社会可持续发展的影响""具有人文社会科学素养、社会责任感，能够在工程实践中理解并遵守工程职业道德和规范，履行责任"。

参 考 文 献

[1] 肖平. 工程伦理导论[M]. 北京：北京大学出版社，2009.

[2] 李正风，丛杭青，王前. 工程伦理[M]. 2版. 北京：清华大学出版社，2019.

[3] 哈里斯，普里查德，雷宾斯，等. 工程伦理：概念与案例[M]. 5版. 丛杭青，沈琪，魏丽娜，等译. 杭州：浙江大学出版社，2018.

[4] 伯恩. 工程伦理：挑战与机遇[M]. 丛杭青，沈琪，周恩泽，等译. 杭州：浙江大学出版社，2020.

[5] 王志新. 工程伦理学教程[M]. 北京：经济科学出版社，2018.

第4章 工程创新

人类社会是在不断创新的过程中前进的，人类社会的进步、科学技术的发展、社会生产力的提高，都离不开创新。创新是人类有别于其他动物的重要特征，人类社会的文明史就是一部不断创造和创新的演变史，相对论、量子论、基因论、信息论的形成，都是创新思维的成果。有没有创新能力，能不能进行创新，是当今世界范围内经济发展和科技竞争的决定性因素。创新不但影响着科学技术的发明创造，也影响着科学技术的发明成果能否及时转化为直接的社会生产力，最终促进社会经济的迅速发展。从这个意义上说，创新也是社会进步的决定性因素和主要推动力。随着新经济时代的到来，特别是进入21世纪后，人们对创新和创造的关注程度超过历史上的任何时期。"创新"概念的出现频率之高，标志着创造和创新已成为当今时代的主题和最强音。

从我国传统的四大发明（造纸术、指南针、火药和印刷术）到"新四大发明"（高铁、共享单车、扫码支付和网络购物），充分体现了中华民族创新的智慧成果和科学技术，对我国的政治、经济、文化发展产生了巨大的推动作用，并经各种途径传至西方，对世界文明发展史产生巨大的影响力。

"创新、协调、绿色、开放、共享"是2015年10月29日闭幕的中国共产党第十八届中央委员会第五次全体会议首次提出的五大发展理念，以保障实现全面建成小康社会的目标。其中，"创新"一词排在第一位。2018年3月7日，习近平总书记在参加第十三届全国人民代表大会第一次会议广东代表团审议时强调，发展是第一要务，人才是第一资源，创新是第一动力。中国如果不走创新驱动发展道路，新旧动能不能顺利转换，就不能真正强大起来。强大起来要靠创新，而创新要靠人才。创新对于企业的发展和国家竞争力的提高是必要的手段和途径，创新已经成为当今世界的主题。同时，根据高校创新人才培养的总体要求，高校要能培养具有创新理念、创新思维、创新技能以及创新精神的高素质技术型人才，满足社会对于创新人才的需求。本章主要讨论工程中的创新问题。

4.1 创新的概念、内容和分类

4.1.1 创新的概念

创造是人类最高超的劳动形式之一，人类社会的文明史就是一部创造发明史。在原始社会，若没有燧人氏发明钻木取火，人类还得生吃食物；若没有工具的发明，人类社会就不能向前发展。在近代，若没有大机器的发明，人们仍将处在扶犁耕田、手摇纺纱的落后状态；若没有人工接种牛痘的发明，成千上万人的生命将被天花吞噬；若没有爱迪生发明电灯，人们至今还得靠油灯照明；若没有无线电的发明，通信还需要靠狼烟或大声吼叫……创造是人们应用已知信息，产生某种新颖而独特的、具有社会价值或个人价值的产品的过程，是"破旧立新"，打破世界上已有的、创立世界上尚未有的精神和物质的活动。正如查理·芒格（Charlie Munger）所言："只有当人类'发明了发明的方法'之后，人类社会才能快速地发展。"

创新是指创造新的事物。创是始的意思，所以创造不是后造，而是始造。通常说创造，含有造出了前所未有的事物的意味。这里的"事物"所指很宽泛，既包括自然科学，也包括社会科学；上至国家政权，下至百姓生活；从天文到地理，无所不有。这里的"前所未有"却只有一种含义，那就是"首创"。任何创新都必须是一种首创活动。在西方，英语中"innovation"（创新）一词源自拉丁语"innovare"。它的原意有3层含义：①更新，就是对原有的东西进行替换；②创造新的东西，就是创造出原来没有的东西；③改变，就是对原有的东西进行发展和改造。

创造、发明和创新是三个相近的概念，都在推动社会进步和技术发展中起着至关重要的作用，它们三者之间既相互联系又有所区别，如图4-1所示。创造是创新和发明的基础，通常指的是提出新的、前所未有的创意、概念或解决方案等。没有新的创意和概念，就无法进行发明和创新。发明则是创造的具体实现，是将好的、有潜力的创意或概念转化为一种新的技术、产品、方法或工艺的过程。创新则是提出创意并把它转化为实际应用的过程，它不仅包括发明，还包括将发明商业化和实际应用。人类的创新可以分解为两个部分：一是思考，提出新的创意和概念；二是行动，根据新的创意和概念做出新事物。即创造是指想新的，创新是指做新的。创造一般是个体行为，发明既可以是个体行为，也可以是团队行为，但创新一般是复杂的组织行为或过程。尤其在当前日益复杂的经济环境下，创新必须依赖于组织实现，创新是团队的行为。

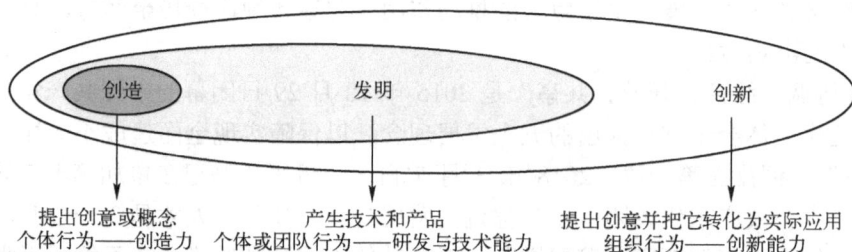

图4-1 创造、发明和创新三者之间的关系

下面以智能手机的诞生为例说明创造、发明和创新三者之间的关系。

在智能手机诞生之前，人们已经有了电话、计算机、个人数字助理（PDA）等多种通信和计算设备。然而，这些设备的功能和形态都是相对独立的。创造的过程开始于有人提出一个全新的想法：将电话的通信功能、计算机的计算功能以及PDA的信息管理功能整合到一个便携式的设备中。这个想法是前所未有的，它打破了传统设备的界限，为智能手机的诞生奠定了基础。

在智能手机的发展过程中，出现了许多具体的发明，如触摸屏技术、智能手机操作系统、高性能处理器等。这些发明是智能手机实现其多种功能的关键技术，它们使得智能手机能够成为一个真正的便携式通信和计算设备。这些发明不仅为智能手机的发展提供了技术支持，也为其他领域的发展带来了启示和借鉴。

有了创造的想法之后，接下来就需要进行创新来实现这个想法。创新的过程包括技术研发、产品设计、市场定位等多个环节。在技术研发方面，需要开发出能够支持多种功能集成的硬件和软件系统。在产品设计方面，需要考虑设备的便携性、易用性以及美观性等因素。在市场定位方面，需要确定目标用户群体和价格策略等。通过这些创新活动，智能手机逐渐从一个概念变成了现实的产品，并成功进入了市场。

在这个例子中，创造、发明和创新三者之间的关系得到了充分的体现。创造提出了一个全新的想法，为智能手机的诞生奠定了基础；而发明则是在智能手机的发展过程中产生的具体技术成果，它们为智能手机的发展提供了关键的技术支持。创新则通过技术研发、产品设计等活动将这个想法变成了现实的产品。这三者相互依存、相互促进，共同推动了智能手机的诞生和发展。

创新是指以现有的思维模式提出有别于常规或常人思路的见解为导向，利用现有的知识和物质，在特定的环境中，本着理想化需要或为满足社会需求，而改进或创造新的事物、方法、元素、路径、环境，并能获得一定有益效果的行为。创新既是一个认知过程和心理反应过程，也是一个社会实践过程，有着自身的本质规定性和特殊规律性。创新是运用知识或经验创造和改进新事物的过程，新事物可以是新的思想、新的实践或新的制造物。创新从哲学的角度来说是人的实践行为，是人类对发现的再创造，是对物质世界的矛盾再创造。人类通过物质世界的再创造，制造新的矛盾关系，形成新的物质形态。从社会学的角度来看，创新是指人们为了发展的需要，运用已知的信息，不断突破常规，发现或产生某种新颖、独特的有社会价值或个人价值的新事物、新思想的活动。创新的本质是突破，即突破旧的思维定式、旧的常规戒律。创新活动的核心是"新"，或者是产品结构、性能和外部特征的变革，或者是造型设计、内容的表现形式和手段的创造，或者是内容的丰富和完善。

4.1.2 工程创新的内涵

在一项工程从决策、规划、设计、实施到运行管理的过程中，在每一个环节或每一个因素上都可能发生或大或小、或全局性或局部性的创新活动。这些在工程中发生的创新统称为工程创新。工程创新着眼于工程整体，注重造物活动中的创新。

严格地说，科技创新应该细分为科学创新、技术创新和工程创新。科学创新是研究客观世界、揭示客观规律、形成客观结论，其核心在于原创性和唯一性，关注的是"有无"的问题，而不考虑经济效益。本书重点讨论 "工程创新"和"技术创新"。

技术创新是基于现有的科学知识体系，探究实现的新方法，使得科学创新得以实现。技术创新是指在生产过程中引入新的产品或工艺，或者对现有产品和工艺进行显著改进的活动。它包括新产品和新工艺的开发、设计、商业化应用等一系列活动，是科学技术转化为现实生产力的"桥梁"与"中介"。技术创新侧重于技术和工艺的研发与应用，关注的是"能不能"的问题，其目标是开发新产品、新工艺，或改进现有产品，提高市场竞争力。

工程创新是指在工程建设领域中，通过新技术、新材料、新工艺的应用，以及工程管理方法的改进，实现工程建设效率的提升、成本的降低、质量的提高和环境的保护。它是创新活动的主战场，是直接生产力的体现。工程创新侧重于工程活动的全生命周期，包括决策、规划、设计、实施、运行、管理等各个环节的创新。工程创新关注的是"行不行"的问题，其目标是提高工程项目的效率、质量和安全性，降低成本。在工程活动中，我们必须树立"工程造福人民""在工程中建立和谐的人际关系"和"工程与环境和谐"三个理念。

技术创新以技术为主线，聚焦于"发明成果的首次商业应用"；工程创新则着眼于工程，指"造物"活动中的创新。工程是发明成果商业化的重要环节，技术是工程中必不可少的要素，两者是相互依存的。工程创新需要技术创新提供新的产品和工艺支持。技术创新需要工程创新来实现技术成果的实际应用和商业化。从过程看，技术创新必然要经过工程化环节才能实现；从要素看，工程创新中包含技术创新。只强调技术创新，并不能保证工程创新的成功。工程创新若不能成功，技术创新也容易走向失败。工程创新与技术创新之间的关系如图 4-2 所示。

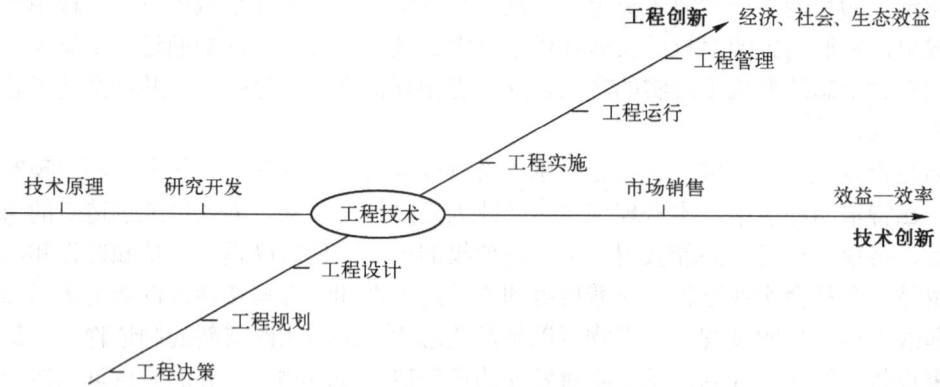

图 4-2 工程创新与技术创新的关系

4.1.3 创新及工程创新的特点

1. 创新的特点

一般来说，所有的创新都具有以下几个共同的特点：

1）创新的主体性。创新活动的主体是人类，自然界变化的结果不属于创新。这里的人类包含两层含义：一是指个人，如自然人；二是指团体或组织。创新的客体是客观世界，包括自然科学、社会科学以及人类自身思维规律。

2）创新的可控性。任何一种创新都是主体有目地控制、调节客体的一种活动，是主体为实现自身的目标作用于自身客体、自然客体和社会客体而进行信息、物质和能量变换的过程。

3）创新的新颖性。任何一种创新活动都将产生一种前所未有的新成果。

4）创新的价值性。任何一种创新活动都是具有经济价值和社会价值的，都是能促进人类进步的。

2. 工程创新的特点

1）工程创新的集成性。工程创新不仅仅是单一技术的应用，而是多个学科、多种技术在更大时空尺度上的集成优化。它要求在技术要素和经济、社会、环境、管理等非技术要素之间进行优化集成，以实现工程活动的系统性优化。既然如此，工程创新者所面对的必然是一个跨学科、跨领域、跨组织的问题。工程创新是人与自然关系的重建、人与社会关系的重建。因此，可以说，集成性是工程创新的基本特点。

2）工程创新的社会性。工程创新是一个社会过程。工程创新不仅是"技术性"活动，更是"社会性"活动。独立的工程人才是无法发挥作用的，工程人才必须组成集体和团队才能发挥作用。工程活动和工程创新还是价值导向的过程，工程活动不仅必须充分考虑技术可行性和经济效益，还必须充分考虑环境效益和社会效益。不考虑环境效益和社会效益，不充分考虑一项工程的直接和间接触及的各方利益，不仅工程本身不合理，而且可能会遭遇各种阻力而导致工程失败。

3）工程创新的建构性。如果说，工程创新是一个异质要素的集成过程，那么这些被集成的要素对于创新者来说并不是给定的、随意可用的，只有当这些要素被识别、被认知、被调动、被应用，才能发挥作用。这些应用和转移不是随意和单向的，而是双向的、多向的互相作用过程。要素的转移和应用在工程活动中发挥关键作用。创新者通过相关机制和策略识别出其他创新者的要素，将其彼此建构并关联起来，形成多要素的复杂网络。在这样一个异质要素进行集成的过程中，需要匹配各种要素，需要调和各类需求，需要进行复杂的权衡。可以说，权衡是工程的生命。

4）工程创新的稳健性。任何创新都是一个不确定的过程，工程创新也不例外。但是，与通常的技术创新不同，工程创新总是要求最低限度的不确定性和最大限度的稳健性。力求稳健就成了工程创新的一个必然要求。

4.1.4 创新的内容和分类

1. 创新的内容

创新存在于人类社会的经济、政治和文化各个领域。创新的内容包含理论创新、制度创新、文化创新、服务创新、知识创新、技术创新、管理创新、工程创新、社会创新及其他创新。

1）理论创新：是在扬弃原有的思想、学说和理论的基础上，通过创造性思维活动提出新思想、新学说、新理论的过程。理论创新是一切创新的基础。

2）制度创新：是指人们在现有生产和生活环境条件下，通过创设新的、更能有效激励人们行为的制度机制和规范体系，来实现经济社会的不断变革和持续发展。所有的创新活动都有赖于制度创新的支撑、保障和持续激励，并通过制度创新得以固化，以制度化的方式持续发挥作用。制度创新的内核是政治、经济、社会和管理体制等的改革，表现为支配人们行为和相互关系规则的变更，也是组织与外部环境相互联系机制的变更。

3）文化创新：是社会实践发展的必然要求和文化自身发展的内在动力，必须"立足于改革开放和现代化建设的实践，着眼于世界文化发展的前沿，发扬民族文化的优秀传统，汲取世界各民族的长处，在内容和形式上积极创新，不断增强中国特色社会主义文化的吸引力和感召力。"

4）服务创新：是企业为了提高服务质量和创造新的市场价值而发生的服务要素变化，对服务系统进行有目的、有组织地改变的动态过程。其中，理论创新是指导，制度创新是保障，技术创新是动力，文化创新是智力支持。它们相互促进，密不可分。

其他创新的内容将在创新的分类中进行介绍。

2. 创新的分类

我国的国家科技创新体制将创新行为分为 5 大类：以科学研究为先导的知识创新、以标准化为轴心的技术创新、以工程整体为目标的工程创新、以信息化为载体的管理创新以及以制度为保障的制度创新。

1）知识创新：是指通过科学研究，包括基础研究和应用研究，获得新的基础科学和技术科学知识的过程，其目的是追求新发现、探索新规律、创立新学说、创造新方法、积累新知识。知识创新是知识的创造、生产、传播、共享和应用过程，它是在理论创新、制度创新、文化创新以及技术和管理创新活动中实现的。

2）技术创新：其核心内容是科学技术的发明和创造，以及价值实现，其直接结果是推动科学技术进步与应用创新的良性互动，提高社会生产力的发展水平，进而促进社会经济的增长。

3）工程创新：是以工程整体为目标，通过综合运用各种技术手段和创新方法，对工程项目的决策、规划、设计、施工、运营等全过程进行创新。工程创新旨在提高工程项目的质量、效率、安全性和可持续性，满足社会经济发展和人民生活的需求。在工程创新中，需要充分考虑工程项目的实际情况和需求，结合先进的技术手段和创新方法，实现工程项目的优化升级。

4）管理创新：是指组织形成一个创造性思想并将其转换为有用的产品、服务或作业方法的过程。管理创新包括管理思想、管理理论、管理知识、管理方法和管理工具等的创新。其核心内容是科技引领的管理变革，其直接结果是激发人们的创造性和积极性，促使所有社会资源的合理配置，最终推动社会的进步。在信息化时代，管理创新更多地依赖于信息技术手段，如大数据分析、云计算、人工智能等。这些技术能够帮助企业实现管理流程的自动化、智能化和精细化，提高管理效率和质量。

5）制度创新：是指引入新的制度安排，如组织的结构、组织运行规范等，以调整企业中所有者、经营者、劳动者的权力和利益关系，使企业具有更高的活动效率。制度创新是企业创新的重要组成部分，它能够为企业创新提供有力的制度保障。通过制度创新，可以打破原有的制度束缚，激发企业的创新活力，推动企业的持续发展和竞争力提升。在企业制度创新中，需要充分考虑企业的实际情况和发展需求，制定科学合理的制度安排，确保企业的创新活动能够在良好的制度环境中进行。

综上所述，这5种创新形式相互关联、相互促进，共同构成了推动社会进步和发展的重要力量。

4.2 创新的过程、原则与基本原理

4.2.1 创新过程的一般模式

创新过程的一般模式包括如下过程：发现问题，明确目标；积极探索，拟订方案；认真分析，果断决策；科学验证，修正完善；精心组织，实施创新；重视反馈，及时调整。

1. 发现问题，明确目标

通过发现问题、明确问题，确立创新目标。这可以分以下3步进行：

1）提出问题。一切创新都是从发现问题、提出问题开始的。

正如爱因斯坦所言，提出一个问题往往比解决一个问题更重要。因为解决问题仅是数学上或实验上的技能而已；而提出新的问题、新的可能性，从新的角度去看旧的问题，则需要有创造性的想象力，而且标志着科学的真正进步。奥斯本（Osborn）则认为，提出问题的关键在于对问题的感受性，而对问题的感受性是重要的人格和能力特征。那么如何发现问题呢？由于问题一般存在于对现状的不满中，因此运用"问题=理想-现状"公式，就可以在任何时候、任何领域发现问题。

2）明确问题。这就是充分认识到问题的实质。应通过收集资料、整理平时积累的知识和经验，界定问题的范围，明确问题的性质，指出问题的关键，初步确定其可行性，并做好充分的技术准备。此时，问题重述法可大显神威。

3）确定目标。这是在问题价值分析的基础上确定创新的目标。应着重分析所明确的问题能满足社会哪方面需要，它的应用前景如何，能给社会带来什么样的价值及其大小，以决定该问题能否作为创新课题和目标。

2. 积极探索，拟订方案

寻找解决问题的方法、手段和途径，拟定预选方案。寻找解决方案，就要联想相关的事

实、经验和知识，从不同的事实、经验和知识中，找到不同的解决方案，方案越多越好。在此阶段所采取的措施可以是运用已有经验和知识，也可以是在提出新观念、新理论、新规则的基础上创建新的解题方法。创新是有风险的。为了将这种风险降到最低，企业必须根据实际情况，结合自身的整体发展战略和业务特点，制定适合本企业的创新方案。

3. 认真分析，果断决策

从所拟定的多个预选方案中选定最终实施方案。在此阶段，评价与选择是中心工作。评价依赖于实验或其他检测手段来完成，最终选择主要取决于对各个方案的比较和决策者的个性特征。选择的结果可能是拟选方案之一，也可能是多个拟选方案的综合，还可能需要推倒再来，重新拟定、重新选择。最终选定的方案应是可靠性较高、风险性较小、效益较高、代价较小且具有可行性的方案。

4. 科学验证，修正完善

对选定的方案，应在进行深入逻辑论证研究的基础上，加以试验检验，如发现不足，还要进行补充、修改和完善。所选择的创新方案是否能达成创新目标，有待仔细验证。新的观念要经过逻辑的推敲和完善才能树立，新的结论、新的产品要经过实践的检验才能推出。若验证结果符合或接近预期的创新目标，证明该创新是可以成功的，否则就难以成功。对于验证成功的创新就保存下来，需要知识产权保护的还要进行知识产权注册申请；对于存在缺陷的创新，要进行修正、完善；对于失败的创新，要么抛弃，要么重新进行创新设计。

5. 精心组织，实施创新

将试验成功的方案，在实际的社会实践和生产实践中付诸实施，以获取预期的收益。在这一阶段，一般都需要对原有的组织方式和工作流程进行调整，以符合创新的要求。"没有行动的思想会自生自灭"，创新成功的秘密主要在于迅速行动。提出的构想可能还不完善，但这种并非十全十美的构想必须立即付诸行动才有意义，一味地追求完美则可能坐失良机，而且创新的构想只有在不断尝试中才能逐渐完善。

6. 重视反馈，及时调整

在创新方案的实施过程中，实际运行结果是最好的检验。因此，要密切关注实施的进程，经常收集实施中出现的问题，并及时地分析问题原因，寻求解决对策，不断对实施方案进行调整和完善。任何创新活动，只有在不断调整和完善中才能臻于完美，更好地达到创新目的。这一轮创新成功，则为下一轮创新提供了动力。创新不能停止，必须在一个新的起点上实施再创新；即使这一轮创新失败，也要从失败中总结经验、吸取教训，为持续创新提供借鉴。

4.2.2 创新的原则

所谓创新的原则，是指人们开展创新活动所依据的法则和评判创新构思所凭借的标准。它对创新原理的运用和对创新过程的把握具有指导性的意义。要做到有效创新，需要遵循 6 条原则。

1. 遵守科学原理原则

创新必须遵循科学原理，不能违背科学发展规律。任何违背科学原理的创新都是不能获得成功的。比如，近百年来，许多才思卓越的人耗费心思，力图发明一种既不消耗任何能量，又可源源不断对外做功的"永动机"。但无论他们的构思如何巧妙，结果都逃不过失败的命运。原因就在于他们的创新违背了"能量守恒"的科学原理。为了使创新活动取得成功，在进行创新构思时，必须做到以下几点：

1）对发明创造设想进行科学原理相容性检查。创新的设想在转化为成果之前，应该先进行科学原理相容性检查。如果关于某一创新问题的初步设想与人们已经发现并经过实践检查证明的科学原理不相容，则不会获得最后的创新成果。因此，与科学原理是否相容是检查创新设想有无生命力的根本条件。

2）对发明创新设想进行技术方法可行性检查。任何事物都不能离开现有条件的制约。在设想变为成果时，还必须进行技术方法可行性检查。如果设想所需要的条件超过现有技术方法可行性范围，则在目前该设想还只能是一种空想。

3）对创新设想进行功能方案合理性检查。任何创新的新设想在功能上都有所创新或有所增强，但一项设想的功能体系是否合理，关系到该设想是否具有推广应用的价值。因此，必须对其合理性进行检查。

2. 市场评价原则

创新设想要获得最后的成果，必须经受市场的严峻考验。爱迪生曾说："我不打算发明任何卖不出去的东西，因为不能卖出去的东西都没有达到成功的顶点。能销售出去就证明了它的实用性，而实用性就是成功。"

创新设想经受市场考验，实现商品化和市场化，要按市场评价原则来分析。其评价通常是从市场寿命观、市场定位观、市场特色观、市场容量观、市场价格观和市场风险观6个方面入手，考察创新对象的商品化和市场化的发展前景，而最基本的要点则是考察该创新的使用价值是否大于它的销售价格，也就是要看它的性能、价格是否优良。但在现实中，要估计一种新产品的生产成本和销售价格不难，而要估计一种新发明的使用价值和潜在意义则很难。这需要在进行市场评价时把握评价事物使用性能最基本的5个方面：①解决问题的迫切程度；②功能结构的优化程度；③使用操作的可靠程度；④维修保养的方便程度；⑤美化生活的美学程度。然后在此基础上做出结论。

3. 相对较优原则

创新不可盲目追求最优、最佳、最美、最先进，创新产物不可能十全十美。在创新过程中，利用创造原理和方法获得的许多创新设想各有千秋，这时就需要人们按相对较优原则，对设想进行判断选择。

1）从创新技术先进性上进行比较选择。可从创新设想或成果的技术先进性上进行各自的分析比较，尤其是将创新设想与解决同样问题的已有技术手段进行比较，看哪个更为领先和超前。

2）从创新经济合理性上进行比较选择。经济的合理性也是评价判断一项创新成果的重要因素，所以对各种设想的可能经济情况进行比较，看哪个更为合理和节省。

3）从创新整体效果性上进行比较选择。技术和经济应该相互支持、相互促进，它们的协调统一构成事物的整体效果。任何创新设想和成果，其使用价值和创新水平主要是通过它的整体效果体现出来的。因此，要对它们的整体效果进行比较，看哪个更为全面和优秀。

4. 机理简单原则

在科技竞争日趋激烈的今天，结构复杂、功能冗余、使用烦琐已成为技术不成熟的标志。因此，在创新过程中要始终贯彻机理简单原则。在现有科学水平和技术条件下，如不限制实现创新方式和手段的复杂性，所付出的代价可能远远超出合理程度，使创新设想或结果毫无使用价值。为使创新设想或结果更符合机理简单原则，需要对创新设想或结果进行3个方面的分析：①新事物所依据的原理是否重叠，超出应有范围；②新事物所拥有的结构是否复杂，超出应有程度；③新事物所具备的功能是否冗余，超出应有数量。

5. 构思独特原则

我国古代军事家孙子在其名著《孙子兵法·兵势篇》中指出："凡战者，以正合，以奇胜。故善出奇者，无穷如天地，不竭如江海。"所谓"出奇"，就是"思维超常"和"构思独特"。创新贵在独特。创新的精髓就在于构思独特。创新的独特性首先体现在设计阶段，表现为是否具有构思的新颖性、开创性和特色性 3 个方面。体现在创新结果上则有以下几个方面：①创新结果是独特的。创新的结果达到了前所未有的功能和用途，如一个创新产品在功能、质量、便利性和价格等方面与原有的同类产品有根本差别。②通过创新圆满解决了一个迫切的独特需求，而且没有留下更多的问题。③获得的（技术）成果可以绕过别人的知识产权保护，而且很难被仿制和模仿，同时申请到专利，受到法律保护。

6. 不轻易否定、不简单比较原则

不轻易否定、不简单比较原则是指在分析评判各种产品创新方案时，应注意避免轻易否定的倾向。在飞机发明之前，科学界曾从"理论"上进行了否定的论证；过去也曾有权威人士断言，无线电波不可能沿着地球曲面传播，无法成为通信手段。显然，这些结论都是错误的。这些不恰当的否定之所以会出现，是由于人们运用了错误的"理论"，而更多的不应该出现的错误否定，则是由于人们的主观武断，给某项发明规定了若干用常规思维分析证明无法达到的技术细节的结果。

在避免轻易否定倾向的同时，还要注意不要随意在两个事物之间进行简单比较。不同的创新，包括非常相近的创新，原则上不能以简单的方式比较其优劣。

不同创新不能简单比较的原则带来了相关技术在市场上的优势互补，形成了共存共荣的局面。创新的广泛性和普遍性都源于创新具有的相融性。如市场上常见的钢笔、铅笔就互不排斥，即使都是铅笔，也有普通木质铅笔和金属或塑料杆自动铅笔等区分，它们之间也不存在排斥的问题。

总之，应在尽量避免盲目地、过高地估计自己的设想的同时，注意尊重他人的创意和构想。简单的否定与批评是容易的，难得的是闪烁着希望的创新构想。

以上是在创新活动中要注意并切实遵循的创新原理和创新原则。这是根据千百年来人类创新活动成功的经验和失败的教训提炼出来的，是创新智慧和方法的结晶。它体现了创新的规律和性质，按创新原理和原则去创新并非束缚思维，而是把创新活动纳入安全可靠、快速运行的大道上来。在创新活动中遵循创新原理和创新原则是提升创新能力的基本要素，是攀登创新云梯的基础。只要有了这个基础，就把握了开启创新大门的"金钥匙"。

4.2.3 创新的基本原理

所谓创新原理，是依据创新的本质和特点，对人们创新实践的经验性总结和对创新活动规律的综合性归纳。它为人们正确地认识创新活动、科学地运用创新方法、有效地解决创新问题提供了基本准则和依据。创新的基本原理如下：

1. 综合原理

从系统论的角度而言，要素是系统的基本组成，也是构成系统联系的基础和载体。任何系统都必须具有一定数量的要素，没有要素也就没有系统。这些要素尽管有着自身地位、性质和作用等方面的区别，但对于它们所构成的系统而言，每个要素都是有用的。在系统中，任何要素都不是独立存在的，而是作为整体和联系中的要素存在的。综合原理就是在分析各个构成要素基本性质的基础上，综合其可取的部分，使综合后所形成的系统具有优化的特点和创新的特征。例如，日本在取得重大理论突破、获得诺贝尔奖等方面虽落后于西方强国，但其善于借鉴别国的先进技术形成新的科学体系，使用的就是综合原理。

2. 组合原理

组合原理是将两种或两种以上的学说、技术、产品的一部分或全部进行适当叠加和组合，用以形成新学说、新技术、新产品的创新原理。组合既可以是自然组合，也可以是人工组合。在自然界和人类社会中，组合现象是非常普遍的。

爱因斯坦曾说："组合作用似乎是创造性思维的本质特征。"组合创新的机会是无穷的。有人统计了 20 世纪以来的 480 项重大创造发明成果，经分析发现：20 世纪三四十年代以突破型成果为主、组合型成果为辅；20 世纪五六十年代两者大致相当；从 20 世纪 80 年代起，组合型成果占据主导地位。这说明组合原理已成为创新的主要方式之一。例如，手机就是组合创新的典型代表，通过手机可以打电话、上网聊天、看电视等。

3. 分离原理

分离原理是把某一创新对象进行科学的分解和离散，使主要问题从复杂现象中暴露出来，从而帮助创造者厘清思路，便于抓住主要矛盾。分离原理在发明创新过程中，提倡将事物打破并分解，鼓励人们在发明创造过程中，突破事物原有面貌的限制，将研究对象予以分离，创造出全新的概念和产品。例如，隐形眼镜就是眼镜架和镜片分离后的新产品。

4. 多用性、通用性原理

多用性、通用性原理是使一个物体具有多项功能，消除了该功能在其他物体内存在的必要性，进而裁剪其他物体。多用性、通用性原理在创新中有许多实践案例，将同一时间可能需要的各种功能集成到一个产品上，并以新产品的形态出现，如瑞士军刀。

【例 4.1】 电话手表

现在的孩子非常聪明，甚至 3 岁的孩子都会对智能手机深深着迷，但这也会影响孩子的成长。所以，电话手表的发明是很多家长的福音。电话手表结合了手机和手表的功能，形成一个新的产品，并具有固定的用户群。

目前，许多电话手表采用全面彩屏设计，让孩子可以感受到智能，新增实时定位与计步功能，可以让家长知道孩子每天的活跃程度。一旦孩子没有接听电话，那么孩子所在的位置就会同步发到父母的手机上，让父母可以第一时间找到孩子；孩子在不方便接听电话的同时还可以选择用电话手表发送短信，以免父母焦虑。电话手表还扩大了孩子的交友圈，通过健康的微信轻聊体验，让孩子热爱交流和聊天，帮助他们更好地成长。

现在不只是小孩子，很多大人也非常喜欢电话手表。对于上学不能携带手机的中小学生，只要戴上一块电话手表，就可以满足通信和交友的需求。

5. 移植原理

移植原理是把一个研究对象的概念、原理和方法运用于另一个研究对象并取得创新成果的创新原理。"他山之石，可以攻玉"就是该原理能动性的真实写照。移植原理的实质是借用已有的创新成果进行创新目标的再创造。

创新活动中的移植依据重点不同，可以是沿着不同物质层次的"纵向移植"，也可以是在同一物质层次内不同形态间的"横向移植"，还可以是把多种物质层次的概念、原理和方法综合引入同一创新领域中的"综合移植"。新的科学创造和技术发明层出不穷，其中有许多创新是运用移植原理获得的。例如，可以将电子语音合成技术移植到小孩玩具、智能音箱、机器人等产品中；将积木的思想移植到组合家具、电子产品中。

6. 换元原理

换元原理是指创造者在创新过程中采用替换或代换的思想或手法,使创新活动内容不断展开、研究不断深入的创新原理。通常是在发明创新过程中,设计者有目的、有意义地去寻找替代物,如果能找到性能更好、价格更省的替代品,这本身就是一种创新,如对颜色进行改变。

7. 迂回原理

创新在很多情况下会遇到暂时无法解决的问题,迂回原理鼓励人们开动脑筋、另辟蹊径:不妨暂停在某个难点上的僵持状态,转而进入下一步行动或进入另外的行动,带着创新活动中的这个未知数,继续探索创新问题,不要钻牛角尖、走死胡同。因为有时通过解决侧面问题、外围问题以及后继问题,可能会使原来的未知问题迎刃而解。

8. 逆反原理

逆反原理首先要求人们敢于并善于打破头脑中常规思维模式的束缚,对已有的理论方法、科学技术、产品实物持怀疑态度,从相反的思维方向去分析、去思索、去探求新的发明创造。实际上,任何事物都有正反两个方面,这两个方面同时相互依存于一个共同体中。人们在认识事物的过程中,习惯于从显而易见的正面去考虑问题,因而阻塞了自己的思路。如果能有意识、有目的地与传统思维方法"背道而驰",往往能得到极好的创新成果,如电风扇与排气扇。

9. 强化原理

强化就是对创新对象进行精炼、压缩或聚焦,以获得创新的成果。强化原理是指在创新活动中,通过各种强化手段,使创新对象提高质量、改善性能、延长寿命、增加用途,或使产品体积缩小、重量减轻、功能得到强化。

10. 群体原理

大学生创新小组就是一个群体原理的实例。科学的发展使创新越来越需要发挥群体智慧才能有所建树。早期的创新多是依靠个人的智慧和知识来完成的,但随着科学技术的进步,要想"单枪匹马、独闯天下"去完成像人造卫星、宇宙飞船、空间实验室和海底实验室等大型高科技项目的开发设计工作是不可能的。这就需要创造者能够摆脱狭窄的专业知识范围的束缚,依靠群体智慧的力量和科学技术的交叉渗透,使创新活动从个体劳动的圈子中解放出来,焕发更大的活力。

在创新活动中,创新原理是运用创造性思维分析问题和解决问题的出发点,也是人们使用何种创造方法、采用何种创造手段的凭据。因此,掌握创新原理是人们能否取得创新成果的先决条件。但创新原理不是治疗百病的"灵丹妙药",不能指望在了解创新原理之后,就能对创新方法了如指掌并使用自如,就能解决创新的任何问题。只有在深入学习并深刻理解创新原理的基础上,人们才有可能有效地掌握创新方法,也才有可能成功地开展创新活动。

4.3 创新思维

要进行工程创新,思维方式是很重要的。工程创新思维讲求缜密性和前瞻性,还要借助一些科学的思维模式。掌握一些行之有效的创新思维模式,可以使人们找准研究的方向,在面对工程难题时设法寻求解决之道,最大限度地发挥自身优势,扬长避短,取得优异成果。

创新思维是指以新颖独创的方法解决问题的思维过程，以求突破常规思维的界限，以超常规甚至反常规的方法和视角去思考问题，提出与众不同的解决方案，从而产生新颖的、独到的、有社会意义的思维成果。创新思维的本质在于将创新意识的感性愿望提升为理性探索，实现创新活动由感性认识到理性思考的飞跃。作为新时期的大学生，具有必要的创新思维与创新能力对于个人的职业生涯发展具有重要的意义。

创新思维的运用目的，就是让人们具有"新的眼光"，克服思维定式，打破技术系统旧有的阻碍模式。一些看似困难的问题，如果投以"新的眼光"，站在更高的位置，从不同的角度来看待，可能会得出新的答案。创新真正的障碍是现有"成功模式"造成的"惯性思维"和"思维定式"。创新思维是思维活动中最积极、最有价值的形式，是思维的高级形式，是人类探索事物本质、获得新知识和新能力的有效手段。

4.3.1 惯性思维

惯性思维（也称为思维定式）是指由先前的活动所形成的一种对活动的特殊心理准备状态，或活动的倾向性。一提到惯性思维，很多人认为它就是思维障碍，这是片面的。事实上，绝大多数人的行为都是依赖于惯性思维思考的结果。换句话说，这种思维的习惯性既可能成为人们的良好"助手"，帮人们形成正确的行为，也可能成为人们最坏的"敌人"，把人们的思维拖入特定的陷阱，阻碍新思想、新观点、新技术和新形象的产生。因此，在创新思维过程中需要突破惯性思维。惯性思维多种多样，不同的人有不同的惯性思维，常见的惯性思维有从众型、书本型、经验型和权威型。

【例 4.2】 蜜蜂和苍蝇试验

把 6 只蜜蜂和 6 只苍蝇装进一个玻璃瓶中，然后将瓶子平放，让瓶底朝着光照的方向，如图 4-3 所示。结果会发生什么情况？

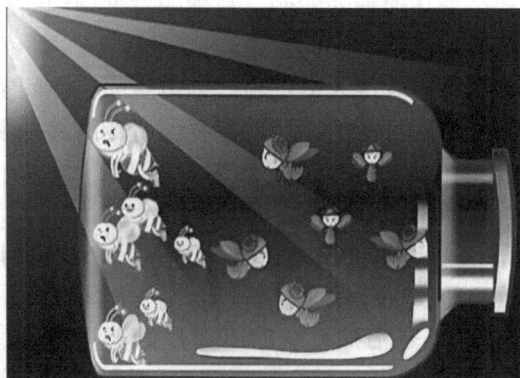

图 4-3　蜜蜂和苍蝇试验

蜜蜂不停地想在瓶底上找到出口，一直到它们力竭倒毙或饿死；而苍蝇则会在不到 2min，穿过另一端的瓶口纷纷逃逸。由于蜜蜂基于出口就在光亮处的思维定式，想当然地设定了出口的方位，并且不停地重复着这种合乎逻辑的行为。可以说，正是由于这种思维定式的存在，才导致它们没有飞出瓶子。而苍蝇则对所谓的逻辑毫不留意，全然没有对亮光的定式，而是四处乱飞，所以顺利飞出了瓶子。

1. 从众型惯性思维

从众型惯性思维是指没有或不敢坚持自己的主见，总是顺从多数人意志的一种广泛存在的心理现象。在生活中，从众型惯性思维普遍存在。例如走到十字路口，红灯已经亮了，本该停下来，但是看到大家都在往前走，自己也会随着人群继续往前走。破除从众型惯性思维，需要在思维过程中不盲目跟随，具备心理抗压能力。在科学研究和发明过程中，更要有独立的思维意识。

生活中大多数人习惯于走别人走过的路。因为人们偏执地认为走大多数人走过的路不会错，但是，当这么想的时候却忽略了一个重要的事实，那就是走别人没有走过的路往往更容易成功。

2. 书本型惯性思维

所谓书本型惯性思维，就是在思考问题时不顾实际情况，不加思考地盲目运用书本知识，一切从书本出发、以书本为纲的思维模式。当然，书本知识对人类所起的积极作用是显而易见的。现有的科学技术和文学艺术是人类几千年来认识世界、改造世界的经验总结，其中的大部分都是通过书本传承下来的，因此，书本知识是人类的宝贵财富，必须认真学习与继承。当然，对于书本知识的学习需要掌握其精神实质，活学活用，不能当作教条死记硬背，更不能作为绝对真理，否则将形成书本型惯性思维，这是把书本知识夸大化、绝对化的片面有害观点。

但是，许多书本知识是有时效性、针对性、条件性的。当今社会发展飞快，而很多书本知识未能得到及时和有效的更新，导致其与客观事实之间存在着一定程度的滞后性。如果一味地认为书本知识都是正确的并严格按照书本知识来指导实践，将严重束缚、禁锢创造性思维的发挥。为了破除思维定式，需要认识到任何原理都必须与具体实践相结合，认识到对任何问题都应该了解相关的各种观点，以便通过比较予以鉴别。

3. 经验型惯性思维

经验型惯性思维是指人们在处理问题时按照以往的经验去办事的一种思维习惯，照搬经验，忽略了经验的相对性和片面性，制约了创造性思维的发挥。"一拍脑袋，有了；一拍胸脯，好了；一拍大腿，坏了；一拍屁股，算了"，这个段子就是典型的经验型惯性思维。人们受经验型惯性思维的束缚，就会墨守成规，失去创新能力。首先，经验是宝贵的，但经验又有片面性，没有一种情况能完全符合过去的经验。一方面，前人的经验及自己总结的经验会为人们做事带来方便；另一方面，经验也经常会成为发挥创新能力的障碍。其次，运用创新思维突破经验的局限性，就会创造财富、创造奇迹，从而改变自己和组织的命运。

经验有助于人们在处理常规事务时少走弯路，提高办事效率，但要注意把经验与经验型惯性思维区分开，破除经验型惯性思维，促使思维灵活变通。

4. 权威型惯性思维

在思维领域，不少人习惯引证权威的观点，甚至以权威的观点作为判定事物是非的唯一标准，一旦发现违背权威观点的观点，就唯"权威"是瞻，这种惯性思维就是权威型惯性思维。权威型惯性思维是思维惰性的表现，是对权威的迷信、盲目崇拜与夸大，属于权威的泛化。例如，直流电的发明可以追溯到18世纪末，物理学家伏特在1799年利用盐水和锡锌金属片发明了原电池，这是最早的直流电源。然而，直流电在实际应用中存在传输损耗大的问题，特别是在长距离传输时，电压会大幅下降，导致电能损耗严重。为了解决这个问题，爱迪生在19世纪末建立了多个直流发电站，但由于电能损耗问题，这种方法并不理想。尼古拉·特斯拉在1882年发明了交流电，并制造了世界上第一台交流发电机。交流电的主要优点在于其传输效率高、损耗小、传输距离远，且可以通过变压器进行电压变换，这使得交流电在长距离传输中具有显著优势。特斯拉的交流电系统在 19 世纪末得到了广泛应用，并逐渐取代了爱迪生的直流电系统。所以，英国皇家学会的会徽上有一句话："不迷信权威"。在科学研究与工程中，要区分权威与权威惯性，破除权威型惯性思维，坚持"实践是检验真理的唯一标准"。

4.3.2 创造性思维

爱尔兰著名剧作家、评论家萧伯纳（George Bernard Shaw）曾说："有些人只看见事物的表面，他们问'为什么'；而我却想象事物从未呈现的一面，我问'为什么不'。"

很多时候，人们会抱怨自己的创新能力不够。创新能力不是天生的，而通常是缜密的、系统化思维的产物，任何工程技术人员均可获得和提升自身的创新能力。通过学习创新方法，养成创造性思维，并不会扼杀灵感及创造力，反而会助长灵感及创造力的产生。

创造性思维是在客观需要的推动下，以新获得的信息和已储存的知识为基础，综合运用各种思维形态或思维方式，克服惯性思维，经过对各种信息、知识的匹配与组合，或者从中选出解决问题的最优方案，或者系统地加以综合，或者借助类比等思维方式创造出新办法、新概念、新形象和新观点，从而使认识或实践取得突破性进展的思维活动。创造性思维具有新颖性、灵活性、探索性、能动性和综合性等特点，是创新过程中最基本的手段。创造性思维方式就是从创新思维活动中总结、提炼、概括出来的具有方向性、程序性的思维模式。在创造性思维活动中，有发散思维与收敛思维、横向思维与纵向思维、正向思维与逆向思维、求同思维与求异思维、质疑思维、联想思维等思维方式，它们相互联系、相互结合、共同作用。

1. 发散思维与收敛思维（J. P. Guilford）

发散思维是由美国心理学家 J. P. 吉尔福特在《人类智力的本质》一书中作为与创造性有密切关系的思考方法提出的，是对同一问题从不同层次、不同角度、不同方向进行探索，从而提供新结构、新点子、新思路或新发现的思维过程。发散思维是一种推测、发散、想象和创造的思维过程。发散思维是大脑在思维时呈现的一种发散状态的思维模式，比较常见，它表现为视野广阔、思维呈现多维发散状。发散思维的具体形式包括用途发散、功能发散、结构发散和因果发散等。可以通过从不同角度思考同一问题，如"一题多解""一物多用"等方式，培养发散思维能力。

收敛思维也称集中思维、求同思维、聚敛思维。它是一种集中导向，寻求唯一答案的思维，其思维方向总是指向问题中心。

发散思维和收敛思维都是创新思维的重要组成形式，两者互相联系、密不可分。任何一个创新过程，都必然经过由发散到收敛，再由收敛到发散，多次循环往复的思维过程，直到问题解决。发散思维体现了"由此及彼"及"由表及里"的思维过程，而收敛思维则体现了"去粗取精"和"去伪存真"的思维过程，也就是先要"多谋"，再来"善断"。

在创新活动中，只有通过发散思维，提出种种新设想，然后才能通过收敛思维从中挑选出好的设想，可见，创造性首先表现在发散上。当然，发散和收敛是辩证统一的，都是为了达到创新和创造的目的。也可以说，发散思维就是海阔天空，收敛思维就是九九归一。

2. 横向思维与纵向思维

横向思维是一种共时性的思维，它截取历史的某一横断面，研究同一事物在不同环境中的发展状况，并通过与周围事物的相互联系和相互比较，找出该事物在不同环境中的异同。纵向思维是一种历时性的比较思维，它是从事物自身的过去、现在和未来的分析对比中，发现事物在不同时期的特点及前后联系而把握事物本质的思维过程。横向思维与纵向思维的综合应用能够对事物有更全面的了解和判断，是重要的创造性思维技巧之一。

3. 正向思维与逆向思维

正向思维是依据事物发展过程建立的，是人们经常用到的思维方式。正向思维虽然一次只对某一种或某一类事物进行思考，但它是在对事物的过去和现在充分分析的基础上，推知事物的未知部分来提出解决方案的，因而它又是一种不可忽视的方法。正向思维具有以下特点：在时间维度上与时间的方向一致，随着时间的推移进行，符合事物的自然发展过程和人类认识的过程；认识具有统计规律的现象，能够发现和认识符合正态分布规律的新事物及其本质；面对生产生活中的常规问题时，正向思维具有较高的处理效率，能取得很好的效果。

逆向思维利用了事物的可逆性，从反方向进行推断，寻找常规的岔道，并沿着岔道继续思考，运用逻辑推理去寻找新的方法和方案。逆向思维的主要特点有普遍性、批判性和新颖性。

例如，1820 年，丹麦哥本哈根大学的物理学教授奥斯特，通过多次实验证实了电流具有磁效应。这一发现传到欧洲后，激发了众多学者投身电磁学研究。英国物理学家法拉第对此抱有浓厚兴趣，并重复了奥斯特的实验。实验结果显示，一旦导线通电，导线附近的磁针会立即发生偏转，这一现象深深吸引了法拉第。当时，德国古典哲学中的辩证思想已传入英国，对法拉第产生了影响，使他坚信电与磁之间必然存在联系且能相互转化。他推测，既然电能产生磁场，那么磁场也应当能产生电。为了验证这一设想，从 1821 年起，法拉第开始进行磁生电的实验。尽管遭遇了无数次失败，但他坚信反向思考的方法是正确的，并坚持这一思维方式。十年后，法拉第设计了一项新实验：将条形磁铁插入缠绕导线的空心圆筒中，结果导线两端连接的电流计指针发生了微弱的偏转，这标志着电流的成功产生，如图 4-4 所示。随后，他又设计了多种实验，如通过两个线圈的相对运动以及磁作用力的变化来产生电流。法拉第十年如一日的不懈努力最终得到了回报。1831 年，他提出了著名的电磁感应定律，并据此发明了世界上第一台发电装置。如今，他的定律正深刻地影响着我们的生活。法拉第成功发现电磁感应定律，是逆向思维方法的一次重大胜利。运用逆向思维去思考和解决问题，即以"出奇"的策略达到"制胜"的目的。因此，逆向思维的结果往往令人惊讶、欣喜，并带来意想不到的收获。

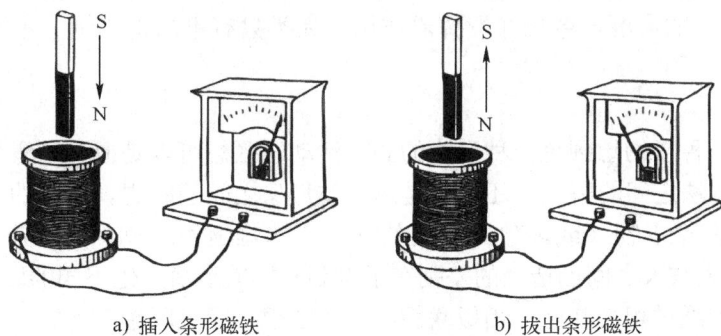

a) 插入条形磁铁　　　　　　　　b) 拔出条形磁铁

图 4-4　法拉第电磁感应实验

正向思维是按常规思路，以时间发展的自然过程、事物的常见特征和一般趋势为标准的思维方式，是一种从已知到未知来揭示事物本质的思维方法。逆向思维在思维方向上与正向思维相反，是在思考问题时，为了实现创造过程中设定的目标，跳出常规，改变思考对象的空间排列顺序，从反方向寻找解决方案的一种思维方法。正向思维与逆向思维相互补充、相互转化，在解决问题中共同使用，经常能取得事半功倍的效果。

4. 求同思维与求异思维

求同思维是指在创造活动中，把两个或两个以上的事物根据实际需要联系在一起进行"求同"思考，寻求它们的结合点，然后从这些结合点中产生新创意的思维方法。求同思维是从已知的事实或者已知的命题出发，沿着单一的方向一步步推导，以获得满意的答案。获得客观事物共同本质和规律的基本方法是归纳法，把归纳出的共同本质和规律进行推广的方法是演绎法。求同思维进行的是异中求同，只要能在事物间找出它们的结合点，基本就能产生意想不到的结果。组合后的事物所产生的功能和效益并不等于原先几种事物的简单相加，而是整个事物出现了新的性质和功能。

求异思维是指对某一现象或问题进行多起点、多方向、多角度、多原则、多层次、多结果的分析和思考，捕捉事物内部的矛盾，揭示表象下的事物本质，从而选择富有创造性的观点、看法或思想的一种思维方法。在遇到重大难题时，采用求异思维，常常能突破思维定式，打破传统规则，寻找到与原来不同的方法和途径。图 4-5 讲的就是角度认知的问题，两个人从不同的角度，得到两个不同的结论，但实际上他们讲的是同一件事情。

图 4-5　角度认知

5. 质疑思维

质疑思维是指人们在原有事物的状态下，通过"为什么"的适当提问，综合应用多种思维方式改变原有条件而产生新事物、新观念、新方案的一种思维方法。笛卡儿说："我思故我在。"这个古老的命题至今仍在发挥着作用。人类只有不断地思考、不断地怀疑，世界才能发展进步。

6. 联想思维

联想是指从一种事物想到另一种事物的心理活动。联想可以是概念与概念之间的联想，也可以是方法与方法之间的联想，还可以是形象与形象之间的联想。联想的本质是发现原本认为没有联系的两个事物（或现象）之间的联系。这难道不是创新吗？有一句话说得好："在一定程度上，人与人之间创造力的差别在于看到同样的事情产生不同的联想。"

联想思维是指通过相关联想、相似联想、对比联想、因果联想等方式，实现创新的一种思维方法。联想思维是跳跃式的信息检索，属于非逻辑思维。

4.3.3　创新思维实践：头脑风暴

在长期的自然与社会实践中，人们已经创造和发展了很多解决发明问题的方法，例如人们习惯使用的试错法、形态分析法、和田十二法、头脑风暴等。所谓试错法，是指人们通过反复尝试运用各式各样的方法或理论，使错误逐渐减少，最终获得能够正确解决问题的方法的一种创新方法。这是一种随机寻找解决方案的方法。形态分析法是一种用系统论的观点看待事物的创新思维方法。这种方法是由美国加州理工学院教授兹威基（F. Zwicky）与矿物学家里哥尼（P. Niggli）合作创建的，它对搜索问题的解决方案所设置的限制很有用处，利用它可以对解决方案的可能前景进行系统的分析。形态分析法的最大优点是对每个总体方案都要进行可行性分析，有利于寻找到最佳解决方案。和田十二法又称"和田创新法则"或"和田创新十二法"，是我国学者许立言、张福奎在奥斯本稽核问题表的基础上，借用其基本原理，加以创造而提出的一种思维方法。它既是对奥斯本稽核问题表法的一种继承，又是一种大胆的创新。同时，这些方法更通俗易懂、简便易行、便于推广。所谓"和田十二法"，即指人们在观察、认识一个事物时，可以考虑是否可以进行以下操作。①加一加：加高、加厚、加多和组合等。②减一减：减轻、减少和省略等。③扩一扩：放大、扩大和提高功效等。④变一变：改变形状、颜色、气味、声音和次序等。⑤改一改：改缺点、改不便和不足之处。⑥缩一缩：压缩、缩小和微型化。⑦联一联：原因和结果有何联系，把某些东西联系起来。⑧学一学：模仿形状、结构及方法，学习先进。⑨代一代：用别的材料代替，用别的方法代替。⑩搬一搬：移作他用。⑪反一反：颠倒一下。⑫定一定：制定一个界限、标准，能提高工作效率。如果按这 12 个"一"的顺序进行核对和思考，就能从中得到启发，诱发创造性设想。所以，"和田十二法"是一种打开人们创造思路，从而获得创造性设想的"思路提示法"。下面重点介绍头脑风暴。

1. 头脑风暴的基本概念

头脑风暴（brain-storming）是进行创新思维训练与创新能力培养的一种重要方法，头脑风暴在科技创新、方式创新等多个领域具有重要的应用。头脑风暴法又称智力激励法、自由思考法或诸葛亮会议法。美国创造学家奥斯本（A. F. Osborn）于 1939 年首次提出，并于 1953 年在《应用想象》一书中正式发表了这种激发创造性思维的方法。头脑风暴通常是指一群人开动脑筋，进行自由的、创造性的思考与联想，并各抒己见，在短暂的时间内提出解决问题的大量构想的一种方法。此方法经各国研究者的实践和发展，已经形成了一个发明技法群，如奥斯本智力激励法、默写式智力激励法、卡片式智力激励法等。在群体决策中，由于群体成员间的心理相互作用影响，易屈服于权威或大多数人的意见，形成"群体思维"。群体思维削弱了群体的批判精神和创造力，损害了决策的质量。为了保证群体决策的创造性，提高决策质量，管理学上发展了一系列改善群体决策的方法，头脑风暴法就是其中较为典型的一种。掌握头脑风暴的基本方法能够有效提升创新能力，并能够实现集体有效创新。

2. 头脑风暴的实施流程

头脑风暴力图通过一定的讨论程序与规则来保证创造性讨论的有效性，由此，讨论程序构成了头脑风暴能否有效实施的关键因素。头脑风暴的实施流程如下：

（1）确定议题

一次好的头脑风暴从对问题的准确阐明开始。因此，必须在会前确定一个目标，使与会者明确通过这次会议需要解决什么问题，同时不要限制可能的解决方案的范围。

（2）会前准备

为了使头脑风暴畅谈会的效率较高、效果较好，可在会前做一点准备工作，如收集一些资料预先给大家参考，以便与会者了解与议题有关的背景材料和外界动态。就参与者而言，在开会之前，对待解决的问题一定要有所了解。会场可做适当布置，如座位排成圆环形的环境往往比教室式的环境更为有利。此外，在头脑风暴畅谈会正式开始前，还可以出一些创造力测试题供大家思考，以便活跃气氛，促进思维。

（3）确定人选

一般以 8～12 人为宜，也可略有增减。与会者人数太少不利于交流信息、激发思维，而人数太多则不容易掌握，并且每个人发言的机会相对减少，也会影响会场气氛。只有在特殊情况下，与会者的人数可不受上述限制。

（4）明确分工

要推定 1 名主持人、1～2 名记录员（秘书）。主持人的作用是在头脑风暴畅谈会开始时宣布讨论的议题和纪律，在会议进程中启发引导、掌握进程，如通报会议进展情况，归纳某些发言的核心内容，提出自己的设想，活跃会场气氛，或者让大家静下来认真思索片刻再组织下一个发言高潮等。记录员应将与会者的所有设想都及时编号，简要记录，最好写在黑板等醒目处，让与会者能够看清。记录员也应随时提出自己的设想，切忌持旁观态度。

（5）规定纪律

根据头脑风暴的原则，可规定几条纪律，要求与会者遵守。例如：要集中注意力，积极投入，不消极旁观；不要私下议论，以免影响他人的思考；发言要针对目标、开门见山，不要客套，也不必做过多的解释；与会者之间应相互尊重、平等相待，切忌相互褒贬等。

（6）掌握时间

会议时间由主持人掌握，不宜在会前定死，一般来说以几十分钟为宜。时间太短与会者难以畅所欲言，太长则容易产生疲劳感，影响会议效果。经验表明，创造性较强的设想一般在会议开始 10～15min 后逐渐产生。美国创造学家帕内斯（Parnes）指出，会议时间最好安排在 30～45min。倘若需要更长时间，应把议题分解成几个小问题分别进行专题讨论。

3. 头脑风暴的基本原则

在使用头脑风暴解决问题时，除了程序上的要求之外，更为关键的是要进行充分的、非评价性的、无偏见的交流。为了减少群体内的社交抑制因素，激励新想法的产生，提高群体的创造力，必须遵守以下基本原则：

（1）自由畅谈与思考

与会者不应该受任何条条框框限制，要放松思想，让思维自由驰骋，从不同角度、不同层次、不同方位大胆地展开想象，尽可能地标新立异、与众不同，提出独创性的想法。

（2）拒绝批评，延迟评判

绝对禁止批评是头脑风暴应该遵循的一个重要原则。参加头脑风暴会议的每个人都不得对别人的设想提出批评或评价意见，一切评价和判断都要在会议结束以后才能进行。因为批评或评价对创造性思维无疑会产生抑制作用。这样做有两个目的：一方面是防止评判约束与会者的积极思维；另一方面是集中精力先进行设想，避免把应该在后阶段做的工作提前进行，影响创造性设想的大量产生。

（3）追求数量，以量求质

头脑风暴会议的目标是获得尽可能多的设想，追求数量是其首要任务。参加会议的每个人都要抓紧时间多思考，多提设想。至于设想的质量问题，自可留到会后的设想处理阶段再解决。在某种意义上，设想的质量和数量密切相关，产生的设想越多，其中的创造性设想就可能越多。

（4）"搭便车"（见解无专利）

鼓励借用别人的构思，借题发挥，以形成一个更好的想法，从而达到"1+1>2"的效果。根据别人的构思联想另一个构思，即利用一个灵感引发另一个灵感，或者对别人的构思加以修改。

4. 头脑风暴的设想处理

设想处理是指通过组织头脑风暴畅谈会，往往能获得大量与议题有关的设想，至此任务只完成了一半，更重要的是对已获得的设想进行整理分析，以便选出有价值的创造性设想加以开发实施。头脑风暴的设想处理通常安排在头脑风暴畅谈会的次日进行。在此以前，主持人或记录员（秘书）应设法收集与会者在会后产生的新设想，以便一并进行评价处理。设想处理的方式有两种：一种是专家评审，可聘请有关专家及与会者代表若干人（5 人左右为宜）承担这项工作；另一种是二次会议评审，即由头脑风暴畅谈会的参加者共同举行第二次会议，集体进行设想的评价处理工作。

要避免头脑风暴过程中的误区，头脑风暴既是一种技能，也是一种艺术。头脑风暴的技能需要不断提高。如果想使头脑风暴保持高绩效，必须每个月开展不止一次。有活力的头脑风暴会议倾向于遵循一系列陡峭的"智能"曲线，开始动量缓慢地积聚，然后非常快，接着又开始进入平缓的时期。头脑风暴主持人应该懂得通过小心地提及并培育一个正在出现的话题，让创意在陡峭的"智能"曲线阶段自由形成。头脑风暴提供了一种就特定主题集中注意力与思想进行创造性沟通的有效方式，无论是对学术主题的探讨或日常事务的解决，完全可以并且应该根据与会者情况以及时间、地点、条件和主题的变化而有所变化，有所创新。

4.4 TRIZ 理论

正如我国《关于加强创新方法工作的若干意见》中提出的"自主创新，方法先行"，创新方法是自主创新的根本之源。从一定意义上说，谁掌握了最先进的科学方法，谁就掌握了科技发展的优先权。

创新理论（innovation theory）最早是由奥地利经济学家约瑟夫·熊彼特（Joseph Alois Schumpeter，1883—1950）于 1912 年在其成名作《经济发展理论》一书中首先提出来的。此书在 1934 年译成英文时，使用了"创新"（innovation）一词。目前应用较为广泛的创新理论主要有苏联科学家根里奇·阿奇舒勒（Genrich S. Altshuller）提出的发明问题解决理论（TRIZ 理论）、奥地利经济学家熊彼特首先提出的技术创新理论以及创新扩散理论。创新理论对创新的指导具有重要的意义，是创新实践的方法论以及创新能力形成的必要基础。下面主要介绍 TRIZ 理论。

4.4.1 TRIZ 理论的起源与发展

20 世纪 40 年代，苏联科学家阿奇舒勒提出，一旦我们对大量的好的专利进行分析，提炼出问题的解决模式，我们就能够学习这些模式，从而创造性地解决问题。他带领团队开始了一项研究，希望找到发明创造的方法。经过 50 多年对 250 万件专利文献加以收集、研究、整理、归纳、提炼和重组，阿奇舒勒创建了一种由解决技术问题、实现技术创新的各种方法组成的理论体系——TRIZ（Theory of Inventive Problem Solving，发明问题解决理论），这一名称是俄文单词的首字母缩写。TRIZ 理论总结出技术发展进化所遵循的趋势规律，解决各种技术矛盾和物理矛盾的创新原理和法则。它利用创新的规律，使创新走出了盲目的、高成本的试错和"灵光一现"式的偶然。TRIZ 中文译名为萃思、萃智。此种创新方法萃取前人思想中的智慧、富有创造性地解决问题的理论，能帮助以及提升人们解决问题的能力。TRIZ 理论是基于知识的、面向设计者的创新问题解决系统化方法学，被认为是创新的点金术，对于创新设计具有方法论层面的指导意义。TRIZ 理论回答了发明问题解决的过程、支持工具等难题，已被公认为世界级的创新方法，是目前绝大部分国际大公司采用的创新方法，如三星、摩托罗拉、通用电气、中兴通讯、华为电子等。

4.4.2 TRIZ 理论的体系结构

TRIZ 理论的核心是消除矛盾，以及揭示技术系统的进化原理，建立基于知识并消除矛盾的逻辑化方法，用系统化的解题流程来解决特殊问题或矛盾。TRIZ 理论的体系结构如图 4-6 所示。

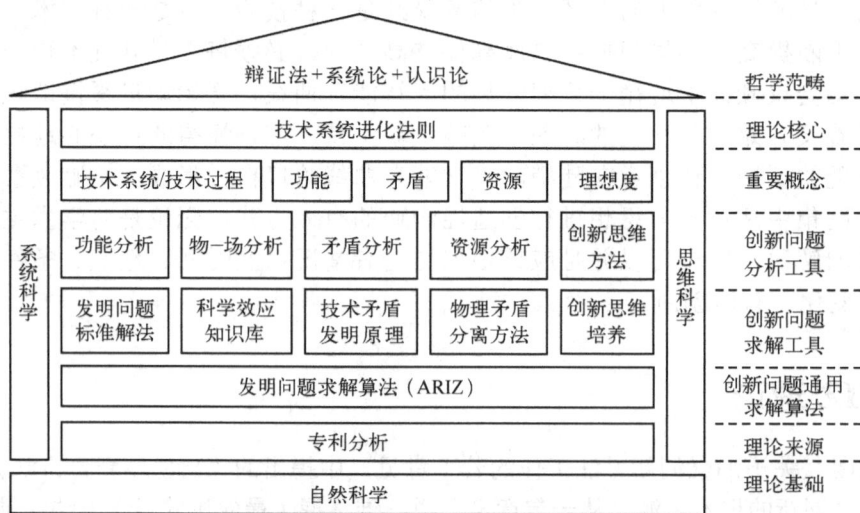

图 4-6　经典 TRIZ 理论的体系结构

从图 4-6 中可以看出以下几点：
1）TRIZ 理论的基础是自然科学、系统科学和思维科学。
2）TRIZ 理论的哲学范畴是辩证法、系统论和认识论。
3）TRIZ 理论来源于对海量专利的分析和总结。
4）TRIZ 理论的核心是技术系统进化法则。
5）TRIZ 理论的重要概念包括技术系统/技术过程、功能、矛盾、资源、理想度等。
6）TRIZ 理论的创新问题分析工具包括功能分析、物-场分析、矛盾分析、资源分析和创新思维方法。
7）TRIZ 理论的创新问题求解工具包括发明问题标准解法、科学效应知识库、技术矛盾发明原理、物理矛盾分离方法和创新思维培养。
8）TRIZ 的创新问题通用求解算法是发明问题求解算法（ARIZ）。

TRIZ 理论成功揭示了发明创造的内在规律和原理，着力于澄清和强调系统中存在的矛盾，其目标是完全解决矛盾，获得最终理想解，它不是采用折中或者妥协的做法，而是基于事物的发展演化规律研究整个设计与开发的过程。

1. TRIZ 理论的重要概念

（1）技术系统

技术系统是指人类为了实现某种功能而设计、制造出来的一种人造系统。作为一种特殊的系统，技术系统符合系统的定义，具有系统的 5 个基本要素（输入、处理、输出、反馈和控制），也具有系统应该拥有的所有特性。

技术系统是相互关联的组成成分的集合。同时，各组成成分各自的特性，而它们的组合具有与其组成成分不同的特性，用于完成特定的功能。技术系统是由要素组成的。若组成系统的要素本身也是一个技术系统，即这些要素是由更小的要素组成的，则称为子系统；反之，若一个技术系统是较大技术系统的一个要素，则将较大系统称为超系统。

技术系统进化是指实现技术系统功能的各项内容从低级向高级变化的过程。技术系统的进化过程可以描述为：新的技术系统在刚刚诞生时，往往是简单的、粗糙的和效率低下的，随着人类对其要求的不断提高，需要不断地对技术系统中的某个或某些参数进行改善。

产品生命周期曲线因其形状类似"S"，因此也常被称为"S 曲线"。任何一种产品、工艺或技术都会随着时间的推移，向着更高级的方向发展，在其进化过程中，一般都要经历 S 曲线所表示的 4 个阶段：婴儿期、成长期、成熟期和衰退期，如图 4-7 所示。在每个阶段，S 曲线都呈现出不同的特点。S 曲线体现出技术系统的主要性能参数随时间是怎样变化的。当一个技术系统的进化完成 4 个阶段后，必然会出现一个新的系统来替代它，如此不断地替代，如图 4-8 所示。

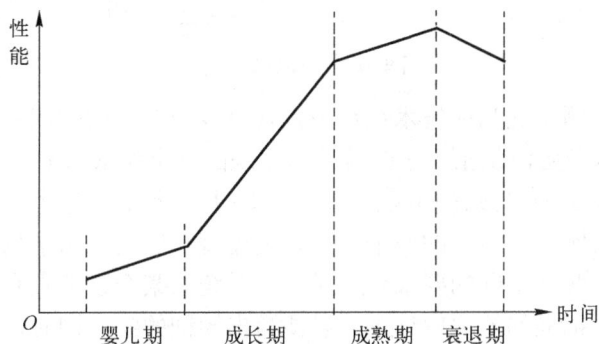

图 4-7　技术系统进化的分段 S 曲线

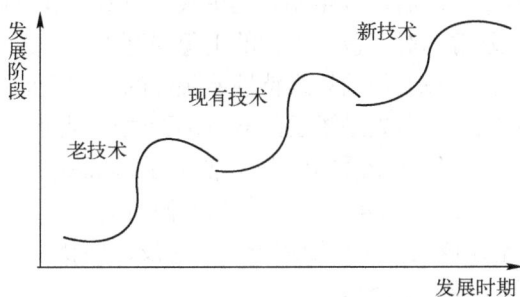

图 4-8　技术系统进化过程中的 S 曲线

（2）功能

在 TRIZ 理论中，功能是产品或技术系统特定工作能力抽象化的描述，它与产品的用途、能力和性能等概念不尽相同。功能一般用"动词+名词"的形式来表达，动词表示产品所完成的一个操作，名词代表被操作的对象，是可测量的。例如，钢笔的用途是写字，而功能是存送墨水；铅笔的用途是写字，而功能是摩擦铅芯；毛笔的用途是写字，而功能是浸含墨汁。任何产品都具有特定的功能，功能是产品存在的理由，产品是功能的载体；功能附属于产品，又不等同于产品。

（3）矛盾

工程技术活动中，如果某些问题的解决方法可以通过教科书、技术杂志、手册或从领域专家等方面获得，这类问题可以称为"常规问题"，即通过一定的技术活动过程，找到解决问题的答案。遗憾的是，还有许多问题，其本身表现出"矛盾"的特性，问题本身含有相互冲突的需求，这类问题可以称为"发明问题"。创新活动过程即是在解决这类发明问题的过程中，如何克服问题本身所包含的"矛盾"。矛盾普遍存在于各种产品或技术系统中，技术系统的进化过程就是不断解决系统所存在矛盾的过程。矛盾类型归纳如图 4-9 所示。

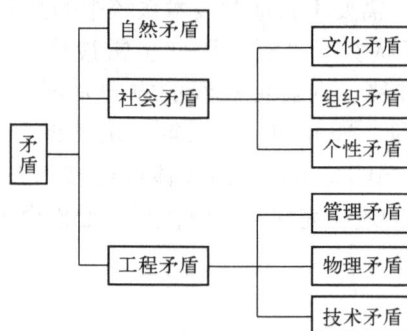

图 4-9 矛盾类型归纳

阿奇舒勒将发明问题定义为在技术系统中包含至少一个矛盾的问题，并区分了技术矛盾和物理矛盾。所谓技术矛盾，是指为了改善技术系统的一个参数 A 时，导致了另一个参数 B 的恶化。此时，称参数 A 和参数 B 构成了一对技术矛盾。例如，改善了汽车的速度，导致了安全性恶化。在这个实例中，涉及的两个参数就是速度和安全。所谓物理矛盾，就是针对技术系统的某个参数提出两种不同的要求，当对一个系统的某个参数具有相反的要求时，就出现了物理矛盾。例如，钢笔的笔尖应该细，以便写出较细的字；同时，钢笔的笔尖应该粗，以免锋利的笔尖将纸划破。可见，物理矛盾是对技术系统的同一参数提出相互排斥的需求时出现的一种物理状态。

矛盾是 TRIZ 理论的基石。矛盾可以帮助人们更快、更好地理解隐藏在问题背后的根本原因，找到解决问题的方法。通常，对于包含矛盾的工程问题来说，人们最爱使用的解决方法就是折中。之所以出现这种情况，是人们的思维特性所决定的。在人们的潜意识中，奉行的简单逻辑就是避免出现矛盾的情况。其结果是矛盾的双方都无法得到满足，系统的巨大发展潜力被矛盾牢牢地禁锢了。因此，面对包含矛盾的问题，常规的逻辑思维往往无能为力，人们需要利用其他的逻辑思维过程来解决矛盾。TRIZ 理论就是人们所需要的思维方法，它的出发点是从根本上解决矛盾。TRIZ 理论建议人们不要回避矛盾，相反，要找出矛盾并激化矛盾。

（4）理想度、理想系统与最终理想解

理想度（ideality）是指系统中有益功能的总和与有害功能和成本的比率。技术系统的理想度与有用功能之和成正比，与有害功能之和成反比。显然，理想度越高，现实理想解就越接近理论理想解，产品的竞争能力越强。当理想度为无穷大时，现实理想解就变成了理论理想解。可以说，创新的过程就是提高系统理想度的过程。因此，在发明创新中，应以提高理想度作为设计的目标。人类不断地改用技术系统使其速度更快、更好和更廉价的本质就是提高系统的理想度。以理想度的概念为基础，引出了理想系统和最终理想解的概念。

在 TRIZ 理论中，理想系统是指作为物理实体它并不存在，也不消耗任何资源，但是却能够实现所有必要的功能，即系统的质量、尺寸和能量消耗无限趋近 0，系统实现的功能趋近无穷大。理想系统只是一个理论上的、理想化的概念，是技术系统进化的极限状态，是一个在现实世界中永远也无法达到的终极状态。但是，理想系统为设计人员和发明家指出了技术系统进化的终极目标，是寻找问题解决方案和评价问题解决方案的最终标准。

产品创新的过程，就是产品设计不断迭代、理想化水平由低级向高级演化的过程，无限逼近理想状态。当设计人员不需要额外的花费就实现了产品的创新设计时，这种状况就称为最终理想解（ideal final result，IFR）。最终理想解是指系统在保持有用功能正常运作的同时，能够自行消除有害的、不足的、过度的作用，即达到设计的最终目标。

最终理想解的实现流程可以按下面提出的问题，分为 6 个步骤进行：

1）设计的最终目的是什么？

2）最终理想解是什么？

3）达到最终理想解的障碍是什么？

4）出现这种障碍的结果是什么？

5）不出现这种障碍的条件是什么？

6）创造这些条件时可用的资源是什么？

上述问题一旦被正确地理解并描述，问题也就得到了解决。当确定了创新产品或技术系统的最终理想解后，检查其是否符合最终理想解的特点，并进行系统优化，以确认达到或接近最终理想解为止。

最终理想解同时具有以下 4 个特点：①保持了原系统的优点；②消除了原系统的不足；③没有使系统变得更复杂；④没有引入新的不足。

因此，设定了最终理想解，就是设定了技术系统改进的方向。最终理想解是解决问题的最终目标，即使理想的解决方案不能 100% 获得，也会引导人们得到最巧妙和最有效的解决方案。

2．TRIZ 理论的适用范围

阿奇舒勒通过专利分析发现，不同的发明专利所蕴含的科学知识、技术水平存在很大的差异，如何区分这些专利的知识含量、技术水平、应用范围及对人类贡献，显得比较困难。基于以上原因，有必要对不同的发明进行等级（级别）划分（见表 4-1）。

表 4-1　TRIZ 理论对发明等级的划分

级别	发明等级	标　准	解决方案的来源	试验次数	比例/（%）
L1	外观上的解决方案	使用某一组件实现设计任务，并未解决系统的矛盾	狭窄的专业领域	数次	32
L2	少量的改进	通过移植相似系统的方案少量改进解决了系统的矛盾	技术的某一分支	数十次	45
L3	范式内的发明	从根本上改变或消除至少一个主要系统组件来解决系统的矛盾，解决方案存在于某一个工程学科	其他技术分支	数百次	19
L4	范式外的发明	运用跨学科的方法解决了系统矛盾，开发了新系统	鲜为人知的物理、化学现象等	数千次	<4
L5	科学发现	解决了系统矛盾，导致了一个开创性的发明	超越了科学的界限	数百万次	<0.3

绝大多数发明是对原有系统不同程度的改进，使系统得到完善。发明不是高深莫测的，绝大多数发明都是利用同一个原理，在不同领域和行业的发明创新。对发明等级有所掌握，

就会对发明水平、获得发明所需要的知识以及发明创造的难易程度有一个量化的概念，同时也会对发明等级有全新的认识：

1）发明等级越高，完成发明所需时间、知识和资源也就越多。

2）发明等级会随社会发展、科技进步动态变化。

3）表 4-2 表明，约 96%的发明均在 L3 及以下，说明绝大部分的人都可以通过利用已有的和跨专业知识来进行发明。

4）L4 和 L5 只占总发明数量的不到 5%，却决定了人类社会科技进步的方向。

由于 TRIZ 理论的产生来源于专利，而专利是工程技术领域中发明创造的直接表述，因此，TRIZ 理论从一出现就应用于解决技术领域里的发明问题。但 TRIZ 理论不是万能的，它适合大部分发明问题（96%），但不能支持开创性的发明。TRIZ 理论的适用范围如图 4-10 所示。

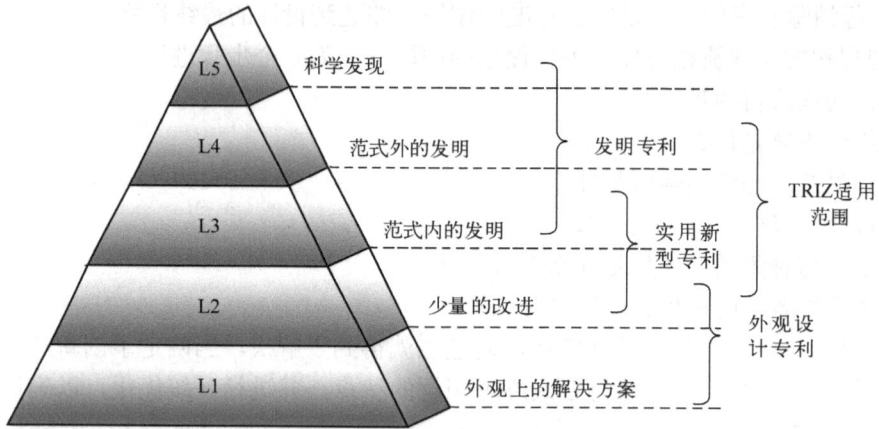

图 4-10　TRIZ 理论的适用范围

3. 技术系统进化法则

TRIZ 理论的核心是技术系统进化法则，即技术系统的进化遵循某些客观规律。阿奇舒勒提出的进化法则共有 8 个，可以分为两大类：生存法则和发展法则。

（1）生存法则

所谓生存法则，就是一个技术系统必须同时满足这些法则的要求才能"生存"，才能算是一个技术系统。生存法则有 3 个，即系统完备性法则、系统能量传递法则和系统各部分之间的韵律协调法则。

1）系统完备性法则。要实现某项功能，一个完整的技术系统必须包含以下 4 个相互关联的基本子系统：动力子系统、传输子系统、执行子系统和控制子系统，如图 4-11 所示。其中，动力子系统负责将能量源提供的能量转化为技术系统能够使用的能量形式，以便为整个技术系统提供能量；传输子系统负责将动力子系统输出的能量传递到系统的各个组成部分；执行子系统负责具体完成技术系统的功能，对系统作用对象（或称产品、工作对象）实施预定的作用；控制子系统负责对整个技术系统进行控制，以协调其工作。系统完备性法则指出，技术系统保持基本效率的必要条件是必须同时具备这 4 个基本子系统，且具有满足技术系统最低功能要求的能力。在 4 个基本子系统中，如果任意一个子系统失效而无法正常工作，那么整个技术系统就无法正常工作。

2）系统能量传递法则。技术系统存在的必要条件是能量要传递到系统的各个部分。在任何一个技术系统内部，都需要有能量的传递和转换。所有在技术系统实现其功能的过程中需要做功的子系统，都需要得到相应"数量"的能量。如果能量不能贯穿整个系统，而是

"滞留"在某处，那么技术系统的某些子系统就得不到能量，也就意味着这些子系统不能工作，从而导致整个技术系统无法正常实现其相应的功能。

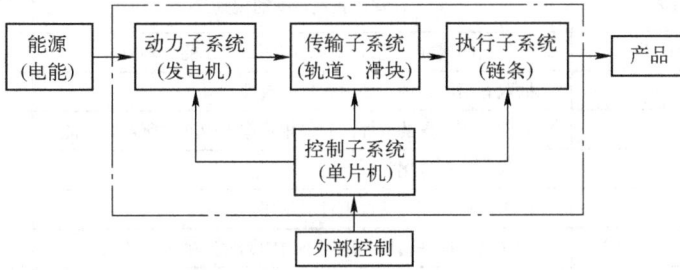

图 4-11 技术系统的完备性法则

3）系统各部分之间的韵律协调法则。技术系统存在的必要条件是系统中各组成部分之间的韵律（结构、性能和频率等属性）要协调。如早期积木只能摞搭，而现代积木可自由组合，随意插接成更多的形状。

（2）发展法则

所谓发展法则，就是一个技术系统在其改善自身性能的发展过程中，所遵循的一些最基本的法则。与生存法则不同，技术系统在发展过程中并不需要同时遵从所有的发展法则。发展法则有 5 个，即系统理想度增加法则、系统各部分不均衡进化法则、向超系统进化法则、向微观级进化法则和增加物-场度法则。

1）系统理想度增加法则。系统理想度增加法则也称为提高理想度法则。该法则指出，所有技术系统都是朝着提高其理想度的方向进化的。在技术系统的理想度不断增加、无限趋近于无穷大的过程中，技术系统也无限趋近于理想系统，从而达到最终理想解。

2）系统各部分不均衡进化法则。系统中各部分的进化是不均衡的。越复杂的系统，其各组成部分的进化越不均衡。子系统不均衡进化法则是指：任何技术系统所含子系统都不是同步、均衡进化的，每个子系统都沿着自己的各个发展阶段向前发展。这种不均衡的变化经常会导致子系统的矛盾出现。整个技术系统的进化速度取决于系统中发展最慢的子系统的进化速度。

3）向超系统进化法则。向超系统进化法则指出，技术系统内部进化资源的有限性要求技术系统的进化应该沿着与超系统中的资源相结合的方向发展。技术系统与超系统结合后，原来的技术系统将作为超系统的一个子系统。

4）向微观级进化法则。向微观级进化法则指出，在能够更好地实现原有功能的条件下，技术系统的进化应该沿着减小其组成元素尺寸的方向发展，其尺寸倾向于达到原子或基本粒子的大小，即元件从最初的尺寸向原子、基本粒子的尺寸进化。例如，电子元件的进化经历了真空管、晶体管、集成电路、大规模集成电路、超大规模集成电路的进化过程。

5）增加物-场度法则。物-场模型是一种图形化的系统描述方法，可以用来描述任意级别的技术系统，详细信息见后面的介绍。

4．40 个发明原理

通过对世界各国 4 万多个高级别发明专利进行分析、研究和总结，阿奇舒勒发现了只有 39 个工程参数能够形成技术矛盾，一共有 1482 对矛盾。为了解决这些技术矛盾，阿奇舒勒提取出 TRIZ 理论的 40 个发明原理（Inventive Principle，IP），见表 4-2。首先将这个问题转化为技术矛盾的问题模型，然后将这两个互相矛盾的参数转化为相应的通用工程参数，再运用阿奇舒勒矛盾矩阵的方法，技术人员可以根据技术系统中存在矛盾的两组工程参数，直接找到可解决该矛盾的发明原理。在这些发明原理的启发之下，就可以找到具体的解决方案。

表 4-2 40 个发明原理

发明原理编号及名称	实现属性转换的规则	使用率（%）	对应的科学效应的数量/个
1. 分割	产生新的属性（包含空间、时间、物质的分割）	3	5
2. 抽取	抽取有用的属性，去除有害的属性	5	16
3. 局部质量	局部具有特殊的属性，确保相互作用中产生所需的功能	12	14
4. 增加不对称性	形状属性最佳化	24	2
5. 组合（合并）	运用多种效应、属性组合成创新产品	33	9
6. 多功能性（多用性、广泛性）	物体具有多种属性，运用不同的属性产生组合的功能	20	1
7. 嵌套	协调运用多种效应、属性，确保相互作用中产生所需的功能	34	1
8. 重量补偿	施加反向力，抵消重力	32	9
9. 预先反作用	产生需要的反向属性	39	1
10. 预先作用	形成方便操作的属性	2	16
11. 事先防范（预补偿）	预防产生不需要的属性	29	3
12. 等势	在重力属性场中稳定高度不变	37	2
13. 反向作用	运用反向属性实现需要的功能	10	6
14. 曲面化（曲率增加）	运用曲面形状的各种属性	21	13
15. 动态特性	运用刚性的特有属性实现功能，提高灵活性	6	15
16. 未达到或过度的作用	属性量值的选择最佳化	16	3
17. 空间维数变化（一维变多维）	振动属性的协调转换	19	6
18. 机械振动	振动属性的运用	8	14
19. 周期性作用	时间属性的协调转换	7	13
20. 有效（益）作用的连续性	时间属性的协调转换	40	2
21. 减少有害作用的时间	属性在时间维度的高速协调转换	35	11
22. 变害为利	运用有害的属性实现有用的功能	22	2
23. 反馈	通过对信息属性作用的利用，体现了时间属性的作用	36	5
24. 借助中介物	运用中介物的特有属性作用实现功能	18	19
25. 自服务	运用物质自身的属性完成补充、修复的功能	28	4
26. 复制	运用廉价的复制属性资源替代各种资源	11	8
27. 廉价替代品	运用物质特有的廉价属性，确保一次性执行所需的功能	13	5
28. 机械系统替代	运用其他属性替代机械系统，高效率地执行所需的功能	4	15
29. 气压与液压结构	运用气压与液压的属性实现力的传递	14	5
30. 柔性壳体或薄膜	运用柔性壳体和薄膜的特有属性作用实现功能	25	12
31. 多孔材料	运用多孔材料重量轻、绝热性等特有属性	30	12
32. 改变颜色	提高物质颜色属性的运用	9	4
33. 同质性（均质性）	运用相同的某个特定的属性	38	1
34. 抛弃或再生	使物质随着某一功能完成而消失，或是获得再生	15	7
35. 物理或化学参数改变	改变物质的各种属性，高效率地执行所需的功能	1	455
36. 相变	运用物质相变时所形成的某些特征属性的作用实现功能	26	12
37. 热膨胀	运用物质的热膨胀属性实现功能	27	6
38. 强氧化剂	运用强氧化的化学属性实现功能	31	6
39. 惰性环境	运用化学惰性气体的特有属性改变环境	23	2
40. 复合材料	组合不同属性的物质形成具有优良属性的物质实现功能	17	4

【例 4.3】 分割原理的应用

分割原理是指以虚拟的或实物的方式将一个系统分成若干部分，以便分解（分开、分隔、抽取）或合并（结合、集成、联合）一种有益的或有害的系统属性。在多数情况下，可对各部分进行重组或合并，以执行某些新的功能，并（或）消除某一问题。分割原理体现在 3 个方面：①将一个物体分割成相互独立的几个部分；②使一个物体分成容易组装及拆卸的部分；③提高物体的可分性，以实现系统的改造。

分割原理的应用实例如废旧物资回收系统，如图 4-12 所示。为了解决垃圾可回收问题，以及不同材料（如玻璃、纸、铁罐等）的综合利用，人们把一个大的垃圾箱分为相互独立的几个小的分类垃圾桶。

图 4-12　基于分割原理的废旧物资回收系统

【例 4.4】 组合原理的应用。

组合原理是为了提高效率或改善性能，将相同的物体或相似的操作进行组合。组合原理体现在两个方面：①在空间上，将相同的物体或相关操作组合在一起；②在时间上，将相同或相关的操作进行合并。

组合原理的应用实例如将两把雨伞组合而成的情人雨伞，如图 4-13 所示。

5. 39 个通用工程参数

阿奇舒勒从 4 万多个高级别发明专利中提取了 39 个通用工程参数（见表 4-3）。这里所说的对象既可以是技术系统、子系统，也可以是零件、部件或物体。

图 4-13　基于组合原理的情人雨伞

表 4-3　39 个通用工程参数

编号	参数名称	参数含义
1	运动对象的重量	运动对象的重量在重力场中的表现形式，是对象施加在其支撑物或悬挂物上的力
2	静止对象的重量	静止对象的重量在重力场中的表现形式，是对象物体施加在其支撑物、悬挂物或其所在表面上的力
3	运动对象的长度	任何线性尺寸都可以被看作是长度
4	静止对象的长度	任何线性尺寸都可以被看作是长度
5	运动对象的面积	由线所围成的面所描述的几何特性，被对象所占据的某个面的局部，或指用平方单位制（如平方米）表示的、一个对象的内表面或外表面的特性
6	静止对象的面积	同 5
7	运动对象的体积	用立方单位制（如立方米）表示的、某个运动对象所占据的空间
8	静止对象的体积	用立方单位制（如立方米）表示的、某个静止对象所占据的空间

（续）

编号	参数名称	参数含义
9	速度	某个对象的速度；一个过程（或作用）与完成该过程（或作用）所用的时间的比率，即单位时间内完成某种动作或过程的量
10	力	力用来衡量两个系统间的相互作用
11	应力或压力	单位面积上的力，也包括张力。应力是指对象截面某一单位面积上的内力；压力是指垂直作用在物体表面上的力
12	形状	对象的外部轮廓或外观
13	对象的稳定性	对象保持自身完整性的能力，或对象的组成元素在时间上的稳定性
14	强度	对象对于由力引起的变化的抵抗能力，或者对象在外力作用下抵抗永久变形和断裂的能力
15	运动对象的作用时间	既可以指物体能够实现其作用的那一段时间，也可以指服务寿命
16	静止对象的作用时间	既可以指物体能够实现其作用的那一段时间，也可以指服务寿命
17	温度	对象的热状态
18	照度（光强度）	单位面积上的光通量，也可以是其他的照度特性，如亮度、照明质量等
19	运动对象所需要的能量	运动对象工作能力的量度
20	静止对象所需要的能量	静止对象工作能力的量度
21	功率	完成的工作量与所用时间的比率，或能量的使用速率
22	能量的无效损耗	对所从事的工作没有贡献的能量耗费
23	物质的无效损耗	系统中某些原料、物质、零件或子系统的部分或全部的、永久的或暂时的对系统所从事的工作没有贡献的损耗
24	信息的损失	系统中数据（或数据访问权限）的部分或全部的、永久的或暂时的损失
25	时间的无效损耗	对所从事的工作没有贡献的时间耗费
26	物质的量	系统中能够完全地或部分地、永久地或暂时地被改变的原料、物质、零件或子系统的数量
27	可靠性	系统以可预见的方式，在可预见的条件下，执行其预期功能的能力
28	测量精度	系统中某个特性的测量值与其实际数值之间的接近程度
29	制造精度	对象（或系统）的实际特性与规定的（或要求的）特性之间的一致程度
30	作用于对象的外部有害因素	系统对于外部产生的（有害）影响（作用）的敏感度
31	对象产生的有害因素	有害因素会降低对象（或系统）机能的效率或质量
32	可制造性	系统在制造或装配过程中的便利、舒适或容易的程度
33	可操作性	操作起来简单、容易
34	可维修性	一种质量特性
35	适应性	系统对外部变化明确响应的能力，以及系统的多功能性，即系统能够在多种环境中以多种方式被使用的能力
36	系统的复杂性	系统中所包含的元素的数量和多样性，以及元素间相互作用关系的数量和多样性
37	检测的难度	对系统的测量或监测是困难的、昂贵的，需要大量的时间和劳动来建立、使用检测系统，组件之间的关系模糊，或组件之间彼此干涉，均表现为检测的难度
38	自动化程度	在没有"人"参与的情况下，对象完成其功能的程度
39	生产率	在单位时间内，某子系统或整个技术系统所执行的功能或操作的数量

　　在 39 个通用工程参数中，任意两个不同的参数都可以表示一对技术矛盾。通过组合，可以表示 1482 种最常见、最典型的技术矛盾，足以描述工程领域中出现的绝大多数技术矛盾。可以说，39 个通用工程参数是连接具体问题与 TRIZ 理论的桥梁。借助 39 个通用工程参数，可以将一个具体问题转化并表达为标准的 TRIZ 问题。

　　为了应用方便和便于理解，上述 39 个通用工程参数可以大致分为以下 3 类：

　　1）通用物理及几何参数。运动对象和静止对象的重量、运动对象和静止对象的尺寸（长度）、运动对象和静止对象的面积、运动对象和静止对象的体积、速度、力、应力或压力、形状、温度、照度以及功率。

2）通用技术负向参数。运动对象和静止对象的作用时间、运动对象和静止对象所需要的能量、能量的无效损耗、物质的无效损耗、信息的损失、时间的无效损耗、物质的量、作用于对象的外部有害因素以及对象产生的有害因素。所谓负向参数，是指当这些参数的数值变大时，会使系统或子系统的性能变差。

3）通用技术正向参数。对象的稳定性、强度、可靠性、测量精度、制造精度、可制造性、可操作性、可维修性、适应性、系统的复杂性、自动化程度以及生产率。正向参数是指当这些参数的数值变大时，会使系统或子系统的性能变好。

6. 技术矛盾与矛盾矩阵

TRIZ 工程师能够得心应手地处理各种悖论、矛盾以及含糊不清的问题。每一个工程设计问题都包含了至少一个以上的矛盾，但对于大多数工程师而言，无须关注这些矛盾的不确定性，无须关注它们的处理方法，更没有必要对它们妥协，因为通过 40 个发明原理就能解决形形色色的矛盾。这些方法其实是一些简单的原则，能够帮助每一位工程师解决各种问题。如果在改善某个参数的时候带来了另外一个参数的恶化，按常规的方法改善这个参数的方法就不能用，因为它带来了负面的效应，这就是矛盾。

如果能够将发明原理与技术矛盾之间的这种对应关系描述出来，技术人员就可以直接使用那些对解决自己所遇到的技术矛盾最有效的发明原理，而不用将 40 个发明原理进行逐一试用了。于是，阿奇舒勒将 40 个发明原理与 39 个通用工程参数相结合，建立了矛盾矩阵（又称 39×39 矛盾矩阵），39 个通用技术参数配对组合，可以产生大约 1500 对标准的技术矛盾。部分矛盾矩阵见表 4-4。

表 4-4　部分矛盾矩阵

改善的参数＼恶化的参数	运动对象的重量	静止对象的重量	运动对象的长度	静止对象的长度	运动对象的面积	静止对象的面积
运动对象的重量		—	15,8,29,34	—	29,17,38,34	—
静止对象的重量	—		—	10,1,29,35	—	35,30,13,2
运动对象的长度	8,15,29,34	—		—	15,17,4	—
静止对象的长度	—	35,28,40,29	—		—	17,7,10,40
运动对象的面积	2,17,29,4	—	14,15,18,4	—		—
静止对象的面积		30,2,14,18		26,7,9,30		

在矛盾矩阵表中，左边第一列是技术人员希望改善的 1～39 个通用工程参数，上面第一行表示会恶化的 1～39 个通用工程参数，即由于改善了第一列中的某个参数而导致第一行中某个参数的恶化。位于矛盾矩阵中对角线上的单元格，它们所对应的矛盾是物理矛盾，即改善的参数和恶化的参数相同。矛盾矩阵中间单元格中的数字是发明原理的序号，每个序号对应一个发明原理。这些序号是按照统计结果进行排列的，即排在第一位的序号所对应的发明原理在解决该单元格所对应的这对技术矛盾时，被使用的次数最多，以此类推。当然，在大量被分析的专利当中，用于解决某个单元格所对应的技术矛盾的发明原理不仅仅只有该单元格中所列出的那几个。只是从统计的角度来说，单元格中所列出来的那些发明原理的使用次数明显比其他发明原理的使用次数多而已。

在 TRIZ 理论的帮助下，人们可以发现矛盾，并能运用 40 个发明原理打破技术参数间的联系，解决技术矛盾。对一个初学者而言，最初的学习似乎并不那么困难，但在应用过程中往往会遇到这样或那样的困惑，因为仅仅发现了矛盾，并不知道如何把这些矛盾与 39 个通用技术参数和 40 个发明原理联系起来。技术矛盾的解决思路如图 4-14 所示。

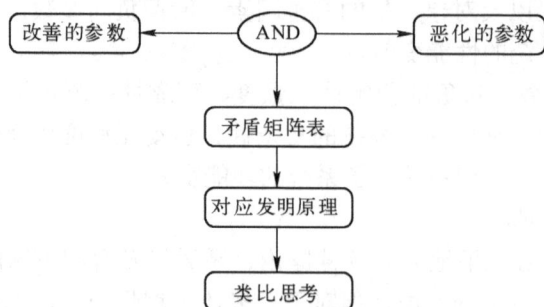

图 4-14 技术矛盾的解决思路

使用矛盾矩阵的具体步骤如下：

1）从问题中找出改善的参数 A。

2）从问题中找出恶化的参数 B。

3）在矛盾矩阵的第一列中，找到要改善的参数 A；在矛盾矩阵的第一行中，找到恶化的参数 B；从改善的参数 A 所在的位置向右作平行线，从恶化的参数 B 所在的位置向下做垂直线，位于这两条线交叉点处的单元格中的数字，就是矛盾矩阵推荐给人们的、用来解决由 A 和 B 这两个通用工程参数所构成的这对技术矛盾的最常用的发明原理的序号。然后，依据相应的发明原理解决技术矛盾。

7. 物理矛盾与分离方法

物理矛盾是对技术系统的同一参数提出互斥需求的一种物理状态。例如，人们希望手机的屏幕大一些，这样可以看得更加清楚；但人们又希望手机的屏幕小一些，这样携带起来更加方便，也更加省电。人们希望手机的屏幕既要大，又要小，这里只有一个参数，即手机屏幕的尺寸，对于这个参数的相反要求又都是合乎情理的。类似这样，对同一个参数有合乎情理的相反需求就是物理矛盾。常见的物理矛盾见表 4-5。

表 4-5 常见的物理矛盾

类别	物理矛盾			
几何类	长与短 圆与非圆	对称与非对称 锋利与钝	平行与交叉 窄与宽	厚与薄 水平与垂直
材料类	多与少	宽度大与小	导热系统高与低	温度高与低
能量类	时间长与短	黏度高与低	功率大与小	摩擦系数大与小
功能类	喷射与堵塞 运动与静止	推与拉 强与弱	冷与热 软与硬	快与慢 成本高与低

物理矛盾的解决方法一直是 TRIZ 理论研究的重点，其核心思想是实现矛盾双方的分离。为此，阿奇舒勒总结出了如表 4-6 所示的 11 个分离原理用于消除物理矛盾。

表 4-6 11 个分离原理

分离原理编号及名称	说明
1. 相反特性的空间分离	所谓相反特性，是指如果两种特性相反，则称它们互为相反特性，分别记为 P 和-P，或 P 和 anti-P。相反特性的空间分离，是指在不同的位置、维度或运动方向上，通过提供相反的特性来满足相反的需求
2. 相反特性的时间分离	在不同的时刻，通过提供相反的特性来满足相反的需求

（续）

分离原理编号及名称	说明
3. 系统转换 1a：将多个同类或异类系统合并到一个超系统中	通过将同类的（同质的、相似的）或异类的（异质的、不同种类的）系统合并到一个超系统中，以满足相反的需求
4. 系统转换 1b：将系统转换为相反系统或将系统与其相反系统组合	从功能的角度来讲，相反系统就是与当前系统所实现的功能相反的系统。如果两种系统实现的功能相反，则称它们互为相反系统，分别记为 S 和-S，或 S 和 anti-S。通过将一个系统转换为其相反系统，或将一个系统与其相反系统合并到一起，以满足相反的需求
5. 系统的整体特性与局部特性相反	通过将一个特性（P）赋予整个系统，同时，将相反的特性（-P）赋予系统的某个局部，以满足相反的需求
6. 系统转换 2：转换为在微观级别上工作的系统	通过将一个系统转换为运行于微观级别上的系统，以满足相反的需求
7. 相变 1：改变系统中某个部分的相态或改变系统外部环境的相态	通过改变系统中某个部分的相态，或通过改变系统所处的外部环境的相态，以满足相反的需求
8. 相变 2：系统中某个部分动态的相态变化（根据工作条件来改变相态）	相变 2 是指系统局部的双相态（利用那些能够根据工作条件的不同，从一种相态转变为另一种相态的物质），即系统中的某个部分通过提供动态的相态变化来满足相反的需求
9. 相变 3：利用与相变相关的现象	利用与相变相关的现象来满足不同的需求
10. 相变 4：用双相态的物质代替单相态物质	通过用双相态物质代替单相态物质，以满足相反的需求
11. 物理化学转换："化合-分解""电离-复合"可以导致物质的"产生-消除"	通过"化合-分解"或"电离-复合"而导致的物质的"产生-消除"，以满足相反的需求

在实际工作中，人们很难将 11 个分离原理一一记住。为了让使用者能更方便地利用分离的思想进行思考，现代 TRIZ 理论在总结解决物理矛盾的各种方法的基础上，将 11 个分离原理概括为 4 种分离方法，即时间分离、空间分离、条件分离和系统级别上的分离。这 4 种方法的核心思想是完全相同的，都是为了将针对同一个对象（系统、参数、特性和功能等）的相互矛盾的需求分离开，从而使矛盾的双方都得到完全满足。它们之间的不同之处在于，不同的分离方法选择了不同的方向来分离矛盾的双方。

（1）时间分离

时间分离是指在时间上将矛盾双方互斥的需求分离开，即通过在不同的时刻满足不同的需求，从而解决物理矛盾。例如，折叠式自行车在骑行时体积较大，在存放时因已折叠体积变小。骑行与存放发生在不同的时间段，因此采用了时间分离原理。

当系统中存在互斥需求（P 和-P）时，如果其中的一个需求（P）只存在于某个时间段内，而在其他时间段内并没有这种需求，就可以使用时间分离的方法将这种互斥的需求分离开。

（2）空间分离

空间分离是指在空间上将矛盾双方互斥的需求分离开，即系统在不同的空间位置满足不同的需求，或在系统的不同部位满足不同的需求，从而解决物理矛盾。当系统中存在互斥需求（P 和-P）的时候，如果其中的一个需求（P）只存在于某个空间位置，而在其他空间位置并没有这种需求，就可以使用空间分离的方法将这种互斥的需求分离开。

（3）条件分离

条件分离是指根据条件的不同将矛盾双方互斥的需求分离开，即通过在不同的条件下满足不同的需求，从而解决物理矛盾。当系统中存在互斥需求（P 和-P）的时候，如果其中的一个需求（P）只在某一种条件下存在，而在其他条件下不存在，就可以使用条件分离的方法将这种互斥的需求分离开。

（4）系统级别上的分离

系统级别上的分离是指在系统级别上将矛盾双方互斥的需求分离开，即通过在不同的系统级别上满足不同的需求，从而解决物理矛盾。当系统中存在互斥需求（P 和-P）时，如果其中的一个需求（P）只存在于某个系统级别上（例如只存在于系统级别上），而不存在于另一个系统级别上（例如不存在于子系统或超系统级别上），就可以使用系统级别分离的方法将这种互斥的需求分离开。

每种分离方法对应着相应的发明原理，当选择了某种分离方法后，可尝试用其对应的发明原理来进行思考（见表4-7）。

表4-7 分离方法与发明原理的对应

序号	分离方法	发明原理
1	时间分离	1. 分割；2. 抽取；3. 局部质量；4. 增加不对称性；7. 嵌套；14. 曲面化；17. 空间维数变化；20. 有效（益）作用的连续性；24. 借助中介物；26. 复制；29. 气压与液压结构；30. 柔性壳体或薄膜；40. 复合材料
2	空间分离	9. 预先反作用；10. 预先作用；11. 事先防范（预补偿）；14. 曲面化；15. 动态特性；16. 未达到或过度的作用；18. 机械振动；19. 周期性作用；20. 有效（益）作用的连续性；21. 减少有害作用的时间；24. 借助中介物；34. 抛弃或再生
3	条件分离	3. 局部质量；17. 空间维数变化；19. 周期性作用；26. 复制；29. 气压与液压结构；30. 柔性壳体或薄膜；31. 多孔材料；32. 改变颜色；34. 抛弃或再生；35. 物理或化学参数改变；36. 相变；37. 热膨胀；38. 强氧化剂；40. 复合材料
4	系统级别上的分离	1. 分割；3. 局部质量；8. 重量补偿；13. 反向作用；22. 变害为利；24. 借助中介物；27. 廉价替代品；28. 机械系统替代；29. 气压与液压结构；35. 物理或化学参数改变

8. 科学效应

科学效应和现象是 TRIZ 理论中的一种基于知识的解决问题工具。迄今为止，研究人员已经总结了近万个效应，其中4000多个得到了有效应用。

由某种动因或原因所产生的一种特定的科学现象，称为科学效应。例如，由物理的或化学的作用所产生的效果，如光电效应、热效应和化学效应等。许多科学效应都以其发现者的名字来命名，如法拉第效应。物理学能给人以非常有力的并且几乎到处适用的工具。然而，许多人却不会使用这些工具。一方面，物理效应仿佛是独立存在的；另一方面，问题确实是独立存在的。在发明家的思维中，如果没有可靠的桥梁将物理学与发明问题联系到一起，知识在相当大的程度上是闲置无用的。

如果能有一份用物-场形式表示的物场效应的清单，那么找到所需的效应就没有什么困难。若是需要联合应用若干效应（或称为效应与方法的结合）来解决问题，那就还要有与物理效应相结合的规则。现在人们正在研究这样的规则，有一些已经确认下来了。例如，在较好的发明中，在两个"结合起来的"效应之间，起联系作用的元素总是场，而不是物质。还有许多东西有待阐明，但一般的原则已经清楚了，即在发明问题和解决它们所需的物理效应之间，存在着可靠的媒介，这就是物-场分析。所谓物-场分析法，是指从物质和场的角度来分析和构造最小技术系统的理论与方法。物-场分析法是建立在对现有产品的功能分析的基础上的，是 TRIZ 理论中一种重要的问题描述和分析工具，通过建立现有产品的功能模型的过程，可以发现有害作用、不足作用及过度作用等问题。

在物-场分析中，将两个对象之间的作用定义为"场"，并用"场"这个概念来描述存在于这两个对象之间的能量流。任意一个技术系统都可以用 3 个基本元素来表示：两种物质（substance）和一个场（field）。其中，S_1（第一种物质）表示被生产、被控制、被测量的产品；S_2（第二种物质）表示进行生产、控制、测量的工具；F（场）表示 S_1 和 S_2 之间的作用。箭头 S_2 指向 S_1，表示 S_2 对 S_1 有作用（F）。例如日常生活中钉钉子的问题，S_1 是钉子，S_2 是锤子，F 就是锤子作用于钉子的力。因此，利用这 3 个元素就可以建立物-场模型，用来表示任意的技术系统（见图4-15）。

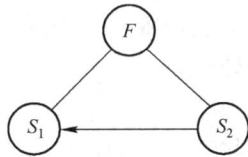

图 4-15 基本的物-场模型

通常，可以将效应看作是两个技术过程之间的功能关系。也就是说，如果将一个技术过程 A 中的变化看作原因的话，那么，技术过程 A 的变化所导致的另一个技术过程 B 中的变化就是结果。将技术过程 A 和技术过程 B 连接到一起的这种功能关系称为效应。

TRIZ 理论中，按照"从技术目标到实现方法"的方式来组织科学效应知识库，发明者可根据 TRIZ 理论的分析工具决定需要实现的"技术目标"，然后选择需要的"实现方法"，即相应的科学效应。TRIZ 科学效应知识库的组织结构便于发明者对效应加以应用。为了帮助工程师利用这些科学原理和效应来解决工程技术问题，在阿奇舒勒的提议下，TRIZ 理论的研究者共同开发了科学效应知识库，其目的就是将那些在工程技术领域中常常用到的功能和特性，与人类已经发现的科学原理或效应所能够提供的功能和特性对应起来，以方便工程师们进行检索。限于篇幅，相关内容请读者自行查阅。

9. 标准解法

阿奇舒勒经过分析大量的专利后发现，如果专利所解决问题的物-场模型相同，那么最终解决方案的物-场模型也相同。阿奇舒勒一共发现了 76 个这样的解法规则，这样的解法规则出现在不同的工程领域，所以称为标准解法。阿奇舒勒按照这些标准解法所解决问题的类型进行了归类，建立了标准解法系统，76 个标准解法分为 5 级，见表 4-8。

表 4-8　76 个标准解法分级表

级别	内容	标准解数量/个
第一级	建立和破坏物-场模型	13
第二级	增强物-场模型	23
第三级	向超系统和微观级系统升迁	6
第四级	检测和测量	17
第五级	应用标准解法的标准	17

4.4.3　TRIZ 理论的核心思想

实践表明，运用 TRIZ 理论创新能够帮助人们突破思维定式，从不同角度分析问题，运用理性的逻辑思维，揭示问题的本质，确定问题进一步的探索方向，能根据技术进化法则，预测未来发展趋势，最终抓住机会来彻底解决问题，并开发出富有竞争力的创新产品。

工程人员所面对的 90% 的问题，已在其他地方解决过，很多问题已有类似答案。通过专利研究发现，99.7% 的专利应用了已知的原理，这些原理在不同的工业部门、不同的行业领域被反复使用。由此推论，在专利中存在着某种规律，如果能了解这种规律并拥有早期解决方案的知识，那么创新发明将会更加容易，而不必源自试错法和其他直觉创新方法。TRIZ 理论作为创造性地解决发明问题的理论工具，其核心思想如下：

（1）问题及其解在不同的工业部门及不同的科学领域重复出现

通过对大量创新专利的分析研究，TRIZ 理论总结出创新是有规律可循的：不同行业中 90% 的问题采用了相同的解决方法。例如，瞬间压力差原理（缓慢施压、快速释压）应用在不同的干果等硬壳类食品去壳取仁的加工设备中，出现了很多相关专利发明。同样，在带微裂纹的大钻石的切割中，希望在裂纹处分裂、分开，也应用了相同的原理；在船用发动机水管水垢去除工艺中，也应用了瞬间压力差原理。不同的是，在不同的发明专利中，差别只是压力大小。现代 TRIZ 的发展，已经将经典 TRIZ 的发明原理成功应用到各行各业、各学科领域，如面向管理创新、营销创新、电子电工、软件开发等。

（2）技术进化模式在不同的工业部门及不同的科学领域重复出现

技术系统/产品是按照一定规律在发展的，技术系统进化法则经统计规律证实，描述了技术系统从一种状态自然进化到另一种状态的进化发展过程，即 S 曲线进化法则。不同的工业部门及不同的科学领域，技术系统向其他已被证明成功的技术方向进化发展。

技术系统进化规律适用于所有的技术系统，同时具有相应的层次结构。任何技术系统，在其生命周期内，总是沿着提高系统理想度向最理想系统方向进化的。提高理想度法则代表着所有技术系统进化法则的最终方向，是推动技术系统进化的主要动力。

（3）发明经常采用不同领域中存在的效应

在 TRIZ 理论研究的早期阶段，阿奇舒勒就已经验证，对于一个给定的技术问题，可以运用各种物理、化学、生物和几何效应使解决方案更理想、更简单。同时，他还发现高等级专利中经常采用的解决方案均应用了不同的科学效应。

以上 TRIZ 理论的三条重要原理表明：大多数创新或者发明不是全新的，而是一些已有原理或者结构在新领域中的新应用。

4.4.4 TRIZ 理论的求解过程

发展至今，TRIZ 理论体系已经成为一个创新的平台，而非用于某个单一用途。利用它可以解决技术问题，产生创新的解决方案；可以规避或者增强专利，进行专利布局，可以用于新产品规划布局；可以运用 TRIZ 的方法进行环保设计，以解决产品生产与产品回收的矛盾问题，等等。

与常规的直接解决问题的方法不同，在利用 TRIZ 理论解决问题时，要将具体工程问题转化为 TRIZ 问题模型，然后使用 TRIZ 中解决问题的工具找到 TRIZ 解决方案模型，也就是此类问题的通用解决方案，最后将 TRIZ 解决方案模型转化为具体的解决方案。TRIZ 理论解决问题可分为以下 5 个步骤，如图 4-16 所示。

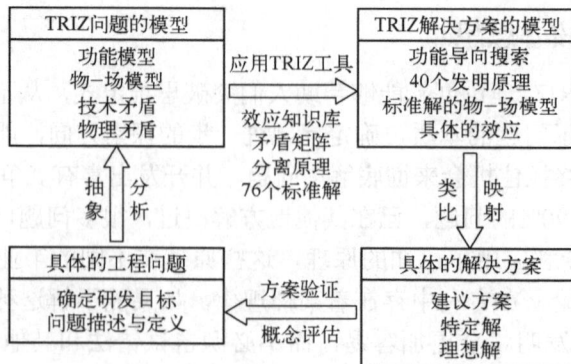

图 4-16　TRIZ 理论解决问题的步骤

1. 明确具体的工程问题

首先要明确需要解决的具体工程问题，并对问题进行清晰的定义（包括问题的表现形式、发生的条件和影响范围等）。这可以帮助人们更好地理解问题的本质，并找到解决问题的方向。

2. 将待解决的问题转化为 TRIZ 问题模型

对具体问题进行全面细致的分析，找出具体问题的关键要素和矛盾所在。TRIZ 理论提供了一些工具和方法，可将具体问题转化为相应的 TRIZ 问题的模型。具体步骤如下：

1）功能分析：识别系统的功能要素及其相互关系。从完成功能的角度分析系统、子系统、部件，从而转化为功能（How To）模型。

2）物–场分析：将问题中的物质和场进行建模，并分析它们之间的相互作用，从而建立物–场模型。

3）矛盾分析：识别系统的技术矛盾和物理矛盾。

4）资源分析：识别系统可利用的资源。确定可用物品、能源、信息、功能等，这些可用资源与系统中的某些元件组合将改善系统的性能。

5）理想解分析：采用与技术和实现无关的语言描述需要创新的原因。

需要指明的是，TRIZ 问题模型建立后，与具体的问题不再相关，这个模型是通用的 TRIZ 问题模型。

3. 应用 TRIZ 工具

对于每一种模型都有相应的工具来解决，如解决技术矛盾的工具是矛盾矩阵，解决物理矛盾的工具是分离原理、解决物–场模型的工具是 76 个标准解等。表 4-9 所示为经典 TRIZ 理论的工具。

表 4-9　经典 TRIZ 理论的工具

TRIZ 问题的模型	TRIZ 工具	TRIZ 解决方案的模型
功能（How To）模型	效应知识库	具体的效应
技术矛盾	矛盾矩阵	40 个发明原理
物理矛盾	分离原理	40 个发明原理
物–场模型	76 个标准解	标准解的物–场模型

4. TRIZ 解决方案模型

TRIZ 问题模型经过 TRIZ 工具处理之后，会有一系列的解决方案模型，具体如下：

1）功能导向搜索：是使用基于功能的语言在世界范围内寻找其他领域成熟的解决方案，通过将其他领域成熟的解决方案引入到我们这个领域来解决我们所遇到的具体问题。

2）40 个发明原理：针对技术矛盾，使用矛盾矩阵找到对应的发明原理；而针对物理矛盾，则使用 TRIZ 理论的 11 个分离原理，找到对应的发明原理。

3）标准解的物–场模型：如果具体问题能以物–场模型的形式进行描述，则可以选择使用 76 个标准解系统，从而得到解决方案的物–场模型。

4）具体的效应：结合 How To 模型和科学效应库来激发创新思路，找到具体的效应。知道的科学效应越多，产生的巧妙的解决方案也会越多。

要说明的是，这些模型仍然与具体问题无关，而是一个解决方案的模型。

5. 具体解决方案

根据项目实际情况，将这些 TRIZ 解决方案模型转化为具体的解决方案。这通常涉及将理论上的 TRIZ 解决方案的模型转化为具体的实施细节，以确保其在实际应用中的有效性和可行性。在此基础上，进行概念评估和验证。所谓概念评估，是指对于产生的一系列解决方案，根据项目具体要求，比如实施的难易程度、成本、周期等，来对解决方案进行评估，可以采用定量和定性相结合的评估方法，如打分法、SWOT 分析等。

　　总体来说，采用 TRIZ 理论解决问题可以系统化、逻辑化地解决发明创造中的问题，提高解决问题的效率和创新能力。同时，TRIZ 理论也是一种工具，而不是一种万能的方法，它需要结合实际情况和其他方法一起使用，以取得更好的效果。

参 考 文 献

[1] 中国科协企业创新服务中心. 企业创新方法实务：一线创新工程师读本[M]. 北京：化学工业出版社，2018.

[2] 周苏. 创新思维与科技创新[M]. 北京：机械工业出版社，2016.

[3] 赵洁，石磊，丁丽娜. 创新思维与 TRIZ 创新方法[M]. 北京：人民邮电出版社，2018.

[4] 周苏. 创新思维与 TRIZ 创新方法[M]. 北京：清华大学出版社，2015.

第5章 工程与环境

生态兴则文明兴，生态衰则文明衰。生态环境是人类生存和发展的根基，生态环境的变化直接影响文明的兴衰演替。环境与发展是当今人类社会面临的两大挑战。环境与发展密不可分：一方面，随着人类社会的发展，通过工程对自然的改造越发普遍，对环境的污染与破坏日益严重；另一方面，环境问题关系到人类的前途和命运，影响着世界上每一个国家和民族的发展，乃至每一个人的生活。因此，保护环境，实现可持续发展已经成为全世界紧迫而艰巨的任务。

本章首先介绍环境问题及其面临的挑战；然后介绍工程环境伦理观和工程环境价值观；再次介绍工程师的环境伦理责任与规范；最后介绍环境保护和可持续发展。

5.1 环境问题及挑战

5.1.1 环境问题概述

1. 环境的概念和特点

环境，就词义而言，是指周围事物。环境是一个相对的概念，它总是相对于某一个主体而言的，会随着主体的变化而改变。"环境"一词作为一个专门术语，同样会随着学科的不同而具有不同的含义：对于生态学而言，"环境"是相对于生物这一主体而言的外部世界，包括光照、温度、水分、地形、地貌、土壤等。对于伴随着 20 世纪 50 年代至 60 年代前后"环境污染问题"第一次高潮的爆发而逐渐发展起来的环境科学，其主体是受到各种环境问题影响的人类社会，因此，环境科学中的"环境"应该是以人为主体的外部世界的全部。这里的外部世界包括人类已经认识到的、直接或间接影响人类生存与发展的周围事物。

国外教科书一般将环境分为自然环境（大气环境、水环境、土壤环境）和生物环境。国内的教科书则将环境分为自然环境和人工环境两大类。这里所说的自然环境，就是指人类生存和发展所依赖的各种自然条件的总和，包括大气、水、土壤、生物和各种矿物资源等。大气、水、土壤、岩石、生物等又称为环境要素，并可分别形成大气圈、水圈、土壤圈、岩石圈以及生物圈，它们共同组成了整个地球环境系统。而人工环境又称为社会环境，是指人类在自然环境的基础上，为不断提高物质和精神文化生活水平，通过长期有计划、有目的的发展，逐步创造和建立起来的高度人工化的生存环境，即由于人类活动而形成的各种事物。自然环境和人工环境是人类生存、繁衍和发展的摇篮。

对人类来说，环境就是人类的生存环境。《中华人民共和国环境保护法》第二条明确指出，环境"是指影响人类生存和发展的各种天然的和经过人工改造的自然因素的总体，包括大气、水、海洋、土地、矿藏、森林、草原、野生生物、自然遗迹、人文遗迹、自然保护区、风景名胜区、城市和乡村等"。这里的"环境"就是环境保护的对象，它有 3 个特点：①主体是人类；②既包括天然的自然环境，也包括人工改造后的自然环境；③不包含社会因素。

环境的基本特点如下：

1）环境的整体性与区域性。环境的整体性是指环境中的各个部分之间存在着密切的相互联系和相互制约，环境中的各种变化不是孤立的，而是多种因素的综合反映。环境的区域性是指环境特性的区域差异，即环境因地理位置的不同而表现出不同的特性。如湿润地区与干旱地区、平原地区与高山地区等，其环境特性有明显的差异。

2）环境的变动性和稳定性。环境的变动性是指环境的内部结构和外在状态始终处于不断的变化之中。环境的稳定性是指环境系统具有一定的自我调节能力，当环境的结构与状态在自然或人类行为的作用下发生的变化不超过一定限度时，环境可以借助自身的调节功能减轻这些变化的影响。环境的变动性和稳定性是相辅相成的，变动是绝对的，稳定是相对的。

3）环境的资源性和价值性。环境的资源性是指环境是一种资源，可提供给人类生存与发展所必需的物质和能量。环境既然是一种资源，就应具有相应的价值。最初人们对环境价值的认识存在误区，认为环境中的物质取之不尽、用之不竭，没有对环境的价值性给予足够的重视，从而导致人类大肆攫取自然资源，并引发了严重的环境破坏问题。

2. 环境问题的概念和分类

环境问题是指由于人类活动或自然原因引起环境质量恶化或生态系统失调，对人类的生活和生产带来不利的影响或灾害，甚至对人体健康带来有害影响的现象。随着人类的发展，在利用和改造环境的同时，也不同限度地污染和破坏了环境，当被污染和破坏了的环境再反作用于人类的时候，就会危及甚至毁灭人类的正常生活。环境问题既包括环境污染问题，如大气污染、水体污染和土壤污染等，也包括环境破坏问题（或称非污染性环境问题），如土地荒漠化、水土流失、森林面积锐减、草原退化和生物多样性减少等，如图5-1所示。

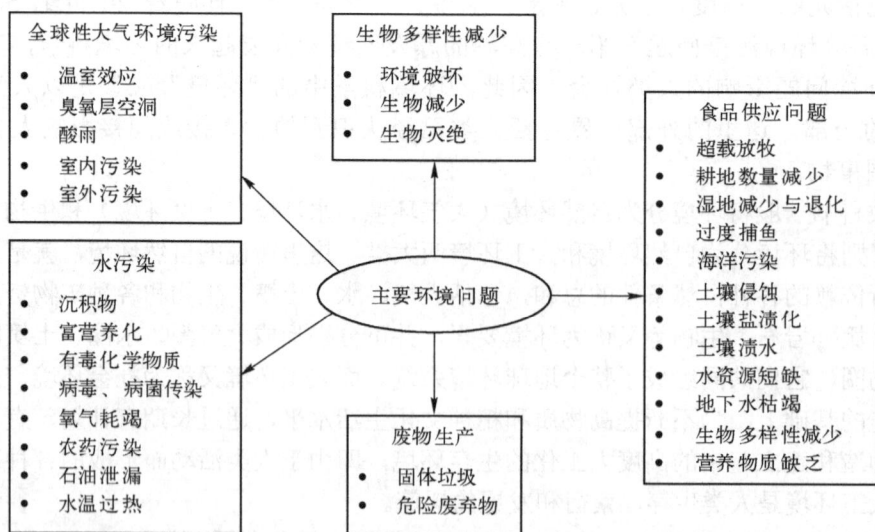

图5-1　主要环境问题

环境问题可以归纳为两大类：一类是由于自然演变和自然灾害引起的原生环境问题，也称第一类环境问题，如地震、火山爆发、台风、海啸、洪涝、干旱、崩塌、滑坡、泥石流等；另一类是人类活动引起的次生环境问题，也称第二类环境问题。原生和次生两类环境问题，二者很难截然分开，常常是互相影响和互相作用的。本书所研究的主要问题不是原生环境问题，而是人为因素引起的次生环境问题。这种由人为因素造成的次生环境问题一般也可分为两类：①因人类不合理开发利用自然资源，超出环境承载力，使生态环境质量恶化或自然资源枯竭的现象，如森林破坏、草原退化、沙漠化、盐渍化、水土流失、物种灭绝、自然景观破坏等；②人口激增、城市化和工农业高速发展引起的环境污染和破坏。环境污染包括大气污染、水体污染、土壤污染、生物污染等由物质引起的污染，以及噪声污染、热污染、放射性污染或电磁辐射污染等由物理性因素引起的污染。总之，次生环境问题是由人类经济社会发展与环境的关系不协调所引起的。

3. 环境问题的由来与发展

产生环境问题的原因，一方面是人类索取资源的速度大于资源本身及其替代品的再生速度导致的生态破坏，另一方面是人类生产、生活过程中排放废弃物的数量大于环境的自净能力所导致的环境质量的下降。

从人类诞生开始就存在着与环境的对立统一关系，就出现了环境问题。随着生产力的发展，环境问题从小到大逐步发展，大体上经历了以下 4 个阶段：

（1）环境问题的萌芽阶段（工业革命以前）

人类诞生后，在漫长的岁月里，基本上过着采集和狩猎的生活，人类活动对环境的影响不大。原始社会的生产力水平极其低下，那时"生产"对自然环境的依赖十分突出，人类主要是以生活活动、生理代谢过程与环境进行物质和能量转换，主要是利用环境，而很少有意识地对自然环境进行改造。到了奴隶社会、封建社会，生产力逐渐提高，出现了耕作农业和养殖畜牧业，这在生产发展史上是一次大革命。而随着农业和畜牧业的发展，人类改造环境的作用也越发凸显，但与此同时也产生了相应的环境问题，如大量砍伐森林、过度破坏草原、刀耕火种、盲目开荒，往往引起严重的水土流失、水旱灾害频繁和沙漠化，又如兴修水利、不合理灌溉，往往引起土壤的盐渍化、沼泽化，以及某些传染病的流行。在工业革命以前虽然已出现了城市化和手工业作坊，但工业生产并不发达，由此引起的环境污染问题并不突出。

（2）环境问题的发展恶化阶段（第一次工业革命至 20 世纪 50 年代以前）

随着生产力的发展，在 18 世纪 60 年代至 19 世纪中叶，生产发展史上出现了第一次工业革命。蒸汽机的发明和改进使人类进入机械生产时代。人们一般通常容易混淆技术革命和工业革命。技术革命在历史上发生过多次，如蒸汽机、电力、无线电、汽车、原子能、电子计算机以及互联网等。一项技术革命引发了产业链的上下游发生剧烈的变革，并且带动了相邻产业的剧变，从而形成了产业集群，并对社会政治、经济和文化产生巨大的影响，这就是工业革命。

蒸汽机的发明和广泛使用使大工业日益发展、生产力大幅度提高，但环境问题也随之多发并逐步恶化。在这段时间内，人类大规模地改变环境的结构和功能：一方面，无限制地索取自然资源；另一方面，向环境排入大量环境中原本没有的化学合成物质（如 DDT 等），或使环境中一些原有物质（如 CO_2 等）的浓度大大增加。结果是西方工业化国家在享受现代工业革命带来的巨大物质财富的同时，也开始受到自然环境的报复。由此，西方发达国家开始认识到环境保护的重要性。

（3）环境问题的第一次高潮（20 世纪 50 年代至 80 年代以前）

20 世纪 50 年代以后，伴随着第二次工业革命电气时代的到来，环境问题更加突出。

首先，大规模环境污染致使"公害"病和震惊世界的公害事件接连不断，如 1952 年 12 月的伦敦烟雾事件、1953—1956 年日本的水俣病事件、1961 年的日本四日市哮喘事件、1955—1972 年的日本富山县骨痛病事件等。其次，造成了自然环境破坏、资源稀缺甚至枯竭，开始出现区域性生态平衡失调现象。在 20 世纪 50 年代—60 年代形成了第一次环境问题高潮。

1962 年，美国海洋科学家蕾切尔·卡逊（Rachel Carson）出版了她经过多年调查研究完成的著作《寂静的春天》。该书描述了大规模使用 DDT 造成环境污染带来的危害，原本生机勃勃的春天因为人类乱用 DDT 农药而变得寂静了，并对这一环境问题进行了深刻的反思。该书一出版就引起工业界的攻击和公众的辩论，辩论的内容逐渐超越了杀虫剂的使用问题，引起了人们对环境问题的更广泛关注和讨论，也引发了一场环境保护运动，敦促人们从一个新的视角审视环境问题。DDT 是瑞士昆虫学家保罗·穆勒（Panl Müller）在 1939 年发明的一种有效的杀虫剂，具有广谱、药效持久等特点，广泛用于粮食生产和防治昆虫。20 世纪 70 年代，世界每年使用 DDT 超过百万吨，从害虫嘴中夺回占世界总产量 1/3 的粮食。然而，DDT 不仅消灭了害虫，也消灭了鱼和鸟，甚至使人类也成了受害者。在地球大气和水循环的作用下，DDT 被带到世界各地，包括北极和南极。DDT 进入食物链，最终在动物体内富集，如秃头鹰和鱼鹰这些鸟类，干扰鸟类钙的代谢，致使其生殖功能紊乱，使蛋壳变薄，结果使一些食肉和食鱼的鸟类接近灭绝。DDT 只是化工产品作用于生态环境的众多事例中的一例，它反映了现代工程与技术往往只关注可行性和经济性，而对其生态后果缺乏考虑。DDT 在技术上非常成功，但在生态上却是失败的：微不足道的剂量，却能经由累积效应和食物链作用而放大。因此，忽视生态系统中复杂的相互关系，必然会导致灾难性的后果。

现代工程技术的高度复杂性和对经济效益的追求，使得技术在生态上的运用充满了风险。技术手段越复杂，生产和使用过程中的不确定性越大，也加剧了应用后果的风险。

（4）环境问题的第二次高潮（20 世纪 80 年代以后）

进入 20 世纪 80 年代以后，环境问题除了以前人们主要关注的局部或地区性环境污染（如水体污染、城市大气污染等）问题以外，又有了新的变化：①广大发展中国家正面临着日益严重的局部性环境污染问题和大范围的生态破坏问题；②一些打破了区域和国家界线的全球性环境问题（包括环境污染问题和非污染性环境问题）开始受到重视。详细信息见 5.1.2 节。

4. 环境问题的特点

目前，环境问题呈现出全球化、综合化、社会化、高科技化、累积化和政治化的特点。

（1）全球化

过去环境问题的污染范围、危害对象或产生的后果主要集中在污染源附近或特定的生态环境中，影响空间有限。现在一些污染物可能跨国、跨地区流动，如一些跨国河流，上游国家造成的污染可能危及下游国家；一些国家产生的酸雨污染物可能在别国产生酸雨；气候变暖、臭氧层空洞等，其影响的范围、产生的后果都是全球性的。当代许多环境问题涉及高空、海洋甚至外层空间，影响的空间尺度已远非农业社会和工业化初期出现的环境问题可比，具有大尺度、全球性的特点。

（2）综合化

过去的环境问题主要是污染对人类健康的影响，而现在的环境问题涉及人类生存环境的各个方面，如森林锐减、草场退化、沙漠扩大、沙尘暴频发、大气污染、生物多样性锐减、水资源危机等。解决当代环境问题要将区域、流域、国家乃至全球作为一个整体，综合考虑自然规律、解决贫困、可持续发展、资源的合理开发与循环利用、人类人文和生活条件的改善与社会和谐等，是一个复杂的系统工程，需要考虑各方面因素。

（3）社会化

过去关心环境问题的主要是学者、环境问题的受害者以及相关的环境保护机构和组织，而当代环境问题已影响到社会的各个方面，以及每个人的生存与发展，因此环境问题已成为全社会共同关心的问题。

（4）高科技化

随着科学技术的迅猛发展，由高新技术引发的环境问题越来越多，如核事故、电磁波、噪声引发的环境问题，超音速飞机引发的臭氧层破坏，航天飞行引发的太空污染等。这些环境问题影响范围广、控制难、后果严重，已引起世界各国的普遍关注。

（5）累积化

人类已进入现代文明时期，进入后工业化、信息化时代，但历史不同阶段所产生的环境问题依然存在并影响久远，同时，现代社会又产生了一系列新的环境问题。因此，各种环境问题日积月累、组合变化，形成了集中爆发的复杂局面。

（6）政治化

随着环境问题的日趋严重和全人类环保意识的提高，各国对环境保护也越加重视。当代环境问题已不再是单纯的技术问题，而是重要的国际、国内政治问题，成为国际合作交流与政治斗争的重要内容，如各国在环境责任和义务的承担、污染转嫁等问题上经常产生矛盾并进行激烈的斗争。一些以环保为宗旨的组织，如绿色和平组织等，已成为政治舞台上新的政治势力。环境问题已成为需要国家通过法律、规划和综合决策进行处理的大事，成为评价政治人物、政党政绩的重要内容，也成为衡量社会环境是否安定、政治是否开明的重要标志之一。

5.1.2　当代全球环境问题挑战

到目前为止，已经威胁人类生存并已被人类认识到的全球环境问题的挑战主要体现在以下几个方面：全球性大气环境污染问题，非污染性大面积生态破坏问题，突发性、灾难性的环境污染事件，危险废物越境转移，外来生物入侵，塑料、电子垃圾等的大量使用等。

1. 全球性大气环境污染问题

（1）温室效应

由于近地面大气中水蒸气与温室气体的增加，加大了对地面长波辐射的吸收，从而导致在地面与大气之间形成一个绝热层，使近地面的热量得以保持，造成全球气温升高的现象称为"温室效应"。目前大气中能产生温室效应的气体大约有 30 种，其中 CO_2 对形成温室效应的作用约为 66%，CH_4 为 16%，CFCs（氯氟烃）为 12%，其他气体为 6%。可见 CO_2 是造成温室效应的最主要的气体。

自 1958 年开始，美国气象学家查尔斯·基林（Charles Keeling）在设立于夏威夷莫纳罗亚天文台的一个气象站里持续监测地球大气中的 CO_2 浓度及其变化，并将获得的数据绘制成曲线（基林曲线），如今它已是一项受到广泛关注的气候学数据。2019 年 5 月，CO_2 浓度长期积累达到了 813.69mg/m^3 的峰值，如图 5-2 所示。上一次地球大气中 CO_2 浓度超过 800mg/m^3 的时代是两三百万年前的上新世时期，人类活动产生的碳排放在极短时间就完成了地球大气层自然演化的一次周期波动。从现代人类这个物种出现以来，任何时候大气中的

CO_2 浓度都没有这么高。

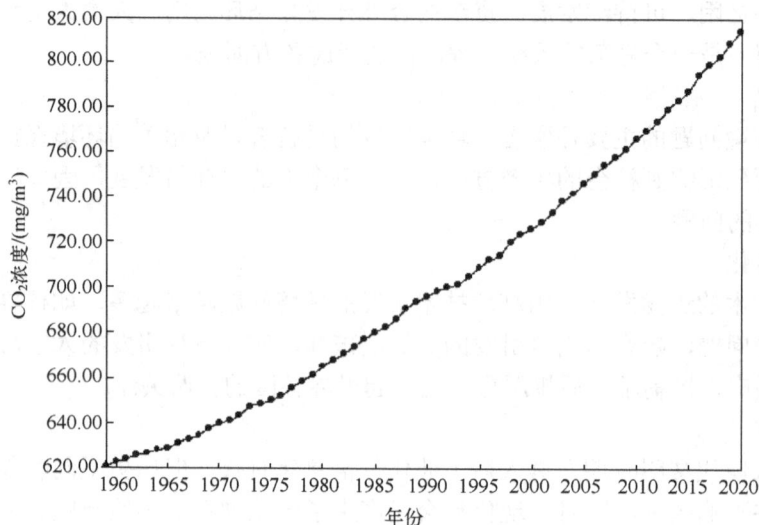

图 5-2　自 1958 年以来的基林曲线

据推测，21 世纪中叶温室效应将会造成以下后果：①地球温度将以每 10 年增加 0.5℃ 的速度上升；②海平面每 10 年将上升 3cm；③相当一部分物种将灭绝。《巴黎协定》是 2015 年 12 月 12 日在巴黎气候变化大会上通过、2016 年 4 月 22 日在纽约签署的气候变化协定，该协定为 2020 年后全球应对气候变化行动做出安排。《巴黎协定》长期目标是将全球平均气温较前工业化时期上升幅度控制在 2℃ 以内，并努力将温度上升幅度限制在 1.5℃ 以内。2016 年 4 月 22 日，联合国秘书长潘基文宣布，在《巴黎协定》开放签署首日，共有美国、中国等 175 个国家签署了这一协定，创下国际协定开放首日签署国家数量最多纪录。

（2）臭氧层（O_3）空洞

所谓臭氧层空洞或臭氧层损耗，是指由于人类活动使臭氧层遭到破坏而变薄。臭氧是空气中的痕量气体组分。据估计，若将从地球表面至 60km 高处的所有臭氧都集中在地球表面，也仅有 3mm 厚，总质量在 3.0×10^9t 左右；空气中的臭氧主要集中在平流层，距地面 20~30km。

臭氧层在保护环境方面起着十分重要的作用。它能够吸收强烈的紫外线，是太阳辐射的一种过滤器，对紫外线的总吸收率为 70%~90%，所以可以保护地球上的所有生物免受紫外线的伤害。

臭氧层破坏的后果：①危害人体健康，使角膜炎、晒斑、皮肤癌、免疫系统等疾病增加；②破坏生态系统，影响植物光合作用，导致农作物减产；③过量紫外线照射，将使塑料、高分子材料容易老化和分解。

（3）酸雨

酸雨是指 pH 小于 5.6 的雨、雪或其他方式形成的大气降水（如雾、露、霜、雹等），是一种大气污染现象。酸雨是一种严重的污染物质，含有多种无机酸和有机酸，绝大部分是硫酸和硝酸。酸雨的产生是一种复杂的大气化学和大气物理过程。工业生产、民用燃料排放出来的二氧化硫、燃烧石油以及汽车尾气排放出来的氮氧化物等进入大气后，经过"云内成雨过程"，即水汽凝结在硫酸根、硝酸根等凝结核上，发生液相氧化反应，形成硫酸雨滴和硝酸雨滴；又经过"云下冲刷过程"，即含酸雨滴在下降过程中不断合并吸附、冲刷其他含酸雨滴和含酸气体，形成较大雨滴，最后降落在地面上，形成了酸雨。

酸雨的危害：①引起水生生态系统的变化，导致水生生物群落结构趋于单一化；②导致土壤酸化，使土壤贫瘠；③腐蚀建筑物及名胜古迹。

2. 非污染性大面积生态破坏问题

（1）森林资源减少

森林资源是林地及其所生长的森林有机体的总称，以林木资源为主，还包括林中和林下植物、野生动物、土壤微生物及其他自然环境因子等资源。森林是人类赖以生存的生态系统中的一个重要组成部分，在整个生态平衡、资源供应、气候调节、水土保持、防风固沙等方面起着重要作用。目前，全球的森林正以每年 $1.8 \times 10^7 \sim 2.6 \times 10^7 km^2$ 的速度减少，远远超过再生速度，损害了地球的呼吸作用，扰乱了全球的水循环。

（2）水土流失

水土流失是指在水力、重力、风力等外力作用下，水土资源和土地生产力的破坏和损失，包括土地表层侵蚀和水土损失。水土流失的原因：一方面是由于耕地减少，植被覆盖一旦消失，土壤有机质很容易被冲刷或刮起；另一方面是由于过度耕种和放牧，不仅降低土壤肥力，而且使植被减少，使土壤暴露在阳光和风力侵蚀之中。我国是世界上水土流失最为严重的国家之一，由于特殊的自然地理和社会经济条件，水土流失成为主要的环境问题。我国的水土流失分布范围广、面积大，2020 年我国的水土流失面积达 269.27 万 km^2，占国土总面积的 28.15%。

（3）土地沙漠化

沙漠化是指干旱和半干旱地区由于自然因素和人类活动的影响而引起生态系统的破坏，使原来非沙漠地区出现了类似沙漠环境的变化。土地沙漠化已成为全球生态的"头号杀手"。

（4）生物多样性锐减

生态系统是由多个生物物种组成的，生物物种的多样性是生态系统成熟和平衡的标志。如果自然灾害或人类行为阻碍了生态系统中的能量流通和物质循环，就会破坏生态平衡，导致生物物种的减少。

3. 突发性、灾难性的环境污染事件

在 1979—1988 年，这类突发的严重污染事故有 10 多起。如 1984 年 12 月，印度的博帕尔农药丁异氰酸甲酯泄漏事故；1986 年 4 月 26 日，苏联的切尔诺贝利核电站事故，1986 年 11 月，莱茵河污染事件。这些全球大范围的环境问题严重威胁着人类的生存和发展，不论是广大公众还是政府官员，不论是发达国家还是发展中国家，都普遍对此表示不安。1992 年的里约热内卢环境与发展大会正是在这种背景下召开的，这次会议是人类认识环境问题的又一里程碑，发表了《里约环境与发展宣言》。

4. 危险废物越境转移

20 世纪 80 年代，危险废物大量向发展中国家转移。由于发展中国家缺乏处置技术和设施，在处置、监测和执法方面能力薄弱，缺乏危险废物管理实践，因此，危险废物的越境转移已经成为全球环境问题，需要全球解决。为此，联合国环境规划署于 1989 年 3 月 22 日在瑞士巴塞尔召开了会议，并制定了《控制危险废物越境转移及其处置巴塞尔公约》（简称《巴塞尔公约》）。

5. 外来生物入侵

世界自然保护联盟认为，外来生物入侵是在自然或半自然生态系统中，外来物种建立了种群，改变或威胁了本地生物多样性。生物入侵的途径包括有意引进、无意引进和自然扩散。

有意引进是用于农林牧渔业生产、生态保护和建设等目的的引种，尔后引进的生物演变为入侵物种。加拿大一枝黄花最早是作为观赏植物引进的，以庭园花卉形式栽培于上海、苏南等地，后逸生野外成为杂草。加拿大一枝黄花通过根和种子两种方式繁殖，繁殖力极强，蔓延速度快，生长优势明显，生态适应性广阔。生长在河滩、荒地、公路两旁以及农田边和农村住宅四周，在生长过程中会与其他物种竞争养分、水分和空间，从而使其生长区里的其他作物、杂草一律消亡，对生物多样性构成严重威胁，故被称为生态杀手、霸王花。

无意引进是随着贸易、运输、旅游等活动而"携带"外来入侵物种。据研究，50%的外来入侵植物、75%的外来入侵动物和所有外来入侵微生物都是无意引进的，经自然扩散进入我国境内的外来入侵物种仅占很小的比例。

外来入侵物种在新的生态环境中适应、定居、自行繁衍和扩散，明显地与当地物种竞争资源和生存空间，破坏当地生态系统，降低本土生物多样性，甚至形成单优势种群，危及本土物种的生存，造成物种的消失和灭绝，而且破坏农田、水利工程，对环境和经济发展造成极大危害。

6. 塑料、电子垃圾等的大量使用

伴随着人们生活节奏的加快，社会生活正向便利化、卫生化发展。为了顺应这种需求，一次性泡沫塑料饭盒、塑料袋、筷子、水杯等开始频繁地出现在人们的日常生活中。这些使用方便、价格低廉的包装材料给人们的生活带来了诸多便利，但另一方面，这些包装材料在使用后往往被随手丢弃，形成环境危害，成为极大的环境问题。

由于废旧塑料包装物大多呈白色，因此称之为"白色污染"。白色污染是指用聚苯乙烯、聚丙烯、聚氯乙烯等高分子化合物制成的包装袋、农用地膜、一次性餐具、塑料瓶等塑料制品使用后被弃置成为固体废物，由于随意乱丢乱扔，难以降解处理，给生态环境和景观造成的污染。

第三次工业革命从 20 世纪 60 年代开始，称为信息时代，核心是半导体技术、大型计算机、个人计算机和互联网等催生的计算机革命与数字革命。信息时代给大众生活带来方便的同时，也带来了"电子垃圾"。电子垃圾又称电子废弃物，是指废弃不用的电子设备。电子废弃物种类繁多，大致可分为两类：一类是所含材料比较简单、对环境危害较轻的废旧电子产品，如电冰箱、洗衣机、空调机等家用电器，以及医疗、科研电器等，这类产品的拆解和处理相对比较简单。另一类是所含材料比较复杂、对环境危害比较大的废旧电子产品。例如，一台计算机有 700 多个元器件，其中有一半元件含有汞、砷、铬等各种有毒化学物质；电视机显像管内也都含有铅、铬等重金属；手机的原材料中的砷、镉、铅以及其他多种持久性和生物累积性的有毒物质等；激光打印机和复印机中含有碳粉等。联合国发布了《2020 年全球电子废物监测》报告，该报告称 2019 年全球产生了 5360 万 t 电子垃圾，创历史之最。这些电子垃圾无处可去，只能和其他垃圾一起填埋焚烧处理，从而导致日益严重的环境问题，有毒物质最终还是会危害人类自身。

综上所述，伴随着蒸汽时代、电气时代、信息时代三次工业革命，人类发展进入了空前繁荣的时代，与此同时，也造成了巨大的能源、资源消耗，付出了巨大的环境代价、生态成本，加剧了人与自然之间的矛盾。进入 21 世纪，人类面临空前的全球能源与资源危机、全球生态与环境危机、全球气候变化危机的多重挑战，由此引发了第四次工业革命——绿色工业革命，人类进入了智能时代。绿色工业革命强调的是 21 世纪的技术革命对整个产业形态的变革，突出了产业朝着绿色环保的理念发展。

5.1.3　产生环境问题的根源

最近几十年，全球的经济飞速发展，但与此同时，环境污染速度和规模也令人担忧。从本质上看，环境问题是人与自然的关系问题。在人与自然的矛盾中，人是矛盾的主要方面，因而也是环境问题的最终根源。因此，从人为角度分析，产生环境问题的根源有 4 个方面：发展观、制度、科技和环保教育。

1. 发展观

从发展观的角度来看，环境问题的产生是人们用不正确的指导思想来指导发展造成的。在发展初期，人们在发展观上存在着误区，认为单纯的经济增长就等同于发展。事实并非如此，如果社会发展不协调，环境保护不落实，经济发展终将受到制约。近年来，虽然经济得到了发展，但环境问题也日益突出。如果以科学发展观作为指导，在发展过程中注重人与社会、人与自然、社会与自然的和谐发展，则能实现既发展经济又保护环境的可持续发展。从这个意义上来说，发展观是环境问题的第一根源。

2. 制度

制度根源是指环境问题的产生是制度的不完善造成的。人们生产和消费不尽合理而造成环境问题的原因是没有完善和规范的制度来约束人们的行为。环境制度的不完善主要表现在以下几个方面：①重污染防治，轻生态保护，即预防污染的法规多，生态保护的法规少；②重点源治理，轻区域治理，即忽视环境的整体性，"头痛医头、脚痛医脚"；③重浓度控制，轻总量控制，即按照制度标准控制排放浓度的限值，而忽视污染物的总排放量；④重末端控制，轻全过程控制，即重视控制经济活动的污染后果，而轻视经济活动中的污染排放。由此可见，制度的不完善或不合理是产生环境问题的根源之一。

3. 科技

科技根源是指环境问题的产生是科学技术不成熟及科学技术的负面作用造成的。一方面，由于科学技术达不到"零污染""零排放"等要求，导致在发展经济的同时，会向环境排放相当数量的污染物。另一方面，科技的发展在给人类的生产生活带来极大便利的同时，也不断地暴露其负面效应。例如，农药可以预防害虫，也可以使食物具有毒性；塑料袋方便人们的同时，也会造成白色污染；计算机、手机、打印机等在快速传输信息的同时，也在不断地产生辐射；空调、冰箱等在提升人们生活质量的同时，也在破坏臭氧层等。从环境污染的角度来看，现代社会的许多重大环境问题都直接与科学技术有关：资源短缺直接与现代化机器大规模开发有关；生态破坏直接与森林电动设备快速砍伐和枪支狩猎有关；大气污染与水污染直接与现代的工厂、汽车、火车、轮船等排放的污染物有关。因此，科技也是产生当今环境问题的重要根源。

4. 环保教育

环保教育根源是指环境问题的产生是人们环保意识的缺乏、环保教育没有跟上造成的。环境保护不是哪一个国家、哪一个人所能完成的，它需要所有人的共同努力，即重在公众参与。缺乏环保意识和环保知识是产生环境问题的一个致命根源。

5.2　工程环境伦理观与工程环境价值观

一方面，工程是人类生产性的社会实践活动，这就注定了其必须与人和社会打交道，从而产生社会伦理问题；另一方面，工程是改造自然的活动，需要直接与自然打交道，又会产生环境伦理问题。社会伦理问题涉及人与人的道德关系，传统的人际伦理学已经对此有深入研究；环境伦理问题则是一个现代的问题，它涉及人与自然环境的道德关系，是一个对现代工程既重要又容易被忽视的问题。然而，一项好的工程必须满足环境伦理的基本要求，因此需要认真对待工程活动中的环境伦理问题。

5.2.1 工程活动对环境的影响

工程建设与环境保护是人类生存相互依赖的两个方面。任何工程活动都是不断与环境进行物质、能量和信息交换的过程，只要是工程建设，就需要环境支撑，工程建设所需要的一切物质资源都需要从环境中索取，离开了环境空间，工程建设将无立锥之地；另一方面，无论工程是好是坏，都会使自然环境变化。尽管工程活动是以相关科学知识和技术原理为基础的，但它只是以人的目标作为最终依据，因此必然会使原环境发生改变。事实表明，所有工程活动在实现人的目标的同时，或多或少会改变自然环境，甚至不少工程因造成巨大的环境损害而成为失败的工程。在这种意义上，没有环境保护，工程建设就失去了其赖以生存的基础和物质来源。因此，工程建设与环境保护是密不可分的。

工程作为"设计"活动，直接影响着人类的生存状况和自然环境。工程活动负载着人类价值，这就使工程活动本身具有了道德上的善恶之分：好的工程可以造福人类，实现天人和谐；坏的工程则会损害人和环境的长远利益。一切工程活动，归根结底都是为了提升人的生活质量，而人的生活质量需要多方面内容来充实。物质需要虽然基本，但不是最终指标，尤其是在达到了一般生活水平后，环境指标可能更为重要。今天各大城市面临严重的空气污染都与工程活动有直接的关系，因此需要对工程活动的各个环节进行必要的伦理审视，同时，在工程活动中加入环境伦理的内容十分必要。

现代工程活动需要依靠科学，但不能只依靠科学，因为科学在处理问题时有初始条件和边界条件，超越了它就必然出现错误，各类工程皆同一理。重要的是要认识到科学不能完全解决人们面临的社会问题和生态问题，还需要人文关怀和社会科学的引导。因为技术上的成功只是工程评价的必要条件，只有同时满足了社会和生态的成功，才是真正的好工程，这需要人们用整体的眼光和系统的思维去看待。

5.2.2 工程环境伦理观的基本思想

环境伦理思想的产生与人类工业文明的进程紧密相关，它是人类在对资源过度开发和环境破坏问题反思的基础上形成的。在工程实践领域，保护环境成为工程活动的重要目标。由于保护环境的诉求或依据不同，在各种利益冲突的情况下，结果就会大相径庭。因此，如何把保护环境行动在道德和法律的层面确定下来，使之变成工程共同体的责任和义务，就需要工程共同体成员对环境伦理和环境法的基本思想和相关知识有所认识。然而，尽管人们在工程活动中已经意识到人对自然环境的道义责任，但工程领域中并没有专门的环境伦理观，在工程活动中通常运用一般的环境伦理观和思想来指导工程实践。事实上，环境伦理观和思想在很大程度上就是建立在对工程活动的伦理反思基础上的，它的诸多原则的建立也是基于人类征服、改造和控制自然的工程活动。因此，无须建立专门的工程环境伦理观，工程中的环境伦理问题只需要通过相应的环境伦理原则和规范就可以得到解决。把自然环境纳入道德关怀的范畴，确立人对自然环境的道德责任和义务，既是环境伦理学领域的重要议题之一，也是工程伦理的重要方面。

工程活动是人与自然打交道，好的工程既要考虑人的利益，也要考虑自然环境的利益。

如果只考虑人的利益，这种做法通常被视为人类中心主义，即把人的利益作为价值和道德判断的标准；相反，更多地考虑自然环境的利益则通常被称为非人类中心主义。

人类中心主义有 3 层含义：生物学意义上的含义、认识论意义上的含义和价值论意义上的含义。工程活动中考虑的常常是价值论意义上的人类中心主义。它把人看成自然界唯一具有内在价值的事物，必然构成一切价值的尺度，自然界的其他事物不具有内在价值而只有工具价值。因此，人才是唯一具有资格获得道德关怀的物种，工程活动的出发点和目的只能是也应当是人的利益，道德原则的确立应该首要满足人的利益，而不必考虑其他自然事物。因为人对自然并不存在直接的道德义务，如果说人对自然有义务，那么这种义务应当被视为只是对人的义务的间接反映。

相反，非人类中心主义认为，人类不是一切价值的源泉，因而人类的利益不能成为衡量一切事物的尺度。人与自然的恰当关系应该是：人类只是自然整体的一部分，人类需要将自己纳入更大的整体之中，才能客观地认识自己存在的意义和价值。依据这种认识，非人类中心主义试图把道德关怀的范围从人类扩展到非人类的生命或自然存在物上，运用现代社会已有的道德原则和规范，论证了道德关怀应该包含动物、一切有生命的事物，甚至自然事物。

5.2.3 工程环境伦理观的核心问题

工程活动常常要改变或破坏自然环境，而改变或破坏到何种程度是可接受的，需要有一个客观的标准，否则无法具体操作。问题是每个工程都在自己特定的环境条件下，根本不可能使用统一的标准。在这种情况下，除了运用环境评价的技术标准外，还需要运用环境伦理学标准来处理工程中的生态环境问题。然而，环境伦理学的理论思想各不相同，如何将这些理论用于支持工程中对待环境的行为，最根本的是要看各种理论关注的核心问题是什么。抓住了这个关键要素，就可以清楚地理解各种理论为何要如此主张，从而在具体的工程活动中就可以运用这种思路处理生态环境问题。

是否承认自然界及其事物拥有内在价值与相关权利，既是环境伦理学的核心问题，又是工程活动中不能回避的问题。按照传统的价值理论，自然界对人们有价值，是因为它对人们有用，即自然界只具有工具价值，而不具有内在价值，所以人们一直把自然界看成是人类的资源仓库。在这种思想指导下，只要对人类有利，人们便可以去做。这种伦理观念鼓励了对自然不加约束的行为，是造成人对自然界进行掠夺、导致环境危机的重要根源。但是，随着对自然界的认识日益深刻，人们发现，自然界所呈现出来的价值远远不是人们想象中的那样，只具有工具价值，而是就像它自身一样，表现出多样性的价值形态。因此，人们需要确立一种新的信念，并对自然界进行重新审查，用建立在现代科学基础上的眼光去评价自然界的各种价值，并在这一理念下，建立人与自然的新型伦理关系。这种新型伦理关系能够为工程活动遵循环境伦理原则提供必要的支持和评价标准。

自然界的价值有两大类：工具价值和内在价值。工具价值是指自然界对人的有用性；内在价值是自然界及其事物自身所固有的，与人存在与否无关。内在价值是工具价值的依据，如果人们承认自然事物和自然界拥有内在价值，那么，人们与自然事物就有了道德关系。因此，自然界是否具有客观的内在价值，一直是学界争论的焦点。之所以如此，是由于人们采用不同的参照系进行价值判断和评价。

价值主观论以人类理性与文化作为评价自然界价值的出发点，即没有人就无所谓价值，自然界的价值就是自然对人类需要的满足。而价值客观论则从生态学的角度来评价自然界的价值，认为自然界的价值不依人的存在或人的评价而存在，只要对地球生态系统的完善和健康有益的事物就有价值。从人与自然协同进化的观点看，没有人类，就没有人类中心主义的价值理论，也不可能有大规模的自然价值向人类福利的转变。价值主观论从价值的认识论角度来说是有道理的，但它忽视了价值存在的本体论意义，即自然有不依赖人的价值而独立存在的内在价值。价值客观论虽然揭示了自然界是价值的载体，强调了自然价值客观存在不依赖评价者的事实，但它忽视了价值与人的关系。从当今的生态实践来看，秉持人与自然协同进化的价值观更为恰当，这种价值观倾向于承认自然界生物个体及其整体自然（生态系统、生物圈）的各种价值。

自然界具有对人有用的外在工具价值，同时也有不依赖人的内在价值，内在价值是工具价值的基础。那么，为什么人类中心主义不承认自然界具有内在价值？这是因为从伦理学视角来看，内在价值与道德权利是密切联系的，即如果人们承认了自然事物具有内在价值，也就理所当然地认可了自然事物的道德权利，也就是说人们有道德义务维护自然事物，使它能够实现自身的价值。就自然界而言，各种生物或物种都有持续生存的权利，其他自然事物，如高山、河流、湿地、自然景观，也都有它存在的权利。自然界的权利主要表现在它的生存方面，即它自身拥有按照生态规律持续生存下去的权利。这也就是为什么环境伦理学要把承认自然界的价值作为出发点、主张把道德权利扩大到自然界其他事物的原因，它要求赋予自然事物在自然状态中持续存在的权利。

5.2.4 工程环境伦理观的原则

工程活动中的环境伦理不仅考虑人的利益，还要考虑自然环境的利益，更要把两者的利益放到系统整体中来考虑。通常，在工程活动中，人的利益是首要目标，自然则作为资源和场所，常常被排斥在利益考虑之外，被考虑也只是因为它看起来会影响或危及人自身。现代工程的价值观要求人与自然利益双赢，即使在冲突的情况下也需要平衡，这就需要人们把自然利益的考虑提升到合理的位置。

依据双标尺评价系统的要求，人们在干预自然的工程活动中对环境就拥有了相关的道德义务。这些道德义务通过原则性的规定成为人们行动中必须遵循的规则以及评价人们行为正当与否的标准。在此提出以下原则作为行动准则和评价标准。

现代工程活动中的环境伦理原则主要由尊重原则、整体性原则、不损害原则和补偿原则4个部分构成。

1）尊重原则：一种行为是否正确，取决于它是否体现了尊重自然这一根本的道德态度。

人对自然环境的尊重态度取决于人们如何理解自然环境及其与人的关系。尊重原则体现了人们对自然环境的首要态度，因而成为人们行动的首要原则。

2）整体性原则：一种行为是否正确，取决于它是否遵从了环境利益与人类利益相协调，而非仅仅依据人的意愿和需要这一立场。

这一原则旨在说明，人与环境是一个相互依赖的整体。它要求人类在确定自然资源的开发利用时，必须充分考虑自然环境的整体状况，尤其是生态利益。任何在工程活动过程中只考虑人的利益的行为都是错误的。

环境伦理把促进自然生态系统的完整、健康与和谐视为最高意义的善。它是对尊重原则运用后果的评价。良好的愿望和行动过程的合理性并不必然地带来善的结果，仅凭动机和行动程序的合理性还不能评价行为的正当与否，而必须引入后果和后效评价。只有从动机到程序和后果的全面评价才能表现出更大的合理性，而后果评价更为重要。

3）不损害原则：一种行为如果以严重损害自然环境的健康为代价，那么它就是错误的。

不损害原则隐含着这样一种义务：不伤害自然环境中一切拥有自身善的事物。如果自然具有内在价值，它就拥有自身的善，就有利益诉求，这种利益诉求要求人们在工程活动中不应严重损害自然的正常功能。这里的"严重损害"是指对自然环境造成的不可逆转或不可修复的损害。不损害原则充分考虑到正常的工程活动对自然生态造成的影响，但这种影响应当是可以弥补和修复的。

4）补偿原则：当一种行为对自然环境造成了损害，那么责任人必须做出必要的补偿，以恢复自然环境的健康状态。

这一原则要求人们履行这样一种义务：当自然生态系统受到损害的时候，责任人必须重新恢复自然生态平衡。所有的补偿性义务都有一个共同的特征：如果一个人的做法打破了自己与环境之间正常的平衡，那么，就必须为自己的错误行为负责，并承担由此带来的补偿义务。

这里需要考虑自然环境受到损害的两种不同情形。第一种情形是损害环境的行为不仅违反环境伦理的上述原则，而且违反了人际伦理的基本原则。如工程造成的污染，不仅违反了环境伦理也违反了人际伦理的公正原则。其行为显然是错误的。第二种情形是破坏环境的行为虽然违反了环境伦理，但却是一个有效的人际伦理规则所要求的，如修建一条铁路需要穿越高山或森林。这时自然的利益和人类的利益存在着冲突，在这种情况下，道德的天平应向何处倾斜？这就需要对原则运用有一个先后排序。

当人类的利益与自然的利益发生冲突时，可以依据一组评价标准对何种原则具有优先性进行排序，并通过运用排序后的原则秩序来判断行为的正当性。这一组评价标准由两条更基本的原则组成：

1）整体利益高于局部利益原则：人类一切活动都应服从自然生态系统的根本需要。

2）需要性原则：在权衡人与自然利益的优先次序时，应遵循生存需要高于基本需要、基本需要高于非基本需要的原则。

当自然的整体利益与人类的局部利益发生冲突时，可以依据第一条原则来解决；当自然的局部利益与人类的局部利益，或自然的整体利益与人类的整体利益发生冲突时，则需要依据第二条原则来解决。人与自然环境的利益冲突在人际伦理中是不存在的，因为它不考虑自然自身的利益。冲突的情况只有在引入了环境伦理以后才会出现，这表明在解决人与自然关系问题上引入了伦理的维度，这是处理人与自然关系上的进步。严格地讲，只要具有尊重自然的基本态度，并按照上述原则行动，冲突的情况就很难出现，而罕见的极端情况则会在出现以前就得到化解。

5.2.5　工程活动中的环境价值观

地球上的所有生物都有通过改变环境并使自己与环境相适应的能力，但人以外的生物改变环境的能力十分有限，自然生态系统完全可以在阈值的范围内调节控制，因而不会对自然环境造成危害。然而，人类的工程行为却是一种纯粹的"造物"活动，这种"造物"活动常常会超过自然的阈值而造成不可逆的环境损害。

我国历史上，曾经有"征服自然""人定胜天"的观念，在"敢叫高山低头""敢叫河水让路"的口号下大搞改造自然的工程，结果造成了严重的生态环境问题。事实证明，认为人类在总体上已经征服了自然的观点是极端幼稚和可笑的。英国哲学家培根说过："要征服自然，首先要服从自然。"所谓"服从"，即认识和理解。认识自然、掌握自然规律并不等于就可以征服自然。现在是到了抛弃"征服"观念的时候了，彻底检讨自身的傲慢和无知，学会理解和尊重，用"协同""尊重"代替"征服""改造"，实现工程理念的根本转变。

工程理念是工程活动的出发点和归宿，是工程活动的灵魂。历史上像都江堰、郑国渠、灵渠等许多工程在正确的工程理念指导下而名垂青史；但也有不少工程由于工程理念的落后殃及后人。生态文明和和谐社会需要新的工程观，这种工程观既要体现以人为本，又要兼顾人与自然、人与社会协调发展。工程活动的最高境界应该是实现并促进人与自然的协同发展。因为人类社会的发展和自然界本身的发展是两个不同的又是两个相互影响的系统，这两个系统之间应保持协调与和谐。人与自然协同发展的环境价值观要求在人们活动与自然的活动之间、在技术圈与生物圈之间、在发展经济与保护环境之间、在社会进步与生态优化之间保持协调，不以一个方面损坏另一个方面。人类应在追求健康而富有成果的生活的同时，不应凭借手中的技术和投资，采取以耗竭资源、破坏生态、污染环境的方式求得发展，只把从自然界获取物质财富作为最高的道德价值目标。它倡导的是把生态效益、社会效益、经济效益的统一作为最高的道德价值目标。传统的见物不见人、单纯追求经济增长的发展模式已不适应当今，尤其是未来发展的需要。从这种道德标准和价值要求出发，所有决策只能合理地利用自然资源，保护自然资源和生态平衡，绝不能把自然当作"被征服者"，否则便是不道德的行为。如果不把合理使用资源、保护环境等内容包括在决策目标之内，任何经济增长都不会持续，因为生态恶化将最终制约经济增长。

好的工程会把自然的规律性和人的目的性有机结合起来。因此，工程活动的评价需要建立一个双标尺价值评价体系，即既有利于人类，又有利于自然。有利于人类的尺度是指在人与自然关系中，自然界满足人类的合理性要求，实现人类价值和正当权益。有利于自然的尺度是指人类的活动能够有助于自然环境的稳定、完整和美。作为社会经济活动的一部分，任何工程最终目的都是获得最大收益，这种追求价值最大化的方式往往会造成当地环境的恶化，大型工程对环境的影响范围尤其广泛，一旦造成危害将对当地造成难以弥补的损失。要改变这一现状，实现人与自然协同发展，就需要在工程活动中彻底改变传统的价值观念，走绿色工程的道路。

绿色工程环境价值观强调了人与自然的和谐相处，力图把经济效益和环境保护结合起来，用兼顾环境、社会和经济等方面的多价值标准来评价工程，实现各种利益最大限度的协调，统筹兼顾，达到各方利益最大化。它要求在工程的规划设计阶段就考虑工程对人和环境的关系，并将这种理念贯彻于工程的所有阶段，谋求在工程质量、成本、工期、安全、环境等方面实现多赢。因此，这种价值观更强调工程的绿色管理。

在工程活动中突出环境价值观，不是把自然的利益放在人类的利益之上，而是原则上要求同等考虑人类的利益与自然的利益（如稳定的自然环境）；目的是遵循自然规律，促进人与自然、人与社会的和谐相处。由于工程活动本身就是由人所主导的，对经济和社会效益考虑得细致，而常常将生态环境作为次要的方面考虑。新环境价值观更加重视对环境的保护，能够防止施工过程中为了单纯的经济效益而采取大规模破坏环境、改变地貌特征等行为，同时它也把节约、效率、安全的理念贯穿于工程的始终，保证工程能把经济效益、社会效益与环境效益结合起来。

总之，工程活动是对环境造成最直接影响的人类行为之一，这种影响常常是伤害性的和不可逆的，最终既损害了自然，也损害了人类自己。因此，现代工程建设中所产生的环境问题必须从纯粹的技术层面上升到伦理和法律层面。通常从环境伦理学和环境法学的角度来给工程活动制定相关的原则，让工程活动从思想源头上减少对自然环境的破坏，从而真正实现工程造福人类和人与自然协同发展的目标。

5.3　工程师的环境伦理责任与规范

工程师是现代工程活动的重要主体，他们需要直接与工程打交道，这种特殊的职业特点决定了他们在环境保护中需要承担更多的伦理责任。

5.3.1　工程共同体的环境伦理责任

工程是一种复杂的社会实践活动，涉及技术、经济、社会、政治、文化等诸多方面。尤其是现代工程，是工程共同体的群体行为，其中的每个组成部分都应该承担环境伦理责任。

工程是由工程共同体组织实施的，工程共同体是工程活动的主体，因此，工程的环境影响与工程共同体关系密切，要保证工程活动不损害环境，甚至有利于环境保护，就必须针对工程共同体在工程活动过程中的地位和角色，厘清工程共同体、工程与环境之间的关系，赋予工程共同体相应的环境伦理责任。

工程共同体的环境伦理主要是指工程过程应切实考虑自然生态及社会对其生产活动的承受性，应考虑其行为是否会造成公害，是否会导致环境污染，是否浪费了自然资源，要求企业公正地对待自然，限制企业对自然资源的过度开发，最大限度地保持自然界的生态平衡。在这方面，美国的国际性组织环境责任经济联盟（CERES）为企业制定了一套改善环境治理工作的标准作为工程共同体的行动指南，它涉及对环境影响的各个方面，如保护物种生存环境、对自然资源进行可持续性利用、减少垃圾制造和能源使用、恢复被破坏的环境等。承诺该原则意味着工程共同体将持续为改善环境而努力，并且为其全部经济活动对环境造成的影响担负责任。

工程共同体通常是由项目投资者、设计者、工程师和工人构成的，每个成员担负的环境伦理责任不同，在工程活动中，前三者的作用远大于后者，他们对工程的环境影响应该负有主要责任。这里简要介绍项目投资者和设计者的环境伦理责任，下一节介绍工程师的环境伦理责任。

项目投资者应承担企业社会责任，在创造利润、对股东和员工承担法律责任的同时，还要承担对消费者、社区和环境的责任。企业的社会责任要求企业必须超越把利润作为唯一目标的传统理念，强调要在生产过程中对人的价值的关注，强调对环境、消费者、对社会的贡献。

通常，设计者会遵循一般原则，如功能满足原则、质量保障原则、工艺优良原则、经济合理原则和社会使用原则等，然而所有这些都是围绕着产品自身属性来考虑的，而产品的环境属性，如资源的利用、对环境和人的影响、可拆卸性、可回收性、可重复利用性等，常常较少涉及。传统的设计活动关注的是产品的生命周期（设计、制造、运输、销售、使用或消费、废弃处理）。今天的设计更强调环境标准，如"绿色设计"是要求环境目标需与产品功能、使用寿命、经济性和质量并行考虑；同时，"我们不仅有消极的责任把健康和良好的生活环境留给后代，而且更有积极的责任和义务避免致命的毒害、损耗和环境破坏，而为人类的将来生存创造一种有价值的人类生活环境"。由此不难看出，今天的工程设计已经开始突破人类中心主义观念，它要求设计者能够认识到人与自然的依存关系。人可以能动地改变自然，但仍是自然界的一部分，人类通过工程来展示技术力量的同时，更应该展示出人类的智慧和道德，在变革自然的过程中尊重自然，与自然和谐共处。

5.3.2　工程师的环境伦理责任

工程活动对环境的影响，要求工程技术人员在工程的设计、实施中，不仅要对工程本身

（如桥梁、建筑、汽车、大坝）、雇主利益、公众利益负责，还要对自然环境负责，使工程技术活动向有利于环境保护的方面发展。对工程师而言，环境伦理尤为重要，因为他们的工作对环境影响很大。"建造一座大坝需要很多专业人员的技能，如会计师、律师和地质学家，但正是工程师实际建造了大坝。正因为如此，工程师对环境负有特殊的责任。"随着工程对自然的干预和破坏程度越来越大、后果越来越严重，工程师需要发展一种新的责任意识，即环境伦理责任。

工程师在工程活动中的角色多样而复杂，其身份既可以与投资者、管理者重叠，又可以是纯粹的技术工程人员，即人们通常所说的工程师。作为一种特殊的职业，工程师通过专门知识和技能为社会服务，但另一方面，工程师又是改善环境或损害环境的直接责任人，在对环境产生正面的或负面的效果影响的项目或活动中，他们是决定性的因素，如建设的化工厂污染了环境，建设的水坝改造了河流或淹没了农田，建设的煤矿破坏了自然生态等，在这种意义上，工程师仅有职业道德是不够的，还应该承担环境问题的道德和法律责任。

传统的工程师伦理认为，工程师的职业性质决定了忠于雇主是工程师的首要义务，做好本职工作是评价其是否合格的基本条件。这种评价机制侧重于工程领域的内部事务，而忽视了工程师与公众、工程与环境的关系。环境伦理责任作为崭新的责任形式，要求工程师突破传统伦理的局限，对环境有全面而长远的认识，并承担环境伦理责任，维护生态健康发展，保护好环境。因此，今天对工程师的评价标准，不是工程师是否把工作做好了，而是是否做了好的工作，即既通过工程促进了经济的发展，又避免了环境遭到破坏。

因此，工程师的环境伦理责任包含以下方面：维护人类健康，使人免受环境污染和生态破坏带来的痛苦和不便；维护自然生态环境不遭破坏，避免其他物种承受环境破坏带来的影响。鉴于这种责任，如果认识到他们的工作正在或可能对环境产生的影响，工程师有权拒绝参与这一工作，或中止他们正在进行的工作。因为从伦理的角度来看，工程师担负的责任与其所拥有的权利和义务是相等的。工程师的环境伦理责任不只是赋予工程师责任和义务，还同时赋予他们相应的权利，使得他们能在必要时及时中止自己的责任和义务。

然而，工程师如何才能中止自己的责任？何时中止自己的责任？如何在实现工程目标与破坏环境之间求得平衡？在面临潜在的环境问题时，何种情况下工程师应当替客户保密？所有这些问题都是摆在工程师面前的现实问题。尽管每个工程项目都有自己的特定目标和实施环境，在面对类似的上述问题时的情境各不相同，但工程师在处理这类棘手问题时，仅凭直觉和"良心"是不够的，还需要学会运用环境伦理的原则和规范来处理问题，在无明确规范的情况下，可以运用相关法律法规来解决。

5.3.3　工程师的环境伦理规范

尽管环境伦理学从哲学的层面为工程师负有环境伦理责任提供了理论基础，但这并不能保证他们在工程实践过程中采取相应的行为保护环境。因为工程师在工程实践活动中的多重角色，使其对任何一个角色都负有伦理责任，如对职业的责任、对雇主的责任、对客户的责任、对同事的责任、对环境和社会的责任等，当这些责任彼此冲突时，工程师常常会陷入伦理困境，因而需要相应的制度和规范来解决。

工程师的环境伦理规范就是工程师在面临环境责任问题时可以参考的行动指南。因此，工程师环境伦理规范对于现代工程活动意义重大。它不仅能为工程师在解决工程与环境的利益冲突方面提供帮助和支持，而且可以帮助工程师处理好对雇主的责任与对整个社会的责任之间的冲突。当一个工程面临着潜在的环境风险时，或者工程的技术指标已达到相关标准，而实际面临尚不完全清楚的环境风险时，工程师可以主动明示风险。

目前，工程师的环境伦理规范已受到广泛的重视。世界工程组织联盟（World Federation of Engineering Organizations，WFEO）就明确提出了"工程师的环境伦理规范"。工程师的环境责任表现为以下方面：

1）尽你最大的能力、勇气、热情和奉献精神，取得出众的技术成就，从而有助于增进人类健康和提供舒适的环境（不论是在户外还是在户内）。

2）努力使用尽可能少的原材料与能源，并只产生最少的废物和任何其他污染，来达到你的工作目标。

3）特别要讨论你的方案和行动所产生的后果对人们健康、社会公平和当地价值系统产生的影响，不论是直接的或间接的、短期的或长期的。

4）充分研究可能受到影响的环境，评价所有的生态系统（包括都市和自然的）可能受到的静态的、动态的和审美上的影响以及对相关的社会经济系统的影响，并选出有利于环境和可持续发展的最佳方案。

5）增进对需要恢复环境的行动的透彻理解，如有可能，改善可能遭到干扰的环境，并将它们写入你的方案中。

6）拒绝任何牵涉不公平地破坏居住环境和自然的委托，并通过协商取得可能的最佳社会与政治解决办法。

7）意识到生态系统的相互依赖性、物种多样性的保持、资源的恢复及其彼此之间的和谐协调形成了我们持续生存的基础，这一基础的各个部分都有可持续性的阈值，这些阈值是不容许超越的。

美国土木工程师协会（ASCE）的章程也强调，工程师应把公众的安全、健康和福祉放在首位，并且在履行他们职业责任的过程中努力遵守可持续发展原则。它用 4 项条款进一步规定了工程师对环境的责任：

1）工程师一旦通过职业判断发现情况危及公众的安全、健康和福祉，或者不符合可持续发展的原则，应告知他们的客户或雇主可能出现的后果。

2）工程师一旦有根据和理由认为，另一个人或公司违反了第一项条款的内容，应以书面的形式向有关机构报告这样的信息，并应配合这些机构，提供更多的信息或根据。

3）工程师应当寻求各种机会积极地服务于城市事务，努力提高社区的安全、健康和福祉，并通过可持续发展的实践保护环境。

4）工程师应当坚持可持续发展的原则，保护环境，从而提高公众的生活质量。

为了更好地履行环境保护的责任，工程师应该持有恰当的环境伦理观念，以此规范自身的工程实践行为，以达到保护环境的目的。这些规范不只是某些工程行业的规范，而应该成为所有工程的环境伦理规范。工程师应依据这些规范来指导具体的工程实践活动，结果必然会使工程活动中的环境破坏程度大大降低。工程师的环境责任意识不断增强，最终会促使人们在工程活动中把符合自然的规律性与人的目的性的目标结合起来，从而带来更多环境友好的工程。

5.4　环境保护与可持续发展

现代工程技术已经得到极大发展，人类控制自然的能力不断提高，改造自然的进程也随之加快。但如果滥用知识和技术的力量，就会对自然环境带来极大破坏，并因此导致能源危机、生态危机和环境污染。工程作为经济发展的基本实践方式，必须坚持正确的发展理念，在工程设计和工程建设中，将可持续发展、协调发展作为基本准则之一。

5.4.1 关于可持续发展的4次重要国际会议

联合国人类环境会议、联合国环境与发展会议、可持续发展世界首脑会议和可持续发展峰会这4次联合国会议一般被认为是国际可持续发展进程中具有里程碑性质的重要会议。

1. 联合国人类环境会议

面对环境污染问题对人类社会的挑战，1972年6月5日—16日，在瑞典斯德哥尔摩举行了由114个国家代表参加的首届联合国人类环境会议。这是世界各国政府代表第一次坐在一起讨论环境问题，讨论人类对于环境的权利与义务。大会呼吁各国政府和人民保护环境，通过了划时代的历史性文献《人类环境宣言》（即《斯德哥尔摩宣言》）。宣言郑重申明：人类有权享有良好的环境，也有责任为子孙后代保护和改善环境；各国有责任确保不损害其他国家的环境；环境政策应当增进发展中国家的发展潜力。会议通过了将每年的6月5日作为"世界环境日"的建议。在会议的建议下，于1973年成立了联合国环境规划署，总部设在肯尼亚首都内罗毕。此后，各国相继成立了环境部、环境保护局等。如果将今天的时代称为"具有强烈环境意识的时代"，第一次人类环境会议便是这个时代的里程碑。

2. 联合国环境与发展会议

1992年6月3日—14日，联合国在巴西里约热内卢召开了联合国环境与发展会议。这次会议是根据当时的环境与发展形势需要，同时为了纪念联合国人类环境会议20周年而召开的，会议取得了如下成果：

1）会议通过了《里约环境与发展宣言》和《21世纪议程》两个纲领性文件。全球《21世纪议程》是贯彻实施可持续发展战略的人类活动计划。该文件虽然不具有法律的约束力，但它反映了环境与发展领域的全球共识和最高级别的政治承诺，提供了全球推进可持续发展的行动准则。《21世纪议程》涉及人类可持续发展的所有领域，提供了21世纪如何使经济、社会与环境协调发展的行动纲领和行动蓝图。它共计40多万字，整个文件分4个部分：经济与社会的可持续发展、资源保护与管理、加强主要群体的作用、实施手段。

2）提出可持续发展战略，促进经济与环境协调发展已成为世界各国的共识。会议将公平性、持续性和共同性作为可持续发展的基本原则。

3）各国代表签署了《气候变化框架公约》等国际文件及有关国际公约。

至此，可持续发展得到了世界最广泛和最高级别的政治承诺。可持续发展由理论和概念推向行动。

根据形势需要，联合国在这次会议之后于1993年成立了联合国可持续发展委员会(Commission on Sustainable Development)。

3. 可持续发展世界首脑会议

可持续发展世界首脑会议于2002年6月20日—22日在南非约翰内斯堡召开，来自世界194个国家包括104个国家元首和政府首脑在内的7000多名政府和各界代表出席会议。这次会议提出"拯救地球、重在行动"的口号，对21世纪人类解决所面临的环境与发展问题有着重要的意义。这次会议的主要目的是回顾《21世纪议程》的执行情况、取得的进展和存在的问题，并制订了一项新的可持续发展行动计划，同时也是为了纪念《联合国环境与发展会议》召开10周年。经过长时间的讨论和复杂谈判，会议通过了《可持续发展世界首脑会议》这一重要文件。

4．可持续发展峰会

2015 年 9 月 25 日—27 日，193 个联合国会员国在可持续发展峰会上正式通过了成果性文件《改变我们的世界：2030 年可持续发展议程》。这一纲领性文件旨在推动未来 10 多年内实现 3 项宏伟的全球目标，即消除极端贫困、战胜不平等和不公正以及环境保护、遏制气候变化。

5.4.2　可持续发展的基本内涵与特征

1．可持续发展的定义

世界环境与发展委员会经过深入研究和充分论证，于 1987 年向联合国大会提交了研究报告《我们共同的未来》。报告分为共同的关切、共同的挑战和共同的努力三大部分，提出了"从一个地球走向一个世界"的总观点，并从人口、资源、环境、食品安全、生态系统、物种、能源、工业、城市化、机制、法律、和平、安全与发展等方面比较系统地分析和研究了可持续发展问题的各个方面。该报告第一次明确给出了可持续发展的定义，并对其做出了比较系统的阐述，产生了广泛的影响。

《我们共同的未来》是这样定义可持续发展的："既满足当代人的需求，又不对后代人满足其自身需求的能力构成危害的发展。"这一概念在 1989 年联合国环境规划署第 15 届理事会通过的《关于可持续发展的声明》中得到接受和认同，即可持续发展是指既满足当前需要，而又不削弱子孙后代满足其需要之能力的发展，而且绝不包含侵犯国家主权的含义。这个定义包含了 3 个重要的内容：首先是"需求"，要满足人类的发展需求，可持续发展应当特别优先考虑世界上穷人的需求；其次是"限制"，发展不能损害自然界支持当代人和后代人的生存能力，其思想实质是尽快发展经济满足人类日益增长的基本需要，但经济发展不应超出环境的容许极限，经济与环境协调发展，保证经济、社会能够持续发展；再次是"平等"，是指各代之间的平等以及当代不同地区、不同国家和不同人群之间的平等。

工程的可持续发展是指以社会公平的理念去开发和利用资源、环境和生态，使其与社会的需求相适应，如图 5-3 所示。就资源（水、土地、能源、矿产资源等）而言，工程的可持续发展应当坚持 2 个原则：①不可再生资源的利用速度，不超过可持续替代品的开发速度；②可再生资源的利用速度，不超过其再生速度。

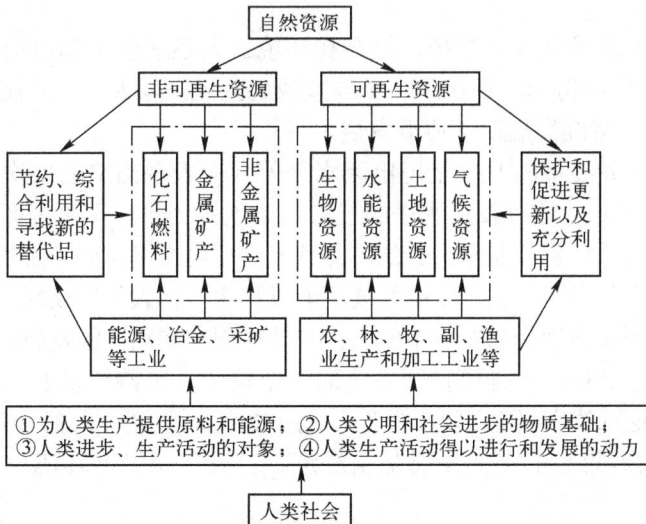

图 5-3　自然资源与人类社会的关系

自然资源的利用与社会经济发展的关系如图 5-4 所示。

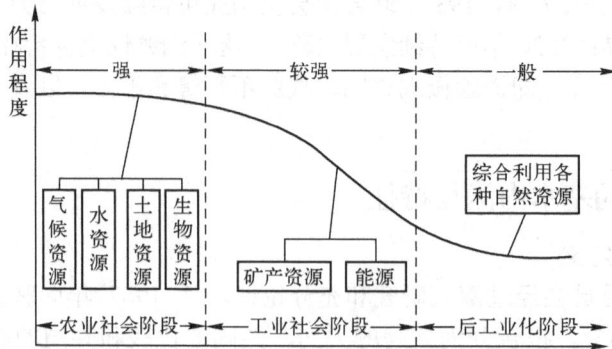

图 5-4　自然资源的利用与社会经济发展关系图

依据图 5-4，结合社会发展历程，不难分析出自然资源利用与社会经济发展存在如下关系：

1）随着生产力水平不断提高，人类对资源的依赖程度不断降低。

2）人类对资源利用的广度和深度不断加大，所利用资源的分布空间从地表到地下，利用程度从单一到综合。

3）不同的历史阶段，各种资源对社会发展所起的作用也有所不同。如能源在当今社会中起着不可替代的作用。

2．可持续发展的内涵

可持续发展是以保护自然资源环境为基础，以激励经济发展为条件，以改善和提高人类生活质量为目标的发展理论和战略。它是一种新的发展观、道德观和文明观。可持续发展有以下几个方面的丰富内涵：

1）共同发展。地球是一个复杂的巨系统，每个国家或地区都是这个巨系统不可分割的子系统。系统的最根本特征是其整体性，每个子系统都与其他子系统相互联系并发生作用，只要一个系统发生问题，都会直接或间接影响到其他系统，导致紊乱，甚至会诱发系统的整体突变。这在地球生态系统中表现最为突出。因此，可持续发展追求的是整体发展和协调发展，即共同发展。

2）协调发展。协调发展包括经济、社会和环境三大系统的整体协调，也包括世界、国家和地区 3 个空间层面的协调，还包括一个国家或地区经济与人口、资源、环境、社会以及内部各个阶层的协调。持续发展源于协调发展。

3）公平发展。世界经济的发展呈现出因水平差异而表现出来的层次性，这是发展过程中始终存在的问题。但是，这种发展水平的层次性若因不公平、不平等而引发或加剧，就会从局部上升到整体，并最终影响整个世界的可持续发展。可持续发展思想的公平发展包含两个维度：一是时间维度上的公平，当代人的发展不能以损害后代人的发展能力为代价；二是空间维度上的公平，一个国家或地区的发展不能以损害其他国家或地区的发展能力为代价。

4）高效发展。公平和效率是可持续发展的两个轮子。可持续发展的效率不同于经济学的效率，可持续发展的效率既包括经济意义上的效率，也包含自然资源和环境损益的成分。因此，可持续发展思想的高效发展是指经济、社会、资源、环境、人口等协调下的高效率发展。

5）多维发展。人类社会的发展表现出全球化的趋势，但是不同国家与地区的发展水平是不同的，而且不同国家与地区又有着异质性的文化、体制、地理环境、国际环境等发展背景。此外，因为可持续发展是一个综合性、全球性的概念，要考虑到不同地域实体的可接受性，所以可持续发展本身包含了多样性、多模式和多维度选择的内涵。因此，在可持续发展这个全球性目标的约束和指导下，各国与各地区在实施可持续发展战略时，应该从国情或区情出发，走符合本国或本地区实际的、多样性、多模式的可持续发展道路。

3．可持续发展的基本特征

可持续发展的基本特征可以简单地归纳为经济可持续发展（基础）、环境（生态）可持续发展（条件）和社会可持续发展（目的）。三者之间的关系如图 5-5 所示。

图 5-5　经济、环境、社会三者可持续发展之间的关系

1）可持续发展鼓励经济增长。它强调经济增长的必要性，必须通过经济增长提高当代人的福利水平，增强国家实力和社会财富。但可持续发展不仅要重视经济增长的数量，更要追求经济增长的质量。这就是说，经济发展包括数量增长和质量提高两部分。数量的增长是有限的，而依靠科学技术进步，提高经济活动中的效益和质量，采取科学的经济增长方式才是可持续的。

2）可持续发展的标志是资源的永续利用和良好的生态环境。经济和社会发展不能超越资源和环境的承载能力。可持续发展以自然资源为基础，与生态环境相协调。它要求在资源永续利用和保护环境的条件下，进行经济建设，保证以可持续的方式使用自然资源和环境成本，使人类的发展控制在地球的承载力之内。要实现可持续发展，必须使可再生资源的消耗速率低于资源的再生速率，使不可再生资源的利用能够得到替代资源的补充。

3）可持续发展的目标是谋求社会的全面进步。发展不仅仅是经济问题，单纯追求产值的经济增长不能体现发展的内涵，可持续发展的观念认为，世界各国的发展阶段和发展目标可以不同，但发展的本质应当包括改善人类生活质量，提高人类健康水平，创造一个保障人们平等、自由、教育和免受暴力的社会环境。这就是说，在人类可持续发展系统中，经济发展是基础，自然生态（环境）保护是条件，社会进步才是目的。而这三者又是一个相互影响的综合体，只要社会在每一个时间段内都能保持与经济、资源和环境的协调发展，这个社会就符合可持续发展的要求。显然，在 21 世纪，人类共同追求的目标是以人为本的自然-经济-社会复合系统的持续、稳定、健康发展。

5.4.3　可持续发展的基本原则

1．公平性原则

所谓公平，是指机会选择的平等性。可持续发展的公平性原则包括两个方面：一方面是本代人的公平性，即代内之间的横向公平性；另一方面是代际公平性，即世代之间的纵向公平性。可持续发展要满足当代所有人的基本需求，给他们机会以满足他们要求过美好生活的愿望。可持续发展不仅要实现当代人之间的公平，而且要实现当代人与未来各代人之间的公平，因为人类赖以生存与发展的自然资源是有限的，从伦理上讲，未来各代人应与当代人有同样的权利来提出他们对资源与环境的需求。可持续发展要求当代人在考虑自己的需求与消费的同时，也要对未来各代人的需求与消费负起历史的责任，因为同后代人相比，当代人在资源开发和利用方面处于一种无竞争的主宰地位。各代人之间的公平要求任何一代都不能处于支配的地位，即各代人都应有同样的选择机会。

2. 持续性原则

这里的持续性是指生态系统受到某种干扰时能保持其生产力的能力。资源环境是人类生存与发展的基础和条件，资源的持续利用和生态系统的可持续性是保持人类社会可持续发展的首要条件。这就要求人们根据可持续性的条件调整自己的生活方式，在生态可能的范围内确定自己的消耗标准，要合理开发、利用自然资源，使再生性资源能保持其再生能力，非再生性资源不至于过度消耗并能得到替代资源的补充，环境自净能力能得以维持。可持续发展的可持续性原则从某个侧面反映了可持续发展的公平性原则。

3. 共同性原则

可持续发展关系到全球的发展，要实现可持续发展的总目标，必须争取全球共同的配合行动，这是由地球整体性和相互依存性所决定的。因此，致力于达成既尊重各方的利益又保护全球环境与发展体系的国际协定至关重要。正如《我们共同的未来》中写的"今天我们最紧迫的任务也许是要说服各国，认识回到多边主义的必要性"，还有"进一步发展共同的认识和共同的责任感，是这个分裂的世界十分必要的"。这就是说，实现可持续发展就是人类要共同促进自身之间、自身与自然之间的协调，这是人类共同的道义和责任。

5.4.4 我国实施可持续发展战略的主要做法

（1）坚持政府引导，注重市场调节作用

我国政府从规划计划、组织机构、制度安排、政策措施、项目实施等方面加大统筹力度，成立了自上而下的节能减排、生态环境监管机构，建立了节能减排管理体系。通过实行节能减排工作责任制、环境保护一票否决制等措施强化政策的执行；通过不断完善市场经济体制，充分发挥市场在资源配置中的基础性作用，激发产业界发展循环经济、开展清洁生产的动力；通过项目带动，形成重点突破、全面推进的生动局面。

（2）坚持完善政策法规，强化能力建设

我国政府按照可持续发展战略要求，相继颁布实施和修订了一系列相关的法律法规。在环境立法中，强调预防为主的原则，初步形成了源头减量、过程控制和末端治理的全过程管理思路。坚持依靠科技支撑可持续发展，不断加大相关领域的科技投入和科技人才的培养；通过媒体宣传、教育培训等各种途径，在全社会推广可持续发展理念，引导社会团体和公众积极参与；健全新闻媒体监督机制，保障可持续发展取得预期成效。

（3）坚持试点示范，积极探索可持续发展模式

我国政府通过广泛开展《中国 21 世纪议程》地方试点、国家可持续发展实验区建设、循环经济试点、资源节约型和环境友好型社会建设试点、生态示范区建设等工作，探索形成了一系列创新性的、符合区域特点的可持续发展模式。

（4）坚持务实合作，共享可持续发展经验

通过加强与国外政府机构、国际组织、企业、研究咨询机构等的深层次、宽领域、多方式的交流与合作，共享各方的经验与教训，提高可持续发展的国际合作水平。

5.4.5 我国实施可持续发展战略的行动

我国对当代可持续发展的认识、研究与行动与世界同步。从 20 世纪 80 年代就一直跟踪国际可持续发展的动向，并积极投入其中，为我国这个世界第一人口大国的可持续发展注入了深层次的活力。1988 年，我国已经把可持续发展研究正式列为中国科学院的研究项目。

习近平总书记指出："我们既要绿水青山，也要金山银山。宁要绿水青山，不要金山银山，而且绿水青山就是金山银山。"这生动形象地表达了我国大力推进生态文明建设的鲜明态度和坚定决心。要按照尊重自然、顺应自然、保护自然的理念，贯彻节约资源和保护环境的基本国策，把生态文明建设融入经济建设、政治建设、文化建设、社会建设各方面和全过程，建设美丽中国，努力走向社会主义生态文明新时代。自 1992 年我国实施可持续发展战略以来，具有里程碑意义的重大转变、重要行动和政策演进，可以从下列重大事件中充分地体现：

1992 年 6 月，联合国环境与发展大会在巴西里约热内卢召开，时任国务院总理李鹏代表中国政府在《里约宣言》上签字，在国内启动"国家社会发展综合实验区"。

1992 年 8 月，中国政府提出了中国环境与发展应采取的十大对策。

1994 年 3 月，国务院第 16 次常务会议通过《中国 21 世纪人口、环境与发展白皮书》。

1995 年 8 月，我国第一部流域治理法规《淮河流域水污染防治暂行条例》颁布实施。

1996 年 3 月，第八届全国人民代表大会第四次会议批准《中华人民共和国国民经济和社会发展"九五"计划和 2010 年远景目标纲要》，把可持续发展与科教兴国并列为国家战略。

1997 年 3 月，中央在北京召开第一次中央计划生育与环境保护工作座谈会，以后每年 3 月举行一次，并于 1999 年进一步扩大为中央人口资源环境工作座谈会。将"国家社会发展综合实验区"更名为"国家可持续发展实验区"。

1998 年，取得抵御长江特大洪水的胜利，全国人大常委会修订《森林法》和《土地管理法》。

1998 年，政府批准《全国生态环境建设规划》。1999 年，中国科学院决定组织队伍集中开展中国可持续发展战略研究，并把每年系列编纂出版的《中国可持续发展战略报告》作为研究成果向大众公布。2000 年，政府批准实施《全国生态环境保护纲要》。

2000 年 10 月，国务院发布了关于实施西部大开发的若干政策措施，开工建设十大项目。

2001 年 3 月，第九届全国人民代表大会第四次会议通过"十五"计划纲要，将实施可持续发展战略置于重要地位，完成了从确立到全面推进可持续发展战略的历史性进程。

2002 年 9 月 3 日，时任国务院总理朱镕基代表中国政府出席联合国在南非约翰内斯堡召开的第一届可持续发展世界首脑会议。他在演讲中指出，实现可持续发展，是世界各国共同面临的重大和紧迫的任务，并阐明了中国政府促进可持续发展的 5 点主张。

2002 年 10 月 28 日，第九届全国人民代表大会常务委员会通过《中华人民共和国环境影响评价法》。

2003 年 1 月，国务院印发了《中国 21 世纪初可持续发展行动纲要》。

2003 年以来，中央政府继"西部大开发"之后，又先后有序部署"振兴东北"和"中部地区崛起"等系列区域发展战略，为我国发展的空间布局、区域经济一体化和宏观经济的调控提出了明确的方向。2003 年 6 月，国务院启动国家中长期科技发展规划的制定。

2004 年 2 月，中国教育部制订《2003—2007 年教育振兴行动计划》和《国家西部地区"两基"攻坚计划》(2004—2007)。

2003 年 10 月，中国共产党第十六届中央委员会第三次全体会议提出坚持以人为本，树立全面、协调、可持续的发展观，促进经济社会和人的全面发展，实施"五个统筹"。

2004 年 3 月 10 日，时任中共中央总书记胡锦涛在中央人口资源环境工作座谈会上指出，科学发展观总结了 20 多年来中国改革开放和现代化建设的成功经验，吸取了世界上其他国家在发展进程中的经验教训，揭示了经济社会发展的客观规律，反映了中国共产党对发展问题的新认识。

2005 年 10 月 8 日—11 日，中国共产党第十六届中央委员会第五次全体会议提出：坚持以人为本，转变发展观念，创新发展模式，提高发展质量，把经济社会发展切实转入全面协调可持续发展的轨道。

2006 年 3 月，第十届全国人民代表大会第四次会议通过国家"十一五"规划纲要，提出建设"资源节约型、环境友好型社会"，明确实现节能减排的约束性指标。

2006 年 10 月，中国共产党第十六届中央委员会第六次全体会议通过构建和谐社会的决定。

2007 年 10 月，中国共产党第十七次全国代表大会召开。时任中共中央总书记胡锦涛在十七大报告中指出，转变发展方式，加强能源资源节约和生态环境保护，增强可持续发展能力，建设生态文明。

2008 年 8 月，时任国务院副总理李克强召开多部门会议，启动《中国资源环境统计指标体系》工作。

2009 年 1 月 1 日，《循环经济促进法》正式施行，标志着循环经济发展步入法制化轨道。循环经济的核心是资源的循环利用和高效利用；理念是物尽其用、变废为宝、化害为利；目的是提高资源的利用效率和效益；统计指标是资源生产率。简单地说，循环经济是从资源利用效率的角度评价经济发展的资源成本。

2009 年 9 月 22 日，时任国家主席胡锦涛出席联合国气候变化峰会开幕式，并发表了题为《携手应对气候变化挑战》的重要讲话。他强调中国高度重视和积极推动以人为本、全国协调可持续的科学发展，明确提出了建设生态文明的重大战略任务，强调要坚持节约资源和保护环境的基本国策，坚持走可持续发展道路，在加快建设资源节约型、环境友好型社会和建设创新型国家的进程中不断为应对气候变化作出贡献。

2011 年 9 月 2 日，时任国务院总理温家宝在国土资源部考察时强调"以资源可持续利用促进经济社会可持续发展"。

2012 年 11 月 8 日，时任中共中央总书记胡锦涛在中国共产党第十八次全国代表大会上的报告《坚定不移沿着中国特色社会主义道路前进，为全面建成小康社会而奋斗》中指出，要"着力推进绿色发展，循环发展，低碳发展""要倡导人类命运共同体意识，在追求本国利益时兼顾他国合理关切"。

2013 年 5 月 24 日，习近平总书记在中共中央政治局第六次集体学习时强调"坚持节约资源和保护环境基本国策，努力走向社会主义生态文明新时代"。

2013 年 11 月 12 日，国务院发布《全国资源型城市可持续发展规划（2013—2020 年）》。

2014 年 6 月 3 日，国家主席习近平在国际工程科技大会上发表主旨演讲时强调："我们将继续实施可持续发展战略，优化国土空间开发格局，全面促进资源节约，加大自然生态系统和环境保护力度，着力解决雾霾等一系列问题，努力建设天蓝地绿水净的美丽中国。"

2015 年 9 月 17 日，国家质量监督检验检疫总局、中华人民共和国国家发展和改革委员会为了规范节能低碳产品认证活动，促进节能低碳产业发展，发布《节能低碳产品认证管理办法》，自 2015 年 11 月 1 日起施行。

2015 年 10 月 26 日，中国共产党第十八届中央委员会第五次全体会议提出，为全面建成小康社会，美丽中国，必须"坚持绿色发展，必须坚持节约资源和保护环境的基本国策，坚持可持续发展，坚定走生产发展、生活富裕、生态良好的文明发展道路"。

2016 年 11 月 24 日，国务院发布《"十三五"生态环境保护规划》。

2016 年 12 月 3 日，国务院发布《中国落实 2030 年可持续发展议程创新示范区建设方案》。

2017 年，中国共产党第十九次全国代表大会将中国的可持续发展作为核心的议题。

2018 年 5 月 4 日，习近平总书记在纪念马克思诞辰 200 周年大会上的讲话指出："自然是生命之母，人与自然是生命共同体，人类必须敬畏自然、尊重自然、顺应自然、保护自然。"

2019 年 6 月 7 日，国家主席习近平在第二十三届圣彼得堡国际经济论坛全会上发表题为《坚持可持续发展共创繁荣美好世界》的致辞提到："我们将秉持绿水青山就是金山银山的发展理念，坚决打赢蓝天、碧水、净土三大保卫战，鼓励发展绿色环保产业，大力发展可再生能源，促进资源节约集约和循环利用。我们也将在对外合作中更加注重环保和生态文明，同各方携手应对全球气候变化、生物多样保护等迫切问题，落实好应对气候变化《巴黎协定》等国际社会共识。"

2020 年 9 月 22 日，国家主席习近平在第 75 届联合国大会一般性辩论上宣布中国二氧化碳排放力争于 2030 年前达到峰值，努力争取 2060 年前实现碳中和。

2020 年 11 月 17 日，习近平主席在金砖国家领导人第十二次会晤上的讲话指出："我们要坚持绿色低碳，促进人与自然和谐共生。全球变暖不会因疫情停下脚步，应对气候变化一刻也不能松懈。我们要落实好应对气候变化《巴黎协定》，恪守共同但有区别的责任原则，为发展中国家特别是小岛屿国家提供更多帮助。中国愿承担与自身发展水平相称的国际责任，继续为应对气候变化付出艰苦努力。我不久前在联合国宣布，中国将提高国家自主贡献力度，采取更有力的政策和举措，二氧化碳排放力争于 2030 年前达到峰值，努力争取 2060 年前实现碳中和。我们将说到做到！"

2021 年 10 月 24 日，《中共中央 国务院关于完整准确全面贯彻新发展理念做好碳达峰碳中和工作的意见》发布。意见指出，实现碳达峰、碳中和，是以习近平同志为核心的党中央统筹国内国际两个大局作出的重大战略决策，是着力解决资源环境约束突出问题、实现中华民族永续发展的必然选择，是构建人类命运共同体的庄严承诺。

2022 年 2 月 10 日，国家发展改革委、国家能源局发布《关于完善能源绿色低碳转型体制机制和政策措施的意见》。意见指出，"十四五"时期，基本建立推进能源绿色低碳发展的制度框架，形成比较完善的政策、标准、市场和监管体系，构建以能耗"双控"和非化石能源目标制度为引领的能源绿色低碳转型推进机制。

2023 年，《2023 年度国家绿色低碳金融政策汇编》发布，内容涵盖国家产业发展政策的绿色导向、双碳战略下的国家绿色发展规划、全面节能战略的实施与深化、生态环境保护与治理新举措等多个方面。

2024 年 7 月 31 日，《中共中央 国务院关于加快经济社会发展全面绿色转型的意见》发布。意见指出：推动经济社会发展绿色化、低碳化，是新时代党治国理政新理念新实践的重要标志，是实现高质量发展的关键环节，是解决我国资源环境生态问题的基础之策，是建设人与自然和谐共生现代化的内在要求。

5.5 应对环境挑战的途径

环境问题已成为全社会共同关心的问题。由于产生环境问题的最终根源是人，那么解决环境问题的根本措施还是要落实到人身上。因此，环境挑战的解决主要靠政府、企业、公众和工程师的共同努力。

5.5.1 我国政府应对环境挑战的途径

政府在环境问题的解决中起到关键作用。政府作为社会管理的主导力量，可以采取各种环境保护的必要措施，使环境保护得以有效实现。首先，政府在思想上可以发挥其引导作用，如加大环保宣传力度，加强环保教育，提高公众环保意识，营造社会全体成员保护环境的氛围等。其次，政府有能力做好环境保护。政府可以根据宪法和法律或实际的需要制定行政法规，来规范全社会的环境行为，并加大执行力度。在行动上，政府依法执行各项环境保护法律法规，从而使环保工作产生实效。最后，政府作为社会管理者，有权利也有责任做好环境保护工作。因此，政府在环境问题的解决中起到关键作用。

对于我国而言，环境保护是我国的一项基本国策。我国环境保护坚持保护优先、预防为主、综合治理、公众参与、损害担责的原则。我国环境保护起于 20 世纪 70 年代初，经历了从认识到实践的 5 个阶段。

1）我国环境保护的第一阶段是从 1972 年到 1978 年党的十一届三中全会。1972 年我国派代表团参加人类环境会议；1973 年国务院召开第一次全国环境保护会议，提出环保工作"三十二字"方针："全面规划，合理布局，综合利用，化害为利，依靠群众，大家动手，保护环境，造福人民"。这条方针是 1972 年中国在联合国人类环境会议上首次提出的，在 1973 年举行的中国第一次环境保护会议上得到确认，并写入 1979 年颁布的《中华人民共和国环境保护法（试行）》。

2）我国环境保护的第二阶段是从党的十一届三中全会到 1992 年，把保护环境确立为基本国策，提出环境管理八项制度。

在认真总结过去 10 年环境保护实践的基础上，1983 年 12 月 31 日，国务院召开第二次全国环境保护会议，将环境保护确立为基本国策，制定了"三同步、三统一"的环境保护战略方针，确定把强化环境管理作为当前工作的中心环节，初步规划出到 20 世纪末中国环境保护的主要指标、步骤和措施。这次会议标志着我国环境保护工作进入了发展阶段，在我国环境保护发展史上具有重大意义。

"三同步、三统一"方针是指经济建设、城乡建设和环境建设同步规划、同步实施、同步发展，实现经济效益、社会效益、环境效益相统一。这一指导方针是对环境保护"三十二字"工作方针的重大发展，体现了环境保护与经济社会协调发展的战略和思想，也体现了可持续发展的观念，指明了解决环境问题的正确途径，是环境管理思想与理论的重大进步。这也是迄今为止一直指导我国环境保护实践的基本方针。

1989 年 12 月 26 日，第七届全国人民代表大会常务委员会第十一次会议通过了《中华人民共和国环境保护法》（简称《环保法》）。《环保法》是环境领域的基础性、综合性法律，主要规定环境保护的基本原则和基本制度，解决共性问题。《环保法》的实施，提高了广大干部和人民群众的法制观念和环境意识，推动了环境保护的法制建设，加强了环境管理，促进了环境保护事业的发展，对保护与改善我国的环境、防治污染与其他公害起到了积极作用。

3）我国环境保护的第三阶段是从 1992 年到 2002 年，把实施可持续发展确立为国家战略，制定实施《中国 21 世纪议程》，大力推进污染防治。

1992 年 6 月，联合国在里约热内卢召开的环境与发展大会通过了以可持续发展为核心的《里约环境与发展宣言》《21 世纪议程》等文件。随后，我国政府编制了《中国 21 世纪人口、环境与发展白皮书》，首次把可持续发展战略纳入我国经济和社会发展的长远规划。1997 年，中共十五大把可持续发展战略确定为我国现代化建设中必须实施的战略。可持续发展主要包括社会可持续发展、生态可持续发展、经济可持续发展。

可持续发展与环境保护既有联系，又不等同。环境保护是可持续发展的重要方面。可持续发展的核心是发展，但要求在严格控制人口、提高人口素质和保护环境、资源永续利用的前提下进行经济和社会的发展。发展是可持续发展的前提；人是可持续发展的中心体；可持续的、长久的发展才是真正的发展。

4）我国环境保护的第四阶段是从 2002 年到 2012 年，以科学发展观为指导，加快推进环境保护历史性转变，让江河湖泊休养生息，积极探索环境保护新道路，努力构建资源节约型、环境友好型社会。

5）我国环境保护的第五阶段是 2012 年党的十八大至今，将生态文明建设纳入中国特色社会主义事业总体布局，要求大力推进生态文明建设，努力建设美丽中国，实现中华民族永续发展的阶段。

随着我国经济、政治、文化等各个领域发生深刻的变化，1989 年通过的《环保法》越发暴露出与时代不相适应的缺陷。2014 年 4 月 24 日，第十二届全国人民代表大会常委会第八次会议表决通过了修订后的《环保法》，自 2015 年 1 月 1 日施行。修订后的《环保法》充分体现了国家生态文明建设的要求，是目前现行法律中最严格的一部专业领域行政法，是在环境保护领域内的重大制度建设，对环保工作以及整个环境质量的提升都产生了重要的作用。

2015 年 10 月 26 日举行的中国共产党第十八届中央委员会第五次全体会议指出，实现"十三五"时期发展目标，破解发展难题，厚植发展优势，必须牢固树立并切实贯彻创新、协调、绿色、开放、共享的发展理念。这是关系我国发展全局的一场深刻变革。在面临价值冲突和价值选择时，应优先考虑保护环境和保障公众利益，这是当前工程师共同体需要遵从的首要原则。

2018 年第十三届全国人民代表大会第一次会议的《政府工作报告》中更是注重加强健全生态文明体制建设，强调改革完善生态环境管理制度，加强自然生态空间用途管制，推行生态环境损害赔偿制度，完善生态补偿机制，以更加有效的制度保护生态环境。2018 年 4 月正式成立中华人民共和国生态环境部。针对环境保护，政府部门指出将在重点区域有针对性地采取措施，加强对大气、水、土壤等突出污染问题的治理，集中力量打攻坚战，让人民群众看到希望。

5.5.2　企业应对环境挑战的途径

企业在环境问题的解决中起到直接作用。企业的发展给社会创造了大量财富，也为社会提供了大量的就业机会，但是企业也是造成污染的最重要的原因之一。2005 年松花江重大水污染事件、2007 年太湖巢湖蓝藻事件等都是企业直接造成的。可见，如果企业在环保方面做出努力，会直接减少环境污染。因此，企业在环境问题的解决中起直接作用。企业树立环保意识、法律意识，在生产经营过程中严守法律法规，做到守法经营，至关重要。企业应特别注重环保创新、技术进步，不断地创造出新的环保产品、新的防治环境污染的方法。企业在环保上所做的任何努力都会惠及社会和自身，直接减轻政府和公众的环保压力。

企业应对环境挑战有以下3种态度：

1）第一种态度可以称为抵触的态度。在满足环境规范方面，这种类型的企业尽可能少地付出行动，有时达不到环境法规的要求。这些企业通常设有应对环保问题的全职人员，在环保问题上投入的资金最少，而且对抗环境监管。如果支付罚款的金额低于按照规定改造的成本，它们就会不进行改造。这类企业的管理者通常认为，企业的首要目标是盈利，而环境监管是实现这一目标的障碍。

2）第二种态度是可以称为保守或者顺从的态度。有这种倾向的企业将接受政府监管，将环保作为企业的一种成本，但是它们的服从常常是缺乏热情或承诺的。管理者常常对环境规章的价值抱有极大的怀疑。虽然如此，这些企业通常制定了明确的管理环境问题的政策，并且建立了处理这些问题的单独部门。

3）第三种态度是可以称为进取的态度。在这些企业中，对环境问题的回应获得了管理者的全力支持。这些企业设置人员齐备的环保部门，使用先进的设备，并且通常与政府监管机构保持良好的关系。这些企业一般将自己视为"好邻居"，并认为高于法律要求很可能符合它们的长远利益，因为这样做可以在社区塑造良好的形象并避免诉讼。然而，还不止如此，它们或许真诚地致力于环境保护甚至环境改善。

5.5.3　公众应对环境挑战的途径

公众在环境问题的解决中起到基础性作用。环境保护要靠政府，但是不能仅靠政府，还需要全体人民的共同参与。因为公众是环境问题的直接受害者，也是环境保护的直接受益者。公众在环境问题的发现、反映、制止、提议等方面的作用都是基础性的。目前，公众参与环境保护是国际社会环境保护的主流趋势。《新京报》指出，"公众参与是解决环境问题不可替代的力量"，这个共识正在形成。公众参与环境保护的程度直接体现了一个国家可持续发展的水平。我国人口众多，环境问题最大的特殊性就是污染容易治理难。这就要求必须发挥公众的力量，树立保护环境人人有责的意识。近年来，虽然环境保护成了公众参与的热点，但是公众参与环保的程度还很低。因此，要想真正解决环境问题，必须充分发挥公众的基础性作用。

5.5.4　工程师应对环境挑战的途径

工程师创造的大量技术造成了一些环境问题，但同时也是解决环境问题的基本力量。现代工程活动使工程师扮演了更重要的角色，工程技术的复杂性和广泛的社会联系性，必然要求工程师不仅精通技术业务，能够创造性地解决有关专业的技术难题，还要求工程师善于合作和协调，处理好与工程活动相关联的各种社会关系。最重要的是，工程活动对社会对环境的影响越来越大，这就要求工程技术人员打破技术眼光的局限，对工程活动的全面社会意义和长远社会影响有自觉的认识，承担起应有的社会责任。现代大工程意识要求：工程师除具备技术能力外，还必须具备在利益冲突、道义与功利发生矛盾时做出道德选择的能力；除对工程进行经济价值和技术价值判断外，还必须对工程进行道德价值判断；除具备专业技术素养外，还应具备道德素养；除对雇主负责外，还必须对社会公众、环境以及人类的未来负责。

继工业文明之后，人类正在走向生态文明，可持续发展成为当今人类社会发展的主旋律。工程建设活动要按照绿色化、生态化的观念来促进可持续发展。为此，不能再走以牺牲生态环境为代价来换取经济发展速度的老路，而要走顺应和利用生态规律、促进生态文明建设的工程建设之路。这就要求工程活动必须顺应、服从自然规律和生态循环规律，通过有效实施循环经济、清洁生产、绿色制造、绿色物流、低碳消费等新的模式和方法，保证在工程全生命周期内都能做到低能耗、低排放、低污染，以最大限度地减少工程对生态环境的不良影响，并能改善、优化甚至再造生态环境，实现工程与生态环境的协调与和谐发展，为建设资源节约型、环境友好型社会及和谐社会做贡献。

中国工程院前院长徐匡迪院士指出，工程师不能只注重技术而忽视生态环境和文化传统。中国的工程师要有哲学思维、人文知识和企业家精神，才能更好地解决工程科技难题，促进工程与环境、人文、社会、生态之间的和谐。

参 考 文 献

[1] 袁霄梅，张俊，张华，等. 环境保护概论[M]. 2 版. 北京：化学工业出版社，2020.

[2] 龙湘犁，何美琴. 环境科学与工程概论[M]. 北京：化学工业出版社，2019.

第6章　工程与社会

工科类专业学生解决复杂工程问题不仅需要专业技术知识，还需要能将其与社会经济形势、文化背景相结合综合考虑才能得出具有实用性的解决方案，从社会学的角度引导学生理解文化、法律、伦理、健康、安全、环境等在本专业设计环节的工程实践中所起作用，明确本专业与这些因素在设计活动中的交接点和必要的知识点，这也是工程教育的思路和方向。在工程活动中，投资者、管理者、设计者、工程师、工人等工程共同体，不但要解决各种复杂的技术难题，还需要协调好各方利益冲突，解决各种社会问题，考虑人文价值、文化价值、社会效益等。此外，工程活动还受政策、法律、法规等因素的影响。工程活动不但要遵守各种技术规范，还要遵守各种社会、文化、法律、伦理、宗教和社会习俗等方面的约束。

工程作为一种复杂的社会实践活动，架起了科学与技术通往社会的桥梁。生活在现代社会的人们身处在工程之中，享受工程带来的种种便利，如每天离不开的手机、外出乘坐的高铁、使用的银行卡等都是工程的产物，工程活动与人们的生活息息相关。对于每个人来说，了解工程与社会之间的关系，具有重要的现实意义。作为中国未来的工程师，工科类专业学生肩负着增强国家未来竞争力的使命，因此，不仅要了解和掌握现代工程与技术的先进理念及技术方法，还要充分认识到工程实践对社会、文化、法律、健康、安全、环境与可持续发展的影响，理解应承担的责任。

本章首先从工程的社会属性、工程的社会运行和工程的社会影响、工程的社会责任四方面阐述工程与社会之间的互动关系和丰富内涵，从而让学生充分认识到工程实践对社会的影响，并在工程实践中提升自身的工程素质。其次介绍工程文化的概念、工程文化的内容、工程文化的特征，以及工程文化的作用和影响。接着介绍工程实践与法律法规。最后介绍工程风险的防范、评估与管理，以及控制。

6.1　工程与社会概述

社会是人类生活的共同体，是人类相互交往的产物，首先是物质生产过程中相互交往的产物。从事物质生产活动，必然与他人交往，建立起一定的生产关系和相应的交互关系，所以马克思在《雇佣劳动与资本》中写道："生产关系总和起来就构成所谓社会关系，构成所谓社会，并且是构成一个处于一定历史发展阶段上的社会，具有独特的特征的社会"。因此，就实质而言，社会是人们以物质生产活动为基础的相互关系的总体。

工程活动通过其创造的社会存在物影响着社会。工程产物无处不在，并真实地渗透进人们生活的方方面面，与自然、科学、技术、政治、经济、文化、环境、地理和艺术等相互交织、相互作用。工程活动不仅引起自然界的变化，而且也引起社会的变化，引起人类生活方式的变化，引起人与自然关系的变化。

6.1.1　工程的社会属性

正如第1章中工程社会观提到的，工程具有自然性和社会性的双重属性。一方面，自然因素渗透于工程中，体现在工程对象（工程活动以自然界为背景或对象）、工程手段（工程活动的手段需要符合自然规律）和工程结果（工程活动是为了依靠自然、适应自然、认识自然和合理地改造自然）之中，这就使工程活动不可避免地具有了许多自然性。另一方面，工程活动主体在本质上是社会性的，社会因素要从许多方面渗透到工程中，这就使工程具有了社会性。工程的自然性与社会性之间的关系如图 6-1。其中，工程的社会性主要体现在以下几方面。

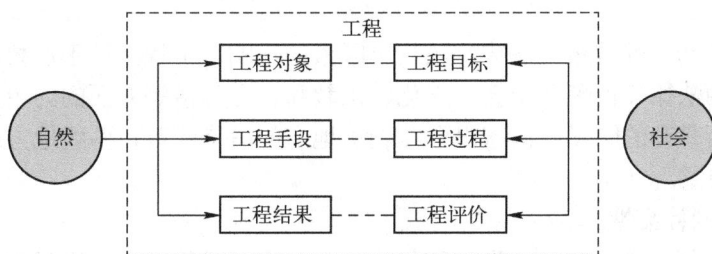

图 6-1　工程的自然性和社会性之间的关系

1. 工程活动主体的社会性

工程活动的主体是人，马克思在《关于费尔巴哈的提纲》一文中指出，人的本质是"一切社会关系的总和"。因此，工程活动本身离不开人的参与，不可避免地具有社会性，比如港珠澳大桥的建设，是由工程共同体成员完成的。

工程是在一定的历史背景和社会环境下进行的，因此，工程活动的顺利进行不仅取决于多个科学方法和技术要素的运用，还取决于政治、经济、文化、法律等社会要素的参与。例如，中国天眼工程成为贵州一张亮丽的名片，拥有丰富的社会内涵和文化价值。

2. 工程目标的社会性

每项工程都有其特定的目标，而工程目标的社会性其实是与工程目标的经济性结合在一起的，同时其社会性通常以经济性为基础。在工程活动中，涉及建设资金、原材料、市场信息、成本核算、利润取得、劳动力使用等经济因素，都有经济成本。工程所蕴含的经济内涵和带来的经济效益在一定程度上也体现出工程目标的社会性。

工程目标的社会性一般呈现为工程的社会效益。在经济效益和社会效益的关系上，有的工程以经济效益为主，有的工程以社会效益为主。许多公共、公益工程，其首要目标不是经济效益，而是社会效益，即改善民生、促进人类福祉和社会公平、改善生态环境等。例如，城市地铁、道路是为城市提供便捷的交通条件；而像三峡工程、南水北调工程等具有国家战略意义的大型工程，其目的是为长期的社会经济发展服务，而不仅仅是短期的经济效益。

3. 工程影响的社会性

工程活动是以有组织的形式、以项目方式进行的大规模的建造或改造活动，如交通工程、水利工程、生态环境工程等。可以说，人类进行的工程活动构筑了现代文明，并深刻影响着人类社会生活的各个方面，工程活动也是现代社会实践活动的主要形式。

当代社会，随着现代化大型工程的出现，工程的社会性日益凸显。一方面表现为大型工程动辄需要成百上千，甚至数以万计的工程建设者参与；另一方面表现为对社会的政治、经济和文化的发展具有直接的、显著的影响和作用，其社会效应、环境影响巨大，使得生态保护等工程问题成为舆论热点。

4．工程活动及过程的社会性

任何工程都是人类有计划、有组织、有规模的物质性实践活动，都具有社会性。在工程活动中，工程共同体从工程决策、规划、设计、建造到使用，不但要解决各种复杂的技术问题，还需要协调好各方的利益冲突、解决各种社会问题，考虑人文价值、社会效益和文化价值等。同时，人文和社会环境还作为结构性因素影响着工程活动，并通过工程活动渗透到工程产物中。金字塔、埃菲尔铁塔、长城、故宫、兵马俑、三峡工程、港珠澳大桥等，都折射出特定的社会背景。

此外，工程活动还受政策、法律、法规等因素的影响。工程活动不但要遵守各种技术规范，还要遵守各种法律、伦理、社会、文化、宗教和社会习俗等方面的约束。例如房地产行业过热、房价不断攀升的时候，国家出台控制房地产的房贷政策，各级地方政府出台调控政策等，以使房市降温。

5．工程产品的社会性

任何工程活动都渗透、融合、贯穿和彰显了人类文明成就和文化思想方面的人文或人本主义价值精神追求。因此，工程产品也是具有文化意义的产品，工程必定是一个具有文化内涵的系统。今天，人们对工程所蕴含的文化理解得更加广泛和深刻，提出了工程文化、工程精神、工程美学、工程伦理等概念。

工程文化始终渗透在工程活动的各个环节，又凝聚在工程活动的成果、产物之中。在工程规划阶段，应当把工程文化理念作为一个重要因素纳入决策者的视野；在工程设计阶段，设计师应当力求设计出具有很高文化品位的工程蓝图，设计师需要有深厚的文化底蕴和艺术修养，把工程精神、工程思维、工程审美、价值取向、社会责任、道德、习俗等工程文化在设计过程和设计成果中体现出来；在工程建造阶段，建设者必须要贯彻设计师的文化理念、文化要求，把建造标准、管理制度、施工程序、劳动纪律、安全制度、后勤保障等体制化成果表现出来；在工程集成物的使用阶段，工程产品成果及其消费使用是工程文化的集合或结晶。我国的故宫、颐和园、天坛、港珠澳大桥，以及意大利的比萨斜塔、法国的凯旋门、美国的白宫等，无一不是经久不衰的工程杰作。

6．工程评价的社会性

现代工程的数量、规模和社会影响力都是史无前例的。既然工程活动都有明确的目标和一定的资源（人力、物力、财力）消耗，有些工程更是投入与花费巨大，于是，关于工程社会评价的问题就被提出来了。工程的社会目标是否实现，工程对社会带来了哪些影响，这些问题都迫切需要人们对工程进行社会评价。

6.1.2　工程的社会运行

任何工程项目都是在一定时期和一定社会环境中，由工程共同体分工协作进行的综合性社会实践活动。而从工程共同体的层面来看，与这一过程相伴随的就是工程的社会运行。

工程共同体不是一种孤立、片面的存在，它有着深厚的社会基础。因为工程共同体在发展过程中必须与不同社会群体进行广泛而深入的交往，从这个角度而言，工程共同体已嵌入社会，因此工程共同体必须承担对人类和自然发展的责任。科技的进步，最终落脚点就在于"服务大众"。近年来，许多工程活动得到公众的关注，在社会上引发广泛的讨论。比如，转基因作物的研发与利用、核电站选址和化工厂选址等，都具有一定的争议性，最后导致许多工程项目不得不延缓甚至停工。因此，不仅要促成工程共同体内部成员的一致，而且要赢得普通公众的认同，努力消除公众与工程共同体的"隔阂"。最有效的方式就是在构建工程之初，树立对二者关系的正确意识，通过积极地沟通、协调等手段消解二者的嫌隙。

同时，工程共同体与政府也有着密切联系。近年来的许多工程都是在政府引导、规划和投资下进行的，都是基于特定的社会需要、特定的生态环境而设计并开展的，对现实社会生活造成一定影响。政府是公共工程的出资者，也是工程社会运行和社会后果的监管者，工程共同体应对政府负有经济责任、技术责任、社会责任和伦理责任。

如第 2 章所讲，工程活动的全生命周期可划分为 6 个阶段：工程决策、工程规划、工程设计、工程实施与建造、工程运行与维护、工程退役。这 6 个阶段是彼此联系、相辅相成的，构成整个工程活动漫长又富有活力的全生命周期，也体现了工程的社会运行过程。与此同时，这 6 个阶段又具有相对独立性，每一阶段有不同的特点。除此之外，我们还要关注可能在每个阶段出现并贯穿整个工程活动的工程管理、工程评价等要素。

由于工程活动受政治、经济、文化、伦理等多重社会因素的影响，有必要对其进行社会评价，以预测工程的社会后果、衡量工程项目的利弊。工程的社会评价有助于工程决策科学化、合理化，最终达到建设和谐工程的目标。

此外，1983 年，美国学者迈克·W.马丁和罗兰·辛津格在《工程伦理学》一书中提出"工程是社会试验"的观点。工程既是在自然环境中展开试验，也是在人类社会中进行试验。工程的试验性，首先表现在工程结果往往会超出预期，其结果具有不确定性。其次，体现在工程知识的不完备性上，因为工程知识总是会遇到新问题和新情景，以及无法解决的问题。最后，工程活动是一种创新性活动，而创新性意味着风险和不确定性。由于工程结果的不确定性、工程知识的不完备性以及工程活动的创新性，都包含着工程风险，工程风险的存在意味着工程是一场社会试验。工程试验的场所是社会，而试验的对象涉及整个人类社会和自然界。

6.1.3　工程的社会影响

工程活动的实际过程是非常复杂的。由于各种因素的影响，工程的意向目标与其实际结果并不一定匹配，因此，在认识和评价工程问题时，不仅要重视工程目标，而且要关注工程过程及其造成的后果。

1）工程的经济影响。工程对经济的影响主要包括经济价值和经济性两个方面。一方面，很多工程能够立项并得以实施的原因主要是能带来显著的经济效益，甚至会较大程度地改善当地的贫困状况。尽管工程的实施还必须充分考虑社会、生态等多方面因素，但经济效益无疑是激发人们开展工程活动的重要动力。另一方面，对复杂的工程实践来讲，如何以尽可能少的投入获得尽可能多的收益是人们关注的重点。

然而，经济效益与工程风险是相关联的。尽管工程开始实施前，相关人员会对其建成后的效果进行预测，但由于现代工程活动的复杂性，许多工程出现了一些意料之外的负面效果，其中巨大的经济损失就是表现形式之一。很多时候，这些后果是十分严重且难以消除的，尤其是某些大型工程项目造成的灾难性后果。这就使得人们认识到对待大型工程项目必须慎之又慎。

2）工程的社会影响。工程的顺利实施需要众多行动者的参与和协作，同时也需要考虑利益相关者，处理好工程共同体中各个群体间的利益关系，这都是需要考虑的工程的社会维度问题。例如，人工智能的快速发展和应用，使其在某些领域已经开始渐渐取代人类的工作岗位，这是科技发展的必然。因此，在追求工程效益的同时，我们也应该重视工程给社会带来的负面效应。

3）工程的生态影响。工程实践会直接给自然环境和生态平衡带来不可逆转的影响。由于一些工程不加节制地开发和利用自然资源，肆意地排放废弃物，对环境造成了恶劣影响，如各种污染、土地沙化、水土流失等，导致生态系统功能退化。特别是近年来，工程活动规模越来越大，其对生态的影响也越来越深远。

6.1.4　工程的社会责任

工程的决策、建造和运营都对社会、经济、环境等具有显著而深远的影响，其社会责任的紧迫性、特殊性和复杂性突出。工程生命周期长、利益相关者复杂等特点使其社会责任与传统意义上的企业社会责任存在显著差异。

国际标准化组织（International Standard Organization，ISO）在其发布的《社会责任指南标准》（ISO26000）中指出，社会责任是指一个组织以透明和道德的方式，对其决策和活动所产生的社会与环境影响所应负的义务，它的总体目标是为可持续发展而奋斗。而可持续发展原则要求我们在工程实践活动中转变人类中心主义观念，确立以人为本，人与自然、社会协调发展的价值观。工程活动的最高境界应该是实现并促进人与自然的协同发展，它倡导的是把生态效益、社会效益、经济效益的统一作为至上的道德目标。这一原则也能够使工程共同体充分认识到人与自然是相互依存的，人类是自然界的改造者，也是自然界的一部分。人对自然的依存要通过人类的主观能动作用，在变革自然的同时善待自然，使之与人类和谐相处。而工程作为技术的应用和实践，在展示技术力量的同时，应该从更高的意义上展示出人类的无穷智慧与道德责任和精神。

工程的社会责任是由政府、企业和社会公众共同承担的一项公共管理任务，是指工程各利益相关者在工程活动全生命周期内，以可持续发展为目标，通过透明和合乎道德的行为，为其决策和行为对社会和环境带来的广泛影响而承担的责任。一方面，这意味着在工程中，社会责任被嵌入到利益相关者的日常行为中，他们如何履行这些义务并获得公众满意的结果。另一方面，由于实现社会价值是工程利益相关者的共同目标，因此与普通的市场行为不同，社会责任行为可以满足其他利益相关者履行社会责任时的互动需求，并有利于联系多个组织共同创造高质量的社会价值。

当今国际工程界早已将"公众的安全、健康和福祉是第一位"作为普遍遵守的原则。社会责任由经济责任、法律责任、道德责任、环境责任、政治责任构成，具有促进人类福祉的职责。

1）经济责任：工程是维护和促进国家和地方经济发展的重要公共服务体系，其经济效益主要体现在以下 3 个方面。在宏观层面上，工程产品作为一种生产要素投资，对国民经济增长有直接的正向影响；同时，工程产品也作为一种公共物品，间接促进了 GDP 的增长。在中观层面上，有许多产业与工程相关。而作为公共产品，工程产品具有较大的规模效应和网络效应。在微观层面上，工程投资显然可以创造就业机会，降低失业率，按照预期提供对社会有价值的产品和服务；同时，这也增加了当地的个人收入。

2）法律责任：对于工程的参与者来说，以遵守政府颁布的法律或各种法规的方式履行职责也很重要。除了法律法规外，工程还应在行业规范和国际标准的框架内实施。在工程实施中，腐败、不遵守规则导致的工程安全风险问题以及其他违法违规行为引起了各国政府、学者和公众的广泛关注。因此，履行法律的义务和满足监管要求是社会责任的基本目标。

3）道德责任：工程中的道德责任包括社会大众期望或禁止的活动和实践，其中涉及 3 个主要问题：人权、社会慈善事业和环境保护。首先，人权问题既涉及工程项目内部，也涉及项目外部。在项目内部，社会责任主要包括职业健康与安全、工资福利保险、员工就业公平、职业教育培训等员工问题；在项目外部，道德问题包括预防对公众的安全危害、与公众的和谐沟通和良好的信息披露。其次，社会慈善事业是指在经济上帮助当地弱势群体和建设社区福利设施的慈善活动。最后，环境保护问题包括基础设施的绿色设计和施工、降低能源成本、保护自然资源和防治污染。

4）环境责任：工程建设中需要采取措施保护生态环境，减少对生态系统的破坏，倡导绿色设计和低碳建设，维护人与自然的和谐发展。例如，通过新技术减少资源消耗和环境污染，确保工程活动不对生态环境造成负面影响。

5）政治责任：工程实施可以提高就业率，改善公众的身心健康，增加公众的幸福感，从而促进社会稳定和进步。

综上所述，工程的社会责任是多方面的，涵盖了环境保护、道德提升、公平正义等多个领域。工程师和工程参与者需要不断提高自身的政治、经济、法律、环境、道德和伦理素养，确保工程活动对社会和环境的积极影响，实现可持续发展。

随着工程规模越来越大，各种技术越来越综合，工程本身也越来越复杂，工程实践中的问题也越来越突出。因此，无论是工程师、公众，还是政府、企业等决策者，都应该正确认识工程的社会责任，提高自身的伦理意识和社会责任感，从而使工程更好地造福社会、造福人类。

以港珠澳大桥为例，该项目包含桥梁、隧道、公路与港口土建工程等，特别是包含世界最长的跨海大桥和最深的海底沉管隧道，其桥位走线不可避免地要穿过中国最大的中华白海豚保护区，在建设过程中需要采取具体措施来减少对生态环境的破坏。为解决该挑战性问题，广东省海洋与渔业厅首先委托中国南海水产研究所提出一个可行的生态补偿方案，再进行多次内部商议进行方案调整，以同时满足重大工程建设需要和当地生态保护要求。最终实施方案不仅指导施工组织成功解决工程建设过程中的生态保护难题，也没有违背政府的生态保护诉求。该案例充分反映了利益相关者之间互惠的社会责任交换如何在解决实际社会责任问题上发挥积极作用的过程。也就是说，在重大工程实践过程中，每个参与组织都应该承担相应的社会责任，以支持其他利益相关者的社会责任需求，反过来组织自身的社会责任诉求也能获得满足，从而以互惠的方式共同驱动工程的社会责任目标。

6.2　工程文化

一切工程活动都是在人、自然与社会的三维场域中进行的，工程与文化具有密不可分的内在关联性。一方面，人们的工程活动离不开一定的文化背景；另一方面，工程活动直接影响整个社会文化的面貌。可以认为，工程活动已经形成了一种特殊的亚文化——工程文化。工程文化是工程和文化的融合，它是文化的一种表现形式，是在工程活动中所形成、反映、传承的文化现象。

随着现代高科技的发展尤其是信息技术的飞速发展，工程活动的发展已经趋向全球化，加上资本的跨国扩张，如劳动力、服务、产品等开始在全球范围内流动，各国已经呈现出某种一体化的趋势。经济全球化已经将各个国家的各种活动联系在一起，我国市场经济的飞速发展使得我国在国际上合作的工程项目所占的比例越来越大，跨国界的工程团队必然在未来的工程活动中发挥重大作用，工程活动会更加复杂，规模会越来越大，由此产生的国际项目的风险和不确定性也将增大，在某种特定的政治、经济、文化背景下，要想出色地完成一项工程项目，工程文化系统的构建是必不可少的。

6.2.1 文化与工程文化的概念

1. 文化的概念

文化作为一种社会现象，是相对于政治、经济而言的人类全部文明教化（精神活动）及其产品的总称，属于人文或人本主义精神范畴。文化在本质上不仅是一种认知方式、情感方式，更是一种生活行为方式、一种人生观和宇宙观。

一般而言，文化是人类所创造的物质成果和精神成果的总和，是人类在长期的历史活动中所积淀的结果。具体来说，文化是蕴含在物质之中又通过意识萦绕于物质之外的，能够在传承和发扬中体现国家和民族价值观的历史、地理、风土人情、传统习俗、生活方式、文学艺术、行为规范、思维方式、价值观念等。文化本质上由人类的物质活动和精神活动所创造；反过来，人类的物质活动和精神活动又受到文化惯势的影响与约束。

党的十九大报告对中华民族的文化观做了深刻阐述："文化是一个国家、一个民族的灵魂。文化兴国运兴，文化强民族强。没有高度的文化自信，没有文化的繁荣兴盛，就没有中华民族伟大复兴。"

2. 工程文化的概念

第1章中工程文化观指出：所谓工程文化，是指工程共同体在长期工程实践过程中逐步生成和发育起来的、体现自身特色的、为工程共同体所认同和共有的精神财富、活动方式以及蕴含于工程实体中的理念、风格、传统、技术、艺术等文化的总和，具体包括环境文化、物质文化、行为文化、制度文化和精神文化。殷瑞钰等在《工程哲学》中将工程文化理解为："人们在从事工程活动中，所创造并形成的关于工程的思维、决策、设计、建造、生产、运行、管理的理念、制度、规范、行为规则，甚至习俗和习惯等。"简言之，工程文化就是工程共同体在工程活动中所体现出来的各种文化形态和性质的共同集合或集结。因此，工程文化与工程活动息息相关，是工程活动的精神内涵和黏合剂。

文化既作为社会环境承载着工程，又像空气一样渗透于整个工程活动之中，故宫博物院、万里长城、应县木塔、三峡工程等历史演进过程中的大量工程案例，包含着丰富的文化内涵。由此可以看出，工程文化是人类社会工程实践的产物，如果我们能从工程文化的角度审视工程，就会得到新的体验，创造伟大的工程美和美的工程，创造更加美好的生活。

正如在第2章提到：工程是有计划、有组织、规模化地创造、建构和运行社会存在物的物质性实践活动和过程，工程文化作为一个概念整体，它体现的是"社会存在物的建构"的文化特征，是融合在物质需求中人的精神追求的价值体现。位于山西省朔州市的应县木塔就是一个典型实例，它是世界建筑史上的奇迹。应县木塔建于公元1056年，它经历了近千年的沧桑岁月，经受过风霜雪雨、大小地震、战乱炮火，至今仍巍然屹立。作为世界最高、最古老的全木结构建筑，整个结构（多类斗拱，双层套式，榫卯结合，刚柔并济）不含一根铁钉，从建构技艺上显示了中华民族能工巧匠的高超智慧，成为世界木建筑史上最具价值、包含丰富抗震避雷等领域科学知识的宝贵财富。

工程如果不与周边环境、当地文化协调、和谐，就失去了工程创造的应有之义。例如，青藏铁路，是一条神奇的"天路"，是民族未来和希望的世纪工程，是在世界屋脊上创造的人类工程奇迹，是工程促进高原文化传播并发扬光大的艰辛探索，也是工程与生态文化和谐交融的伟大典范。青藏铁路实现了人类千百年来对青藏高原不断认识、探索以及与之亲近、融合的升华，是不屈不挠的民族精神在青藏高原上的发扬光大。青藏铁路工程承载着多民族人民向往美好生活的愿望，深刻表达和诠释了人与自然和谐相融、民族间和谐共荣、民风民俗间和谐交流的深刻文化内涵，是工程促进文化价值升华的典范。

3．工程文化与企业文化的差异

工程文化与企业文化服务于不同主体。主体的差异在文化上的反映程度各有不同，下面从外部运行环境、组织形式、群体构成、领导者 4 个因素分析由其所带来的工程文化与企业文化的差异。

（1）外部运行环境

企业的外部运行环境是市场环境，遵从市场规律和价值机制以获取经济利益是企业生存的唯一保证。而在当前形势下我国有很多由国家投资的重要的大型工程，具有基础性公共产品属性；同时在工程建设过程中，市场经济因素和规则的作用越来越大，这种政府行政公权力与市场经济规则力并存的状况形成了工程组织多元的价值目标体系，社会效益和投资效益都是体系目标，其中社会效益始终是工程组织的首要任务。

在市场环境中，企业面对激烈的竞争，首先要保证完成其经济义务，因此企业文化更多地强调危机感、强调生存和发展。与之相比，由于工程公共产品的属性，大型工程对技术方案、工程品质要求较高，因此工程文化强调的更多是工程的品质。另外，由于政府的参与，工程文化也要体现国家意志，以实现工程社会综合效益。

（2）组织形式

组织形式即为组织采用什么样的结构方式运行或管理。无论是职能型的组织结构，还是分部型战略事业单位或独立事业单位的组织结构，或是矩阵式结构，当前企业依然是以层级式"金字塔"的组织结构为基础，企业内部的管理以直线职能为主。企业文化更加强调制度、规章对员工行为方式与思维模式的制约，引导员工对企业的忠诚。

工程组织是由工程共同体构成的临时性组织。工程组织结构松散且开放，一般以一方（多为业主）作为组织核心，由他与其他各方建立合同关系，其他各方以目标而非合同的方式形成虚拟共同体。工程文化更加注重"共赢"的理念，强调以目标为导向，促进参与主体之间的融合。

（3）群体构成

企业是由成员个体组成的群体，企业文化是在成员相互交流与合作的过程中逐步形成的，且对所有成员的行为方式、思维模式、价值观念等方面都将产生影响。

大型工程一般建立由决策、规划、设计、施工、运行、监理、科研、咨询等多方面力量组成的工程建设主体。这种群体构成的方式，一方面极大地增强了整合工程资源的能力，同时也不可避免地形成对工程价值观理解和各主体自身利益的多元化。

另外，对于一般企业来说，企业边界刚性、任务固定，因此企业员工背景、文化水平等总体跨度较小，同时由于企业经营没有时限性，人员的流动性低，企业有较充足的时间和条件对员工进行培训；与之不同，由于工程复杂性，其涉及领域广、牵扯行业多，参与人员在背景、文化水平、行政级别等方面均有较大跨度。

由于群体构成的不同特点，企业文化是从无到有，由小及大，通过制度引导、灌输、学习等方式在员工间逐步形成的；工程文化则是在对多元团队文化的整合与协调中形成的，是求同存异、兼容并蓄的过程。此外，企业群体特征较为统一，人员跨度小，企业文化便于形成统一的共识；工程群体特征差异较大，人员跨度大，工程文化要能够被具有各自文化背景的多元主体普遍接受并实践，在工程文化价值导向上需要更具普遍性、包容性和整合性。

（4）领导者

领导者是群体目标的制定者、群体活动的组织者、协调者和指挥者。对于企业来说，其领导者为董事会和经理级别，从本质上讲，企业利润与福利是他们共同的价值导向与目标；对于工程来说，其领导者由项目经理和工程师共同组成，由于教育背景、社会化程度、价值观念、职业兴趣、工作习惯以及工作观的不同，项目经理与工程师之间存在着天然的冲突，项目经理更加关注工程的赢利性，工程师则更加关注技术可行性等。所以工程文化的价值导向在很大程度上将取决于项目经理和工程师在价值标准上的权衡取舍。此外，很多大型工程项目在多方面受到政府监督，因此领导者特质在工程文化中不像企业文化中那样明显。

6.2.2 工程文化的内容

工程文化的内容可以划分为5层：精神-理念层、制度-法规层、礼仪-规范层、技能-知识层、习俗-习惯层，其结构模型如图 6-2 所示。最内层的理念层是工程文化的核心和灵魂，也是最稳定的层次。法规层和规范层是工程文化的中间层和外在表现，是理念层文化的保障和工程主体的行为规范。表层的知识层是工程文化系统的载体和硬件外壳。该层是其他各层次文化的物化形态和物质表现，也是该层精神实质的直接展示。习惯层是工程文化的外围气层和环境支撑，关系到其他层文化的建设。总之，工程文化是一个动态开放系统，各层次文化形态有机统一、相互关联、相互制约、相互交融、相辅相成、缺一不可，它们共同影响着工程文化系统的形成和演化，并发挥着不同的功能。

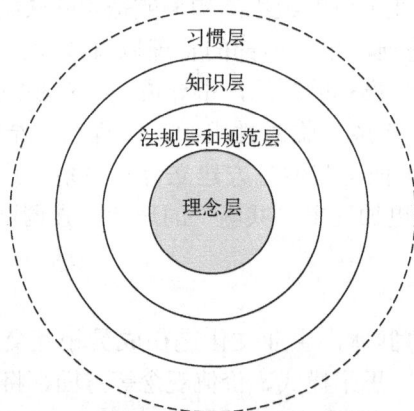

图 6-2 工程文化内容的结构模型

1）精神-理念层：它涵盖了工程思维、工程精神、工程意志、工程价值观、工程审美和工程设计理念等内容。它反映的是工程组织成员为达到整体目标而表现出来的群体意识形态和精神状态，它是工程文化的核心和灵魂，往往决定了其他层面的工程文化的内容。工程文化精神-理念层的内容决定了工程项目的目标、设计方案、施工管理水平、工程的后果和影响等。精神-理念层文化不易被观察，是各层次中相对稳定、比较隐性和最具影响力的层次，它一旦形成就很少发生变化，并决定着整个工程文化系统的性质和发展方向。

2）制度-法规层：该层内容涉及保障工程顺利进行的工程管理制度、工程建造标准、施工程序、劳动纪律、生产条例、产品标准、安全制度、工程建成后的检验标准，维护条例等。它是工程组织从自身目标出发，从文化层面对员工行为采取一定限制的外显文化。工程制度文化具有强制性、规范性、引导性和可操作性的特点，其塑造、规范并约束着工程组织中各参建方和成员个体的行为，也反映了工程组织及其成员的价值观、职业道德取向和精神风貌。

3）礼仪-规范层：该层内容主要包括工程技术性规范和伦理行为规范等，诸如工程设计规范、操作守则、业务培训计划、工程单位的日常生产管理及服务系统，甚至特殊的行为规范（例如着装要求等）。工程文化的礼仪-规范层与制度-法规层的内容存在某些交融之处，二者都是对工程共同体在工程活动中所应具有的行为要求。不过，制度-法规层的内容往往具有"硬性"的特征，而礼仪-规范层的内容则更有"弹性"。

4）技能-知识层：该层的内容非常丰富，既包括工程共同体积累的经验性技能、技巧，也包括经过系统研究和总结而形成的工程科学知识、工程技术知识、工程管理知识等。它是通过物质形态展现出来的一种表层文化，是其他层文化的载体和直接表现，体现了工程文化的品位、特色和发达程度，它能给工程组织成员和相关群体以感性的冲击和熏陶，同时又是工程共同体的制度规范、行为准则、精神境界、价值追求和审美意识等的具体反映。

5）习俗-习惯层：该层内容既包括一些与地域、民俗文化相关联的约定俗成的行为方式，也包括工程共同体在工程活动过程中的行为习惯。例如，汽车靠左或靠右行驶并没有明显区别，只是有些国家（如中国、美国等）的习惯是靠右，交通规则都是"右行左舵"；而有些国家（如英国、日本等）的习惯是靠左，交通规则都是"左行右舵"。

6.2.3　工程文化的特征

工程与政治、经济、生态、环境等联系密切，具有丰富的历史文化内涵，呈现出文化上的广泛联系和多元价值取向，它是文明的纽带、历史的见证和文化的载体。工程文化具有的特征主要表现在以下 6 个方面。

1）民族性。在工程文化中，工程精神通常被凸显出来。工程精神集中反映了工程共同体的价值观和精神面貌。在具有代表性的工程项目中，工程精神常与民族精神融为一体，鲜明地表现出民族的精神面貌，集中凸显民族的精神风格。例如，德国的严谨、美国的创新、中国的勤劳，既是其民族文化的特征，也是其工程文化的特征。中国的载人航天工程中，航天人创立了"特别能吃苦、特别能战斗、特别能攻关、特别能奉献"的"载人航天精神"。

2）整体性。工程中的每个个体、每个子项目是整个工程中的一个环节和一个局部，都必须以完成总体目标作为前提。可以说，工程活动是一个多因子、多单元、多层次、多功能的动态系统。工程活动的动态系统性，决定了工程的整体性。工程文化的整体性不是自然而然地就可以得到体现的，它需要通过工程活动中的各种协调性原则、协调性机制和协调性过程才能加以实现，工程文化的整体性特征是衡量工程项目成功与否的重要标准之一。

3）渗透性。工程文化的渗透性是指工程文化无形自然而又强有力地渗透到工程活动的每个环节，渗透到工程肌体的每个细胞。工程文化的内容是无形的，正因如此，它具有渗透性，同时又作为软实力有力地决定工程活动的有形结果，从而彰显出工程文化的存在和力量。例如，同等技术含量的工程设备、同样数量的工程队伍有可能建成不同效果的工程项目，既可能创造出流芳百世的工程，也可能创造出危害社会的"豆腐渣"工程。

4）时代性。任何文化都是在一定的时间和空间中存在和发展的，工程文化也不例外。工程文化存在于具体时空中，其时间性特征主要体现为工程文化具有时代性、时限性和时效性。

5）空间性。工程文化的空间性是指任何工程活动都要在一定的地质地域和地理范围内进行和发生影响，在工程活动和工程文化中往往会体现出一定的地域性和地理性特征。从世界的眼光来看,任何国家都是在一定的地域中存在的,许多民族的分布也带有特定的地域性特点。例如,港珠澳大桥是一座连接香港、珠海和澳门的桥隧工程,位于广东省珠江口伶仃洋海域内,将三地紧密联系在一起,真正实现了三地文化互融。其因巨大工程规模、罕见施工难度、精湛工程技术闻名于世界,被英国《卫报》称为21世纪"世界新七大奇迹"之一。港珠澳大桥的工程师生动地阐释了中国能蓬勃发展所必需的"工匠精神""大国制造精神"。正是这种勇于探索、迎难而上、敢于创新、甘于付出的精神才创造了奇迹,同样也正是这种精神,催生出了中国建桥史上的壮丽篇章。

6)审美性。在工程活动中,美存在并表现在工程物和产品外观的形态美和形式美上,更存在并表现在工程的外部形式与内在功能有机统一而体现出的事物美和生活美方面。我们在许多的工程中都体验到了这种全面而深刻的美的和谐、愉悦的感受。例如,位于陕西省西安市曲江旅游景区的大唐不夜城,为中国唯一的以盛唐文化为背景的大型仿唐建筑群步行街,如图6-3所示。该景区将中国传统历史文化与现代步行街进行有机结合,形成"七园一城一塔"的建筑格局,其中"一塔"就是大雁塔,"一城"就是大唐不夜城。通过现代舞蹈、真人演绎、现场互动等形式,提供给游客唐代建筑的视觉享受和唐风市井文化生活的沉浸式体验,即"观一场唐风唐艺、听一段唐音唐乐、演一出唐人唐剧、品一口唐食唐味、玩一回唐俗唐趣、购一份唐物唐礼"。在游览和体验中,增强了群众的"文化自信"。

图6-3 大唐不夜城

6.2.4 工程文化的作用和影响

工程文化是工程与文化的融合剂,是促进工程活动健康发展的重要因素和力量。工程文化贯穿于工程活动的始终,对工程活动的各个环节乃至工程的发展前景都发挥着重要作用和影响。

1. 工程文化对工程设计的作用和影响

工程文化的作用和影响首先强烈而鲜明地表现在工程设计上,直接影响着工程设计的差异性。在直接的意义上，工程设计是设计师的作品。工程设计的质量如何，是否卓越，不但取决于设计师的技术能力和水平，还取决于设计师的工程理念和文化底蕴，取决于其工程文化修养。工程设计师与工程相关的科学知识，工程经验，工程以外的知识、审美品位、兴趣爱好、心理素质、民族、生活条件、宗教信仰等都会集成体现在工程设计中。工程文化的作用和影响首先会通过工程设计师的设计过程和设计成果表现出来。现代工程提炼文化元素，便成为发扬、传承民族文化最好的方式。例如，青藏铁路的修建给了我们诸多启示。在修建过程中，为了展示西藏文化，铁路建设单位专门邀请了民族文化专家，从列车到沿线站台的设计，各处都融入了西藏文化元素，使青藏铁路成为一条流动的西藏民族文化风俗画：列车上的陈设充满藏文化特色；地毯、座位的颜色和花纹处处洋溢着浓厚的藏民族风情；所有标示牌和提示屏幕都使用藏、汉、英三种文字标注；乘务员制服是专门设计的藏红色上衣、深蓝色长裤、红呢子贝雷帽，上装的袖口和衬衣的领口都有美丽的藏式饰边。

2．工程文化对工程实施的作用和影响

在工程实施过程中，工程文化会以建造标准、工程管理制度、施工程序、操作守则、劳动纪律、生产条例、安全措施、生活保障系统等体制化成果和工程共同体内部不同群体的行为而得以表现，会影响工程实施的质量。

投资者、决策者、领导者是否有先进的工程理念；工程师是否制定了行之有效的建造标准和工程管理制度；工人是否遵循了操作守则、劳动纪律、生产条例；后勤人员是否提供了安全措施和生活保障；整个工程团队是否具有凝聚力，是否具有团队精神……这一切都是工程共同体特有的工程文化的表现。创造这一文化，拥有这种风格的工程共同体自然会做出高质量的工程。

从工程文化的角度来看，所谓施工过程、施工质量、施工安全等，不但具有技术、经济内涵和色彩，而且具有工程文化方面的内涵和色彩。在施工环节中，野蛮施工的深层原因是工程文化领域的问题。在工程施工中，事故频发的深层原因往往也不是技术能力问题，而是是否树立了"以人为本"的工程理念、工程文化观念和传统方面的问题。工程中的许多问题归根结底都是工程文化素质和传统方面的问题。

3．工程文化对工程评价的作用和影响

工程文化对工程的作用和影响还表现在对工程评价标准合理性的影响。任何工程评价都是依据一定的标准进行的。由于工程活动是多要素的活动，所以工程的评价标准也不可能仅有只针对"单一要素"的评价标准，而需要有内容丰富、关系复杂的多要素的综合性评价要求和标准。在进行工程评价时，人们不但需要进行针对"个别要素"的工程评价，而且更需要注意"立足工程文化"进行工程评价。掌握工程评价的标准时应该综合考虑时代性标准、地方性标准、民族性标准、技术经济标准和审美标准的协调等问题。工程是必须以人为本和为人服务的。任何工程，无论规模大小，都应该体现功能与形式的完美统一。

4．工程文化对工程未来发展前景的作用和影响

工程文化不仅影响了工程的集成建造过程，还决定着工程的发展前景。可以预言，未来的工程在展示人类力量的同时，会更多地注重人类自身的多方面需求、注重人类与其他生物、人类与环境的友好相处。未来的工程既应该体现全球经济一体化趋势，又应该体现文化的多元化特点。未来工程的发展方向、发展模式以及发展水平在某种程度上都将由其所包含的工程文化特质所决定。只有充分认识工程文化的这种功能，才有可能使未来的工程设计充满人性化关怀，使未来的工程施工尽可能减少对环境的不良干扰，使未来的工程更好地发挥其社会功能和人文功能。

6.3　工程与法律

现代社会是法治社会，社会发展离不开法治护航，百姓福祉少不了法律保障。遇到问题依法解决，已经成为人们处理矛盾、解决纠纷的不二之选。法律为工程项目的决策、规划、设计、实施、验收、运行等各个环节提供了规范和约束，保障了工程项目的合法性、安全性、环保性和高质量，也为工程项目的合同订立、履行、争议解决以及风险防范等提供了法律依据和保障。因此，在工程活动中必须严格遵守法律法规，确保工程项目的顺利进行和工程共同体的合法权益。

6.3.1　法律的概念和法的表现形式

随着社会的发展，法律在人们生活中的地位越来越重要。法律是维护社会稳定、保障公平正义的基石。法律有广义的法律与狭义的法律之分。广义的法律是指由国家制定并认可，并由国家强制力保证实施的行为规范的总称。它包括作为国家根本法的《中华人民共和国宪法》、全国人民代表大会及其常务委员会制定的法律、国务院制定的行政法规、某些地方人民代表大会及其常委会制定的地方性法规，以及民族自治地区人民代表大会制定的自治条例和单行条例等。狭义的法律专指全国人民代表大会及其常务委员会制定的法律。

在法律体系中，法律的效力和适用程度纵向可以分为 4 个层次：宪法、法律、法规、规章，如图 6-4 所示。这四个层次在法律体系中的纵向等级构成了法律效力位阶。宪法具有最高的法律效力，其次是法律，再次是法规（包括行政法规和地方性法规），最后是规章。在法律适用过程中，应遵循"上位法优于下位法"的原则，即当不同层级的法律规范对同一事项有不同规定时，应优先适用层级较高的法律规范。所有层级的法律规范都不得与宪法相抵触。同时，下一层级的法律规范也不得与其上一层级的法律规范相抵触。

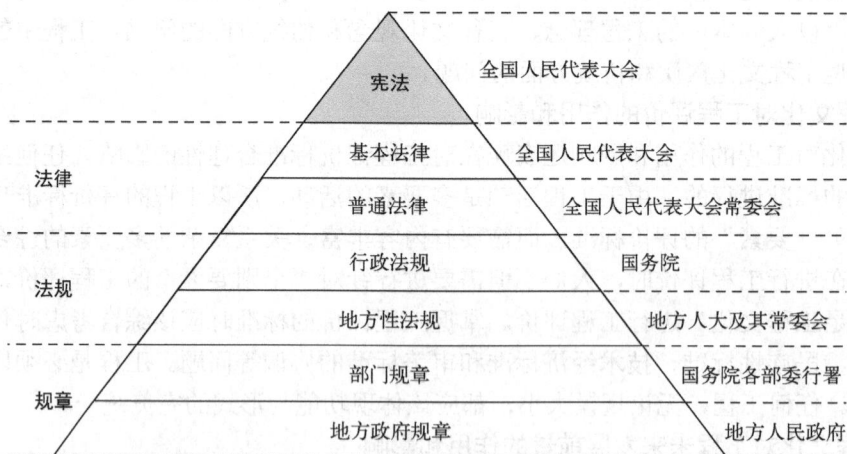

图 6-4　法律的纵向效力层级

1.《中华人民共和国宪法》

宪法是国家立法的最高法律，具有最高的效力和权威性。宪法包含序言、总纲、公民的基本权利和义务、国家机构、国旗、国歌、国徽、首都等内容，以法律的形式确认了中国各族人民奋斗的成果，规定了国家的根本制度和根本任务，是国家的总章程，是最高的法的形式。其法律地位高于一切其他法律、法规，具有最高的法律效力。与其他法律相比较，宪法是"母法"，其他法律是"子法"，宪法是制定其他法律的基础和依据，一切法律、法规都不得同宪法相抵触。全国各族人民、一切国家机关和武装力量、各政党和各社会团体、各企业事业组织，都必须以宪法为根本的活动准则，并且负有维护宪法尊严、保证宪法实施的职责。

2．法律

在我国，法律是由享有立法权的立法机关（全国人民代表大会及其常务委员会行使国家立法权），依照宪法法定程序进行制定、修改并颁布的，并由国家强制力保证实施的基本法律和普通法律的总称。法律是用来管理社会行为的一种规范，对公民、组织和国家机关都具有约束力。法律对于维护社会秩序、促进社会发展至关重要。

基本法律是由全国人民代表大会制定和修改的刑事、民事、国家机构和其他方面的规范性文件，包括《中华人民共和国刑法》《中华人民共和国民法典》《中华人民共和国刑事诉讼法》《中华人民共和国民事诉讼法》《中华人民共和国行政诉讼法》《中华人民共和国行政处罚法》《中华人民共和国全国人民代表大会和地方各级人民代表大会代表法》《中华人民共和国全国人民代表大会和地方各级人民代表大会选举法》《中华人民共和国民族区域自治法》《中华人民共和国香港特别行政区基本法》《中华人民共和国澳门特别行政区基本法》《中华人民共和国人民法院组织法》《中华人民共和国人民检察院组织法》《中华人民共和国继承法》《中华人民共和国个人所得税法》等。

普通法律，即基本法律以外的，由全国人民代表大会常务委员会制定和修改的法律，包括《中华人民共和国劳动法》《中华人民共和国网络安全法》《中华人民共和国行政监察法》《中华人民共和国行政复议法》《中华人民共和国国家赔偿法》《中华人民共和国法官法》《中华人民共和国检察官法》《中华人民共和国人民警察法》《中华人民共和国环境保护法》《中华人民共和国消费者权益保护法》《中华人民共和国产品质量法》《中华人民共和国拍卖法》《中华人民共和国招标投标法》《中华人民共和国税收征收管理法》《中华人民共和国会计法》《中华人民共和国审计法》《中华人民共和国劳动合同法》《中华人民共和国土地管理法》《中华人民共和国城市房地产管理法》《中华人民共和国食品安全法》等。

无论是基本法律还是普通法律，其法律效力都仅次于宪法，但都在行政法规、地方性法规、自治条例和单行条例、部门规章和地方规章之上，是这些法规和规章制定的依据。

3．法规

法规包括行政法规和地方性法规。

宪法第八十九条第一款明确规定：作为最高国家行政机关，国务院可以"根据宪法和法律，规定行政措施，制定行政法规，发布决定和命令"。行政法规是国务院为领导和管理国家各项行政工作，根据《宪法》和法律，并且按照《行政法规制定程序条例》的规定而制定的政治、经济、教育、科技、文化、外事等各类法规的总称。它的效力仅次于《宪法》和法律，高于地方性法规和部门规章。行政法规一般以条例、办法、实施细则、规定等形式组成。对某一方面的行政工作做出比较全面、系统的规定，称"条例"，如《中华人民共和国电信条例》《中华人民共和国土地管理法实施条例》《中华人民共和国野生植物保护条例》等；对某一方面的行政工作做出部分的规定，称"规定"，如《国务院关于鼓励华侨和香港澳门同胞投资的规定》《中华人民共和国土地复垦规定》等；对某一项行政工作做出比较具体的规定，称"办法"，如《全国地质资料汇交管理办法》《取水许可证制度实施办法》等。它们之间的区别是：在范围上，条例、规定适用于某一方面的行政工作，办法仅用于某一项行政工作；在内容上，条例比较全面、系统，规定则集中于某个部分，办法比条例、规定要具体；在名称使用上，条例仅用于法规，规定和办法在规章中也常用到。

地方性法规是由省、自治区、直辖市的人民代表大会及其常务委员会制定和发布的具有约束力的规范。地方性法规适用于本行政区域内的公民、法人和其他组织。地方性法规主要用于地方性事务的管理，例如地方治安管理、交通管理等。地方性法规与法律和行政法规一同构成了中国法律体系的重要组成部分。

4. 规章

规章是由国务院各部、委员会、中国人民银行、审计署和具有行政管理职能的直属机构制定的规范性文件。规章的效力低于宪法、法律和法规，主要对具体行政事项进行规定，是行政机关进行行政管理的依据之一。

以上就是法律体系中的 4 个层次。宪法作为最高法律，具有最高的效力和权威性，对其他法律具有指导和约束作用；法律作为国家的基本法律，规范了公民的权利和义务，对国家和公民具有直接的法律效力；行政法规和地方性法规则补充和完善了法律规定，用来管理行政和地方事务；规章主要对具体行政事项进行规定，是行政机关进行行政管理的依据之一。这 4 个层次的法律相互衔接、相互制约，构成了中国法律体系的完整框架。

6.3.2 《中华人民共和国民法典》

2020 年 5 月 28 日，十三届全国人大三次会议表决通过了《中华人民共和国民法典》（以下简称民法典），属于基本法律。民法是中国特色社会主义法律体系的重要组成部分，是民事领域的基础性、综合性法律，它规范各类民事主体的各种人身关系和财产关系，涉及社会和经济生活的方方面面，被称为"社会生活的百科全书"。民法典是新中国第一部以法典命名的法律，在法律体系中居于基础性地位，也是市场经济的基本法。这部充满人文关怀、彰显时代精神的民法典，必然是 21 世纪民法典的代表之作。民法典共 7 编，1260 条，各编依次为总则、物权、合同、人格权、婚姻家庭、继承、侵权责任，以及附则。民法典自 2021 年 1 月 1 日起施行，《中华人民共和国婚姻法》《中华人民共和国继承法》《中华人民共和国民法通则》《中华人民共和国收养法》《中华人民共和国担保法》《中华人民共和国合同法》《中华人民共和国物权法》《中华人民共和国侵权责任法》《中华人民共和国民法总则》同时废止。

1. 总则编

第一编总则规定民事活动必须遵循的基本原则和一般性规则，统领民法典各分编。第一编基本保持原民法总则的结构和内容不变，根据法典编纂体系化要求对个别条款做了文字修改，并将附则部分移到民法典的最后。第一编共 10 章、204 条，现将主要内容概述如下，以供参考。

（1）关于基本规定。第一编第一章规定了民法典的立法目的和依据。其中，将"弘扬社会主义核心价值观"作为一项重要的立法目的，体现坚持依法治国与以德治国相结合的鲜明中国特色。同时，规定了民事权利及其他合法权益受法律保护，确立了平等、自愿、公平、诚信、守法和公序良俗等民法基本原则。为贯彻习近平生态文明思想，将绿色原则确立为民法的基本原则，规定民事主体从事民事活动，应当有利于节约资源、保护生态环境。

（2）关于民事主体。民事主体是民事关系的参与者、民事权利的享有者、民事义务的履行者和民事责任的承担者，具体包括三类：自然人（第一编第二章）、法人（第一编第三章）、非组织法人（第一编第四章）。

（3）关于民事权利。保护民事权利是民事立法的重要任务。第一编第五章规定了民事权利制度，包括各种人身权利和财产权利。为建设创新型国家，民法典对知识产权做了概括性规定，以统领各个单行的知识产权法律。同时，对数据、网络虚拟财产的保护做了原则性规定。此外，还规定了民事权利的取得和行使规则等内容。

（4）关于民事法律行为和代理。民事法律行为是民事主体通过意思表示设立、变更、终止民事法律关系的行为，代理是民事主体通过代理人实施民事法律行为的制度。第一编第六章、第七章规定了民事法律行为制度、代理制度。

（5）关于民事责任、诉讼时效和期间计算。民事责任是民事主体违反民事义务的法律后果，是保障和维护民事权利的重要制度。诉讼时效是权利人在法定期间内不行使权利，权利不受保护的法律制度，其功能主要是促使权利人及时行使权利、维护交易安全、稳定法律秩序。第一编第八章、第九章、第十章规定了民事责任、诉讼时效和期间计算制度。

2．物权编

物权是民事主体依法享有的重要财产权。物权法律制度调整因物的归属和利用而产生的民事关系，是最重要的民事基本制度之一。第二编物权在原物权法的基础上，按照党中央提出的完善产权保护制度，健全归属清晰、权责明确、保护严格、流转顺畅的现代产权制度的要求，结合现实需要，进一步完善了物权法律制度。物权编共 5 个分编、20 章、258 条，现将主要内容概述如下，以供参考。

（1）关于通则。第一分编通则规定了物权制度基础性规范，包括平等保护等物权基本原则，物权变动的具体规则，以及物权保护制度。

（2）关于所有权。所有权是物权的基础，是所有人对自己的不动产或者动产依法享有占有、使用、收益和处分的权利。第二分编规定了所有权制度，包括所有权人的权利，征收和征用规则，国家、集体和私人的所有权，相邻关系、共有等所有权基本制度。

（3）关于用益物权。用益物权是指权利人依法对他人的物享有占有、使用和收益的权利。第三分编规定了用益物权制度，明确了用益物权人的基本权利和义务，以及建设用地使用权、宅基地使用权、地役权等用益物权。

（4）关于担保物权。担保物权是指为了确保债务履行而设立的物权，包括抵押权、质权和留置权。第四分编对担保物权做了规定，明确了担保物权的含义、适用范围、担保范围等共同规则，以及抵押权、质权和留置权的具体规则。

（5）关于占有。占有是指对不动产或者动产事实上的控制与支配。第五分编对占有的调整范围、无权占有情形下的损害赔偿责任、原物及孳息的返还以及占有保护等做了规定。

3．合同编

合同制度是市场经济的基本法律制度。第三编合同在原合同法的基础上，贯彻全面深化改革的精神，坚持维护契约、平等交换、公平竞争，促进商品和要素自由流动，完善合同制度。第三编共 3 个分编、29 章、526 条，现将主要内容概述如下，以供参考。

（1）关于通则。第一分编为通则，规定了合同的订立、效力、履行、保全、转让、终止、违约责任等一般性规则，并在原合同法的基础上，完善了合同总则制度；通过规定非合同之债的法律适用规则、多数人之债的履行规则等完善债法的一般性规则；完善了电子合同订立规则，增加了预约合同的具体规定，完善了格式条款制度；完善了国家订货合同制度；明确了当事人违反报批义务的法律后果，健全合同效力制度；完善了合同履行制度，落实绿色原则，规定当事人在履行合同过程中应当避免浪费资源、污染环境和破坏生态；完善了代位权、撤销权等合同保全制度，进一步强化对债权人的保护，细化了债权转让、债务移转制度，增加了债务清偿抵充规则、完善了合同解除等合同终止制度；通过吸收原担保法有关定金规则的规定，完善了违约责任制度。

（2）关于典型合同。典型合同在市场经济活动和社会生活中应用普遍。为适应现实需要，在原合同法规定的买卖合同、赠与合同、借款合同、租赁合同等 15 种典型合同的基础上，第二分编增加了 4 种新的典型合同：保证合同、保理合同、物业服务合同、合伙合同。

（3）关于准合同。无因管理和不当得利既与合同规则同属债法性质的内容，又与合同规则有所区别，第三分编准合同分别对无因管理和不当得利的一般性规则做了规定。

4. 人格权编

人格权是民事主体对其特定的人格利益享有的权利，关系到每个人的人格尊严，是民事主体最基本的权利。第四编人格权在现行有关法律法规和司法解释的基础上，从民事法律规范的角度规定自然人和其他民事主体人格权的内容、边界和保护方式，不涉及公民政治、社会等方面权利。人格权编共 6 章、51 条，现将主要内容概述如下，以供参考。

（1）关于一般规定。第四编第一章规定了人格权的一般性规则：一是明确人格权的定义；二是规定民事主体的人格权受法律保护，人格权不得放弃、转让或者继承；三是规定了对死者人格利益的保护；四是明确规定人格权受到侵害后的救济方式。

（2）关于生命权、身体权和健康权。第四编第二章规定了生命权、身体权和健康权的具体内容，并对实践中社会比较关注的有关问题做了有针对性的规定：一是为促进医疗卫生事业的发展，鼓励遗体捐献的善行义举，民法典吸收行政法规的相关规定，确立器官捐献的基本规则；二是为规范与人体基因、人体胚胎等有关的医学和科研活动，明确从事此类活动应遵守的规则；三是近年来，性骚扰问题引起社会较大关注，民法典在总结既有立法和司法实践经验的基础上，规定了性骚扰的认定标准，以及机关、企业、学校等单位防止和制止性骚扰的义务。

（3）关于姓名权和名称权。第四编第三章规定了姓名权、名称权的具体内容，并对民事主体尊重保护他人姓名权、名称权的基本义务做了规定：一是对自然人选取姓氏的规则做了规定；二是明确对具有一定社会知名度，被他人使用足以造成公众混淆的笔名、艺名、网名等，参照适用姓名权和名称权保护的有关规定。

（4）关于肖像权。第四编第四章规定了肖像权的权利内容及许可使用肖像的规则，明确禁止侵害他人的肖像权：一是针对利用信息技术手段伪造他人的肖像、声音，侵害他人人格权益等问题，规定禁止任何组织或者个人利用信息技术手段伪造等方式侵害他人的肖像权，并明确对自然人声音的保护，参照适用肖像权保护的有关规定；二是为了合理平衡保护肖像权与维护公共利益之间的关系，民法典结合司法实践，规定肖像权的合理使用规则；三是从有利于保护肖像权人利益的角度，对肖像许可使用合同的解释、解除等做了规定。

（5）关于名誉权和荣誉权。第四编第五章规定了名誉权和荣誉权的内容：一是为了平衡个人名誉权保护与新闻报道、舆论监督之间的关系，民法典对行为人为公共利益实施新闻报道、舆论监督等行为涉及的民事责任承担，以及行为人是否尽到合理核实义务的认定等做了规定；二是规定民事主体有证据证明报刊、网络等媒体报道的内容失实，侵害其名誉权的，有权请求及时更正或者删除。

（6）关于隐私权和个人信息保护。第四编第六章在现行有关法律规定的基础上，进一步强化对隐私权和个人信息的保护：一是规定了隐私的定义，列明禁止侵害他人隐私权的具体行为；二是界定了个人信息的定义，明确了处理个人信息应遵循的原则和条件；三是构建自然人与信息处理者之间的基本权利义务框架，明确处理个人信息不承担责任的特定情形，合理平衡保护个人信息与维护公共利益之间的关系；四是规定国家机关及其工作人员负有保护自然人的隐私和个人信息的义务。

5. 婚姻家庭编

婚姻家庭制度是规范夫妻关系和家庭关系的基本准则。第五编婚姻家庭以原婚姻法和收养法为基础，在坚持婚姻自由、一夫一妻等基本原则的前提下，结合社会发展需要，修改完善了部分规定，并增加了新的规定。婚姻家庭编共5章、79条，现将主要内容概述如下，以供参考。

（1）关于一般规定。第五编第一章在原婚姻法规定的基础上，重申了婚姻自由、一夫一妻、男女平等等婚姻家庭领域的基本原则和规则，并在原婚姻法的基础上，做了进一步完善。

（2）关于结婚。第五编第二章规定了结婚制度，并在原婚姻法的基础上，对有关规定做了完善。

（3）关于家庭关系。第五编第三章规定了夫妻关系、父母子女关系和其他近亲属关系，并根据社会发展需要，在原婚姻法的基础上，完善了有关内容。

（4）关于离婚。第五编第四章对离婚制度做了规定，并在原婚姻法的基础上，做了进一步完善。

（5）关于收养。第五编第五章对收养关系的成立、收养的效力、收养关系的解除做了规定，并在原收养法的基础上，进一步完善了有关制度。

6. 继承编

继承制度是关于自然人死亡后财富传承的基本制度。随着人民群众生活水平的不断提高，个人和家庭拥有的财产日益增多，因继承引发的纠纷也越来越多。根据我国社会家庭结构、继承观念等方面的发展变化，第六编继承在原继承法的基础上，修改完善了继承制度，以满足人民群众处理遗产的现实需要。继承编共4章、45条，现将主要内容概述如下，以供参考。

（1）关于一般规定。第六编第一章规定了继承制度的基本规则，重申了国家保护自然人的继承权，规定了继承的基本制度。并在原继承法的基础上，做了进一步完善。

（2）关于法定继承。法定继承是在被继承人没有对其遗产的处理立有遗嘱的情况下，继承人的范围、继承顺序等均按照法律规定确定的继承方式。第六编第二章规定了法定继承制度，明确了继承权男女平等原则，规定了法定继承人的顺序和范围，以及遗产分配的基本制度。同时，在原继承法的基础上，完善代位继承制度，增加规定被继承人的兄弟姐妹先于被继承人死亡的，由被继承人的兄弟姐妹的子女代位继承。

（3）关于遗嘱继承和遗赠。遗嘱继承是根据被继承人生前所立遗嘱处理遗产的继承方式。第六编第三章规定了遗嘱继承和遗赠制度，并在原继承法的基础上，进一步修改完善了遗嘱继承制度。

（4）关于遗产的处理。第六编第四章规定了遗产处理的程序和规则，并在原继承法的基础上，进一步完善了有关遗产处理的制度。

7. 侵权责任编

侵权责任是民事主体侵害他人权益应当承担的法律后果。第七编侵权责任在总结实践经验的基础上，针对侵权领域出现的新情况，吸收借鉴司法解释的有关规定，对侵权责任制度做了必要的补充和完善。侵权责任编共10章、95条，现将主要内容概述如下，以供参考。

（1）关于一般规定。第七编第一章规定了侵权责任的归责原则、多数人侵权的责任承担、侵权责任的减轻或者免除等一般规则。并在原《侵权责任法》的基础上做了进一步的完善。

（2）关于损害赔偿。第七编第二章规定了侵害人身权益和财产权益的赔偿规则、精神损害赔偿规则等。同时，在原侵权责任法的基础上，对有关规定做了进一步完善。

（3）关于责任主体的特殊规定。第七编第三章规定了无民事行为能力人、限制民事行为能力人及其监护人的侵权责任，用人单位的侵权责任，网络侵权责任，以及公共场所的安全保障义务等。同时，民法典在原侵权责任法的基础上做了进一步完善。

（4）关于各种具体侵权责任。第七编的其他各章分别对产品生产销售、机动车交通事故、医疗、环境污染和生态破坏、高度危险、饲养动物、建筑物和物件等领域的侵权责任规则做出了具体规定，并在原侵权责任法的基础上，对有关内容做了进一步完善。

8. 附则

"附则"明确了民法典与原婚姻法、继承法、民法通则、收养法、担保法、合同法、物权法、侵权责任法、民法总则的关系。在民法典施行之时，同步废止上述民事单行法律。

6.3.3　工程实践与法律法规

1. 工程与法律体系的关系

不同类型、不同阶段的工程，要受到不同法律规范的约束，由此形成各种法律问题。工程实践必须与法律关系理论结合，才能将工程实践中多面、复杂且动态关联的法律关系有效融入实践过程，从而确保工程活动有序合法地进行。面对工程领域中复杂的法律问题，我们可以考虑从部门法的属性着手进行系统性认知。对不同的部门法按属性进行分类，意义在于针对不同的法律问题或法律纠纷，适用不同的法律规范，并通过不同的法律途径加以解决。

在工程领域，由于所涉及的法律关系种类繁多、性质各异，其归属的部门法的属性也各不相同，由此可划分为宪法及宪法相关法、民商法、行政法、经济法、社会法、刑法、诉讼与非诉讼程序法等不同部门法的属性的法律问题。限于篇幅，以下仅介绍以下三个：民法问题、行政法问题、刑法问题。

（1）工程领域中的民法问题

在工程全生命周期中，无论是工程的决策、规划、设计、施工、监理、运营、维护等，大都以合同的方式来确立工程主体之间的权利与义务关系，这属于一种民事性质的工程关系，应该由民法规范来加以约束及调整，属于工程领域的民法问题。例如，工程建设、工程施工合同等事宜，要通过民法的途径加以认识，解决出现的问题。合同法将在后面详细介绍。

知识产权法也属于民法，是民法的特别法。知识产权法主要调整因创造、使用智力成果而产生的社会关系，包括知识产权的归属、行使、管理和保护等活动。现代社会中，知识产权作为一种私权在各国普遍获得确认和保护，知识产权制度作为划分知识产品公共属性与私人属性界限并调整知识创造、利用和传播中所形成的社会关系的工具在各国普遍确立，并随着科学技术和商品经济的发展而不断地拓展、丰富和完善。这部分内容将在后面详细介绍。

（2）工程领域中的行政法问题

工程领域中涉及众多的行政法问题。在工程全生命周期中，不仅工程的立项、决策和规划专属于行政权管辖的范围，在民事主体完成的设计、施工、监理、运行等工程阶段仍然需要合理的行政干预，以维护公共利益。工程周期的不同阶段也要由不同的行政主管部门进行管辖。

（3）工程领域中的刑法问题

工程建设领域，还会涉及一些严重的违法犯罪问题，需要动用刑法加以制裁。例如，工程建设中的重大安全事故罪、渎职罪、贪污受贿罪、串通招标投标罪等涉及工程犯罪的问题，都属于刑法问题。

以上是按部门法的属性对工程中的法律问题进行分类，这样，我们可以分门别类地对其进行了解、研究及学习。在工程中遇到法律问题时，就能够给出基本的判断，判断其应该属于什么类型的法律问题以及如何解决。

2. 工程实践与合同法

工程相关的行政法规对于规范工程合同的签订、履行和解决纠纷起到了一定的引导作用，有利于工程实践的良性发展，有利于引导工程共同体合法、合规签订、履行合同。

（1）合同的概念和特征

合同，又称为"契约"或者"协议"，是指平等主体的自然人、法人、非组织法人之间设立、变更、终止民事权利义务关系的协议。上述概念中的"法人"是指依法成立的，具有民事权利能力和民事行为能力，依法独立享有民事权利和承担民事义务的组织，如公司。

合同具有如下 4 个特征：

1）法律行为：合同是一种法律行为，必须有两个或两个以上的当事人，并且这些当事人必须意思表示一致。

2）平等地位：合同当事人法律地位平等，双方自愿协商，任何一方不得将自己的观点强加给另一方。

3）合法性：合同的内容必须合法，不能违反公序良俗和法律强制性规定，否则合同无效。

4）法律效力：合同是从法律上明确当事人之间的特定权利与义务关系，并具有相应的法律效力。

例如，通信工程建设合同是通信工程建设单位和承包单位为了完成其所商定的工程建设目标以及与工程建设目标相关的具体内容，明确双方相互权利、义务关系的协议。主要包括通信建设工程勘察合同、设计合同、施工合同、监理合同等。

合同的作用是多方面的，主要包括：保护合同当事人的合法权益，减少纠纷；合同具有法律约束力，可促使双方履行合同义务；维护社会经济秩序，促进社会经济建设。

（2）合同的主体

合同的主体是合同关系的主体，又称为合同当事人。在通信工程建设合同中，合同关系的主体就是指承包人和发包人，承包人是指工程项目合同中负责工程勘察、设计、施工、监理任务的一方，发包人是指工程项目合同中委托承包人进行工程勘察、设计、施工、监理任务的建设单位。

（3）合同的客体

合同的客体即合同标的，是合同主体享有权利和承担义务所指向的事物。标的表现形式可以是物、劳务、行为、智力成果及工程项目等。例如，签订的合同是建设通信线路工程施工，则此通信线路即为合同的标的；签订的合同是通信线路工程设计，则标的即为设计结果，表现为智力成果。

（4）合同管理的流程

合同管理是指企业对以自身为当事人的合同依法进行订立、履行、变更、解除、转让、终止以及审查、监督、控制等一系列行为的总称。其中订立、履行、变更、解除、转让、终止是合同管理的内容；审查、监督、控制是合同管理的手段。合同管理的流程如图 6-5 所示。下面就图 6-5 中部分内容进行介绍。

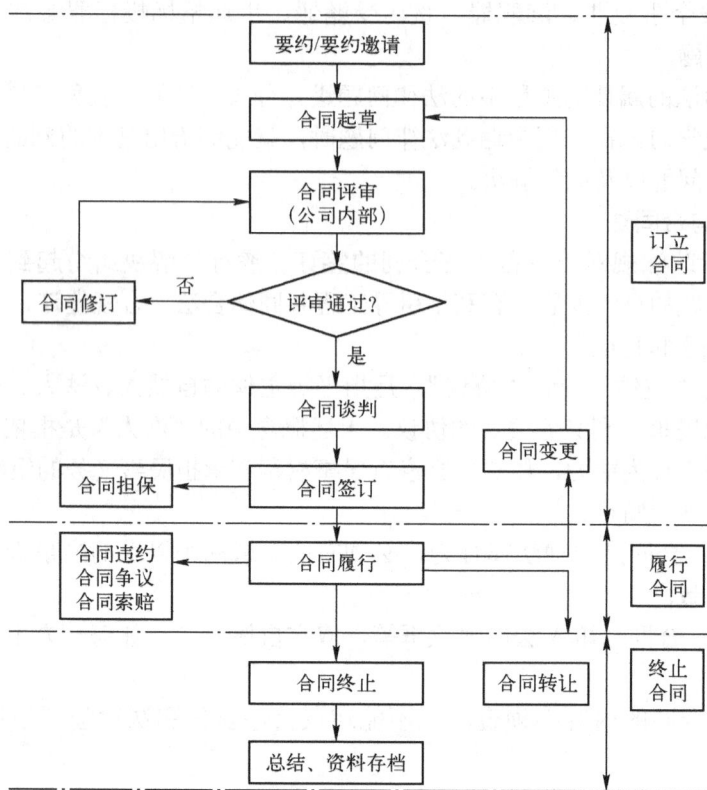

图 6-5 合同管理的流程

（1）合同的订立

合同的订立是指当事人之间进行磋商谈判，为意思表达并达成合意而成立合同的过程，它所描述的是缔约各方自接触、洽谈直到达成合意的过程，是动态过程与静态协议的统一。

一般合同的订立要件，只有缔约主体就主要条款达成一致意见。合同一经订立，当事人要受其约束，不论其合同是否生效，学术上称为合同的约束力。所以，合同的约束力指的是除当事人同意，或有解除原因外，不容一方任意反悔，无故撤销。

（2）合同的效力

与"合同约束力"不同的另一个概念是"合同的效力"。合同的效力是指基于合同而发生的权利和义务，合同的订立并不一定就具备效力，二者可以同时发生，也可以异时发生，在合同已订立却未生效的情形下，若一方违背诚实信用而负有过错，则应向对方承担缔约过失责任。

工程实践活动中合同的效力状态可以是有效、无效、可撤销或效力待定。其中，无效合同是指因欠缺合同生效要件而不能根据当事人的意愿发生相应效力的合同。无效合同也可发生一定的效力，但并非当事人追求的效力，如返还财产、赔偿损失等。赔偿损失的性质通常被视为缔约过失责任，根据过错的有无及大小来确定。

（3）合同的无效与可撤销

合同的绝对无效与相对无效制度，也被称为无效与可撤销制度。绝对无效是指因合同严重违反法律的生效条件，合同当事人预定的法律效果不仅在当事人之间不发生，而且在其与第三人之间也不发生，即体现了法律对这种合同的坚决否定的态度。而可撤销合同则多是因为合同当事人的意思表示存在瑕疵，虽然法律不对其做否定性评价而允许其生效，但法律同时赋予受不利影响的人在一定期间内根据自己的利益衡量对合同做出有效或者无效的自由决定，即决定是否撤销的权利。

（4）合同的履行

合同的履行是指合同各方当事人按照合同的规定，全面履行各自的义务，实现各自的权利，使各方的目的得以实现的行为。

合同的履行是缔约的真正目的。合同的履行及对合同履行的法律保护构成了现代社会信用制度的重要组成部分，体现了对这种信用制度的保护。在现代社会，及时结清的交易以及贸易或者交易已不占有重要地位，而大量的交易表现为双方的义务履行上时间的非同步性，而这种非同步性就体现了信用制度。在这种制度下，合同的履行具有十分重要的意义。

（5）合同的变更和转让

在合同的履行过程中，可能出现合同变更和转让，同时，也可能出现合同违约、合同争议、合同索赔等现象。合同变更是指对已经依法成立的合同，在承认其法律效力的前提下，对其进行修改或补充。变更合同是一种法律行为，是指签约双方当事人在符合法律规定的条件下，就修改原定合同的内容所达成的协议。民法典第五百四十三条规定：当事人协商一致，可以变更合同。合同转让是指合同一方将合同的权利、义务全部或部分转让给第三人的法律行为。对于合同权利、义务的转让，除另有约定外，原合同的当事人之间以及转让人与受让人之间应当采用书面形式确定。

（6）合同的终止

合同终止是指合同当事人双方依法使相互间的权利义务关系终止，即合同关系不复存在。

民法典第五百五十七条规定了合同终止的几种情形：债务已经履行；债务相互抵销；债务人依法将标的物提存；债权人免除债务；债权债务同归于一人；法律规定或者当事人约定终止的其他情形。

合同权利义务的终止，不影响合同中结算和清理条款的效力以及通知、协助、保密等义务的履行。

3．工程实践与知识产权法

（1）知识产权的基本概念

知识产权是指权利人对其智力劳动所创作的成果和经营活动中的标记、信誉所依法享有的专有权利，通常是国家赋予创造者对其智力成果在一定时期内享有的专有权或独占权。各种智力创造，比如发明、外观设计、文学和艺术作品，以及在商业中使用的标志、名称、图像，都可被认为是某一个人或组织所拥有的知识产权。

知识产权从本质上说是一种无形财产权，其客体是智力成果或知识产品，是一种无形财产或者一种没有形体的精神财富，是创造性的智力劳动所创造的劳动成果。它与房屋、汽车等有形财产一样，都受到国家法律的保护，都具有价值和使用价值。有些重大专利、驰名商标或作品的价值甚至远远高于一栋房屋、一辆汽车等有形财产。

（2）知识产权的特征

知识产权是与物权、债权并列的独立的民事权利，是民事主体对其创造性的客体依法享有的专有权利。知识产权有以下特征。

1）专有性：也称独占性，是知识产权的权利人所专有的权利。除了法律另有规定以外，其他人未经权利人许可不得行使其权利。否则，就会构成侵权，受到法律制裁。知识产权实际上是一种垄断权，是法律赋予权利人对其智力成果所享有的专有权利，权利人独占或垄断的专有权利只有通过"强制许可""合理使用"等法律程序才能变更。比如小刚的小发明"可折叠情侣雨伞"获得专利权后，其他人想制造，就必须经过专利权人小刚的许可，才不会侵权。

2）地域性：法律确认和保护的知识产权，除该国与他国条约或参加国际公约外，只在一国领域内发生法律效力。例如，某企业在国内取得了注册商标专用权，在中国受到商标法保护。如果在外国也要取得知识产权保护，必须依照该国家的法律规定提出申请。

3）时间性：各国法律对知识产权的保护都有严格的时间限制，保护期满后权利自动终止。丧失效力的知识产权客体进入公有领域，成为全人类共有的财富，其他人可以无偿使用。例如，《中华人民共和国专利法》规定，发明专利的有效期是20年，实用新型和外观设计专利的有效期是10年。当然，个别知识产权的保护不受时间限制，如商业秘密权、著作权中的署名权等。

4）复合性：知识产权的复合性指其内容既包括人身权利又包括财产权利。所谓人身权利，又称为精神权利，是指权利与取得智力成果的人的人身不可分离，是人身关系在法律上的反映。例如，作者在其作品上署名的权利，或对其作品的发表权、修改权等。所谓财产权利，又称为经济权利，是智力成果被法律承认后，权利人可利用这些智力成果取得报酬或者得到奖励的权利。

（3）知识产权的类型

民法典第一百二十三条规定："民事主体依法享有知识产权。知识产权是权利人依法就下列客体享有的专有的权利：作品；发明、实用新型、外观设计；商标；地理标志；商业秘密；集成电路布图设计；植物新品种；法律规定的其他客体。"对应的知识产权的类型包括：著作权（版权）、专利权、商标权、地理标志权、集成电路布图设计权、植物新品种权等。

1）作品。对作品的知识产权保护主要规定在著作权相关法律法规中。著作权法第三条规定，作品，是指文学、艺术和科学领域内具有独创性并能以一定形式表现的智力成果，包括：文字作品；口述作品；音乐、戏剧、曲艺、舞蹈、杂技艺术作品；美术、建筑作品；摄影作品；视听作品；工程设计图、产品设计图、地图、示意图等图形作品和模型作品；计算机软件；符合作品特征的其他智力成果。权利人依法就作品享有的专有权利是著作权。根据著作权法的规定，著作权，是指著作权人对其作品享有的人身权和财产权，包括发表权、署名权、修改权、保护作品完整权、复制权、发行权、出租权、展览权、表演权、放映权、广播权、信息网络传播权、摄制权、改编权、翻译权、汇编权和应当由著作权人享有的其他权利。

2）发明、实用新型、外观设计。专利法第二条规定，发明创造是指发明、实用新型和外观设计。发明，是指对产品、方法或者其改进所提出的新的技术方案。实用新型，是指对产品的形状、构造或者其结合所提出的适于实用的新的技术方案。外观设计，是指对产品的整体或者局部的形状、图案或者其结合以及色彩与形状、图案的结合所做出的富有美感并适于工业应用的新设计。

3）商标。商标法第三条规定，经商标局核准注册的商标为注册商标，包括商品商标、服务商标和集体商标、证明商标。集体商标，是指以团体、协会或者其他组织名义注册，供该组织成员在商事活动中使用，以表明使用者在该组织中的成员资格的标志。证明商标，是指由对某种商品或者服务具有监督能力的组织所控制，而由该组织以外的单位或者个人使用于其商品或者服务，用以证明该商品或者服务的原产地、原料、制造方法、质量或者其他特定品质的标志。

4）地理标志。地理标志是指标示某商品来源于某地区，该商品的特定质量、信誉或者其他特征，主要由该地区的自然因素或者人文因素所决定的标志。权利人依法就地理标志享有专有权。

5）商业秘密。商业秘密是指不为公众所知悉、能为权利人带来经济利益、具有实用性并经权利人采取保密措施的技术信息和经营信息。权利人依法对商业秘密享有专有权。

6）集成电路布图设计。集成电路布图设计是指集成电路中至少有一个是有源元件的两个以上元件和部分或者全部互连线路的三维配置，或者为制造集成电路而准备的上述三维配置。权利人依法对集成电路布图设计享有专有权。

7）植物新品种。植物新品种是指植物品种保护名录内经过人工选育或者发现的野生植物加以改良，具备新颖性、特异性、一致性、稳定性和适当命名的植物品种。

8）法律规定的其他客体。除了前述明确列举的知识产权的客体，为未来知识产权客体的发展留出了空间。

6.3.4　法律法规在工程实践中的基本原则

法律法规在工程实践中的基本原则如下。

（1）工程质量原则

质量原则是指任何工程在质量上、安全上均能获得良好的保证，具备其应有的使用功能和安全保障，质量原则也可称为危险预防原则，它属于工程管制措施的原则。工程质量原则的目的不是对工程质量不合格产生具体危险时，对具体危险做出立即反应，而是在工程质量有可能出现危险时或根本无危险出现时，事先通过工程质量原则对不合格的工程予以排除。

质量原则在工程实践中的具体表现，是各种质量标准的确定。检测工程质量是否合格的基准，通常是工程质量合格标准，而且此标准一定比具体的可能造成人民生命、健康和财产损害的工程的质量标准要严格。

（2）公共利益原则

公共利益在法律上属于不确定法律概念，其不仅是行政法位阶的一个基本原则，也是宪法位阶的一个基本原则。公共利益原则在工程实践活动中体现在工程的立项、决策、规划及废除阶段。公共利益作为不确定性法律概念，其利益、价值的比较经由不同的评价标准，将呈现不同的结果。因此，公共利益概念的界定，必须符合"量最广"且"质最高"的标准。

（3）衡平原则

所谓衡平原则，就是说在工程立项、决策、规划乃至建设各阶段所涉及的公益与私益的考量与相互衡平性的衡量。在法律法规上的衡平原则的标准有三方面：就工程涉及的所有利益加以考量；针对各种利益的状态加以考量；不得忽略公益或私益，也不得忽视个人利益客观分量的方式来为衡平的考量。

（4）公平、公正、公开及诚实信用原则

公平及诚实信用原则是民法上的最基本原则，而公平、公正、公开又是行政法上的基本原则。在工程实践中所涉及的法律法规是跨法域的行业性法律法规，其法律规范既涉及民法又涉及行政法，例如在属于行政权保留阶段的立项、决策和规划阶段，行政主体应遵循公平、公正、公开原则，向公众公布其工程决策的过程和目的；公平及诚实信用作为民法"帝王"原则，在工程实践中不限于对工程风险的分配，也是贯彻工程实践中所有民事活动的指导原则。

（5）合理干预原则

合理干预原则是指行政主体对参与工程实践的各主体依法进行适当的、合理的干预，以确保工程的质量。"依法"是指行政机关对参与工程实践各方的干预必须有法律、法规、规章明确性规定的依据。"适当、合理"是指行政主体对工程的干预，无论是通过行政立法的方式，还是通过行政行为的方式，均应以合理的方式限制在一定的范围内。合理干预原则是质量原则在具体实施过程中自然延伸产生的，以确保工程质量，维护公共利益，避免公众遭受不合格工程的侵害。

（6）与国际接轨原则

与国际接轨原则是指在工程实践过程中，应引用、借鉴国际上成熟的、被证明是行之有效的工程建设和监管模式，以促进工程建设领域的现代化进程。

6.4 工程风险与安全

在当今快速发展的世界中，工程作为推动社会进步和经济发展的重要力量，其重要性不言而喻。从雄伟的桥梁到错综复杂的计算机系统，从高效的能源设施到先进的医疗设备，每一项工程成果都是人类智慧与创造力的结晶。大规模、综合性、复杂化以及工程影响力日益成为现代工程的重要特征。然而，工程在追求效率、质量和经济效益的同时，安全问题始终是悬于所有工程项目之上的达摩克利斯之剑。同时，工程总是伴随着风险，这是由工程本身的性质决定的。工程观影响着人们对待工程的态度，影响着工程风险的认知评估和工程责任的分配承担。通过科学的风险评估、严格的安全管理和有效的安全控制措施，可以降低工程活动中潜在的危险和事故风险，保障工程顺利进行，保护人员生命财产安全，维护社会稳定和生态环境。因此，工程与安全是相辅相成的，必须在工程活动的全生命周期中始终坚持安全第一的原则。

事实上，几乎所有的工程伦理章程都将安全置于最高的地位，要求工程师必须将公众的安全、健康和福祉置于至高无上的地位。国家职业工程师协会伦理章程的第一项基本准则要求成员"将公众的安全、健康和福祉置于至高无上的地位"。

6.4.1 工程风险与工程安全的概念

1. 风险

天有不测风云，人有旦夕祸福。人们在日常生活中对于风险已经司空见惯。在涉及自身安全的事项中，人们总是在想方设法地规避、降低风险，毕竟风险会造成损失或伤害，严重时还会让每个人都心惊胆战。什么是风险？风险是事物运行过程中出现不良后果的可能性，可能性的大小也就意味着风险的高低。该风险定义分为两个层次：首先，强调风险的不确定性，并且可以用概率来衡量风险的不确定性，这是一种客观意义上的概率；其次，强调风险带来的损害或损失，可以用风险度来衡量风险的各种结果差异给风险承担主体带来的损失，差异越小风险越小，差异越大风险越大，这是一种主观意义上的概率。因此，风险是一种既客观又主观的概率。综合上述两点，风险的概念涉及目标可能受到的某种损害，以及这种潜在损害演化为实际损害的不确定性。

2. 安全

如果一个事物的风险被充分认识后，按照其既定的价值原则被一个理性人判断为是可以接受的，那么，这个事物就是安全的。安全又分狭义安全和广义安全。狭义安全具有技术安全的含义，是指某一领域或系统中的安全，即人们通常所说的某一领域或系统中的安全技术问题。例如，机械安全、矿业安全、交通安全、消防安全、航空安全、建筑安全、核工业安全等，都属于狭义安全的范畴。广义安全，指的是全民、全社会的安全，是以某一领域或系统为主的技术安全扩展到生产安全、生活安全与生存安全领域，所形成的生产、生活、生存领域的大安全。

此外，还需要注意安全与事故、危险和风险等其他相关概念的区分。安全是从人的身心需要的角度提出的，是针对人及人的身心直接或间接相关事物而言的。然而，安全并不能直接被人所感知。能被人直接感知的是事故、危险、风险等。风险是对事故发生的可能性及其后果的严重程度的度量，体现的是事故造成的损失。例如，工人可能由于触摸带有高压电的、因绝缘层破损而裸露的电线而触电，这是一种危险；工人实际触电事件的发生，就是我们通常所说的触电事故；而这类触电事故的风险大小，则需要从工人触摸到电线发生触电事故的可能性大小，以及所造成的后果（如导致工人的身体机能出现损伤或死亡）等两个方面来综合衡量。

3. 工程风险

风险是由于未来的不确定性造成的，工程风险也是如此。工程的不确定性，知识的不完备性和创新性，都包含着工程风险，正如 6.1 节所述，工程风险的存在意味着工程是一场社会试验。工程风险是指在工程项目的实施过程中，由于工程内部技术、外部环境和工程活动中诸多不确定性因素的存在，可能导致项目目标无法实现或偏离预期的可能性。根据国际标准化组织（ISO 13702）的定义，工程风险特指特定危险事件发生的概率与后果（损失）的结合，描述了工业系统危险程度的客观量，用 $R = f(P, L)$ 表示，其中，P 表示概率（Probability）；L 表示损失（Loss）；R 表示工程风险度（Risk）。工程风险度（R）具有概率（P）和后果（L）的二重性。

由于工程类型的不同，引发工程风险的因素是多种多样的。总体而言，工程风险的来源包括：

1）技术风险：源于技术的不确定性，可能因技术难题、设计缺陷、零部件老化、控制系统失灵或施工失误等导致项目失败或产生安全隐患。由于工程在设计之初都有使用年限的考虑，工程的整体寿命往往取决于工程内部寿命最短的关键零部件。只有工程系统的所有单元都处于正常状态，才能充分保证系统的正常运行。

2）管理风险：涉及项目管理上的不确定性，如计划不当、组织协调不力或资源分配不均等，这些都会对项目进展和安全构成威胁。

3）经济风险：主要与经济环境、市场变化等因素相关，可能导致项目成本增加、收益减少或资金链断裂。

4）环境风险：指自然环境和社会环境的不确定性对项目实施的影响，如恶劣气候条件、地质条件复杂、自然灾害或政策法规变化等。例如，2011 年 3 月 11 日日本东北太平洋地区发生里氏 9.0 级地震，导致福岛第一核电站、第二核电站反应堆发生故障，这样的结果是人们事前没有预料到的。

5）市场风险：如需求变化、竞争加剧、原材料价格波动等。

风险等级常被分为红、橙、黄、蓝四级。红色表示高风险，即不可接受的风险，需要采取紧急措施，降低风险到合理水平才能恢复工作。橙色表示中等风险，即不期望有的风险，需要努力降低风险，在规定的时间内恢复正常工作。黄色为较低风险，为有限接受的风险，评审是否需要另外的防御控制措施。蓝色为低风险，表示可以接受的风险，可以正常运行，见表6-1所列。

表6-1 风险等级划分与风险预警控制

风险等级	预警色	风险预警控制
Ⅰ（高）	红色	不可接受的风险。紧急出动，采取措施降低风险到合理水平方可恢复工作
Ⅱ（中）	橙色	不期望有的风险。集结待命，降低风险在规定时间内恢复工作
Ⅲ（较低）	黄色	有限接受的风险。原地待命，评审是否需要另外的控制措施
Ⅳ（低）	蓝色	可以接受的风险。正常运行

4. 工程安全

工程安全则是指在工程项目的实施过程中，通过各种措施确保工程项目的人身安全、设备安全和环境安全等方面的目标得以实现。它是工程项目顺利进行的基本保障，也是工程师职业道德的基本要求。

1）人身安全：确保工程项目实施过程中，参与人员的人身安全不受威胁。

2）设备安全：保障设备的正常运行，防止设备事故的发生，确保工程项目的顺利进行。

3）环境安全：控制工程项目对环境的影响，防止环境污染和生态破坏，实现可持续发展。

显然，安全和风险是明显相关联的概念，工程师努力使其设计足够安全。然而，没有任何工程活动是零风险的。工程安全的目标是防范和控制风险，确保工程项目的顺利进行。通过采取有效的安全措施，可以降低风险的发生概率和影响程度，从而保障工程项目的安全。例如，切尔诺贝利核电站，利用核能发电，带来了巨大的经济效益，但核电站的泄漏使得当地变成了一座"鬼城"，对当地的社会、政治、经济等造成了灾难性的影响。

6.4.2 工程风险防范

从工程实践的角度看，任何工程都隐含着各种各样的风险。正确认识工程风险，积极地识别、评估、规避、化解工程风险，是使工程有效运行的重要条件。一个成功的工程项目，不仅要满足功能性和经济性要求，更要确保人员安全、环境保护和社会稳定。安全意识的缺失，哪怕是最微小的疏忽，都可能导致灾难性的后果，如建筑倒塌、环境污染，甚至人员伤亡。因此，将安全理念深植于工程文化的核心，是实现可持续发展和构建和谐社会的关键。从工程活动的各个阶段看，均存在着各种风险，因此，下面将从工程活动的全生命周期出发，探讨从决策、规划、设计、施工到运维各阶段的风险识别、评估与应对策略，旨在为工程管理者提供一套系统化的工程风险防范框架。

1. 工程决策阶段的风险防范

在工程领域，决策是项目成功的关键所在，而风险防范则是决策过程中不可或缺的一环。工程决策不仅关乎项目的技术可行性、经济效益，更涉及安全风险、环境影响等多个方面。因此，从工程决策的角度出发，加强风险防范，是确保项目顺利实施、保障公共利益和社会可持续发展的必然要求。

（1）工程决策中的风险识别

工程决策的首要步骤是全面识别潜在风险。这包括但不限于技术风险、经济风险、安全风险、环境风险以及社会风险。技术风险涉及新技术的可靠性、成熟度和适用性；经济风险则与项目成本、融资条件、市场需求等紧密相关；安全风险关乎施工安全、运营安全及公众健康；环境风险则涉及项目对自然环境的潜在影响；社会风险则涉及公众接受度、社会稳定等因素。

（2）风险评估与量化

识别风险后，需对其进行评估与量化，以确定风险的优先级和应对策略。这通常涉及风险发生的可能性、影响程度以及风险的可控性分析。通过建立风险矩阵，将风险按照其严重性和可能性进行分类，有助于决策者更加清晰地识别高风险领域，为后续的风险管理提供科学依据。

（3）决策中的风险考量

在工程决策过程中，应将风险防范作为核心考量因素之一。这要求决策者不仅具备深厚的专业知识和丰富的实践经验，还需具备高度的责任感和风险意识。具体而言，决策时应从以下几方面着手。

1）注重长期效益与短期利益的平衡，避免为了追求短期经济利益而忽视长期的环境和社会影响。

2）强化跨部门协作：工程决策往往涉及多个利益相关方，包括政府、企业、公众等。加强跨部门沟通与协作，确保各方利益得到充分考虑，有助于减少决策中的社会风险。

3）引入第三方评估：邀请独立专家或机构对项目进行评估，提供专业意见，增加决策的透明度和公信力。

4）制定应急预案：对于可能引发重大风险的决策，应事先制定应急预案，确保在风险发生时能够迅速响应，减轻损失。

（4）提升决策者的风险防范能力

为有效防范工程决策中的风险，还需不断提升决策者的风险防范能力。具体而言，应从以下几方面着手。

1）加强培训与教育：定期组织决策者参加风险管理、可持续发展等方面的培训，提升其风险意识和决策水平。

2）建立风险数据库：积累工程风险案例，建立风险数据库，为决策者提供决策支持。

3）鼓励创新与合作：鼓励技术创新和跨学科合作，通过新技术、新方法的应用，降低项目风险。

工程决策阶段的风险防范是一项复杂而艰巨的任务，它要求决策者具备高度的智慧与远见，能够在复杂多变的环境中做出科学、合理的决策。通过全面识别风险、科学评估风险、在决策中充分考虑风险，并不断提升自身的风险防范能力，就可以有效减少工程决策中的不确定性，保障项目的顺利实施，为社会的可持续发展贡献力量。

2．工程规划阶段的风险防范

（1）风险识别

项目规划是工程风险防范的起点。在此阶段，需通过市场调研、技术可行性分析、环境影响评估等手段，全面识别可能影响项目成功的内外部风险因素，如政策变动、市场需求变化、技术难题、资金短缺等。

（2）风险评估

对识别出的风险进行量化评估，确定其发生的概率和潜在影响程度。采用风险矩阵等工具，将风险分为高、中、低等级，为后续制定风险应对措施提供依据。

（3）风险应对策略

根据风险评估结果，制定风险规避、减轻、转移（如通过保险）或接受策略。例如，对于高风险的技术难题，可通过引入外部专家咨询、技术合作等方式降低风险；对于资金风险，可通过多元化融资渠道、设置预算缓冲等措施加以应对。

3．工程设计阶段的风险防范

工程设计阶段的风险，很大程度上是由于设计者违反设计规范或责任心不强而产生的设计失误。当然，工程设计上的风险也有外部原因造成的。对于那些难度很大的工程，往往存在一些难以完全预测的客观因素，由此就产生了设计的风险。

（1）优化设计方案

设计阶段应注重技术创新与成本效益的平衡，通过多方案比选，选择既能满足功能需求又具有较高抗风险能力的设计方案。利用先进设计工具与技术，提前发现并解决设计冲突，减少施工变更风险。

（2）强化安全审查

严格遵守设计规范，加强设计文件的安全审查，确保结构安全、消防、环保等方面符合国家和行业标准。对于特殊工程，如高层建筑、桥梁、核电站等，还需进行专项安全评估。

（3）可持续性考量

充分考虑项目的长期环境影响和社会责任，将绿色建筑、节能减排理念融入设计之中，以减少未来因环保政策调整带来的风险。

4．工程建造阶段的风险防范

工程建造的主体是施工企业，或者说是建造企业，因此，建造环节的风险主要是建造企业所面临的各种风险。

（1）严格合同管理

建造企业首先要通过投标承揽工程，而投标是存在风险的。施工合同应明确双方权利义务，特别是关于工期延误、质量缺陷、变更管理等条款，以减少合同执行中的纠纷风险。

（2）质量控制与安全管理

建立健全质量管理体系和安全生产责任制，实施全过程质量监控和定期安全检查，及时发现并纠正质量问题与安全隐患。

（3）进度与成本管理

采用先进的项目管理软件，实时监控工程进度和成本支出，及时调整资源配置，确保项目按计划推进，避免成本超支和工期延误。

5．工程运维阶段的风险防范

（1）定期维护与检修

制定科学的设施维护计划，定期进行设备检查、保养和维修，预防故障发生，延长使用寿命。

（2）规范使用工程产品

如桥梁等工程产品，其承载力、承载量都是经过科学计算的，在使用时必须严格执行通行标准，不能超量和超力。

（3）应急响应机制

建立健全的应急管理体系，包括应急预案制定、应急演练、应急物资储备等，确保在突发事件发生时能够迅速响应，有效控制事态发展。

（4）性能监测与优化

利用物联网、大数据等技术手段，对设施运行数据进行实时监测和分析，及时发现性能下降或能耗异常等情况，采取措施进行优化调整，提高运营效率，降低长期运营成本。

工程风险防范是一个贯穿工程活动全生命周期的系统工程，需要工程参与各方从规划到运维各阶段都保持高度的风险意识，采取科学有效的风险管理措施。通过不断优化风险管理流程，提升风险应对能力，可以有效降低工程风险，保障项目顺利实施，实现经济效益与社会效益的双赢。

6.4.3　工程风险评估与管理

在工程实践中，有效的风险评估与管理机制是预防安全事故的第一道防线。这包括识别项目中可能存在的所有潜在危险源，评估其发生的可能性及可能造成的后果，进而制定并实施相应的风险控制措施。随着大数据、人工智能等技术的应用，风险评估的准确性和效率得到了显著提升，为工程安全提供了更加科学的决策支持。工程风险的评估原则如下。

1. "以人为本"原则

"以人为本"的风险评估原则意味着在风险评估中要体现"人不是手段而是目的"的伦理思想，充分保障人的安全、健康和全面发展，避免狭隘的功利主义。在具体的操作中，尤其要做到加强对弱势群体的关注，重视公众对风险信息的及时了解，尊重当事人的知情同意权。

2. "预防为主"原则

在工程风险的伦理评估中，要实现从"事后处理"到"事先预防"的转变，坚持"预防为主"的风险评估原则，做到充分预见工程可能产生的负面影响，加强日常安全隐患排查，强化监督管理，完善预警机制等。

3. "整体主义"原则

任何工程活动都是在一定的社会环境和生态环境中进行的，工程活动一方面要受到社会环境和生态的制约，另一方面也会对社会环境和生态环境造成影响。所以，在工程风险的伦理评估中要有大局观念，要从社会整体和生态整体的视角来思考工程实践活动的影响。

4. "制度约束"原则

建立完善的制度是实现工程伦理有效评估的切实保障途径。首先，建立健全安全管理的法规体系。安全管理制度主要包括：安全设备管理、检修施工管理、危险源管理、特种作业管理、危险品存储使用管理、电力管理、能源动力使用管理、隐患排查治理、监督检查管理、劳动防护用品管理、安全教育培训、事故应急救援、安全分析预警与事故报告、生产安全事故责任追究、安全生产绩效考核与奖励等。其次，建立并落实安全生产问责机制。最后，还要建立媒体监督制度。

工程风险评估不仅需要通过计算获取准确的工程风险度（R）值，还需要建立合理的安全指标（R_c）值，实现 $R \leqslant R_c$。工程风险评估的核心问题之一就是建立"工程风险在多大程度上是可接受的"准则，其本身就是一个伦理问题，即工程风险可接受性的社会公正问题，既要考虑现有技术水平、社会经济能力，又要反映公众的价值观、工程灾害的承受能力。

工程风险虽然不可能完全消除，但可以对其进行有效管理。我国目前已形成比较完善的工程风险管理体系，旨在通过识别、衡量、分析风险，从而有效控制风险，用最经济的方法来综合处理风险，以实现最佳安全生产保障。如图 6-6 所示，做好风险管理，降低风险度

（R）是关键。这包括提高保护措施以降低事故造成的损失（L），做好施工全过程的检查、监督与管理，消除各种不利因素，使工程项目都符合标准；其次就要提高预防措施，降低事故的概率（P），从重复性的事故以及可能出现的事故两方面入手，做好事故的防范工作；最后还要做好事故的应急处置，将事故对环境和财产造成的损失降到最低。

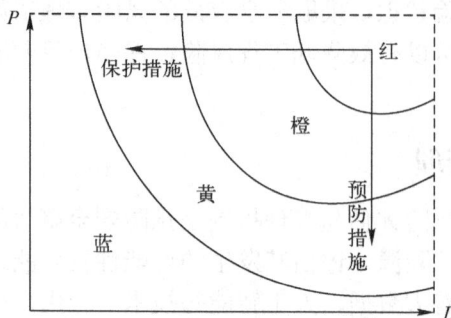

图 6-6　风险预防与保护措施影响示意图

6.4.4　工程风险控制

在当今快速发展的工程领域，无论是基础设施建设、信息技术开发，还是制造业创新，工程项目的复杂性和规模都在不断攀升。伴随而来的是各种潜在的风险，这些风险若不能得到有效控制，不仅会导致项目延期、成本超支，甚至可能引发安全事故，严重影响项目的整体效益和社会影响。因此，工程风险控制成为项目管理中不可或缺的一环，它关乎项目的顺利进行、投资回报以及企业的可持续发展。工程风险控制的主要策略如下。

1）风险识别与评估：利用专家访谈、SWOT 分析、故障树分析等方法，全面识别项目中的风险点，并对其进行量化评估，确定风险等级。

例如，SWOT 分析是通过综合评估企业内部的优势（Strengths）与劣势（Weaknesses），以及企业外部环境中的机会（Opportunities）与威胁（Threats），构造 SWOT 矩阵，并将这些因素进行两两组合分析，进而帮助企业或个人识别关键的内外部条件，为制定战略决策提供参考。这一分析过程旨在将内外部因素综合概括，明确企业的强项和潜在弱点，把握外部环境中的有利时机和潜在风险，从而指导企业选择最适合的发展路径和战略方向。

2）风险规划：根据风险评估结果，制定相应的风险应对策略，如风险规避、减轻、转移（如通过保险）或接受。同时，建立风险应对预案，确保在风险发生时能够迅速响应。

3）监控与报告：实施持续的风险监控，定期审查风险状态，及时调整风险应对策略。建立有效的报告机制，确保项目团队和管理层能够及时了解风险动态。

4）培训与文化建设：加强团队成员的风险意识培训，建立风险导向的企业文化，鼓励主动识别和报告风险，形成良好的风险管理氛围。

5）创新技术的应用：科技进步为工程安全带来了前所未有的机遇。智能监控系统能够实时监测工程结构的状态，提前预警潜在风险；无人机和机器人技术可以在危险环境中执行检查和维护任务，减少人员直接暴露于危险之中的机会；虚拟现实（VR）和增强现实（AR）技术则可用于安全培训和模拟应急响应，提高人员的应对能力。

工程与安全，如同天平的两端，任何一方的失衡都会影响到整个系统的稳定。面对未来，我们需要在追求工程奇迹的同时，更加重视安全的基础性作用，通过技术创新、文化培育、制度完善等多维度努力，共同构建一个既高效又安全的工程环境。只有这样，我们才能在保障人民生命财产安全的基础上，实现经济社会的高质量发展，迈向更加美好的明天。

参 考 文 献

[1] 徐建成，申小平. 工程文化[M]. 北京：电子工业出版社，2021.

[2] 王浩程. 工程文化：基于实体建构的工程创新路径[M]. 北京：清华大学出版社，2018.

[3] 张波. 工程文化[M]. 2 版. 北京：机械工业出版社，2018.

[4] 徐志玲，武小鹰. 工程与社会[M]. 北京：科学出版社，2020.

[5] 陈江平，胡海涛. 工程与社会[M]. 北京：机械工业出版社，2021.

[6] 全民工程素质学习大纲课题组. 全民工程素质学习大纲[M]. 北京：社会科学文献出版社，2021.

[7] ZENG S X，MA H Y，LIN H，et al. Social responsibility of major infrastructure projects in China[J]. International Journal of Project Management, 2015, 33(3): 537-548.

[8] 潘环环. 民法典解读与应用[M]. 北京：中国法制出版社，2024.

[9] MARTIN M W，SCHINZINGER R. 工程伦理学[M]. 李世新，译. 北京：首都师范大学出版社，2010.

[10] 殷瑞钰，汪应洛，李伯聪. 工程哲学[M]. 3 版. 北京：高等教育出版社，2018.

第7章 工程项目管理

项目管理是一门古老的科学,既包含工程技术、管理技术,又与组织行为学息息相关,比如系统科学、行为科学、心理学等,同时还涉及金融、会计等经济学范畴,逐渐发展成为一门多维度、多层次的综合性交叉学科。到了 20 世纪 60 年代初,举世瞩目的"阿波罗"登月计划,更是让项目管理方法从此风靡全球。进入 90 年代后,项目管理逐步标准化,国际上逐渐形成了三大项目管理的研究体系,分别是欧洲的国际项目管理协会(International Project Management Association,IPMA)、美国项目管理协会(Project Management Institute,PMI)和英国的受控环境下的项目管理(Project in Controlled Environment 2,PRINCE2)体系。近年来,随着工程项目管理理论研究和工程实践的不断深入,美国项目管理协会(PMI)颁发的《项目管理知识体系指南》(Project Management Body of Knowledge,PMBOK)已经于 2017 年更新到第 6 版。同时,信息技术在工程项目管理中的应用越来越广泛,重要性日益明显和突出。本章在综合以上成果的基础上给出工程项目管理的基本理论和框架。工程项目管理的基础是知识体系与工作模板,项目管理知识体系重点从知识领域的角度将项目管理分为 10 个项目管理知识领域,每个知识领域包括数量不等的项目管理过程及工作模板。

7.1 工程项目管理的基本概念

7.1.1 管理

管理是人类共同劳动的产物。管理同人类社会息息相关,凡是人类社会活动都需要管理。随着人类社会活动广度和深度的延伸,管理的含义、内容、理论、方法等都在逐渐变化和发展,管理的重要性也日益突出,以至于在现代社会,管理和科学技术一并成为支撑现代文明社会的两大支柱,成为加速人类历史前进的两大动力。

管理的核心和实质是促进社会系统发挥科学、技术和工程的社会功能,取得社会效益和经济效益。作为社会经济与科学技术的中间环节,管理具有中介性、科学性和社会性 3 项基本特征。科学、技术和工程通过管理物化为生产力的各要素,推动社会经济的发展。离开了管理的中介作用,科学、技术和工程将成为"空中楼阁"。

7.1.2 项目与工程项目

项目无处不在、无时不有。常见的项目多种多样,如航空航天项目、基础设施项目、科学研究项目、房地产开发项目、咨询项目、大型软件项目等。正如美国项目管理专业资质认证委员会主席保罗·格雷斯(Paul Grace)所说:"在当今社会,一切都是项目,一切都将成为项目。"从人类开始有组织的活动起,就一直执行着各种项目。从中国万里长城到埃及金字塔,从阿波罗计划到英吉利海峡隧道,再到长江三峡工程,人类一直实施着各种规模的项目。因此，项目来源于人类有组织活动的分化。

1．项目的概念

人们所从事的各种社会经济活动按其是否具有重复持续性的特征，大体可分为两种类型：一类是具有连续不断且较稳定的重复性特征，称为"日常工作"或"运营"（operation），如一般社会行政事务活动、企业日常的商务活动和生产活动；另一类则具有较明显的一次性特征，称为"项目"（project），如某项工程的投资建设活动、某项新产品新技术开发过程、国家特定的某项政策法规的制定等。这两种类型的社会经济活动具有不同的运作规律和特点，因而需要不同的管理方法和组织形式。前者构成了一般的行政管理、社会管理或企业管理的对象，后者则构成了项目管理的对象。

关于项目的定义，国内外许多相关组织和学者都尝试用简单通俗的语言对其进行抽象性概括和描述。美国项目管理协会（PMI）在《项目管理知识体系指南》（PMBOK）中将项目定义为"为创造某项独特的产品、服务或成果而进行的临时性工作"。项目的"临时性"是指项目有明确的开始时间和结束时间。"临时性"并不一定意味着项目的持续时间短。ISO 10006《质量管理——项目管理质量指南》中定义项目为"由一组有起止时间的、相互协调的受控活动组成的特定过程，该过程要达到符合规定要求的目标和预定质量水平，包括时间、成本和资源的约束条件"。

项目的定义多种多样，但是基本要点大同小异。事实上，项目作为被管理的对象，是在一定的约束条件（如时间、资源、成本、质量、客户满意度、环境承受力）下，为实现特定的目标而开展的一次性、动态的任务过程。

项目的总体属性从根本上说是一系列工作，它包含 3 层含义：①项目是一项有待完成的任务，有特定的环境与要求；②在一定的组织机构内，利用有限资源（人力、物力、财力等），在规定的时间内完成任务；③任务要满足一定的性能、质量、数量、技术指标等要求。

2．项目的特征

项目是一项独一无二的任务，也可以理解为在一定的时间和一定的预算内所要达到的预期目标。项目侧重于过程，它是一个动态的概念。例如，人们可以把一条高速公路的建设过程视为项目，但不可以把高速公路本身称为项目。并非所有的任务都是项目，项目具有以下特征：

1）一次性。这一特征是项目与日常工作的最大区别。项目有明确的开始时间和结束时间，项目在此之前从来没有发生过，将来也不会在同样的条件下再发生；而日常工作是无休止的工作，或者是经常重复的活动。正如没有两片完全相同的树叶一样，世界上也没有两个完全相同的项目。项目的一次性决定了项目在运行过程会遇到各种各样的不确定性，项目管理组织不能采用一成不变的方式来处理各种事务，而应具体问题具体对待，合理地管控各种工作内容。

2）独特性。每个项目都有自己的特点，都有别于其他项目。每个项目所产生的产品、服务或完成的任务与已有的其他项目的产出物，在某些方面会有明显的差别。项目要完成的是以前未曾做过的工作，所以它的运作是独特的。

3）目标性。每个项目都有自己明确的目的和目标。为了在一定的资源约束条件下达成目标，在项目实施以前，项目法人及项目经理必须进行周密的计划。事实上，项目实施过程中的各项工作与措施都是为实现项目的预定目标而开展的。

4）组织临时性。项目的开展要以职责分工明确的组织机构为前提，由不同角色的主体执行不同的工作内容。项目组织从项目开始时成立至项目结束时解散。

5）生命周期性。不论是古代还是现代，人类的工程实践都表现为动态的过程。无论项目的规模大小与投资多少，每个项目都有自己的生命周期，即包括开始项目、组织与准备、执行项目工作、结束项目 4 个阶段。但是每个项目各阶段的工作量不同，所耗费的时间不同，故项目的生命周期差别较大。

6）约束性。项目同其他工作任务一样，存在资源的约束性，即存在人力、物力、资金、时间、信息等的限制条件。任何项目都是在有限的资源条件下进行的，这是客观的现实，项目的约束性带给项目管理各种新挑战。一般来说，项目包括质量（功能）、进度（时间）和投资（费用）三大目标。其中，质量是关于项目效果的，保证项目能够发挥既定功能，获得预想的结果；而进度和投资是关于项目效率的，即以正确、高效的方式实施项目。项目的三大目标既相互依赖、又相互矛盾。因此，在确定项目目标时必须从全局出发，保证各目标之间的均衡。

3．项目相关方

项目相关方是指可能影响项目决策、活动或结果的个人、群体或组织，以及会受或自认为会受项目决策、活动或结果影响的个人、群体或组织。项目相关方也称为项目的利益相关者、项目干系人，他们会对项目的目标和结果施加影响。项目相关方包括：

1）用户（客户）。用户（客户）是使用项目实体或成果的个人或组织。任何项目的开发都是为项目用户（客户）服务的。

2）业主。实施一个项目，所有者、投资者或项目所属的企业、政府必须成立专门的组织或委派专门人员以业主的身份负责项目的管理。

3）投资者。项目的直接投资单位、参与融资的金融单位，或项目所属的企业。它可以是个人、一个组织，也可以是由众多股东或银行组成的一个团体。有时，投资者和业主可以是同一个人或组织。

4）承包商。承包商是按委托方要求进行项目建设的组织。一般通过招标投标的形式来选择有竞争力的承包商。承包商通过消耗各种资源，为业主提供项目产品或服务。

5）供应商。供应商是为项目的建设提供商品或服务的组织。

6）政府。这里是指对项目进行审批、监督和管理的政府部门。只有对利益相关者的需求和期望进行管理并施加影响，调动其积极因素，化解其消极影响，才能确保项目获得成功。

4．工程项目

工程项目是最常见的一种项目类型，是投资与建设相结合的一种典型项目。工程项目是指在一定的约束条件（如资源、进度、质量和成本等）下，为创造独特的工程产品而进行的一次性努力的结果。工程项目是一种固定资产的投资活动，涉及项目构思、项目策划、项目设计、项目实施、交付使用和项目终止的全过程，突出了策划决策、实施建设和使用运营三大阶段。众所周知，任何一个工程项目，无论是建造一个基站，还是搭建一个光纤网络，都要使用人力、财力、物力、时间、信息等资源，同时，人们总是希望在有限的资源条件下，按质、保量、如期地实现项目目标。怎样才能在每个项目中有效地利用和协调各种资源促成目标的实现，是工程项目管理的根本任务。

工程项目具有如下特点：其对象是有着特定要求的工程技术系统、有明确的目标、条件的约束性、一次性和不可逆性、影响的长期性、特殊的组织和法律条件、复杂性、风险性等。

工程项目种类繁多，分类管理、区别对待很有必要。对此，人们通常将工程项目划分为以下类型：

1）按投资的再生性划分为基本建设项目和更新改造项目。基本建设项目如新建、扩建、改建、迁建、重建等；更新改造项目如技术改造项目、技术引进项目、设备更新项目等。

2）按项目目标划分为经营性项目和非经营性项目。经营性项目是指投资以实现所有者权益的市场价值最大化为目标，以投资谋利为行为趋势；非经营性项目是指投资不以追求盈利为目标，而是以社会效益最大化为目标。

3）按建设过程划分为预备项目、筹建项目、在建项目、投产项目和收尾项目等。

4）按投资规模划分为大型项目、中型项目和小型项目。

5）按投资来源渠道划分为国家投资建设项目、银行信用筹资建设项目、自筹资建设项目、引进外资建设项目、资金市场筹资建设项目等。

6）按用途划分为生产性建设项目和非生产性建设项目。生产性建设项目如工业、农业、林业、水利、气象、交通运输、邮电通信、商业和物资等设施建设；非生产性建设项目如住宅建设、文教卫生建设、公用事业建设、科学实验研究等。

7.1.3　项目管理

1. 项目管理的概念

美国项目管理协会（PMI）成立于 1969 年，是全球领先的项目管理行业的倡导者，创造性地制定了行业标准。由 PMI 组织编写的《项目管理知识体系指南》（PMBOK）已经成为项目管理领域最权威的教科书。

项目管理是指为了达到项目目标，对项目的策划（规划、计划）、组织、控制、协调、监督等活动过程进行监控的总称。项目管理是一种管理思想和管理模式，是以项目为对象，以合同为纽带，以项目目标为目的，以现代化技术为手段，按项目内在客观规律组织项目活动的科学化方法。项目管理就是将知识、技能、工具与技术应用于项目活动，以满足项目的要求。项目管理通过合理运用与整合特定项目所需的项目管理过程，使组织能够有效且高效地实施项目。项目管理就是变理想为现实，化抽象为具体的一门科学和艺术。

项目包含项目生命周期、项目阶段、阶段关口、项目管理过程、项目管理过程组、项目管理知识领域等几个关键组成部分，各个组成部分在项目管理期间相互关联，只有有效地管理这些组成部分，项目才能成功完成，如图 7-1 所示。

（1）项目生命周期

项目生命周期指项目从启动到收尾所经历的一系列阶段，其是通过一系列项目管理活动进行的，即项目管理过程。虽然项目规模及复杂程度各不相同，但是典型项目都呈现通用的生命周期结构：启动项目、组织与准备、执行项目工作、收尾项目，如图 7-2 所示。而产品生命周期是代表一个产品从概念、交付、成长、成熟到衰退的整个演变过程的一系列阶段。一般可分为四个阶段，即投入期、成长期、成熟期和衰退期。一个产品生命周期中可以包括多个项目生命周期。项目生命周期可存在于产品生命周期的一个或多个阶段中。

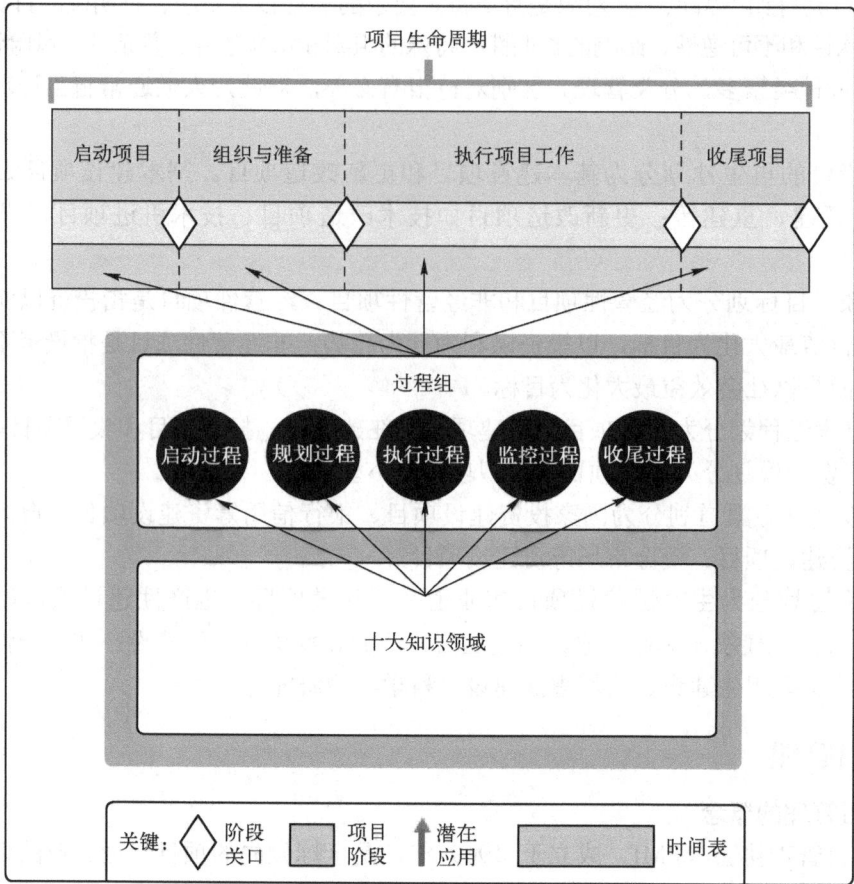

图 7-1 项目关键组成部分在项目中的相互关系

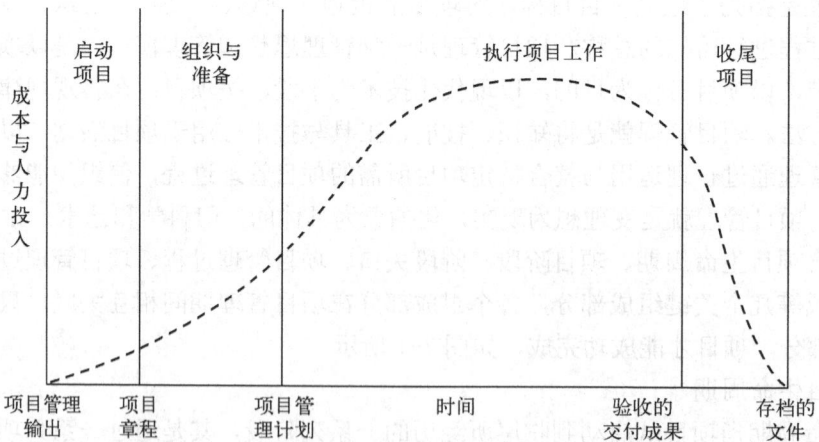

图 7-2 通用项目生命周期

（2）项目阶段

项目阶段是一组具有逻辑关系的项目活动的集合，通常以一个或多个可交付成果的完成为结束。项目生命周期的各个阶段可以通过各种不同的属性来描述。这些阶段之间可能是顺序、迭代或交叠的关系。项目阶段的名称、数量和持续时间取决于参与项目的一个或多个组织的管理与控制需要、项目本身的特征及其所在的应用领域，如图 7-3 所示。

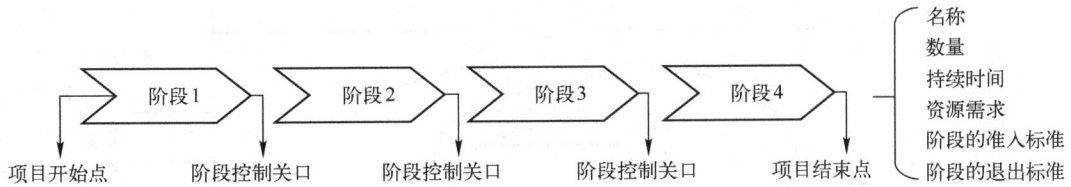

图 7-3 项目阶段示意图

（3）阶段关口

每个项目阶段都有时限，有一个起始点、结束点或控制点，有时称为阶段关口、阶段审查、控制关口。阶段关口在项目阶段结束时进行，将项目的绩效和进度与项目和业务文件比较，从而为做出进入下个阶段、进行整改或结束项目的决定而开展阶段末审查。

（4）项目管理过程

项目管理过程是为完成预定的产品、成果或服务而执行的一系列相互关联的行动和活动。每个项目管理过程都有各自的输入、处理（工具和技术）以及相应的输出，通过合适的项目管理工具和技术将一个或多个特定的输入转化成一个或多个特定的输出，如图 7-4 所示，IPO（Input Processing Output）图是"输入-处理-输出"图的简称，它是美国 IBM 公司提出的一种图形工具，能够方便地描绘输入数据、处理数据和输出数据的关系。它的基本形式是在左边的框中列出有关的输入数据，在中间的框中列出主要的处理，在右边的框中列出产生的输出数据。项目管理工作需要接收各种相关输入（原材料），运用工具与技术来处理这些输入，创造出所需的输出（成果）。项目管理过程使用 IPO 图为基本框架，不论项目涉及的具体工作是什么，这个基本框架都适用。《PMBOK 指南》第 6 版的大部分内容，都围绕 IPO 图编写。借助各种管理过程来描述项目管理工作，就把本来较模糊、非结构化、不便于言传的项目管理，转变成了较清晰、结构化、便于言传的项目管理。

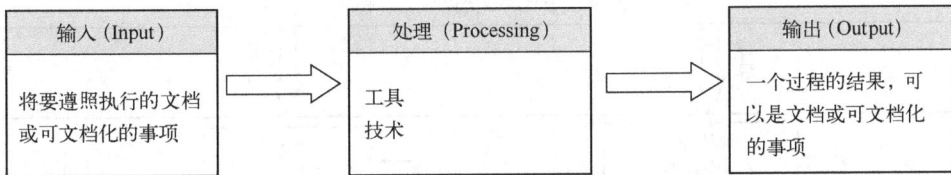

图 7-4 项目管理过程的 IPO 图

（5）项目管理过程组

项目管理过程组就是各个过程的集合，分为 49 个过程，共五大项目管理过程组：启动（Initiation）过程、规划（Plan）过程、执行（Execution）过程、监控（Monitor & Control）过程、收尾（Close）过程，组成项目管理生命周期，如图 7-5 所示。其中，启动过程是获得授权，定义一个新项目或现有项目的一个新阶段，正式开始该项目或阶段的一组过程。规划过程是明确项目范围，优化目标，为实现目标而制定行动方案的一组过程。执行过程是完成项目管理计划中确定的工作以满足项目规范要求的一组过程。监控过程是跟踪、审查和调整项目进度与绩效，识别必要的计划变更并启动相应变更的一组过程。收尾过程是为完成所有过程组的所有活动以正式结束项目或阶段或合同责任的一组过程。前一过程的输出是后一过程的输入，各过程（组）在项目阶段中相互重叠、重复地执行。项目管理过程组面向管理,具有通用性,重点关注项目的描述和组织。

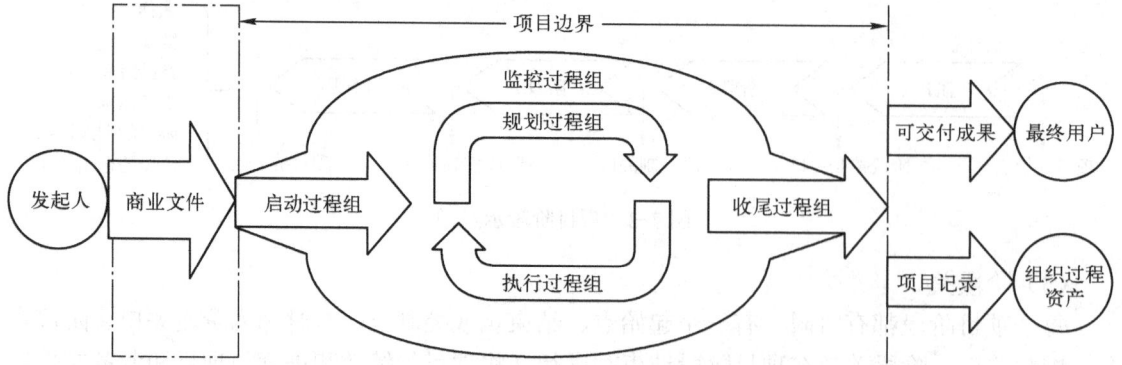

图 7-5　五大项目管理过程组之间的相互关系

（6）项目管理知识领域

项目管理知识领域是按所需知识内容来定义的项目管理领域,并用其所含过程、做法、输入、输出、工具和技术进行描述。包括十大知识领域:整合管理、范围管理、进度管理、成本管理、质量管理、资源管理、沟通管理、采购管理、风险管理、相关方管理。它们之间的相互关系如图 7-6 所示。项目整合管理是项目管理的指导思想,必须在整合管理的指导之下开展后九大知识领域的管理。项目整合管理要求把项目中的全部要素整合在一起,实现项目范围、进度、成本和质量的综合最优。因为项目目标是用范围、进度、成本和质量来测量的,而风险又是会对项目目标有影响的不确定事件,所以,项目范围管理、进度管理、成本管理、质量管理和风险管理都是与项目目标直接相关的知识领域。其他四大知识领域,即资源管理（内部资源）、沟通管理、采购管理（外部资源）和相关方管理,则都是与项目所需的资源（特别是人力资源）直接相关的。

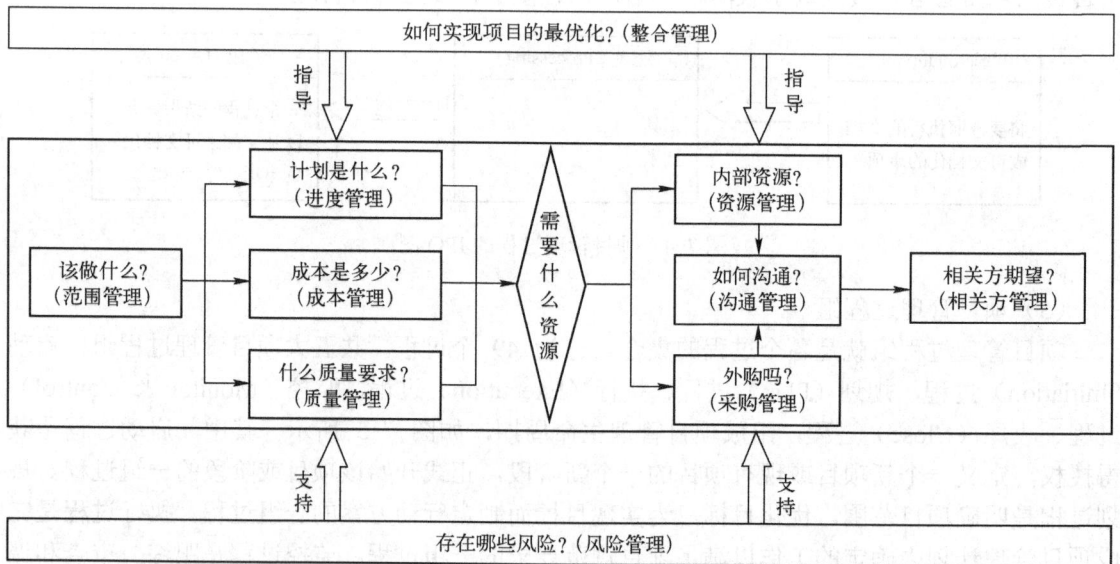

图 7-6　十大知识领域之间的相互关系

项目管理过程、项目阶段与项目管理知识领域之间的对应关系如图 7-7 所示。

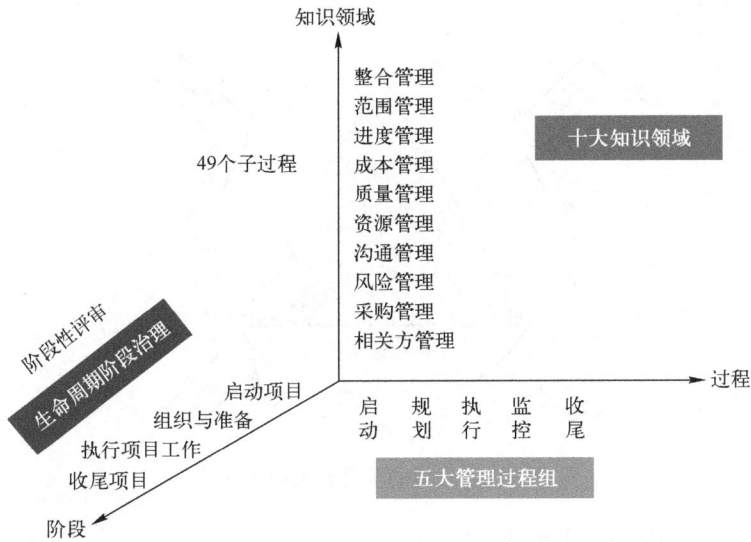

图 7-7　项目管理过程、项目阶段与知识领域之间的对应关系

2．项目管理的主要特征

1）项目管理的计划性。项目是否能按时按质完成，与项目的计划密切相关。项目管理首先要明确工作计划。如果没有确定的工作计划，项目所涉及的任务没有先后顺序，项目完成的时间和质量就会无法控制，从而导致实施过程的无序甚至无期。

2）项目管理的系统性。项目中的各项任务有机联系、相互制约、统一协调。项目管理是一项系统工程，应运用系统工程的思想和方法进行管理。例如，一个车间的生产管理，有计划管理、流程管理、运行管理、质量管理等，相互统一协调，形成一个有机的生产管理系统。

3）项目管理的可控性。项目管理需要有良好的过程控制，计划永远没有变化快，即使制订了严密的实施计划，如果过程控制没有按计划执行，项目就有可能变成"空中楼阁"。人员的安排、费用的预算、成本的控制、过程的管理等都直接与项目管理的可控性有关。

4）项目管理的依赖性。项目的实施离不开环境和资源的支撑。项目管理的核心往往是资源管理，如人力资源管理、资金管理、物资管理等。

现代项目管理理论认为，项目一般由两部分构成：一是项目的实现过程；二是项目的管理过程。而项目管理通过启动、计划、执行、控制和收尾等过程实现。所有一次性、创新性、独特性工作的管理都属于项目管理的范畴，管理是项目得以顺利实施的有力保障。

3．项目管理的基本内容

（1）项目目标

从狭义上讲，完成项目就是要在规定的范围、进度、成本和质量要求之下完成项目可交付成果。项目范围、进度、成本和质量，是用于规定项目目标的 4 个必不可少的维度。这 4 个维度又可被归纳为"效率"和"效果"两个维度。进度和成本是关于项目效率的，即以正确的方式用尽可能低的代价做事；而范围和质量则保证项目成果能够发挥既定的功能，是关于项目效果的，即做正确的事，获得想要的结果。项目管理在充分考虑风险的前提下，为满足相关方的需求，而确定并实现项目的范围、进度、成本和质量要求，如图 7-8 所示。

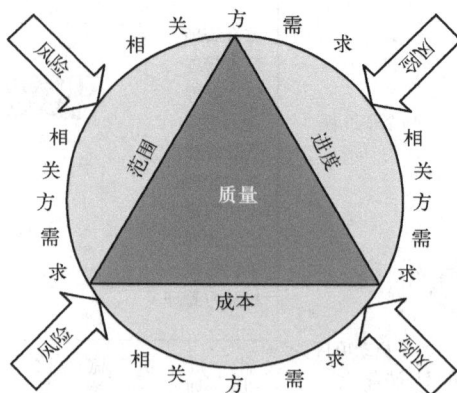

图 7-8　具体的项目要求和目标

（2）项目目标各维度的优先顺序

项目的范围、进度、成本和质量这 4 个维度紧密相连，既相互依存又相互竞争。改变某个维度会引起至少一个其他维度的变化。要优化某个维度，通常只能以损害另一个维度为代价。笼统地讲，项目的范围、进度、成本和质量等子目标没有优先顺序，但在具体项目上的优先顺序由高级管理层而不是项目经理决定。项目经理要在项目规划和执行过程中贯彻高级管理层所决定的这种优先顺序。

（3）项目目的

项目目标是指要做出怎样的项目可交付成果（符合范围、进度、成本和质量要求），而项目目的是指为什么要做出这样的项目可交付成果（这个成果能够带来什么效益）。项目应该具有驱动组织变革和为组织创造商业价值的特性。为了明确项目目的，在正式启动项目之前，就要对项目进行商业论证，编制出商业论证报告和相应的效益管理计划。在效益管理计划中，必须明确项目拟实现的商业价值，包括实现时间、效益实现责任人、具体测量指标、效益实现方法以及对效益实现进展情况的追踪方法。

（4）项目管理的实现过程

项目管理是通过一系列项目管理过程来实现的。每个过程尽管可在特定情况下单独使用，但在大多数时候都是与其他相关过程整合在一起而协调使用的。《PMBOK 指南》列出了 49 个项目管理过程，被系统归纳为启动、规划、执行、监控与收尾五大过程组。具体工作如下：

1）识别主要相关方需求，分析项目需求的一致性、协调性和矛盾性。

2）权衡相互竞争（矛盾）的项目需求，寻找最佳平衡点。

3）建立具体、明确且现实可行的项目目标。

4）制定具体实施计划，组建项目团队。

5）对项目进展情况进行动态监督与控制，及时纠正偏差，保证项目顺利实施。

6）完成收尾工作，结束项目阶段或整体项目。

因为项目需要在整个生命周期中渐进明细，所以许多项目管理过程都需要不断反复，而不是一次性完成。在项目早期阶段，项目管理团队在宏观层面上开展这些过程，随着对项目了解的增加，逐步细化至微观层面。

（5）项目管理的知识体系

在《PMBOK 指南》中，把管理大多数项目所需要的共同知识整理成了"十大知识领域"，即项目整合管理、范围管理、进度管理、成本管理、质量管理、资源管理、沟通管理、风险管理、采购管理和相关方管理。但是仅仅理解和应用这些知识还远远不够。要有效地管理项目，还要掌握应用领域的知识、标准与法规，对项目环境的理解，通用的管理知识，人际关系技能等。

（6）项目管理的基本任务

《PMBOK 指南》定义了项目经理在管理项目时通常应开展的 35 项任务和 133 项子任务，可按三个部分展开：

人员部分：组建团队、赋能团队、建设团队、解决冲突、提高团队绩效，以及项目相关方参与的广义的项目团队建设。

过程部分：确定完成项目的总体方法，开展项目整合管理、范围管理、进度管理、成本管理、质量管理、风险管理、相关方管理、采购管理等。

商业环境部分：开展项目合规性管理、开展项目效益管理、管理商业环境变化对项目的影响、支持组织变革。

7.1.4　工程项目管理

1. 工程项目管理的概念

工程项目管理是项目管理的基本理论和方法在工程项目领域的具体应用与发展，是项目管理者为了项目取得成功，达到所要求的功能和质量、所规定的时限、所计划的费用预算等目标，采用系统的观念、理论和方法，发挥计划职能、控制职能、协调职能、监督职能的作用，开展的全面、科学、有序、明确的管理活动。工程项目管理的对象是工程项目，工作内容涵盖了建设项目管理、工程设计项目管理和施工项目管理等方面。工程项目管理是以工程项目为对象，在一定的约束条件下，为实现工程项目的目标和达到规定的工程质量标准，根据工程项目建设的内在规律性，运用现代管理理论和方法，对工程项目从策划决策到竣工交付使用的全过程进行计划、组织、协调和控制等系统化管理的过程。

2. 现代工程项目管理的新挑战

1）现代工程项目在投资规模、涉及领域和复杂性程度上都极大地超过过去的工程项目。现代工程项目的投资高达几十亿甚至几百亿元人民币，而且采用的工程材料广泛、工程技术复杂，除传统技术的应用外，大都与计算机技术、网络通信技术、自动控制技术、环保节能技术相结合，集中体现了近代科学技术的创新成就，形成了具有时代特征的现代工程项目。

2）现代工程项目所面临的社会经济环境与过去有所不同。进入 21 世纪以后，信息化、网络化、经济全球化的特征日益显现。现在的工程项目产品不再是一个地区、一个国家的产物，而往往是国际合作的结果。这种合作不仅表现在新技术、新工艺、新材料的国际交流与应用，也表现为工程建设过程中的全球性竞争，即不同国家的设计商、建筑商、设备制造商、咨询公司或专业化的工程项目管理公司的竞标和协作实施，最终完成工程项目建设的任务。

3）现代工程项目对环境保护、生态平衡有更高的要求。随着人类社会的不断发展进步，可持续发展的理念已经成为世界各国政府的共识并深入人心。在社会经济生活的方方面面，人们更加注重对自然环境的保护、对自然资源的珍惜，以保持生态平衡。世界各国在大力发展经济的同时，对工程项目建设提出了在生态环境方面的更新、更高的要求，也就是人们常说的"绿色工程项目"概念。所谓绿色工程项目，是指在项目的全生命周期内，最大限度地节约资源（节地、节水、节能、节材等），保护环境和减少对生态的破坏，即在达成工程项目目标的同时实现"人-工程-自然"三者和谐统一的项目。实现绿色工程项目既是时代对工程项目的新要求，又是项目参与各方承担社会责任的具体表现。

3．工程项目管理的重要意义

工程项目管理的重要意义体现在以下几个方面：

1）实现工程项目的既定目标。任何项目都有特定的目标，如使用功能目标、经济目标、社会目标等，所有这些目标的实现都需要有效的项目管理，尤其是科学的项目前期论证与决策，以及合理的项目规划、设计与实施。只有系统地应用计划、组织、协调、控制的方法进行全过程管理，才能实现工程项目的既定目标。

2）有效地组织工程项目实施的全过程。工程项目实施的全过程包括项目确立与决策、勘察设计、施工建设、竣工验收与交付，有的项目还涉及运营过程，整个过程要经历较长的时间。因此，要合理地组织各阶段的工作，以确保工程项目目标的最终实现。

3）在规定的时间内完成工程项目建设的全部任务。现代工程项目是一个系统工程，包括若干子项目、分项目，要能在规定时限内全部完成其建设任务，必须进行项目的进度管理。完整的进度管理既有进度计划，又有进度控制，前者是后者的基础，后者是前者的保障。进度计划与进度控制的有机结合能够确保工程项目建设如期完成。

4）确保工程项目的整体质量。工程项目的质量是项目实施全过程的质量，既有设计规划的质量，又有采购、设备定制的质量，还有工程建造施工的质量。只有进行系统完整的工程质量保障体系设计和积极认真的质量控制，才能提高工程项目的整体质量水平。

5）尽可能地节约工程项目建设费用。每个工程项目都受到总投资的限制，要做到既满足工程工期、质量的要求，又不超支，必须最大限度地节约工程项目建设费用。

6）更好地规避风险或减少风险造成的损失。工程项目管理的实践表明，几乎所有的项目都存在不能达到预期效果的风险。工程项目风险是指工程项目生命周期内消极的、人们不希望的后果发生的潜在可能性。由自然环境与社会环境引起的工程项目风险，有的是无法回避的，有的会造成或大或小的损失。应通过系统的风险识别、估计和评价，找到风险的应对和控制办法，以便更好地规避各种风险，或者将风险造成的损失控制在一定范围内。

7）减少各种冲突，保障工程项目顺利实施。工程项目的实施涉及不同的组织，有不同的利益相关者参与，这些组织各自追求的目标不同，其决策风格不同，行为习惯也不同，必然导致工作中的矛盾与冲突。工程项目管理中的协调方法、信息化方法和合同管理方法等就是减少各种冲突的有效手段。项目各环节上的矛盾缓解了，冲突避免了，工程项目才能得以顺利实施。

8）锻炼了队伍，培养了人才。成功的工程项目离不开一个团结、高效的项目管理团队。没有这样一个团队以及全体成员的共同努力工作，是不可能实现工程项目的既定目标的。工程项目管理过程也是一个锻炼管理队伍的过程，这不仅对于专业化的工程项目管理公司是积累经验的过程，对于业主而言同样是一大收获与积累。

7.2　工程项目管理十大知识领域

所谓知识领域，是指按所需知识内容来定义的项目管理领域，并用其所含过程、实践、输入、输出、工具和技术进行描述。虽然知识领域相互联系，但从项目管理的角度来看，它们是分别定义的。工程项目管理不仅针对范围、时间、成本、质量等核心要素，还包括沟通、风险等基本内容。本节系统介绍工程项目管理知识体系的要素。

经过多年实践，业界普遍比较认可的是由 PMI 制定的《项目管理知识体系》（PMBOK）。PMBOK 将项目管理知识体系分为十大知识领域：项目整合管理、项目范围管理、项目进度管理、项目成本管理、项目质量管理、项目资源管理、项目沟通管理、项目风险管理、项目采购管理和项目相关方管理。每个知识领域分别包含比较详细的项目管理过程及工作模板。表 7-1 列出了项目管理十大知识领域的主要内容以及与项目管理过程组的对应关系。其中，启动过程组有 2 个过程，规划过程组有 24 个过程，执行过程组有 10 个过程，监控过程组有 12 个过程，收尾过程组有 1 个过程，总计 49 个项目管理过程。

表 7-1　项目管理十大知识领域的主要内容以及与项目管理过程组的对应关系

知识领域	项目管理过程组				
	启动过程组（2）	规划过程组（24）	执行过程组（10）	监控过程组（12）	收尾过程组（1）
项目整合管理	1）制定项目章程	2）制订项目管理计划	3）指导与管理项目工作 4）管理项目知识	5）监控项目工作 6）实施整体变更控制	7）结束项目或阶段
项目范围管理		1）规划范围管理 2）收集需求 3）定义范围 4）创建 WBS		5）确认范围 6）控制范围	
项目进度管理		1）规划进度管理 2）定义活动 3）排列活动顺序 4）估算活动持续时间 5）制订进度计划		6）控制进度	
项目成本管理		1）规划成本管理 2）估算成本 3）制定预算		4）控制成本	
项目质量管理		1）规划质量管理	2）管理质量	3）控制质量	
项目资源管理		1）规划资源管理 2）估算活动资源	3）获取资源 4）建设团队 5）管理团队	6）控制资源	
项目沟通管理		1）规划沟通管理	2）管理沟通	3）监督沟通	
项目风险管理		1）规划风险管理 2）识别风险 3）实施定性风险分析 4）实施定量风险分析 5）规划风险应对	6）实施风险应对	7）监督风险	
项目采购管理		1）规划采购管理	2）实施采购	3）控制采购	
项目相关方管理	1）识别相关方	2）规划相关方参与	3）管理相关方参与	4）监督相关方参与	

1）项目整合管理包括为识别、定义、组合、统一和协调各项目管理过程组的各个过程和活动而开展的过程与活动。

2）项目范围管理包括确保项目做且只做所需的全部工作以成功完成项目的各个过程。

3）项目进度管理包括为使项目按时完成所需的各个过程。

4）项目成本管理包括为使项目在批准的预算内完成而对成本进行规划、估算、预算、融资、筹资、管理和控制的各个过程。

5）项目质量管理包括把组织的质量政策应用于规划、管理、控制项目和产品质量要求，以满足相关方的期望的各个过程。

6）项目资源管理包括识别、获取和管理所需资源以成功完成项目的各个过程。

7）项目沟通管理包括为确保项目信息及时且恰当地规划、收集、生成、发布、存储、检索、管理、控制、监督和最终处置所需的各个过程。

8）项目风险管理包括规划风险管理、识别风险、开展风险分析、规划风险应对、实施风险应对和监督风险的各个过程。

9）项目采购管理包括从项目团队外部采购或获取所需产品、服务或成果的各个过程。

10）项目相关方管理包括用于开展下列工作的各个过程：识别影响或受项目影响的人员、团队或组织，分析相关方对项目的期望和影响，制定合适的管理策略来有效调动相关方参与项目决策和执行。

某些项目可能需要一个或多个领域的知识。例如，建造项目可能需要财务管理或安全与健康管理相关知识。

7.2.1 项目整合管理

1. 项目整合管理的概念

项目整合管理，就是运用项目管理的系统化思维、模型和工具，统筹项目从启动到收尾过程的动态关系，系统整合项目资源，以达到或实现项目设定的目标或投资效益。通俗地讲，项目整合管理是指为确保项目各项工作之间能够有机地协调与配合而开展的综合性、全局性的项目管理活动。

项目整合管理包括为识别、定义、组合、统一和协调各项目管理过程组的各个过程和项目管理活动而开展的过程与活动。在项目管理中，整合兼具统一、合并、沟通和建立联系的性质，这些行动应该贯穿项目始终。

项目整合管理是保障项目各方能够有机地协调与配合而进行的管理，其内容主要包括为达到项目相关利益者的期望去实施的协调、计划、安排和控制等综合管理工作。简而言之，项目整合管理是以项目整体利益最大化为目标，对项目的范围、进度、成本、质量等各种项目管理要素进行协同和优化的一种综合性的管理活动。项目整合管理包括以下内容：资源分配；平衡竞争性需求；研究各种备选方法；为实现项目目标而裁剪过程；管理各个项目管理知识领域之间的依赖关系。

项目整合管理由项目经理负责并承担最终责任。虽然其他知识领域可以由相关专家（如成本分析专家、进度规划专家、风险管理专家）管理，但是项目整合管理的责任不能被授权或转移，只能由项目经理负责整合所有其他知识领域的成果，并掌握项目总体情况。

2. 项目整合管理的内容

项目整合管理的内容包括 7 个项目管理过程：制定项目章程、制定项目管理计划、指导与管理项目工作、管理项目知识、监控项目工作、实施整体变更控制、结束项目或阶段。

这些项目管理过程通过输入、处理（工具与技术）、输出相互联系。前一个过程的输出往往就是后一个或几个过程的输入。项目整合管理各过程的 IPO 图如图 7-9 所示（未考虑事业环境因素、组织过程资产和各种更新）。其中，事业环境因素是指能影响项目但项目团队无法控制的任何内外部环境因素。内部环境因素来自项目执行组织内部，外部环境因素来自项目执行组织外部。事业环境因素是很多项目管理过程，尤其是大多数规划过程的输入。这些因素可能会提高或限制项目管理的灵活性，并可能对项目结果产生积极或消极的影响。组织过程资产是项目执行组织的正式或非正式的政策、流程、程序、模板、工作指南和知识库，用于帮助项目成功。资产是能够在未来带来效益的任何东西。组织过程资产是组织中最重要的无形资产。项目管理中的几乎每一项工作都要利用组织过程资产，以便从较高起点出发来不断改进。简单地说，组织过程资产是从过去项目上积累起来的、系统化的经验教训、工作流程、工作模板和工作数据。

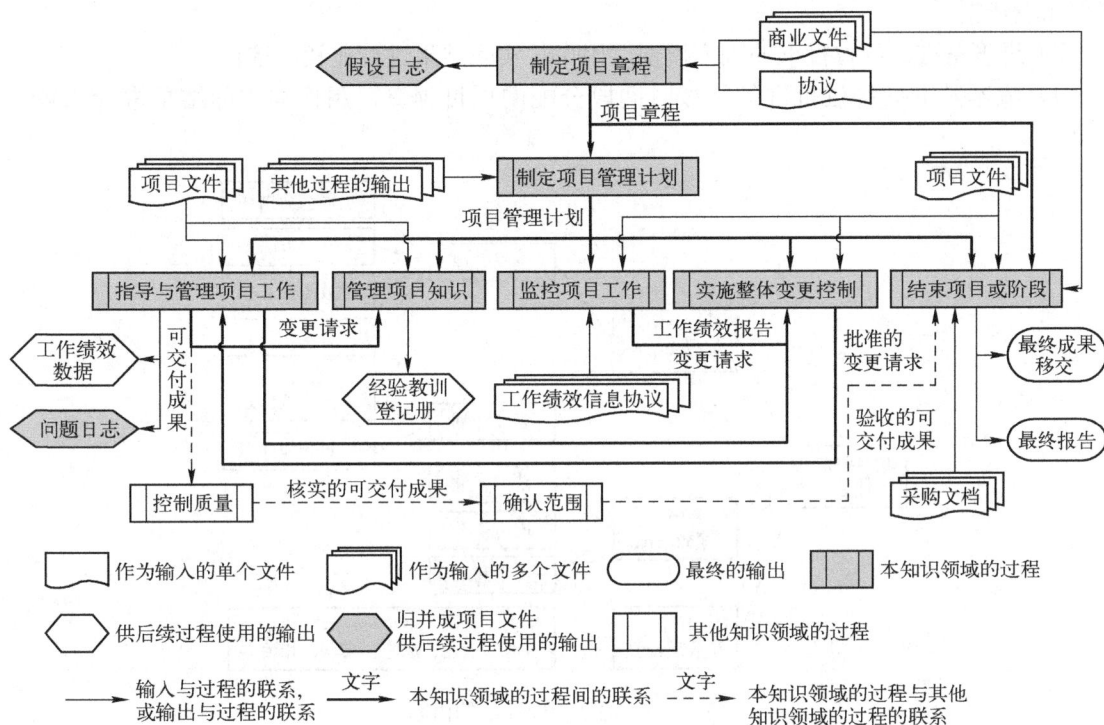

图 7-9　项目整合管理各过程的 IPO 图

（1）制定项目章程

制定项目章程是编写一份正式批准项目，并授权项目经理在项目活动中使用组织资源的文件的过程。本过程的主要作用是明确项目与组织战略目标之间的直接联系，确立项目的正式地位，并展示组织对项目的承诺。

项目章程在项目执行组织与需求组织之间建立起伙伴关系。在执行外部项目时，通常需要用正式的合同来达成合作协议。在这种情况下，可能仍要用项目章程来建立组织内部的合作关系，以确保正确交付合同内容。项目章程一旦被批准，就标志着项目的正式启动。在项目中，应尽早确认并任命项目经理，最好在制定项目章程时就任命。项目章程可由发起人编制，也可由项目经理与发起机构合作编制。通过这种合作，项目经理可以更好地了解项目目的、目标和预期效益，以便更有效地为项目活动分配资源。项目章程授权项目经理规划、执行和控制项目。

（2）制订项目管理计划

制订项目管理计划是定义、准备和协调项目计划的所有组成部分，并把它们整合为一份综合项目管理计划的过程。本过程的主要作用是生成一份综合文件，用于确定所有项目工作的基础及其执行方式。

项目管理计划确定项目的执行、监控和收尾方式，其内容会因项目所在的应用领域和复杂程度而异。这一过程将形成一份项目管理计划。在项目收尾之前，该计划需要通过不断更新来渐进明细，并且这些更新需要得到控制和批准。项目管理计划应足够灵活，可以应对不断变化的项目环境。

项目管理计划的内容如图 7-10 所示。其中，3 个绩效基准如下：

1）范围基准。经过批准的范围说明书、工作分解结构（WBS）和相应的 WBS 词典，用作比较依据。

2）进度基准。经过批准的进度模型，用作与实际结果进行比较的依据。

3）成本基准。经过批准的、按时间段分配的项目预算，用作与实际结果进行比较的依据。

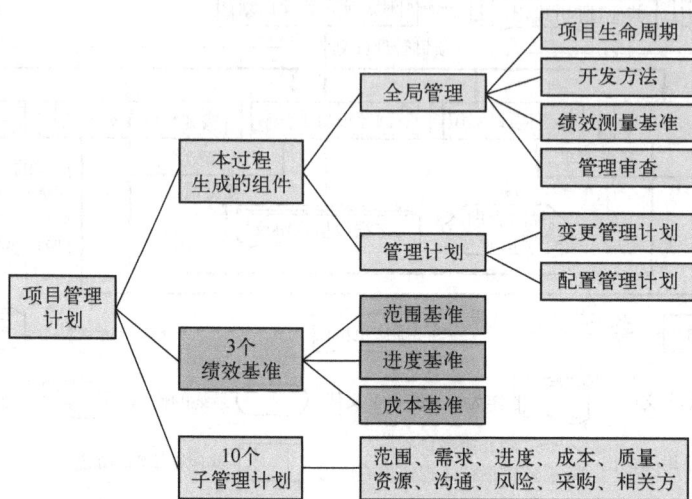

图 7-10 项目管理计划的内容

（3）指导与管理项目工作

指导与管理项目工作是为实现项目目标而领导和执行项目管理计划中所确定的工作，并实施已批准变更的过程。本过程的主要作用是对项目工作和可交付成果开展综合管理，以提高项目成功的可能性。

指导与管理项目工作包括执行计划的项目活动，以完成项目可交付成果并达成既定目标。本过程需要分配可用资源并管理其有效使用，也需要执行因分析工作绩效数据和信息而提出的项目计划变更。指导与管理项目工作过程会受项目所在应用领域的直接影响，按项目管理计划中的规定，开展相关过程，完成项目工作，并产出可交付成果。

项目经理与项目管理团队一起指导实施已计划好的项目活动，并管理项目内的各种技术接口和组织接口。指导与管理项目工作还要求回顾所有项目变更的影响，并实施已批准的变更，包括纠正措施、预防措施和（或）缺陷补救。

在项目执行过程中，收集工作绩效数据并传达给合适的控制过程做进一步分析。通过分析工作绩效数据，得到关于可交付成果的完成情况以及与项目绩效相关的其他细节，工作绩效数据也用作监控过程组的输入，并可作为反馈输入到经验教训库，以改善未来工作包的绩效。

（4）管理项目知识

管理项目知识是使用现有知识并生成新知识，以实现项目目标，并且帮助组织学习的过程。本过程的主要作用是利用已有的组织知识来创造或改进项目成果，并且使当前项目创造的知识可用于支持组织运营和未来的项目或阶段。

知识通常分为显性知识（易使用文字、图片和数字进行编撰的知识）和隐性知识（个体知识以及难以明确表达的知识，如信念、洞察力、经验和诀窍）两种。知识管理是指管理显性和隐性知识，旨在重复使用现有知识并生成新知识。有助于达成这两个目的的关键活动是知识分享和知识集成（不同领域的知识、情境知识和项目管理知识）。

从组织的角度来看，知识管理是指确保项目团队和其他相关方的技能、经验和专业知识在项目开始之前、开展期间和结束之后得到运用。因为知识存在于人们的思想中，且无法强迫人们分享自己的知识或关注他人的知识，所以，知识管理最重要的环节是营造一种相互信任的氛围，激励人们分享知识或关注他人的知识。如果不激励人们分享知识或关注他人的知识，即便最好的知识管理工具和技术也无法发挥作用。在实践中，联合使用知识管理工具和技术（用于人际互动）以及信息管理工具和技术（用于编撰显性知识）来分享知识。

（5）监控项目工作

监控项目工作是跟踪、审查和报告整体项目进展，以实现项目管理计划中确定的绩效目标的过程。本过程的主要作用是让相关方了解项目的当前状态并认可为处理绩效问题而采取的行动，以及通过成本和进度预测，让相关方了解未来项目状态。

（6）实施整体变更控制

实施整体变更控制是审查所有变更请求、批准变更，管理对可交付成果、项目文件和项目管理计划的变更，并对变更处理结果进行沟通的过程。本过程审查对项目文件、可交付成果或项目管理计划的所有变更请求，并决定对变更请求的处置方案。本过程的主要作用是确保对项目中已记录在案的变更做综合评审。如果不考虑变更对整体项目目标或计划的影响就开展变更，往往会加剧整体项目风险。

实施整体变更控制过程贯穿项目始终，项目经理对此承担最终责任。变更请求可能影响项目范围、产品范围以及任一项目管理计划组件或任一项目文件。在整个项目生命周期的任何时间，参与项目的任何相关方都可以提出变更请求。变更控制的实施程度，取决于项目所在应用领域、项目复杂程度、合同要求，以及项目所处的背景与环境。

（7）结束项目或阶段

结束项目或阶段是终结项目、阶段或合同的所有活动的过程。本过程的主要作用是存档项目或阶段信息，完成计划的工作，释放组织团队资源以展开新的工作。

3．项目整合管理的意义

项目的实施是一项系统工程，任何项目要素的变化都会直接或间接对项目产生影响，而整合管理在整个项目管理中起到统筹兼顾、保持平衡、综合协调、稳步推进的作用。

项目整合管理知识领域包括保证项目各要素相互协调所需要的过程。具体地讲，它是对项目管理过程中的不同过程和活动进行识别、定义、整合、统一和协调的过程。就项目管理而言，整体管理包含统一、整合、关联和集成等措施，这些措施对完成项目、成功地满足项目相关方的要求和管理他们的期望起到关键的作用。

就管理具体项目而言，整合管理就是决定在什么时间把工作量分配到相应的资源上，发现有哪些潜在的问题并在其产生负面影响之前积极处理，以及协调各项工作使项目整体上取得一个好的结果。整合管理也包括在一些相互冲突的目标和可选方案之间进行权衡。项目管理过程经常以相互独立的模块来表达，模块之间具有清晰的接口定义，实际中，它们之间是相互重叠、交互的。因为管理过程中各管理模块彼此交互，就有必要对项目进行整合管理。可以说，项目整合管理就是为了避免项目实施中的"短板"而做出的各种改进、控制、整合和提升。

7.2.2 项目范围管理

项目范围管理包括确保项目做且只做所需的全部工作，以成功完成项目的各个过程。管理项目范围主要在于定义和控制哪些工作应该包括在项目内、哪些工作不应该包括在项目内。

1．项目范围管理的概念

项目范围一般是指依据目标而确定的产品范围（服务或产品的性能和功能）和工作范围（为了完成规定的任务而必须做的工作）。通俗地说，通过指定服务标准或产品的特性及功能来定义产品范围，通过定义交付物和交付物标准来定义工作范围。

工作范围根据项目目标分解得到，它指出了"完成哪些工作就可以达到项目的目标"或者"完成哪些工作任务就可以结束项目"。《礼记·中庸》云："凡事预则立，不预则废。"项目范围管理常采用 SMART 原则，即目标是具体的（specific）、可以衡量的（measurable）、可以达到的（achievable）、与其他目标具有一定的相关性（relevant），以及具有明确的截止期限（timed）。

2．项目范围管理的内容

项目范围管理包括用以实现项目目标所涉及的所有过程，包括规划范围管理、收集需求、定义范围、创建工作分解结构、确认范围、控制范围等。

（1）规划范围管理

规划范围管理是为记录如何定义、确认和控制项目范围及产品范围而创建范围管理计划的过程。本过程的主要作用是在整个项目期间对如何管理范围提供指南和方向。

（2）收集需求

收集需求是为实现目标而确定、记录并管理相关方的需要和需求的过程。本过程的主要作用是为定义产品范围和项目范围奠定基础。

（3）定义范围

定义详尽的项目范围说明书对项目的成功至关重要。定义范围是制定项目和产品详细描述的过程。本过程的主要作用是描述产品、服务或成果的边界和验收标准。它主要基于项目的主要可交付物、假设条件、限制条件等，这些在初期的项目范围说明书中已经进行了定义。在项目规划中，随着项目信息的不断丰富，项目范围需要被逐步细化。

（4）创建工作分解结构

创建工作分解结构（works breakdown structure，WBS）是把项目可交付成果和项目工作分解成更小、更易于管理的组件的过程。本过程的主要作用是为所要交付的内容提供架构。

WBS 是对项目团队为实现项目目标、创建所需可交付成果而需要实施的全部工作范围的层级分解。WBS 组织并定义了项目的总范围。WBS 最底层的组成部分称为工作包，其中包括计划的工作。工作包对相关活动进行归类，以便对工作安排进度、进行估算、开展监督与控制。在"工作分解结构"这个词语中，"工作"是指作为活动结果的工作产品或可交付成果，而不是活动本身。通过对整体项目系统的分析，将项目按要求分解成相互关联、相互影响的工作包，作为后续管理工作的对象，明确工作内容和管理边界，理清各个系统与工作包之间的关系，全面透彻地了解各子系统的内部联系，充分评估项目实施中需要予以重视的各项工作，保证目标的可实现性。

WBS 是项目计划最基本的方法，任何项目系统都有其自身的结构，都可以进行结构分解，一般表现为一种层次化的树状结构。常见的分解结构如下：

1）系统分解结构：将工程项目系统按功能、专业（技术）分解为一定粒度的工程子系统。

2）目标系统结构：将目标系统分解为系统目标、子目标和可执行目标。

3）成本分解结构：是指根据企业需要，依照预算或成本核算体系建立的一种费用体系。

4）组织分解结构：是描述负责每个项目活动的具体组织单元，即将工作包与相关部门或单位分层次、有条理地联系起来的一种项目组织安排。

5）工作分解结构：定义了整个工程项目的工作范围。根据项目管理工作的需要，进行不同层次的分解，具体分为总目标、里程碑、工作包、任务、活动，以满足对工程项目进行时间、费用、质量的计划和控制管理。它是按照一定的逻辑关系将工程项目划分为可管理的结构单元。

此外，还有资源分解结构、合同分解结构、风险分解结构等，这些都是针对分解的不同对象派生出来的。

（5）确认范围

确认范围是正式验收已完成的项目可交付成果的过程。本过程的主要作用是使验收过程具有客观性，同时通过确认每个可交付成果，来提高最终产品、服务或成果获得验收的可能性。

确认范围过程与控制质量过程的不同之处在于，前者关注可交付成果的验收，而后者关注可交付成果的正确性及是否满足质量要求。控制质量过程通常先于确认范围过程，但二者也可同时进行。

（6）控制范围

控制范围是监督项目和产品的范围状态、管理范围基准变更的过程。本过程的主要作用是在整个项目期间保持对范围基准的维护，并需要在整个项目期间开展。控制范围的目的是确保所有变更请求、推荐的纠正措施或预防措施都通过实施整体变更控制过程进行处理。

3．项目范围管理的意义

俗话说："好的开始是成功的一半。"准确地把握项目目标是项目管理的核心，项目范围依托于项目目标，决定着项目的架构、进度、成本和质量等要素，起到了承上启下的作用。

7.2.3　项目进度管理

1．项目进度管理的概念

项目进度管理是为确保项目按时按质完工所进行的一系列管理过程，是对项目工期、进度的管理与控制。与项目进度相关的因素是项目进度计划。项目进度计划提供详尽的计划，说明项目如何以及何时交付项目范围中定义的产品、服务和成果，是一种用于沟通和管理相关方期望的工具，为绩效报告提供依据。它既说明了完成项目的总时间，又规定了每个活动的具体开始时间和结束时间。项目进度管理中，还需要借助项目管理技术和工具梳理活动之间的相互依赖关系，使工作有条不紊地进行。

2．项目进度管理的内容

项目进度管理包括为管理项目按时完成所需的各个过程。其过程包括规划进度管理、定义活动、排列活动顺序、估算活动持续时间、制订进度计划和控制进度。

（1）规划进度管理

规划进度管理是为规划、编制、管理、执行和控制项目进度而制定政策、程序和文档的过程。本过程的主要作用是为如何在整个项目期间管理项目进度提供指南和方向。

（2）定义活动

定义活动是识别和记录为完成项目可交付成果而须采取的具体行动的过程。本过程的主要作用是将工作包分解为进度活动，作为对项目工作进行进度估算、规划、执行、监督和控制的基础。分解是一种把项目范围和项目可交付成果逐步划分为更小、更便于管理的组成部分的技术。

在项目实施中，要将所有任务列一个明确的活动清单，并且让项目团队中的每一个成员都清楚有多少工作需要处理。

（3）排列活动顺序

排列活动顺序是识别和记录项目活动之间关系的过程。本过程的主要作用是定义工作之间的逻辑顺序，以便在既定的所有项目制约因素下获得最高效率。

活动排序是在产品描述、活动清单的基础上，排列出项目活动之间的依赖关系和工作顺序。在排序中，既要考虑团队内部希望的特殊顺序和优先逻辑关系，也要考虑内部与外部、外部与外部的各种依赖关系，还要兼顾完成项目所要做的一些相关工作。

设立项目里程碑是排列活动顺序工作中的重要部分。里程碑是项目中的关键事件，是项目成功的重要标志性事件。里程碑是确保完成项目需求的活动序列中不可或缺的一部分。

（4）估算活动持续时间

估算活动持续时间是根据资源估算的结果，估算完成单项活动所需工作时段数的过程。本过程的主要作用是确定完成每个活动所需花费的时间量。

估算活动持续时间依据的信息包括工作范围、所需资源类型与技能水平、估算的资源数量和资源日历；而可能影响持续时间估算的其他因素包括持续时间受到的约束、相关人力投入、资源类型以及所采用的进度网络分析技术。

（5）制订进度计划

制订进度计划是分析活动顺序、持续时间、资源需求和进度制约因素，创建进度模型，从而落实项目执行和监控的过程。本过程的主要作用是为完成项目活动而制订具有计划日期的进度模型。

制订可行的项目进度计划是一个反复进行的过程。基于获取的最佳信息，使用进度模型来确定各项项目活动和里程碑的计划开始日期和计划完成日期。编制进度计划时，需要审查和修正持续时间估算、资源估算和进度储备，以制订项目进度计划，并在经批准后作为基准用于跟踪项目进度。关键步骤包括定义项目里程碑、识别活动并排列活动顺序，以及估算持续时间。一旦活动的开始日期和完成日期得以确定，通常就需要由分配至各个活动的项目人员审查其被分配的活动。之后，项目人员确认开始日期和完成日期与资源日历是否冲突，以及与其他项目或任务是否冲突，从而确认计划日期的有效性。最后分析进度计划，确定是否存在逻辑关系冲突，以及在批准进度计划并将其作为基准之前是否需要资源平衡。同时，需要修订和维护项目进度模型，以确保进度计划在整个项目期间一直切实可行，常采用横道图（甘特图）、里程碑图、项目进度网络图等来呈现。

（6）控制进度

控制进度是监督项目状态，以更新项目进度和管理进度基准变更的过程。本过程的主要作用是在整个项目期间保持对进度基准的维护，且需要在整个项目期间开展。

3. 项目进度管理的意义

"按时保质地完成项目"是项目经理人管理的最终目标。在项目实施过程中，控制工期拖延、合理安排时间是项目管理中的一项关键技术，它的目的是保证按时完成项目、合理分配资源、实现最佳效率。

7.2.4　项目成本管理

通过实施项目获得经济效益或社会效益是项目得以延续的基本保障。

1. 项目成本管理的概念

项目成本管理包括为使项目在批准的预算内完成而对成本进行规划、估算、预算、融资、筹资、管理和控制的各个过程，从而确保项目在批准的预算内完工。

2. 项目成本管理的内容

项目成本管理过程包括规划成本管理、估算成本、制定预算、控制成本。在整个项目的实施过程中，为确保项目在成本预算内顺利完成，需对项目的过程成本进行严格的控制。

（1）规划成本管理

规划成本管理是确定如何估算、预算、管理、监督和控制项目成本的过程。本过程的主要作用是在整个项目期间为如何管理项目成本提供指南和方向。

应该在项目规划阶段的早期就对成本管理工作进行规划，建立各成本管理过程的基本框架，以确保各过程的有效性及各过程之间的协调性。成本管理计划是项目管理计划的组成部分，其过程及工具与技术应记录在成本管理计划中。

（2）估算成本

估算成本是对完成项目工作所需资源成本进行估算的过程。成本估算是对完成活动所需资源的可能成本的量化评估，是在某特定时点根据已知信息所做出的成本预测。本过程的主要作用是确定项目所需的资金。

进行成本估算，应该考虑将向项目收费的全部资源，包括（但不限于）人工、材料、设备、服务、设施，以及一些特殊的成本种类，如通货膨胀补贴、融资成本或应急成本。

（3）制定预算

制定预算是汇总所有单个活动或工作包的估算成本，建立一个经批准的成本基准的过程。本过程的主要作用是确定可据以监督和控制项目绩效的成本基准。

项目预算包括经批准用于执行项目的全部资金，而成本基准是经过批准且按时间段分配的项目预算，包括应急储备，但不包括管理储备。一般而言，项目的成本主要分为直接费用和间接费用。直接费用包括人工费、材料费、设备费等；间接费用包括办公管理费、施工管理费和其他费用等。

（4）控制成本

控制成本是监督项目状态以更新项目成本和管理成本基准变更的过程。本过程的主要作用是在整个项目期间保持对成本基准的维护。

项目成本控制包括：对造成成本基准变更的因素施加影响；确保所有变更请求都得到及时处理；当变更实际发生时，管理这些变更；确保成本支出不超过批准的资金限额，既不超出按时段、按 WBS 组件、按活动分配的限额，也不超出项目总限额；监督成本绩效，找出并分析与成本基准间的偏差；对照资金支出，监督工作绩效；防止在成本或资源使用报告中出现未经批准的变更；向相关方报告所有经批准的变更及其相关成本；设法把预期的成本超支控制在可接受的范围内。

3. 项目成本管理的意义

一旦签订了合同，项目的合同金额就确定了。当项目实施完成后，项目究竟是盈利还是亏损，取决于项目实施过程中所花费的成本。简单地说，成本管理就是通过节流的方式，使项目的净现金流（现金流入减去现金流出）最大化。节流就是控制项目的现金流出。

7.2.5 项目质量管理

质量是产品的生命线，也是管理的生命线。

1．项目质量管理的概念

项目质量管理包括把组织的质量政策应用于规划、管理、控制项目和产品质量要求，以满足相关方目标的各个过程。此外，项目质量管理以执行组织的名义支持过程的持续改进活动。

2．项目质量管理的内容

项目质量管理的内容包括规划质量管理、管理质量和控制质量。

（1）规划质量管理

规划质量管理是识别项目及其可交付成果的质量要求和标准，并书面描述项目将如何证明符合质量要求和标准的过程。本过程的主要作用是为在整个项目期间如何管理和核实质量提供指南和方向。

（2）管理质量

管理质量是把组织的质量政策用于项目，并将质量管理计划转化为可执行的质量活动的过程。本过程的主要作用是提高实现质量目标的可能性，以及识别无效过程和导致质量低劣的原因。管理质量使用控制质量过程的数据和结果，向相关方展示项目的总体质量状态。

（3）控制质量

控制质量是为了评估绩效，以确保项目输出完整、正确且满足客户期望，而监督和记录质量管理活动执行结果的过程。本过程的主要作用是核实项目可交付成果和工作已经达到主要相关方的质量要求，可供最终验收。控制质量可确定项目输出是否达到预期目的，这些输出需要满足所有适用标准、要求、法规和规范。

控制质量的目的是在用户验收和最终交付之前测量产品或服务的完整性、合规性和适用性。本过程通过测量所有步骤、属性和变量，来核实与规划阶段所描述规范的一致性和合规性。

3．项目质量管理的意义

规划质量管理关注工作需要达到的质量。管理质量则关注管理整个项目期间的质量过程。在管理质量过程期间，在规划质量管理过程中识别的质量要求称为测试与评估工具，将用于控制质量过程，以确认项目是否达到这些质量要求。控制质量关注工作成果与质量要求的比较，以确保结果可接受。项目质量管理知识领域有2个用于其他知识领域的特定输出，即核实的可交付成果和质量报告。项目完成后，客户的验收要点均是围绕着项目质量展开的，因此质量的好坏直接决定项目的成败。

7.2.6 项目资源管理

项目资源管理是指为了降低项目成本，而对项目所需的人力、设施 、设备、材料、资金等资源所进行的计划、组织、指挥、协调和控制等活动。

1．项目资源管理的概念

项目资源管理包括识别、获取和管理所需资源以成功完成项目的各个过程，这些过程有助于确保项目经理和项目团队在正确的时间和地点使用正确的资源。

　　项目资源管理包括团队资源管理和实物资源管理。相对于实物资源管理，团队资源管理对项目经理提出了不同的技能和能力要求。实物资源包括设备、材料、设施和基础设施，而团队资源是指人力资源。实物资源管理着眼于以有效和高效的方式分配和使用成功完成项目所需的实物资源。项目团队由承担特定角色和职责的个人组成，他们为实现项目目标而共同努力。项目经理因此应在获取、管理、激励和增强项目团队方面做出努力。尽管项目团队成员被分派了特定的角色和职责，但让他们全员参与项目规划和决策仍是有益的。团队成员参与规划阶段，既可以使他们对项目规划工作贡献专业技能，又可以增强他们对项目的责任感。项目经理既是项目团队的领导者，又是项目团队的管理者。作为领导者，项目经理还负责积极培养团队技能和能力，同时提高并保持团队成员的满意度和积极性。项目经理还应留意并支持职业与道德行为，确保所有团队成员都遵守这些行为。

2. 项目资源管理的内容

　　项目资源管理的内容包括规划资源管理、估算活动资源、获取资源、建设团队、管理团队和控制资源。

　　（1）规划资源管理

　　规划资源管理是定义如何估算、获取、管理和利用团队以及实物资源的过程。本过程的主要作用是根据项目类型和复杂程度，确定适用于项目资源的管理方法和管理程度。

　　资源规划用于确定和识别一种方法，以确保项目成功完成有足够的可用资源。项目资源可能包括团队成员、用品、材料、设备、服务和设施。有效的资源规划需要考虑稀缺资源的可用性和竞争，并编制相应的计划。

　　（2）估算活动资源

　　估算活动资源是估算执行项目所需的团队资源，以及材料、设备和用品的类型和数量的过程。本过程的主要作用是明确完成项目所需的资源种类、数量和特性。

　　（3）获取资源

　　获取资源是获取项目所需的团队成员、设施、设备、材料、用品和其他资源的过程。本过程的主要作用是，概述和指导资源的选择，并将其分配给相应的活动。

　　（4）建设团队

　　建设团队是提高工作能力，促进团队成员互动，改善团队整体氛围，以提高项目绩效的过程。本过程的主要作用是改进团队协作、增强人际关系技能、激励员工、减少摩擦以及提升整体项目绩效。项目经理应该能够定义、建立、维护、激励、领导和鼓舞项目团队，使团队高效运行，并实现项目目标。

　　（5）管理团队

　　管理团队是跟踪团队成员工作表现，提供反馈，解决问题并管理团队变更，以优化项目绩效的过程。本过程的主要作用是影响团队行为、管理冲突以及解决问题。

　　管理项目团队需要借助多方面的管理和领导力技能，来促进团队协作，整合团队成员的工作，从而创建高效团队。进行团队管理，需要综合运用各种技能，特别是沟通、冲突管理、谈判和领导技能。项目经理应该向团队成员分配富有挑战性的任务，并对优秀绩效进行表彰。

　　（6）控制资源

　　控制资源是确保按计划为项目分配实物资源，以及根据资源使用计划监督资源实际使用情况，并采取必要纠正措施的过程。本过程的主要作用是确保所分配的资源适时适地可用于项目，且在不再需要时被释放。控制资源过程关注实物资源，如设备、材料、设施和基础设施。管理团队过程关注团队成员。

3．项目资源管理的意义

项目资源管理有助于确保项目经理和项目团队在正确的时间和地点使用正确的资源。

7.2.7　项目沟通管理

沟通如同桥梁，是实现畅通的基本保障。张三请李四、王五、赵六吃饭，李四、王五先到了，赵六还没来，张三道："该来的还没来"。李四一想，"言外之意我是那个不该来的"，于是走了。张三见状，又说："不该走的，怎么又走了？"王五一想，"言外之意我是那个该走的了"，于是也走了。张三很纳闷，他们怎么都走了？这就是典型的沟通上出了问题，如果张三能留意讲话方式，如果听话的几方多些耐心，琢磨一下，也许可以避开误解。

1．项目沟通管理的概念

所谓沟通，是指有意或无意的信息交换，是将信息由一个人传达给另一个人或一方传达到另一方，逐渐广泛传播的过程。交换的信息可以是想法、指示或情绪，包括为确保信息及时而产生的收集、传播、保存和最终配置所必需的过程。

项目沟通管理包括通过开发工件，以及执行用于有效交换信息的各种活动，来确保项目及其相关方的信息需求得以满足的各个过程。项目沟通管理由 2 个部分组成：第一部分是制定策略，确保沟通对相关方行之有效；第二部分是执行必要活动，以落实沟通策略。

2．项目沟通管理的内容

项目沟通管理的内容包括规划沟通管理、管理沟通和监督沟通。

（1）规划沟通管理

规划沟通管理是基于每个相关方或相关方群体的信息需求、可用的组织资产，以及具体项目的需求，为项目沟通活动制订恰当的方法和计划的过程。本过程的主要作用是为及时向相关方提供相关信息，引导相关方有效参与项目而编制书面沟通计划。

（2）管理沟通

管理沟通是确保项目信息及时且恰当地收集、生成、发布、存储、检索、管理、监督和最终处置的过程。本过程的主要作用是促成项目团队与相关方之间的有效信息流动。

管理沟通会涉及与开展有效沟通有关的所有方面，包括使用适当的技术、方法和技巧。此外，它还允许沟通活动具有灵活性，允许对方法和技术进行调整，以满足相关方及项目不断变化的需求。

（3）监督沟通

监督沟通是确保满足项目及其相关方的信息需求的过程。本过程的主要作用是按沟通管理计划和相关方参与计划的要求优化信息传递流程。

通过监督沟通，来确定规划的沟通工件和沟通活动是否如预期提高或保持了相关方对项目可交付成果与预计结果的支持力度。项目沟通的影响和结果应该接受认真的评估和监督，以确保在正确的时间，通过正确的渠道，将正确的内容传递给正确的受众。

3．项目沟通管理的意义

没有沟通就没有管理。大量实践证明，项目的成败通常是因为沟通管理的问题（协同工作的程度），而不是技术上的原因。

"心有灵犀一点通"是人们对彼此沟通高度默契的一种意境的描述。在实际生活中，文化背景、工作背景、技术背景和生活背景的不同，会使人们对同一件事的理解方式产生较大的偏差，而强化沟通可以减少因偏差带来的误差或误会，提高项目管理的效率。

7.2.8　项目风险管理

俗话说："晴带雨伞，饱带干粮。"只有建立风险意识，才能遇险不惊、处变不惊。

1．项目风险管理的概念

项目风险管理包括规划风险管理、识别风险、开展风险分析、规划风险应对、实施风险应对和监督风险的各个过程。项目风险管理的目标在于提高正面风险的概率和影响，降低负面风险的概率和影响，从而提高项目成功的可能性。

每个项目都在 2 个层面上存在风险：影响项目达成目标的单个风险，以及由单个项目风险和不确定性的其他来源联合导致的整体项目风险。项目风险管理过程同时兼顾这 2 个层面的风险。其中，单个项目风险是一旦发生，会对一个或多个项目目标产生正面或负面影响的不确定事件或条件；整体项目风险是不确定性对项目整体的影响，是相关方面临的项目结果正面和负面变异区间，它源于包括单个风险在内的所有不确定性。

2．项目风险管理的内容

项目风险管理的过程是规划风险管理、识别风险、实施定性风险分析、实施定量风险分析、规划风险应对、实施风险应对和监督风险。

（1）规划风险管理

规划风险管理是定义如何实施项目风险管理活动的过程。本过程的主要作用是确保风险管理的水平、方法和可见度与项目风险程度，以及项目对组织和其他相关方的重要程度相匹配。

（2）识别风险

识别风险是识别单个项目风险以及整体项目风险的来源，并记录风险特征的过程。本过程的主要作用是记录现有的单个项目风险，以及整体项目风险的来源；同时，汇集相关信息，以便项目团队能够恰当应对已识别的风险。

（3）实施定性风险分析

实施定性风险分析是通过评估单个项目风险发生的概率和影响以及其他特征，对风险进行优先级排序，从而为后续分析或行动提供基础的过程。本过程的主要作用是重点关注高优先级的风险。实施定性风险分析，使用项目风险的发生概率、风险发生时对项目目标的相应影响以及其他因素，来评估已识别单个项目风险的优先级。这种评估基于项目团队和其他相关方对风险的感知程度，从而具有主观性。所以，为了实现有效评估，需要认清和管理本过程关键参与者对风险所持态度。

实施定性风险分析能为规划风险应对过程确定单个项目风险的相对优先级。本过程会为每个风险识别出责任人，以便由他们负责规划风险应对措施，并确保应对措施的实施。如果需要开展实施定量风险分析过程，那么实施定性风险分析也能为其奠定基础。

（4）实施定量风险分析

实施定量风险分析是就已识别的单个项目风险和不确定性的其他来源对整体项目目标的影响进行定量分析的过程。本过程的主要作用是量化整体项目风险敞口，并提供额外的定量风险信息，以及风险应对规划。在实施定量风险分析过程中，要使用被定性风险分析过程评估为对项目目标存在重大潜在影响的单个项目风险的信息。

（5）规划风险应对

规划风险应对是为处理整体项目风险敞口，以及应对单个项目风险，而制定可选方案、选择应对策略并商定应对行动的过程。本过程的主要作用是制定应对整体项目风险和单个项目风险的适当方法；本过程还将分配资源，并根据需要将相关活动添加进项目文件和项目管理计划。

有效和适当的风险应对可以最小化单个威胁，最大化单个机会，并降低整体项目风险敞口；不恰当的风险应对则会适得其反。一旦完成对风险的识别、分析和排序，指定的风险责任人就应该编制计划，以应对项目团队认为足够重要的每项单个项目风险。应对风险可以考虑下列5种备选策略：

1）上报。如果项目团队或项目发起人认为某威胁不在项目范围内，或提议的应对措施超出了项目经理的权限，就应该采用上报策略。被上报的风险将在项目集层面、项目组合层面或组织的其他相关部门加以管理，而不在项目层面。项目经理确定应就威胁通知哪些人员，并向该人员或组织部门传达关于该风险的详细信息。

2）规避。规避策略通过排除威胁起源以实现排除特定的威胁。项目管理团队不可能排除所有风险，但特定的风险事件往往是可以排除的。

3）转移。转移策略是把威胁的不利影响部分或全部转移到第三方。只是转移风险给另一方，并没有消除风险、解决问题。

4）减缓。减少风险事件的预期资金投入来降低风险发生的概率（如为避免项目产品报废而使用专利技术等），或减少风险事件的风险系数，或两者双管齐下。

5）接受。接受一切后果。这种接受可以是积极的（如制订预防性计划来防备风险事件的发生），也可以是消极的（如某些项目因客观环境的变化而超支，则接受低于预期的利润）。

（6）实施风险应对

实施风险应对是执行商定的风险应对计划的过程。本过程的主要作用是确保按计划执行商定的风险应对措施，来管理整体项目风险敞口，最小化单个项目威胁，以及最大化单个项目机会。

（7）监督风险

监督风险是在整个项目期间，监督商定的风险应对计划的实施、跟踪已识别风险、识别和分析新风险，以及评估风险管理有效性的过程。本过程的主要作用是使项目决策都基于关于整体项目风险敞口和单个项目风险的当前信息。

3．项目风险管理的意义

项目风险管理旨在识别和管理未被其他项目管理过程所管理的风险。如果不妥善管理，这些风险有可能导致项目偏离计划，无法达成既定的项目目标。因此，项目风险管理的有效性直接关乎项目的成功。

7.2.9 项目采购管理

采购管理是决定成本和质量的重要环节。

1．项目采购管理的概念

项目采购管理包括从项目团队外部采购或获取所需产品、服务或成果的各个过程。项目采购管理包括编制和管理协议所需的管理和控制过程，包括合同、订购单、协议备忘录、服务水平协议等。被授权采购项目所需货物和服务的人员可以是项目团队、管理层或组织采购部的成员。

2．项目采购管理的内容

项目采购管理过程包括规划采购管理、实施采购和控制采购。

（1）规划采购管理

规划采购管理是记录项目采购决策、明确采购方法，及识别潜在卖方的过程。本过程的主要作用是确定是否从项目外部获取货物和服务，如果是，则还要确定将在什么时间、以什么方式获取什么货物和服务。货物和服务可从执行组织的其他部门采购，或者从外部渠道采购。

应该在规划采购管理过程的早期确定与采购有关的角色和职责。项目经理应确保在项目团队中配备具有所需采购专业知识的人员。采购过程的参与者可能包括购买部或采购部的人员，以及采购组织法务部的人员。这些人员的职责也应记录在采购管理计划中。

典型的采购步骤有：准备采购工作说明书或工作大纲；准备高层级的成本估算，制定预算；发布招标广告；确定合格卖方的短名单；准备并发布招标文件；由卖方准备并提交建议书；对建议书开展技术（包括质量）评估；对建议书开展成本评估；准备最终的综合评估报告，选出中标建议书；结束谈判，买方和卖方签署合同。

（2）实施采购

实施采购是获取卖方应答、选择卖方并授予合同的过程。本过程的主要作用是选定合格卖方并签署关于货物或服务交付的法律协议。本过程的最后成果是签订的协议，包括正式合同。

（3）控制采购

控制采购是管理采购关系，监督合同绩效，实施必要的变更和纠偏，以及关闭合同的过程。本过程的主要作用是确保买卖双方履行法律协议，满足项目需求。

买方和卖方都出于相似的目的来管理采购合同，每方都必须确保双方履行合同义务，以及确保各自的合法权利得到保护。合同关系的法律性质要求项目管理团队必须了解在控制采购期间所采取的任何行动的法律后果。对于有多个供应商的较大项目，合同管理的一个重要方面就是管理各个供应商之间的沟通。在控制采购过程中，需要开展财务管理工作，包括监督向卖方付款。这是要确保合同中的支付条款得到遵循，以及确保按合同规定，把付款与卖方的工作进展联系起来。

3．项目采购管理的意义

一个项目的实施总是伴随着大量的采购行为。采购管理的目的是购买到质优价廉且符合需求的产品、服务或成果。采购对项目最直接的影响就是成本和质量，而成本和质量又是项目管理的关键要素。可以说，没有成本和质量的管理不能称之为项目管理。

7.2.10　项目相关方管理

"相关方"一词的外延正在不断扩大，已从传统意义上的员工、供应商和股东扩展到涵盖各式群体，包括监管机构、游说团体、环保人士、金融组织、媒体，以及那些自认为是相关方的人员。合理引导所有相关方参与是项目成功的决定性因素之一。

1．项目相关方管理的概念

项目相关方管理包括用于开展下列工作的各个过程：识别能够影响项目或会受项目影响的人员、团体或组织，分析相关方对项目的期望和影响，制定合适的管理策略来有效调动相关方参与项目决策和执行。用这些过程分析相关方期望，评估他们对项目的影响或受项目影响的程度，以及制定策略来有效引导相关方支持项目决策、规划和执行。这些过程能够支持项目团队的工作。

2．项目相关方管理的内容

项目相关方管理的内容包括识别相关方、规划相关方参与、管理相关方参与和监督相关方参与。

（1）识别相关方

识别相关方是定期识别项目相关方，分析和记录他们的利益、参与度、相互依赖性、影响力和对项目成功的潜在影响的过程。本过程的主要作用是使项目团队能够建立对每个相关方或相关方群体的适度关注。

（2）规划相关方参与

规划相关方参与是根据相关方的需求、期望、利益和对项目的潜在影响，制定项目相关方参与项目的方法的过程。本过程的主要作用是提供与相关方进行有效互动的可行计划。

（3）管理相关方参与

管理相关方参与是与相关方进行沟通和协作以满足其需求与期望、处理问题，并促进相关方合理参与的过程。本过程的主要作用是让项目经理能够提高相关方的支持，并尽可能降低相关方的抵制。

（4）监督相关方参与

监督相关方参与是监督项目相关方关系，并通过修订参与策略和计划来引导相关方合理参与项目的过程。本过程的主要作用是随着项目进展和环境变化，维持或提升相关方参与活动的效率和效果。

3．项目相关方管理的意义

每个项目都有相关方，他们都会受项目的积极或消极影响，或者能对项目施加积极或消极的影响。项目经理和团队正确识别并合理引导所有相关方参与的能力，能决定着项目的成败。为提高成功的可能性，应该在项目章程被批准、项目经理被委任，以及团队开始组建之后，尽早开始识别相关方并引导其参与项目。

7.3 工程项目管理的研究方法

工程项目管理将工程技术、管理学、经济学、法学以及计算机科学的理论相融合，形成独特的理论知识体系，去解决社会实践中大量出现的工程项目的管理问题。它具有的重大现实意义要求人们掌握工程项目管理学的理论与方法。为了更好地掌握它的理论知识，需要了解与运用下列主要研究方法。

7.3.1 系统分析法

系统分析法是运用系统理论来研究工程项目管理的方法。系统理论是研究系统的模式、原则、规律及其功能的科学。系统是由一些相互联系、相互作用的要素或工作单元（又称子系统）组成的集合。作为一个整体来看，系统同其组成——子系统或分系统在性质上有所不同，不能简单地看成是其所包含的各个子系统的总和。系统具有目的性、开放性、相互关联性、动态性、总系统的功能大于子系统功能之和等特点。系统分析法应用于工程项目管理中，要求人们首先树立整体观念，即把一个工程项目看成一个独立、完整的管理系统，由许多子系统组成，各个子系统之间既相互独立，又相互关联。这同工程项目由许多子项目组成一样，如一所大学的校区建设包含了若干子项目，如教学楼、实验楼、图书馆、体育馆、学生宿舍、大礼堂、生活设施、教工宿舍等。各子项目有各自的使用功能，将所有子项目使用功能的聚合才能成为一所学校。

系统分析法是从系统与要素之间、要素与要素之间以及系统与外部环境之间的相互关联和相互作用中考察对象，以得出研究和解决问题的最佳方案。项目管理的整体观促使人们树立全局意识，把各个局部的工作、子项目的工作视为实现工程项目总目标的手段或过程。其次，要将工程项目系统视为一个开放的系统，明了其与外界——社会环境的密切关系。项目的外部社会环境给项目提供技术资源、物质资源、劳动力资源、信息资源等。只有重视项目组织与社会环境之间的物质、能量、信息交换，才能保障工程项目系统具有活力，在资源有限的约束条件下，更好地实现项目目标。再次，要从系统总目标出发，加强子系统、子项目之间的沟通与协调，避免矛盾，减少冲突，相互支持共同发展，以确保达成预期的工程项目总目标。

7.3.2　控制论

控制论是研究各种系统控制和协调的一般规律的科学。控制论的基本概念是信息和反馈概念。控制论的创始人诺伯特·维纳（Norbert Wiener）认为，客观世界有一种普遍的联系，即信息联系。任何组织之所以能够保持自身的稳定性，是由于其具有取得、使用、保持和传递信息的方法。这个信息的转换过程又可以简化为信息→输入→存储→处理→输出→信息，在此过程中存在着反馈信息。反馈信息是指一个系统的输出信息反作用于输入信息，并对信息的输入发生影响，起到控制与调节的作用。这种由信息和信息反馈构成的系统的自动控制规律，对工程项目管理具有巨大的实践意义。项目管理中的工期、质量、费用的控制就是具体体现，在这三大控制中，重视信息反馈，形成管理工作的自动调节，才能确保工程项目不超支、不超期和高质量。管理学中，控制理论的事前控制、事中控制和事后控制都在工程项目实施中得到了广泛应用。此外，工程项目的风险控制也是源于控制论的理论思想。

7.3.3　信息论

信息论是研究信息的本质、信息计量、传递、交换、存储的科学。信息是一种经加工而形成的特定数据、文件等。工程项目管理可以视为对整个工程项目的人流、物流、资金流和信息流的管理。在这些管理元素中，信息流是首要的。项目业主或管理者通过信息流对人流、物流、资金流进行管理。信息论强调在项目管理中高度重视信息管理。做好工程项目管理工作，必须善于及时、全面、准确、动态地采集到项目发展过程中大量的决策信息、组织信息、进度信息、质量信息、费用信息、风险信息和合同管理信息等，并经过加工处理，将其传递给需要使用这些信息的管理层和主管，以便其及时决策、调整工作，促进工程项目阶段性任务的完成和总任务的完成。在任何管理活动中，及时、准确、全面的信息是做出正确决策的基础，任何决策失误或决策滞后绝大多数是由于缺乏可靠的信息。运用信息论的方法加强工程项目的信息管理，需要依靠计算机与网络技术，建立工程项目管理信息系统，也可以运用 P3 软件、Microsoft Project 等软件进行信息化管理，以提高项目管理的效率。

7.3.4　定性定量相结合的方法

工程项目管理既要运用定量分析进行项目决策、费用控制、工期材料与控制、风险测量等，又要运用定性分析的方法对项目全过程的许多环节进行管理、如组织管理、沟通协调、合同管理等。与企业经营管理相同，定性与定量的分析是工程项目管理不可缺少的 2 种工具。学习本课程，必须学会灵活应用这 2 种工具，提高分析与解决工程项目全过程（从项目目标确定到项目终止）中各种管理问题的能力。

7.4 工程项目管理的 5 大过程组

项目管理过程组是指对项目管理过程进行逻辑分组，以达成项目的特定目标，它贯穿于项目的整个生命周期。过程组不同于项目阶段，项目管理过程可分为以下 5 个项目管理过程组，如图 7-11 所示。

1）启动过程组：定义一个新项目或现有项目的一个新阶段，授权开始该项目或阶段的一组过程。

2）规划过程组：明确项目范围，优化目标，为实现目标制定行动方案的一组过程。

3）执行过程组：完成项目管理计划中确定的工作，以满足项目要求的一组过程。

4）监控过程组：跟踪、审查和调整项目进展与绩效，识别必要的计划变更并启动相应变更的一组过程。

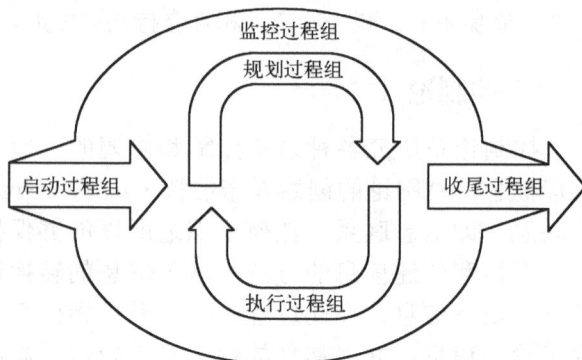

图 7-11 工程项目管理的 5 大过程组

5）收尾过程组：正式完成或结束项目、阶段或合同所执行的过程。

项目管理过程组之间相互作用的程度如图 7-12 所示。

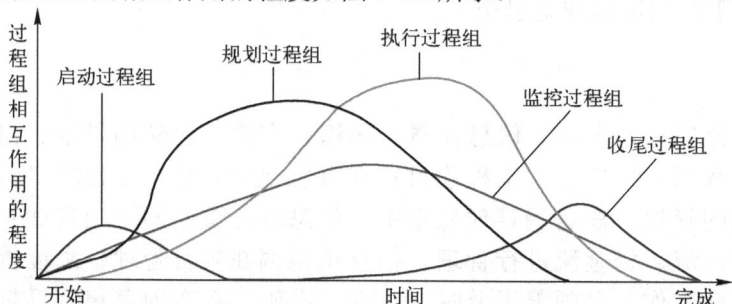

图 7-12 项目管理过程组之间相互作用的程度

7.4.1 启动过程组

1. 启动过程组的概念

启动过程组包括定义一个新项目或现有项目的一个新阶段，授权开始该项目或阶段的一组过程。启动过程组的目的是协调相关方的期望与项目目标，告知相关方项目范围和目标，并商讨他们对项目及相关阶段的参与将如何有助于实现其期望。在启动过程中，应定义初步项目范围和落实初步财务资源，识别那些将相互作用并影响项目总体结果的相关方，指派项目经理等。

项目的启动过程就是一个新的项目识别与开始的过程。在我国文化里，强调事情的善始善终，好的开始是成功的一半，好的开端预示着良好的结果。重视项目启动过程，是保证项目成功的关键要素。

2. 启动过程组的内容

启动过程组涉及的内容主要包括可行性分析（立项申请）、制定项目章程（初步范围说明）和识别相关方。

（1）可行性分析

可行性分析是通过对项目的主要内容和配套条件，如市场需求、资源供应、建设规模、工艺路线、设备选型、环境影响、资金筹措、盈利能力等，从技术、经济、工程等方面进行调查研究和分析比较，并对项目建成后可能取得的经济效益、社会效益及社会环境影响进行预测，提出项目是否值得投资和建设的意见，最终为项目决策提供依据的一种综合性的系统分析方法。通俗地说，可行性分析即有关"该项目行得通或行不通的方案分析"。

（2）制定项目章程

经正式批准的项目政策及保障性文件所组成的文档集，称为项目章程。制定项目章程是编写一份正式批准项目并授权项目经理在项目活动中使用组织资源的文件的过程。本过程的主要作用是明确项目与组织战略目标之间的直接联系，确立项目的正式地位，并展示组织对项目的承诺。一旦项目章程获得批准，项目也就得到了正式授权。

（3）识别相关方

识别相关方是定期识别项目相关方，分析和记录他们的利益、参与度、相互依赖性、影响力和对项目成功的潜在影响的过程。本过程的主要作用是使项目团队能够建立对每个相关方或相关方群体的适度关注。

7.4.2　规划过程组

1. 规划过程组的概念

规划过程组包括明确项目全部范围、定义和优化目标，并为实现目标制定行动方案的一组过程。在规划项目、制订项目管理计划和项目文件时，项目管理团队应当征求适当相关方的意见，并鼓励相关方参与。初始规划工作完成后，经批准的项目管理计划就被视为基准。在整个项目期间，监控过程将把项目绩效与基准进行比较。

规划过程组的主要作用是确定成功完成项目或阶段的行动方案。具体分为 3 个方面：①通过制定书面规划，促使项目成员更全面、深入地思考项目方方面面的问题；②通过对项目的范围、任务分解、资源分析等制定科学的规划，使项目团队的工作有序开展；③规划作为项目的基准，是项目实施和监控的依据，不仅如此，它还是项目相关方之间的沟通工具，有了计划，大家才能在项目进度如何、需要什么资源、做成什么样子等方面达成一致意见，避免争端。

2. 规划过程组的内容

规划过程组的内容包括制订项目管理计划和各知识领域的分计划，如图 7-13 所示。

规划过程组的主要内容包括制订项目管理计划、规划范围管理、收集需求、定义范围、创建 WBS、规划进度管理、定义活动、排列活动顺序、估算活动持续时间、制订进度计划、规划成本管理、估算成本、制定预算、规划质量管理、规划资源管理、估算活动资源、规划沟通管理、规划风险管理、识别风险、实施定性风险分析、实施定量风险分析、规划风险应对、规划采购管理、规划相关方管理。

7.4.3　执行过程组

1. 执行过程组的概念

执行过程组包括完成项目管理计划中确定的工作，以满足项目要求的一组过程。本过程组需要按照项目管理计划来协调资源，管理相关方参与，以及整合并实施项目活动。执行过程组的主要作用是根据计划执行为满足项目要求、实现项目目标所需的项目工作。

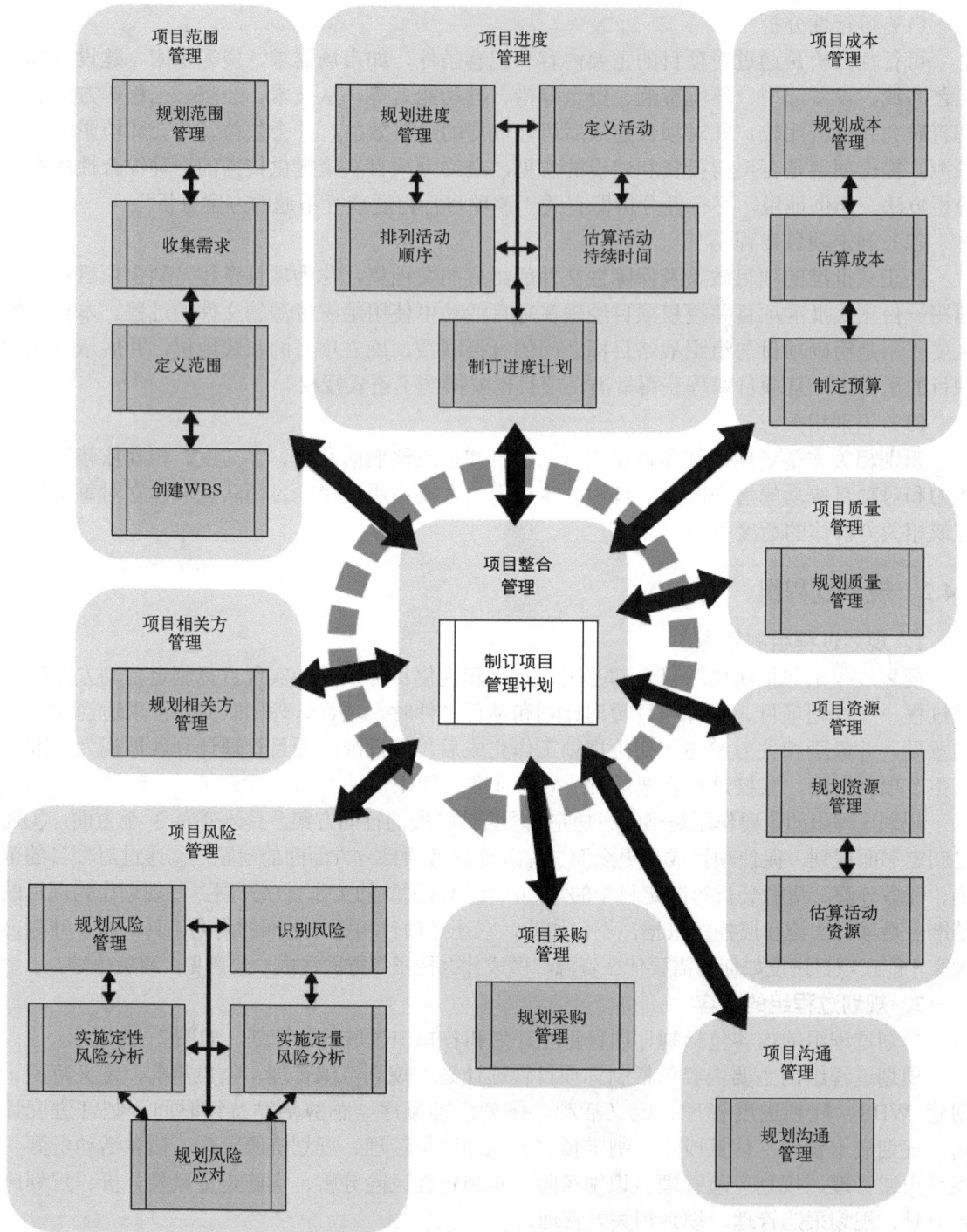

图 7-13 规划过程组的内容

注：虚线箭头表示该过程为项目整合管理知识领域的一个组成部分。该知识领域协调并统一了其他知识领域的过程。

2. 执行过程组的内容

执行过程组的主要内容包括指导与管理项目工作、管理项目知识、管理质量、获取资源、建设团队、管理团队、管理沟通、实施风险应对、实施采购、管理相关方参与等项目管理过程，如图 7-14 所示。

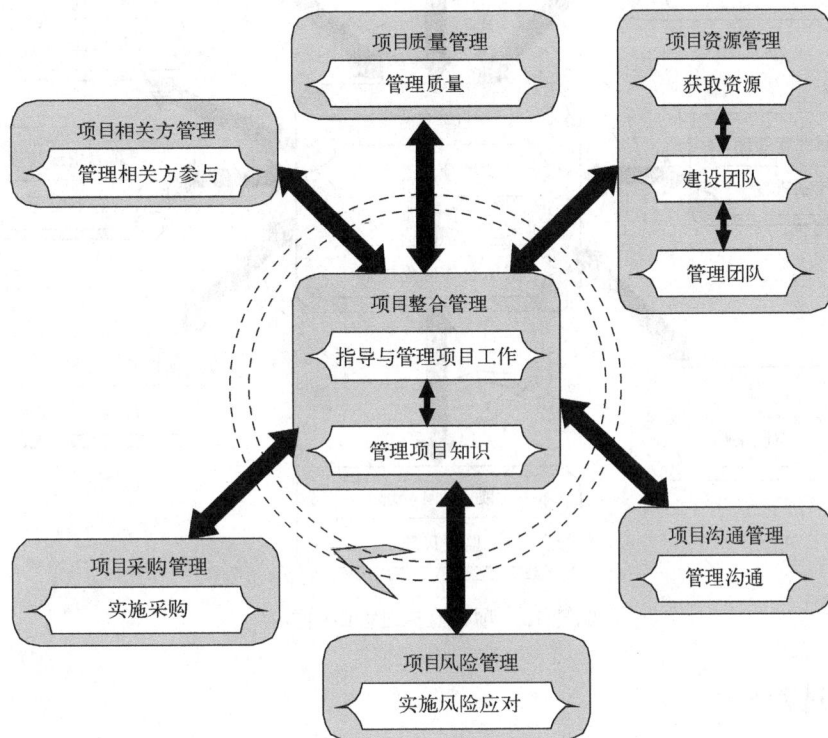

图 7-14　执行过程组的内容

7.4.4　监控过程组

1. 监控过程组的概念

监控过程组包括跟踪、审查和调整项目进展与绩效，识别必要的计划变更并启动相应变更的一组过程。监督是收集项目绩效数据，计算绩效指标，并报告和发布绩效信息。控制是比较实际绩效与计划绩效，分析偏差，评估趋势以改进过程，评价可选方案，并建议必要的纠正措施。监控过程组的主要作用是按既定时间间隔、在特定事件发生时或在异常情况出现时，对项目绩效进行测量和分析，以识别和纠正与项目管理计划的偏差。

2. 监控过程组的内容

监控过程组的主要内容包括监控项目工作、实施整体变更控制、确认范围、控制范围、控制进度、控制成本、控制质量、控制资源、监督沟通、监督风险、控制采购、监督相关方参与等项目管理过程，如图 7-15 所示。

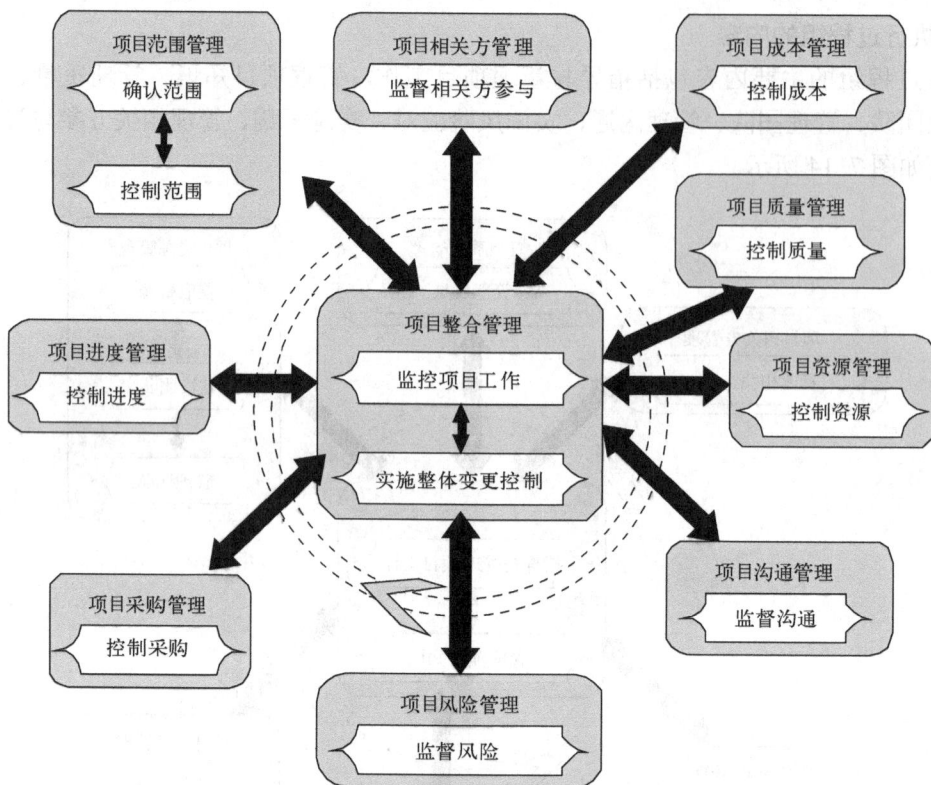

图 7-15 项目监控过程组的内容

7.4.5 收尾过程组

1. 收尾过程组的概念

收尾过程组包括为正式完成或关闭项目、阶段或合同而开展的过程。本过程组旨在核实为完成项目或阶段所需的所有过程组的全部过程均已完成，并正式宣告项目或阶段关闭。收尾过程组的主要作用是，确保恰当地关闭阶段、项目和合同。虽然本过程组只有一个过程，但是组织可以自行为项目、阶段或合同添加相关过程，因此仍把它称为"过程组"。

善始善终，对项目来说就是良好的开始与结束过程，一个项目有一个规范而有序的收尾，不仅是对当前项目的有效总结归纳，也是给项目相关方一个汇报总结的机会，更是后续同类项目学习借鉴的资源。

2. 收尾过程组的内容

收尾过程组的内容仅包括结束项目或阶段一个过程。结束项目或阶段是终结项目、阶段或合同的所有活动的过程。收尾过程组的主要作用是存档项目或阶段信息，完成计划的工作，释放组织资源以开展新的工作。

项目收尾包括技术、合同和行政 3 个方面的收尾工作。技术收尾，是在技术工作做完后对项目产品进行技术验收。技术工作和验收完成了，并不等于项目工作结束了，如果有采购的产品或者服务，还需要对所签订的每个采购合同进行合同收尾，明确结束合同各方在项目上的关系，防止项目结束后合同各方还存在未界定的问题。在做完技术收尾和合同收尾后，还需要做行政收尾，对项目进行评价，总结经验教训，做好文件归档，更新组织过程资产。

7.5　工程项目管理的 6 个关键要素

在项目管理的十大知识领域中，目标、范围、项目团队（人力资源）、进度、成本和质量构成了项目管理的 6 个关键要素。在进行项目管理实践中，随项目的类型和规模的不同，所应用的项目管理知识与技术也有所侧重，但项目管理的 6 个关键要素是最核心且不可缺少的部分，图 7-16 展示了工程项目管理 6 个关键要素的相互关系。

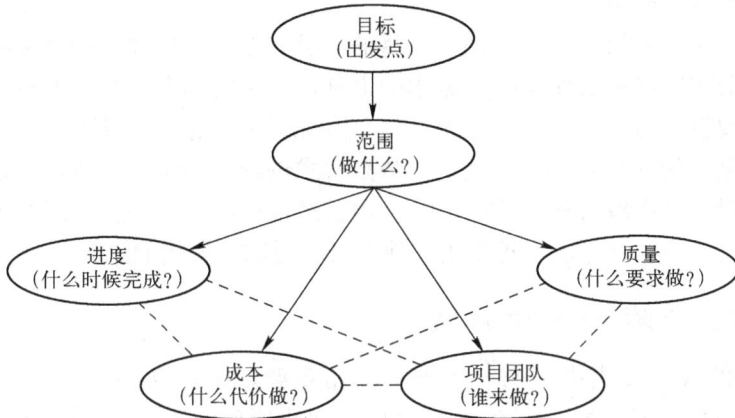

图 7-16　工程项目管理的 6 个关键要素

7.5.1　项目的出发点——目标

项目目标通常与一定的需求紧密相连。项目结束后要能"帮助客户实现价值"，项目才算成功。这需要了解客户的真正需求，客户需求是项目存在的根本原因。这就要回答"可以帮助客户解决什么问题"和"能给客户带来什么价值"。只有回答了这两个问题，才能明确客户的成功标准，进而明确项目目标。

项目的实施过程就是趋向预定目标的过程，项目目标被清晰定义是项目立项的前提。简单地说，项目目标就是实施项目所要达到的期望结果，即项目所能交付的成果或服务。

一般而言，项目目标有以下特性：

（1）多目标性

对于一个项目而言，其目标一般不会是单一的，可能是多个目标的综合体，具体体现为时间、成本、质量这些量化目标。而这些目标又往往互相限制，例如，质量的提高往往意味着成本、时间的增加。而在项目综合管理中，一项重要的任务就是在不同的子目标之间进行权衡和取舍。

（2）优先性

与多目标性相伴随的是目标的优先性。在不同性质的项目中，目标不同，其目标的优先性也有差别。例如，在一些关系到国家安全或者人身安全方面的项目中，质量往往是最优先考虑的目标。

（3）层次性

项目目标既可以包含高层次的战略目标，又可以包含可操作的低层次具体目标。一般做法是将项目目标的意义和内容按照一个递进的层次结构进行描述，低层次的目标要更加清晰和明确。

7.5.2 项目的权衡取舍——"多快好省"

项目控制重点就是项目的范围、质量、工期和成本。除了总目标之外，项目就是追求"多"（范围管理）、"快"（时间管理）、"好"（质量管理）、"省"（成本管理）。项目范围定义了项目工作的边界，范围是项目时间、成本和质量的基础。完成一个项目，项目团队必须弄清楚需要做什么，不做什么，如果边界不清楚，项目的时间、成本和质量就无从计量，项目的工作就将是一笔糊涂账。但是，这四者之间是相互关联的，提高一个指标的同时会降低另一个指标，实际上这种理想的情况很难达到。

例如，项目质量与项目成本的协调，项目的需求方希望项目成果的质量越高越好，但作为交付方，质量要求的提高必然意味着成本的上升，项目的利润可能会被侵蚀。由于项目双方对于项目的期望值不同，因此要同时满足双方的要求并不是一件容易的事。

这种项目要素之间的相互影响和关联，势必要求进行综合统筹与协调，以实现项目目标和项目效益。面对项目中双方期望值的差异，项目经理可以借助项目管理技术，在不同的子目标之间进行协调、控制，寻求一种平衡，使项目获得综合最优的结果。

7.5.3 项目的成功保障——项目团队

在项目管理的成功要素中，有一个要素非常重要，却往往被忽略，即项目团队的力量。项目团队在确定项目目标、推动项目进程、创造项目价值、应用项目成果时起决定性作用。

1）大部分项目中的人力成本占总成本的比例高，尤其在人力密集型项目（如 IT 项目）中，人力成本几乎决定了项目是否赢利，而项目实际的人力成本决定了盈利的水平。

2）项目的范围是由项目团队落实并实施的。能否准确地界定项目的范围是衡量项目成败的前提，如果不能够对项目范围进行有效管理并取得客户的认可，项目从一开始就有可能存在隐患。

3）项目团队的能力对项目成败有直接影响。在大型或复杂的项目中，决定项目成败的前提不仅仅是技术。事实上，项目很少因为技术原因失败，更多的是因为管理和人际关系等软技能方面的原因。有的项目经理虽然是技术专家，但缺乏必要的管理能力，就有可能出现无管理目标的项目，使项目工期和成本极大地超出预期。如果项目需要客户的参与和支持，推动客户的能力就非常重要，如果项目经理缺乏必要的沟通协调能力，就无法获得客户的支持，从而导致项目延期。

4）项目组不团结和关键人员流失是项目成功的重大风险，会给项目团队的稳定和效率带来严重影响。有的项目经理虽然有专业技能，也具备一定的管理知识，但恰恰缺乏团队建设能力，如果无法将团队捏合成型、建立一个成功的项目团队，则容易出现人际关系紧张，甚至分裂的局面，从而造成项目动荡或失败。

参 考 文 献

[1] PROJECT MANAGEMENT INSTITUTE. A guide to the project management body of knowledge[M]. 6th ed. PA: Project Management Institute, Inc., 2017.

[2] 邓果丽. 实用项目管理与策划训练[M]. 北京：高等教育出版社，2015.

[3] 汪小金. 汪博士解读 PMP 考试[M]. 6 版. 北京：电子工业出版社，2020.

第8章 工程经济分析

当今世界瞬息万变、日新月异，全球化的技术革新驱使工程在社会发展中起着越来越重要的作用，世界各国对工程师在知识经济社会中的作用寄予厚望。无论是通信工程、电子工程、物联网工程还是软件工程，强调的都是解决实际工程问题，而一项工程的完成除了需要运用专门的工程技术之外，还需要运用经济、管理等方面的知识。因此，工程师要在日益复杂的环境下做出正确的决策，仅仅靠工程学的知识是远远不够的，还必须具备经济学的知识，并且掌握一些工程经济的分析方法。这就促成了工程经济学学科的产生。

一项工程要能被人们所接受，必须做到有效，即必须具备两个条件：技术上的可行性和经济上的合理性。在技术上无法实现的项目是不可能存在的，因为人们还没有掌握它的客观规律；而一项工程如果只讲技术可行，忽略经济合理性，也同样是不能被接受的。人们发展技术、应用技术的根本目的，正是提高经济活动的合理性，这就是经济效益。因此，为了保证工程技术更好地服务于经济，最大限度地满足社会需要，就必须研究、寻找技术与经济的最佳结合点，在具体目标和条件下，获得投入产出的最大效益。

通过本章的学习，了解工程经济分析的概念、目的和意义、基本原则、基本要素、分析方法等，掌握工程经济分析的一般过程，以及利用资金时间价值原理对工程项目进行经济效果评价、方案比选判断的原则和方法。

8.1 工程经济分析概述

8.1.1 工程经济与工程经济分析

工程技术与经济具有非常密切的联系。技术进步是经济发展的必要条件，人类社会的经济发展离不开各种技术手段的运用；而任何技术手段的运用，都必须消耗或占用人力、物力、财力等资源，需要考虑资源的合理分配。因此，在人类社会进行物质生产的活动中，经济和技术不可分割，两者既相互促进又相互制约。经济发展是技术进步的动力和方向，而技术进步是推动经济发展、提高经济效益的重要条件和手段，经济发展离不开技术进步。人类社会的发展、国民经济的增长，都必须依靠技术的应用和进步。

在工程中理解和应用经济原则极为重要。科学管理之父弗雷德里克·温斯洛·泰勒（Frederick Winslow Taylor）提出工程师的经济使命：一个工程师要能用 1 元钱完成别人必须用 2 元钱方能完成的工作。工程师的社会使命是用更环保、更节约资源的方式满足人类的可持续发展。工程不仅仅是为了满足人们的需要而开发产品、系统和程序的实践活动，除了功能、性能，方案还应在经济上可行。工程决策不仅在开始项目的概念设计中会涉及很多有限的资源，如时间、人力、资金、材料、自然资源等，而且在工程整个生命周期的其他阶段也是如此，如果一个解决方案不存在盈利，即使再好也应该将它舍弃。

1. 工程经济的概念

工程经济学（engineering economics）是工程学与经济学相互交叉融合而形成的一门应

用性经济学科，是研究如何有效利用资源、提高经济效益的学科。狭义的工程经济学是按照资源合理配置的原则，在资源有限的条件下运用工程经济分析方法，对工程技术（项目）各种可行方案进行分析比较，选择并确定最佳方案的学科。它的核心任务是对工程项目技术方案的经济决策。广义的工程经济学是指在社会再生产过程中，根据特定的政治、经济、工程技术、资源等具体条件，研究工程技术与经济的相互关系及其发展规律，寻求工程技术与经济的最佳结合，以保证所采取的工程技术政策、工程技术方案、工程技术措施获得最大经济效益的一门应用经济学。

工程经济学具有很强的技术和经济的综合性、技术与环境的系统性、方案差异的对比性、对未来的预测性及方案的择优性等特点。工程经济学的实质是寻求工程技术与经济效果的内在联系，揭示二者协调发展的内在规律，促使技术的先进性和经济的合理性有机统一。

2. 工程经济分析

要使应用于工程的技术能够有效地为建设服务，就必须对各种技术方案的经济效益进行计算、分析和评价，这就是工程经济分析。工程经济分析的研究内容和任务是运用经济学的基本理论和工程经济分析与评价的方法，对能够完成工程项目预定目标的各种可行技术方案进行技术经济论证、比较、计算和评价，从中选择技术上可行、经济上合理、生产上适用的方案，从而为实现正确的投资决策提供科学依据。

工程经济分析是从国家整体角度考察项目的效益和费用，通过计算项目对国民经济的净贡献，评价项目的经济合理性。工程经济分析的对象是各种工程项目，这些项目可以是投资项目、已建项目、新建项目、扩建项目、技术引进项目、技术改造项目等。

例如，通信工程经济学是应用工程经济学基本原理，研究通信工程的经济问题、经济规律，通信资源（如频谱、带宽、时间、功率）的最优配置，寻找技术与经济的最佳结合以寻求通信资源可持续发展的科学。

工程经济分析通常有 2 个视角：一是企业的视角，即站在投资者的视角；二是国家的视角。站在企业视角的分析通常称为财务分析；而站在国家视角的分析称为国民经济分析。

财务分析与经济分析都是分析项目的经济利益，两者的主要区别在于评价的出发点或角度不同。财务分析主要从投资者或项目本身的角度出发，经济分析则是从整个国家的角度出发。从原则上来说，资源的配置应从国家利益出发追求其合理性。因此，当财务分析与经济分析结论不一致时，应以经济分析的结论为主。财务分析与经济分析的区别如下：

1）评价角度与目标不同。财务分析是站在项目自身的角度，衡量和计算一个投资项目为企业带来的利益，评价项目在财务上是否有利可图；而经济分析是站在国民经济整体的角度，计算和分析投资项目为国民经济所创造的效益和所做出的贡献，评价项目在经济上的合理性。

2）费用和效益的含义与范围划分不同。财务分析以项目为界，以项目给企业带来的直接收入和企业为该项目的支出确定项目的财务效益和费用，所以在判断费用、收益的计算范围时只计入企业的支出和收入，那些虽由项目实施所引起但不为企业所支付或获取的费用及收益则不是项目的财务效益和费用，不予计算；经济分析以整个国家的经济为边界，以项目给国家带来的效益和项目消耗国家资源的多少来考察项目的效益和费用，只要是项目在客观上引起的效益和费用，不管最终由谁来获得和支付，均作为投资项目的效益和费用。

3）使用价格不同。财务分析采用现实预测的市场价格，因为其评价结果要求能反映项目实际发生的情况；国民经济分析采用的是一种人为确定的、反映资源合理运用的价格，即影子价格。

4）使用的评价参数不同。所谓评价参数，主要是指汇率、利率、贴现率等。进行财务分析时，上述各评价参数根据不同行业的不同企业，以及企业条件、企业环境，自行选定；而进行经济分析时，上述各项评价参数均采用国家统一测定的通用参数。

3．工程经济活动的要素

工程经济活动一般包括活动主体、活动目标、活动效果、活动环境等要素。

（1）活动主体

活动主体是指垫付活动资金、承担活动风险、享受活动收益的个人或组织，如企业、政府、事业单位或社会团体。

（2）活动目标

人类的一切工程经济活动都有明确的目标，都是为了直接或间接地满足人类自身的需要。例如，企业的目标有利润最大化、市场占有率、品牌效应等；政府的目标有就业水平提高、社会安定、收入分配公平等。

（3）活动效果

工程经济活动的效果是指活动实施后对活动主题目标产生的影响。由于目标的多样性，通常一项工程经济活动会同时表现出多方面的效果。例如，对一个经济欠发达地区进行开发和建设，如果只进行低水平的资源消耗类生产，就有可能在提高当地人民收入水平的同时，造成环境和生态平衡的破坏。

（4）活动环境

工程经济活动常常面临自然环境和经济环境 2 个彼此相关又至关重要的环境。自然环境提供工程经济活动的客观物质基础；经济环境显示工程经济活动成果的价值。

8.1.2　工程经济分析的目的和意义

工程经济分析的目的和意义体现在以下几个方面：

1）工程经济分析是提高社会资源利用效率的有效途径。人类所生活的世界资源有限，工程师所肩负的一项重大社会和经济责任，就是合理分配和有效利用现有的资源，包括资金、劳动力、原材料、能源等，来满足人类的需要。所以，如何使产品以最低的成本可靠地实现必要的功能，是工程经济分析的一项重要内容。也就是说，要做出合理分配和有效利用资源的决策，必须同时考虑技术与经济各方面的因素，进行工程经济分析。

2）工程经济分析是企业制定生产决策的重要前提和依据。工程经济分析的结果是企业制定生产决策的前提和依据，如果没有可靠的经济分析，就难以保证决策的正确，通过工程经济分析可以提高工程经济活动的经济效果。所谓经济效果，是指人们在应用技术的社会实践中效益与费用的比较。

3）工程经济分析是降低项目投资风险的可靠保证。决策科学化是工程经济分析的重要体现，在工程项目投资前期进行各种技术方案的论证评价，一方面可以在投资前发现问题，以便及时采取相应措施；另一方面对技术经济不可行的方案及时否决，以减少决策的盲目性、避免不必要的损失，使投资风险趋于最小化。

4）学习工程经济，掌握工程经济决策的方法和技能，对当代大学生来说是十分必要的，也是社会发展对当代大学生提出的要求。

8.1.3 工程经济分析的基本原则

对工程项目或技术方案进行工程经济分析时，应遵循以下原则：

（1）资金的时间价值原则——今天的1元钱比未来的1元钱更值钱

工程经济学中一个最基本的概念是资金具有时间价值，即今天的1元钱比未来的1元钱更值钱。投资项目的目标是增加财富，财富是在未来的一段时间获得的，能否将不同时期获得的财富价值直接加总来表示方案的经济效果呢？显然不能。由于资金时间价值的存在，未来时期获得的财富价值现在看来没有那么高，需要打一个折扣，以反映其现在时刻的价值。如果不考虑资金的时间价值，就无法合理地评价项目的未来收益和成本。

（2）现金流量原则——投资收益不是会计账面数字，而是当期实际发生的现金流

衡量投资收益用的是现金流量而不是会计利润。现金流量是项目发生的实际现金的净得，而利润仅仅是会计账面的数字，按"权责发生制"核算，并非手头可用的现金。

（3）增量分析原则——从增量角度进行工程经济分析

对不同方案进行选择和比较，将两个方案的比较转化为单个方案的评价问题，使问题得到简化，并容易进行。而这则需要从增量角度进行分析，考察增加投资的方案是否值得，符合人们对不同事物进行选择的逻辑思维。

（4）机会成本原则——计入机会成本，排除沉没成本

企业的自有资产和要素如果出售或出租就能够收取收益，这种收益构成了企业使用自有要素的机会成本；而沉没成本则是决策前已支出的费用或将来必须支付的费用，这类成本与决策无关，所以要进行排除。因此，要计入机会成本，排除沉没成本。

（5）有无对比原则——有无对比而不是前后对比

"有无对比"是将项目建立和未建立时的现金流量进行对比；而"前后对比"是将项目实现以前和实现以后所出现的各项效益费用进行对比。

（6）可比性原则——方案之间必须可比

工程经济学研究的主要任务是对各种工程技术方案进行经济比较，从中选择经济效果最好的方案。在进行方案评价、比较时，必须使各方案具备可比条件，遵循可比性原则。可比性原则是进行工程经济分析时所应遵循的重要原则之一，即进行比较的项目方案之间必须同时具备在需要上、时间上、消耗费用上和价格上的4个可比性条件，否则无法正确地估量工程项目的投资合理性。

1）满足需要上的可比性。任何一个项目或方案实施的主要目的是为了满足一定的社会需求，不同项目或方案在满足相同的社会需求的前提下才能进行比较。因此，在进行方案比较时，首先要求各方案具有满足需要上的可比，即物化指标上的可比，如产品品种可比、产量可比、质量可比等。

2）满足时间因素的可比性。时间因素的可比性是指技术方案的经济效果，除了数量的概念以外，还需考虑时间因素的影响，计算资金的时间价值。对于投资、成本、产品质量和产量相同条件下的两个项目或方案，要求具有统一的计算期，其投入时间不同，经济效益显然也不同。

3）满足消耗费用的可比性。比较项目或技术方案的费用，应该从项目开始建设到产出产品及产品消费的全过程中整个社会的消耗费用方面进行比较，也就是说要从总的、全部消耗的观点来考虑。项目的效益和消耗费用必须采用统一的计算原则和计算方法，有相同的货币单位，以保证对比的口径一致。

4）满足价格指标的可比性。在工程经济分析中，对项目或技术方案进行比较时的收益和费用都采用相同的价格指标体系，并用货币量表示。因此，在对不同方案进行比较时，必须满足价格可比条件。具体处理时要考虑工程经济分析的性质和范围。从性质上说，工程经济分析的财务分析用现行价格，国民经济分析用影子价格；从范围上说，微观工程经济分析用现行价格，宏观工程经济分析用影子价格。

（7）风险收益的权衡原则——额外的风险需要额外的收益进行补偿

投资任何项目都存在风险，因此必须考虑方案的风险性和不确定性。不同项目的风险和收益是不同的，额外的风险需要额外的收益进行补偿。

（8）系统分析原则

系统分析原则是指将工程经济分析对象看成一个系统，明确系统的功能目的，剖析系统的要素构成、各自的特征及其相互联系，实现要素的有机结合，以达到系统的整体优化。对于工程项目来讲，项目本身就是一个独立的系统，提高经济效益、实现利润最大化是系统的整体目标。在这个系统中还有许多子系统，如生产系统、财务系统、供销系统等。企业要想提高经济效益，必须首先具备优良的生产、财务、供销子系统，使之有机结合，才能达到整体目标。

另外，任何工程项目都是一个开放的系统，都处于社会经济大系统之中，与之有着信息和能量的交换，并对社会、生态环境产生影响。工程经济分析人员要坚持系统论的观点，在提高项目经济效益的同时必须兼顾社会效益。

（9）技术与经济相结合的原则

在应用工程经济学的理论来评价工程项目或技术方案时，既要评价其技术能力、技术意义，也要评价其经济特性、经济价值，将二者结合起来，寻找既符合国家政策和产业发展方向，又能给企业带来发展的项目或方案，促进技术进步与经济、环保等工作的共同发展。

（10）定性分析与定量分析相结合的原则

定性分析带有主观性，属于经验型决策；定量分析能使与决策问题有关的研究更加精确。在对项目进行分析评价时，要遵循定性分析与定量分析相结合的原则，发挥各自在分析上的优势，使分析结果科学、准确。首先，能定量的效益与费用要尽量量化，因为只有这样才更有说服力，才能对项目做出较准确的评价；其次，所考察的项目与科学技术、经济、社会、文化（价值）大系统相联系，有些内容是很难（或不能）量化的，需要进行定性分析，作为定量分析的补充。

对于一个工程项目，应当尽量根据不同的经验，从不同的角度构思出多种实施方案，利用工程经济分析的方法和经济指标对这些方案进行经济效果评价，综合比较各方案后选出最优方案，保证决策的科学性和正确性。

8.2　资金时间价值与现金流量

工程经济学中的一个最基本概念是资金具有时间价值，即今天的 1 元钱比未来的 1 元钱更值钱。下面具体介绍资金时间价值与现金流量等概念。

8.2.1　资金时间价值

1. 资金时间价值的概念

资金时间价值是指把资金投入生产和流通领域，随着时间的推移而发生的增值，是资金周转使用后的增值额，也称为货币时间价值，其表现就是资金的利息或纯收益。例如，今天将100元存入银行，若银行的年利率是8%，一年以后的今天将得到108元，其中的8元是利息，就是资金时间价值，即当前所持有的一定量货币比未来获得的等量货币具有更高的价值。

对于资金的时间价值，可以从两个方面理解：一方面，资金随着时间的推移，其价值会增加，这种现象叫作资金增值。增值的原因是由于资金的投资和再投资。1元钱今年到手和明年到手是不一样的，先到手的资金可以用来投资而产生新的价值，因此，今年的1元钱比明年的1元钱更值钱。从投资者的角度来看，资金的增值特性使资金具有时间价值。另一方面，从经济学的角度而言，现在的一单位货币与未来的一单位货币的购买力之所以不同，是因为要节省现在的一单位货币不消费而改在未来消费，则在未来消费时必须有大于一单位的货币可供消费，作为弥补延迟消费的补偿。牺牲现期消费是为了能在将来得到更多的消费，个人储蓄的动机和国家积累的目的都是如此。

在工程经济分析中，对资金时间价值的计算方法与银行利息的计算方法相同。实际上，银行利息也是一种资金时间价值的表现方式。

2. 资金时间价值的度量

（1）衡量资金时间价值的尺度

1）绝对尺度：利息和利润。工程经济中借用利息概念来代表资金时间价值，即投资的增值部分，因此它比通常的利息概念更广义。利息是占用资金所付出的代价或放弃使用资金所得到的补偿，而将资金投入流通领域所获得的那部分资金增值称为利润。

2）相对尺度：利率和利润率。利率和利润率分别是指单位时间（通常为年）内产生的利息或利润与原来投入资金额的比例，也称为资金报酬率，用百分数表示。

（2）影响资金时间价值的因素

影响资金时间价值的主要因素有利息的计算方法、利息的计息周期和利率（贴现率）的大小。

1）利息的计算方法。利息是货币资金借贷关系中借方支付给贷方的报酬。在工程经济分析中，利息常常是指占用资金所付的代价或者是放弃使用资金所得的补偿。其计算公式为

$$I = F - P \tag{8-1}$$

式中，I为利息；F为本金与全部利息之和；P为本金。

根据计算时是否考虑利息的时间价值，利息的计算方法有单利计息和复利计息之分。

① 单利计息。单利计息是指利息计算过程中只考虑本金的利息，而不考虑利息的利息。在个人进行储蓄、信托等投资时，一般采用单利计息，一旦利率确定，利息与时间便呈线性关系，利息与本金呈正比关系。其计算公式为

$$F = P(1 + ni) \tag{8-2}$$

式中，F为本金与全部利息之和；P为本金；n为计息次数；i为利率。

利率是指在一定时间所得利息额与投入资金的比例。它反映了资金随时间变化的增值率，是衡量资金时间价值的相对尺度，通常用百分数表示。

② 复利计息。复利计息是指利息计算过程中不仅考虑本金的利息，而且考虑利息的利息，即"利生利""利滚利"。其计算公式为

$$F_n = P(1 + i)^n \tag{8-3}$$

式中，F_n为n期末的本利和；其他符号意义同式（8-2）。

复利计息比较符合资金在社会再生产过程中运动的实际状况。在工程经济分析中，通常

采用复利计息。

2）利息的计息周期。利息的计息周期是指一年中利息计算的时间长短，如按年、半年、季度、月、周、日等进行计息。用一年的时间除以计息周期，就得到计息次数。在一年中，计息周期越短，表明计息次数越多，相同本金的时间价值就越大。在工程经济分析中，复利计息通常以年为计息周期。

3）利率的大小。在实际应用中，计息周期并不一定以一年为周期，可以按半年、季度、月、周、日等进行计息。因此，同样的年利率，由于计息次数的不同，本金所产生的利息也不同，因而有名义利率和实际利率 2 种不同的表示方法。

名义利率等于每一计息周期利率与每年计息次数的乘积，可表示为

$$r=im \tag{8-4}$$

式中，r 为名义利率；i 为实际利率；m 为一年中的计息次数。

实际利率是一年利息额与本金之比，它反映的是真实借贷下的成本。名义利率是指年利率，而实际利率并不一定是年利率。在没有特别说明的情况下，通常所说的年利率就是名义利率。若按单利计息，名义利率与实际利率是一致的。由式（8-4）可得

$$i=\frac{r}{m} \tag{8-5}$$

但是，按复利计算，实际利率则不等于名义利率。此时，名义利率与实际利率之间的关系为

$$i = \left(1+\frac{r}{m}\right)^m - 1 \tag{8-6}$$

式中，r 为名义利率；m 为一年中的计息次数；i 为实际利率；$\frac{r}{m}$ 为一个计息周期的利率。

上式推导过程如下：

设 F 为本金与全部利息之和，P 为本金，I 为利息，则有

$$i = \frac{I}{P} = \frac{F-P}{P} = \frac{P(1+r/m)^m - P}{P} = (1+r/m)^m - 1$$

式中，$F = P(1+r/m)^m$。

当 $m=1$ 时，名义利率等于实际利率；当 $m>1$ 时，名义利率小于实际利率。由此可见，实际利率等于名义利率加上利息的时间价值。名义利率不能完全反映资金的时间价值，实际利率才真实地反映了资金的时间价值。名义利率越大，实际计息周期越短，实际年利率与名义利率的差值就越大。

例如，本金 1000 元，年利率 12%，若每年计息一次，一年后本利和为

$$F=1000 元×(1+0.12) =1120 元$$

按年利率 12%，每月计息一次，一年后本利和为

$$F=1000 元×(1+0.12÷12)^{12}=1126.8 元$$

实际利率为

$$i =(1126.8 元-1000 元)÷1000 元×100\%=12.68\%$$

其中 12.68%就是实际利率，其大于名义利率。

8.2.2　现金流量和现金流量图

1. 现金流量

明确现金流量（cash flow）的概念，具体估算各投资方案形成的现金流入量、现金

流出量和净现金流量，是正确计算投资方案评价指标的基础，也是进行长期科学投资决策的基础。

投资决策的过程就是对各种方案的投资支出和投资收益进行比较分析，以选择投资效果最佳的方案。一个完整的投资过程是从花第一笔钱开始一直到生命周期末不再有收益为止。在投资决策的前期，总要事先估计一个投资周期，叫作计算期或研究期。从整个计算期来看，每个时间点都有现金支出（流出）和现金收入（流入），这种流入和流出的现金称为现金流量。这里的"现金"是广义的，指各种货币资金或非货币资产的变现价值。现金流入量（cashin flow）是指在整个计算期内所发生的实际的现金流入，如销售收入、固定资产报废时的残值收入，以及项目结束时回收的流动资金。现金流出量（cashout flow）是指在整个计算期内所发生的实际现金支出，如企业投入的自有资金、销售税金及附加、总成本费用中以现金支付的部分、所得税、借款本金支付等。

2. 现金流量图

货币具有时间价值，因而在不同时间发生的资金支付，其价值是不相同的。可以将某个技术方案或投资方案现金收支情况绘成流量图，以便于进行经济效果分析。

现金流量图是描述现金流量作为时间函数的图形，它能表示资金在不同时点上实际所发生的现金流入与流出的情况，如图 8-1 所示。图中横轴为时间轴，向右的箭头表示时间的延续，轴线等分成若干间隔，每一间隔代表一个时间单位，通常是"年"。时间轴上的点称为时点，通常表示该年的年末，同时也是下一年的年初，0 时点即为第一年开始之初。与横轴相连的垂直线代表流入或流出的现金流量。垂直线的长短代表现金流量的大小，箭头向上表示现金流入，向下表示现金流出。

现金流量图能反映现金流量的三大要素：大小、方向、时间点。其中，现金流量的大小通过箭头的长短表示，并在旁边注明每一笔现金流量的金额；现金流量的方向通过箭头的方向表示，向上表示现金流入，向下表示现金流出；时间点是指现金流入或现金流出所发生的时刻。运用现金流量图，可以全面、形象、直观地表示经济系统的资金运动状态。

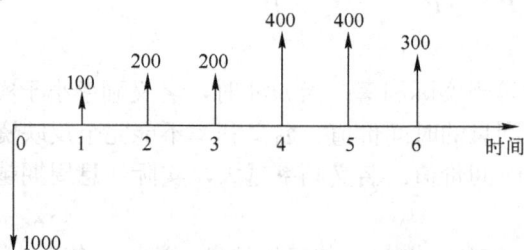

图 8-1 现金流量图举例

需要说明的是：现金流量的大小不一定严格按比例绘制，只需保证现金流量大的箭头线较长即可；现金流入和现金流出都是相对的概念，例如，税收对企业来说是现金流出项，但对国家而言是现金流入项，关键看分析的对象或系统是谁。

8.2.3 资金的等值计算

1. 时值的概念

资金的数值由于计算利息和随着时间延长而增值，在每个计息期期末的数值是不同的。在某个资金时间节点上的数值称为时值。现金流量图上，时间轴上的某一点称为时点。根据时点的不同，同一笔资金的时值又可以分为现值和终值。

（1）现值

现值（Present value）P 又称期初值，是指发生在某一特定时间序列起点处的现金流量。时间序列的起点通常是评价时刻的点，即现金流量图的 0 点处。如果把未来某个时点上的现金流量（时值）按照某一确定的利率计算到该时间序列起点的现金流量，则该计算的现金流量称为现值，这一过程称为折现或贴现。所谓折现，是指将时点处资金的时值折算为现值的过程。实际上，折现是求资金等值的一种方法。折现的大小取决于折现率，即某一特定的利率。需要说明的是，现值并非专指一笔资金现在的价值，它是一个相对的概念。通常将$(t+k)$时点上发生的资金折现到第 t 个时点，所得的等值金额就是$(t+k)$时点上资金金额的现值。

在资金等值计算中使用的反映资金时间价值的参数称为折现率。

（2）终值

终值（Future value）F 是指某一特定时间序列终点的现金流量。如果把某个时点上的现金流量按照某一确定的利率计算到该时间序列终点的现金流量，则该计算的现金流量就称为终值。由此可见，终值是现值加上资金时间价值后的现金流量。

（3）年值

年值（Annuity）A 是指发生在某一特定时间序列各计算期期末（不包括 0 期）并且金额大小相等的现金流量。如折旧、租金、利息、保险金、养老金等，通常都采取年值形式。等额年值计算是将任何时间发生的资金金额转换成与其等值的每期期末相等的金额。

2．等值的概念

由于资金存在时间价值，因此发生在不同时点上的资金不能直接比较。即使金额相等，由于发生的时点不同，其价值并不一定相等；反之，不同时点上发生的不等金额，其资金的价值却可能相等。如果在同一时间序列中，不同时点的两笔或两笔以上现金流量，按照一定的利率和计息方式，折现到某一相同时点的现金流量是相等的，则称这两笔或两笔以上现金流量是等值的。资金等值是考虑了资金时间价值的等值。同时，如果两笔现金流量是等值的，那么它们发生在任何时点的值都相等。

决定等值的因素有 3 个：资金金额的大小，即现值的大小；资金发生的时间，即现金流量发生的时点；利率的大小。例如，在年利率为 10%的情况下，现在的 100 元与 1 年后的110 元等值，又与 2 年后的 121 元等值，即在一定的利率和计息周期下，同一笔现金流量的现值和终值是等值的。这 3 个等值的现金流量如图 8-2 所示。

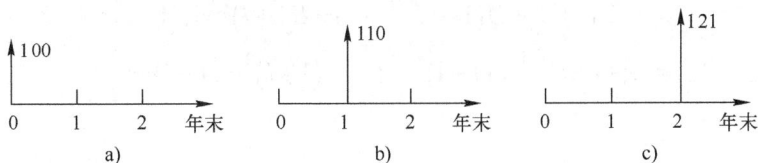

图 8-2　同一利率下不同时间的资金等值

3．资金的等值计算

利用资金等值的概念，可以把一个时点发生的资金金额换算成另一时点的等值金额，这一过程称为资金等值计算。一般是计算一系列现金流量的现值、终值和等额年值。

（1）一次支付类型

一次支付又称整付，是指所分析系统的现金流量，无论是流入还是流出，均在一个时点上发生。一次支付复利现金流量图如图 8-3 所示。

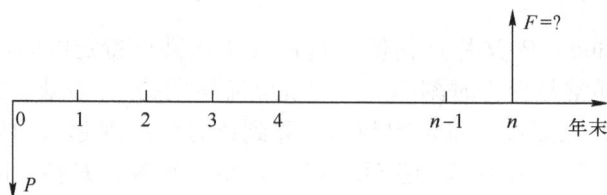

图 8-3   一次支付复利现金流量图

一次支付的等值计算公式有两个:

1) 一次支付终值公式

$$F = P(1+i)^n = P(F/P,i,n) \tag{8-7}$$

上式和复利计算的本利是一样的。此公式表示在利率是 i, 计息次数是 n 的条件下, 终值 F 和现值 P 之间的等值关系。$(1+i)^n$ 称为一次支付终值系数, 表示为 $(F/P,i,n)$。其中, 斜线右边的字母表示已知的数据和参数, 左边的字母表示欲求的等值现金流量。

2) 一次支付现值公式。已知终值 F, 求现值 P 的等值公式, 是一次支付终值公式的逆运算, 由式 (8-7) 可直接导出

$$P = \frac{F}{(1+i)^n} = F(P/F,i,n) \tag{8-8}$$

式中, $\dfrac{1}{(1+i)^n}$ 称为一次支付现值系数, 记为 $(P/F,i,n)$, 它与一次支付终值系数互为倒数。

(2) 等额支付类型

等额支付(分付)是多次支付中的一种。多次支付是指现金流入或流出在多个时点上发生, 而不是集中在某个时点上。现金流数额的大小可以是不等的, 也可以是相等的。当现金流序列是连续的、数额相等时, 则称为等额系列现金流。下面介绍等额系列现金流的 4 个等值计算公式。

1) 等额分付终值公式。已知一系列发生在每年年末的等额资金 A, 求 n 年后的终值 F。现金流量图如图 8-4 所示, 相当于银行的零存整取求本利和。

可将各年年末的 A 值按照式 (8-3) 折算到第 n 年年末, 然后求和推导出等额分付终值公式:

$$F = A(1+i)^{n-1} + A(1+i)^{n-2} + \cdots + A(1+i)^2 + A(1+i) + A$$
$$= A\left[(1+i)^{n-1} + (1+i)^{n-2} + \cdots + (1+i)^2 + (1+i) + 1\right]$$

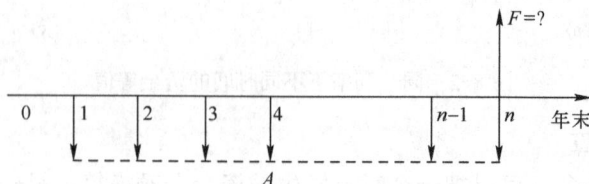

图 8-4   等额分付终值公式的现金流量图

利用等比级数求和公式, 得到

$$F = A\frac{(1+i)^n - 1}{i} = A(F/A,i,n) \quad\quad (8-9)$$

式中，$\frac{(1+i)^n - 1}{i}$ 称为等额分付终值系数，记为 $(F/A,i,n)$。

2）等额分付偿债基金公式。等额分付偿债基金公式是等额分付终值公式的逆运算。即已知终值 F，求等额年值 A。现金流量图如图 8-5 所示。由式（8-9）直接导出

$$A = F\frac{i}{(1+i)^n - 1} = F(A/F,i,n) \quad\quad (8-10)$$

式中，$\frac{i}{(1+i)^n - 1}$ 称为等额分付偿债基金系数，记为 $(A/F,i,n)$。

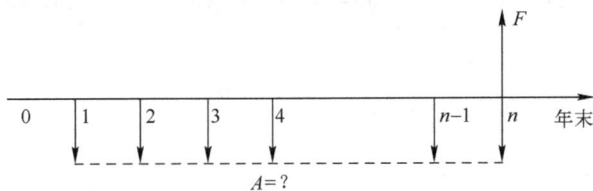

图 8-5 等额分付偿债基金公式的现金流量图

3）等额分付现值公式。已知等额分付年值 A，求现值 P。将式（8-9）两边各乘以 $\frac{1}{(1+i)^n}$，可得到

$$P = A\frac{(1+i)^n - 1}{i(1+i)^n} = A(P/A,i,n) \quad\quad (8-11)$$

式中，$\frac{(1+i)^n - 1}{i(1+i)^n}$ 称为等额分付现值系数，记为 $(P/A,i,n)$。

4）等额分付资金回收公式。等额分付资金回收公式是等额分付现值公式的逆运算，即已知现值 P，求与之等值的等额年值 A。由式（8-11）可直接导出

$$A = P\frac{i(1+i)^n}{(1+i)^n - 1} = P(A/P,i,n) \quad\quad (8-12)$$

式中，$\frac{i(1+i)^n}{(1+i)^n - 1}$ 称为等额分付资金回收系数，记为 $(A/P,i,n)$。

显然，资金回收系数与偿债基金系数之间存在如下关系：

$$(A/P,i,n)=(A/F,i,n)+i$$

为了便于理解，将以上公式汇总（见表 8-1）。

表 8-1 常用资金等值公式

名 称	已 知 值	求 解 值	符 号	公 式
一次支付终值公式	P	F	$(F/P,i,n)$	$F = P(1+i)^n$
一次支付现值公式	F	P	$(P/F,i,n)$	$P = \dfrac{F}{(1+i)^n}$
等额分付终值公式	A	F	$(F/A,i,n)$	$F = A\dfrac{(1+i)^n - 1}{i}$

（续）

名　　称	已 知 值	求 解 值	符　　号	公　　式
等额分付偿债基金公式	F	A	$(A/F,i,n)$	$A=F\dfrac{i}{(1+i)^n-1}$
等额分付现值公式	A	P	$(P/A,i,n)$	$P=A\dfrac{(1+i)^n-1}{i(1+i)^n}$
等额分付资金回收公式	P	A	$(A/P,i,n)$	$A=P\dfrac{i(1+i)^n}{(1+i)^n-1}$

8.3　工程经济分析的基本要素

在对工程项目进行经济分析时，基本经济要素包括投资、费用和成本、收入、税金和利润。

8.3.1　投资

1．投资的基本概念

广义的投资是指人们的一种有目的的经济行为，即以一定的资源投入某项计划，以获取所期望的收益。本节讨论的投资是狭义的，是指使项目达到预期效益而进行的全部资金投放活动。对于工程项目而言，是指某项工程从筹建开始到全部竣工投产为止所发生的全部资金投入。

2．投资的构成

根据工程项目建设与经营的要求，投资者要形成一定的生产能力，所需要的项目总投资应包括 4 个部分，即建设投资、流动资金、建设期利息和固定资产投资方向调节税。

（1）建设投资

建设投资是指项目按给定的建设规模、产品方案和工程技术方案进行建设所需要的费用。它是项目费用的重要组成，是项目经济分析的基础数据。

按形成资产法分类，建设投资由固定资产费用、无形资产费用、其他资产费用和预备费 4 个部分组成。

1）固定资产费用。固定资产是指使用年限在一年以上，单位价值在一定限额以上，在使用过程中始终保持原有物质形态的资产。固定资产主要包括房屋、建筑物、机械、运输设备和其他与生产经营有关的设备、器具、工具等。不属于生产经营主要设备的物品，单位价值在 2000 元以上，使用年限超过一年的也作为固定资产。

固定资产费用是指项目投产时将直接形成固定资产的建设投资，包括工程费用（建筑工程费、设备购置费、安装工程费）和固定资产其他费用。固定资产费用所形成的资产称为固定资产。

2）无形资产费用。无形资产是指具有一定价值或可以为所有者带来经济利益、能在比较长的时期内持续发挥作用且不具有独立实体的权利和经济资源。无形资产主要包括专利权、著作权、商标权、土地使用权、专有技术、商誉等。

无形资产费用是指直接形成无形资产的建设投资，即形成专利权、非专利技术、商标权、土地使用权和商誉等所需要的建设投资。无形资产费用所形成的资产称为无形资产。

3）其他资产费用。其他资产费用是指建设投资中除形成固定资产和无形资产以外的部分，如生产准备及开办费等。其他资产费用所形成的资产称为其他资产。

4）预备费。预备费是指在投资估算时用以处理实际与计划不相符而追加的费用，包括基本预备费和涨价预备费。基本预备费主要是考虑在不可预见的因素发生时采取必要措施所支付的费用。涨价预备费主要是考虑因项目建设期的投入物物价上涨而需要增加的费用。

（2）流动资金

流动资金是指生产与经营活动中用于购买原材料、燃料动力、备件、支付工资和其他费用，以及在制品、半成品、制成品占用的周转资金。它是在生产和经营过程中供周转使用的物资和货币的总和，也是为维护生产所占用的全部周转资金。

企业在一定的流动资金的支持下，通过采购、生产和销售等一系列生产经营活动，就可以生产出新的产品和服务，产生价值的增值。流动资金的投资使投资者具有一定的资产，即流动资产。流动资产是指可以在一年或超过一年的一个营业周期内变现或者耗用的资产。流动资产通常包括现金（银行存款）、存货（原材料、半成品、成品）和应收账款等。

流动资产与流动资金之间存在以下关系：

$$流动资金=流动资产-流动负债（应付账款）$$

（3）建设期利息

建设期利息又称建设期资本化利息，是指项目在建设期内因使用外部资金（如银行贷款、企业债券、项目债券等）而支付的利息。建设期利息应计入固定资产原值。

为了便于分析与计算，通常假定借款均在每年的年中支用，当年使用的建设资金借款按半年计息，其余各年份（上一年年末或本年年初借款累计）按全年计息。

（4）固定资产投资方向调节税

固定资产投资方向调节税是以投资行为为征税对象的一种税赋，是一切建设单位和个人用各种资金安排的基本建设投资、更新改造投资和其他固定资产投资，依照国家有关法规征收的一种特定目的税。

3．总资产的构成

总投资形成的资产分为固定资产、无形资产、其他资产和流动资产。根据资本保全原则，当一个工程项目建成投入经营时，项目总投资中的固定资产投资、固定资产投资方向调节税、建设期利息、流动资金形成固定资产、无形资产、其他资产和流动资产 4 个部分。为简化计算，在工程经济分析实务中可把预备费（属于建设投资）和建设期利息全部计入固定资产原值。

8.3.2　费用和成本

1．费用和成本的基本概念

对于一个工程项目来讲，一旦建成投产，就开始了产品和服务的生产与经营活动，产品和服务的生产与经营必然要消耗活劳动和物化劳动，所消耗的各项劳动的总和就称为产品和服务的生产费用，即产品的价值。它由以下 3 个部分组成：

1）已消耗的生产资料的价值（物化劳动）。

2）必要劳动所创造的价值，一般以工资、奖金等形式支付给职工，用于个人消费。

3）剩余劳动所创造的价值，构成社会的纯收入（利润）。

前两部分构成企业的生产费用，即产品成本。产品成本是产品价值的一部分，通常以货币为表现形式。费用和成本的关系如图 8-6 所示。

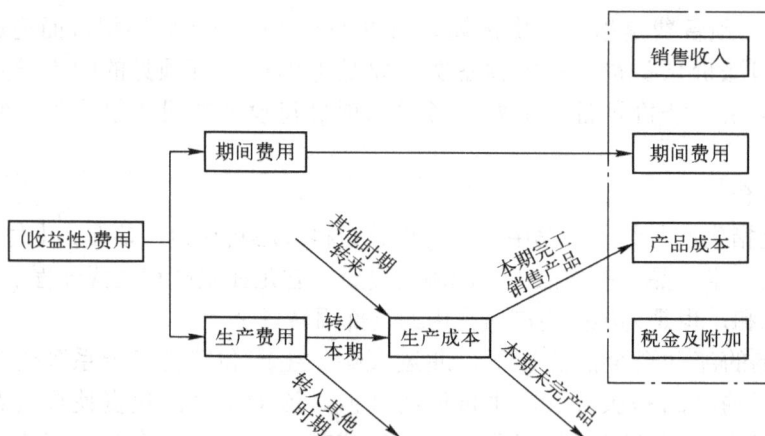

图 8-6　费用和成本的关系

2. 总成本费用

总成本费用是指在运营期（生产期）内为生产产品和提供服务所发生的全部费用，包括产品的研发、生产、销售、维护，所需要的材料、人力、消耗等。产品的成本发生在全周期、全流程的各个环节之中。总成本费用按其经济用途与核算层次可分为生产成本和期间费用。其中，生产成本包括直接材料费、直接燃料和动力费、直接工资、其他直接支出、制造费用；期间费用包括管理费用、财务费用、营业费用。

（1）生产成本

生产成本是指为生产产品和提供服务所发生的各项消耗，又称制造成本，主要包括各项直接支出和制造费用。生产成本是针对核算对象而言的，而费用则是针对一定的期间而言的。生产成本属于可变成本。可变成本是指在特定的产品产量范围内成本总额随产品产量变动而发生正比例变动的成本，如直接材料费、直接燃料和动力费、直接工资、制造费用等。

直接材料是指在生产和服务过程中直接消耗于产品生产的各种物资，包括实际消耗的原材料、辅助材料、备品配件、外购半成品、包装物以及其他直接材料。

直接燃料和动力是指在生产和服务过程中直接消耗于产品和服务生产的各种燃料和动力，包括实际消耗的煤、电、气、油等。

直接工资是指在生产和服务过程中直接从事产品生产和提供服务人员的工资性消耗，包括生产和服务人员的工资、奖金、津贴、各类补贴等。

其他直接支出是指按照直接工资的一定百分比计算的直接从事产品生产和提供服务人员的职工福利费。

制造费用是指发生在生产单位的间接费用，是生产单位为组织和管理生产所发生的各项费用，包括生产单位管理人员的工资、职工福利费、生产单位固定资产折旧费、修理维护费、其他制造费用（低值易耗品、取暖费、水电费、办公费、差旅费、运输费、保险费、劳保费、修理期间的停工损失费等）。

（2）期间费用

期间费用是与特定的生产经营期密切相关，直接在当期得以补偿的费用。期间费用属于固定成本。固定成本是指在特定的产品产量范围内，成本总额不受产品产量变动的影响，能保持相对稳定的成本。其主要是为企业提供一定的生产经营条件而发生的，这些生产经营条件一经形成，不管其实际利用程度如何，有关费用照样发生，与产品的实际生产产量没有直接联系，并不随产品产量的增减而增减。期间费用包括管理费用、财务费用和营业费用。

1）管理费用。管理费用是指企业行政管理部门为管理和组织经营活动而发生的各项费用。它包括由企业统一负担的管理人员工资和福利费、折旧费、修理费、无形资产及其他资产摊销费、其他管理费用（办公费、差旅费、劳保费、技术转让费、土地使用税、车船使用税、房产税、印花税等）。

2）财务费用。财务费用是指为筹集资金而发生的各项费用。它包括生产经营期间发生的利息净支出及其他财务费用（外币汇兑损益、外汇调剂手续费、支付给金融机构的手续费等）。

3）营业费用。营业费用是指在销售商品过程中所发生的费用以及专设销售机构的各项费用。它包括为销售产品和服务所发生的运输费、包装费、保险费、展览费和广告费，以及专设销售机构人员工资及福利费、类似工资性质的费用、业务费等。

按照各种费用与产品或服务数量的关系，总成本费用可以划分为固定成本和可变成本。固定成本是指在一定生产规模限度内，不随产品或服务的数量增减而变化的费用。期间费用都是固定成本，通常把运营期发生的全部利息也作为固定成本。可变成本是指产品成本中随产品或服务数量的增减而成比例增减的费用，生产成本都是可变成本。

（3）经营成本

经营成本是工程经济分析中用于现金流量分析时所使用的特定概念。经营成本涉及项目生产及销售、企业管理过程中的物料、人力和能源的投入费用，能够在一定程度上反映企业的生产和管理水平。经营成本与总成本费用的关系为

$$经营成本 = 总成本费用 - (折旧费 + 摊销费 + 借款利息支出) \tag{8-13}$$

3. 沉没费用

沉没费用是指本项目决策之前就已花掉的费用。它不是本项目将需要的费用，与当前的决策无关。从决策的角度来看，以往发生的费用只是造成当前状态的一个因素，当前决策所要考虑的是未来可能发生的费用及所带来的收益，而不考虑以往发生的费用。

4. 机会成本

众所周知，世界上的所有资源都是有限的。对于这些有限的资源，如何分配才能创造出最大的经济效益，就是经济学要解决的主要问题，也是摆在每一位经济学家、经营决策者面前的一个重要问题。当把某种一定量的资源用于某种用途从而获得一定权益时，就不得不放弃将其用于其他方面而可能产生的收益。这部分被迫放弃的收益就是这种资源的机会成本。当一种资源有多种用途时，被迫放弃的最大的收益就是这种资源的机会成本，也即影子价格。一种资源的机会成本只有当这种资源面临两种以上的使用选择时才有意义。离开了不同的社会选择，机会成本就失去了实际意义。显然，在工程经济分析中，沉没费用不会在现金流量中出现，机会成本则会以各种方式影响现金流量。

8.3.3　收入

工程项目的主要收入包括营业收入和补贴收入两部分。

1. 营业收入

营业收入是指销售商品或提供服务所获得的收入。它是财务分析的重要数据，也是现金流量表中主要的现金流入量。

营业收入的大小主要与产品或服务的销量和价格有关，即

$$营业收入=产品或服务的销量×价格 \qquad (8-14)$$

企业的营业收入与总产值是有区别的。同一时期企业的总产值是指企业生产的成品、半成品和在制品、工业性劳务的价值总和，可按市场价格或不变价格计算；而营业收入是企业出售商品的货币收入，是按出售时的市场价格计算的。

2．补贴收入

补贴收入是指与收益有关的政府补贴。它包括先征后返的增值税、按销量或工作量等依据国家规定的补助定额计算并按期给予的定额补贴，以及属于财政扶持而给予的其他形式的补贴等。

补贴收入同营业收入一样，应列入利润及利润分配表、财务计划现金流量表和项目投资现金流量表。

8.3.4 税金

税金是国家依据法律对有纳税义务的单位和个人征收的财政资金。税金是国家为实现其职能，凭借政权的力量，按照法定的标准和程序，无偿地、强制地取得财政收入而发生的一种分配关系。税金不仅是国家取得财政收入的主要渠道，也是国家对各项经济活动进行宏观调控的重要杠杆。税金对国家而言是一种收入，对纳税人而言则是一项支出。在工程经济分析中，只有正确计量项目的各项税费，才能科学准确地进行评价。

工程项目经济分析中所涉及的税种主要有增值税（或营业税、产品税）、资源税、企业所得税等。

1．增值税

增值税是对在我国境内销售或提供加工、修理修配劳务，以及进口货物的单位和个人，就其取得货物的销售额、进口货物金额、应税劳务销售额计算税款，并实施税额抵扣制的一种流转税。增值税实行价外计税。

2016 年实施营业税改征增值税后，我国在现行增值税 17%标准税率和 13%低税率的基础上，新增 11%和 6%两档低税率。2019 年 4 月 1 日起，我国进一步深化增值税改革，将税率降至13%、9%、6%三档。另外，作为特殊情况，对出口货物实行零税率。

2．营业税

营业税是对在我国境内提供应税劳务、转让无形资产或销售不动产的单位和个人，就其取得的营业额为课税依据征收的一种流转税。

营业税应纳税额的计算公式为

$$应纳税额=营业额×适用税率 \qquad (8-15)$$

纳税人的营业额未达到财政部规定的起征点的，免缴营业税。按期纳税的，起征点为月营业额 5000～20000 元；按次纳税的，起征点为每次（日）营业额 300～500 元。

3．营业税金附加

营业税金附加是在增值税（或营业税、产品税）基础上进行计征的部分，主要包括教育费附加和城市维护建设税。

4．资源税

资源税是对在我国境内开采原油、天然气、煤炭、黑色金属矿原矿、有色金属矿原矿及生产盐的单位和个人征收的一种税。征收资源税的目的在于调节因资源条件差异而形成的资源级差收入，促使国有资源的合理开采与利用，同时为国家创造一定的财政收入。

5．营业税金及附加

营业税金及附加是在增值税（或营业税、产品税）、资源税基础上加上营业税金附加后所得的总和。

6．企业所得税

企业所得税是对我国境内企业和其他取得收入的组织（以下统称企业），就其生产、经营所得和其他所得征收的一种税。

8.3.5　利润

（1）利润总额

利润总额是企业在一定时期内全部生产经营活动的最终财务成果。它集中反映了企业生产经营各方面的效益。对于新建项目来讲，利润总额的计算公式为

$$利润总额=营业收入+补贴收入-总成本费用-营业税金及附加 \tag{8-16}$$

（2）税后利润

税后利润又称为净利润，是指利润总额扣除所得税后的余额。其计算公式为

$$税后利润=利润总额-所得税 \tag{8-17}$$

8.4　工程经济分析的基本方法

为了科学、客观、准确地分析工程项目投资的经济效益和对社会福利所做出的贡献，评价项目的经济合理性，工程经济分析采用的基本分析方法有费用效益分析（cost benefit analysis）、费用效果分析（cost effectiveness analysis）和方案比选（scheme comparison）法。下面主要介绍费用效益分析和方案比选法。

8.4.1　费用效益分析

经济效果和经济效益是存在区别的。经济效果是指成果与消耗之比，或产出的成果与投入的资源总量之比；而经济效益是指有效成果与消耗之比，或符合社会需求的有效产出与投入的资源总量之比。

一个公共项目的实施通常都会改变初始的经济状态和社会福利水平。如果一个公共项目实施的结果可以改善经济状态，增进社会福利，则该项目就值得实施，否则就不值得。现在的问题是，根据什么标准来比较 2 个状态？西方福利经济学研究经济项目对个人或集团的福利水平的影响，因而提供了确定经济状态好坏的标准。20 世纪初，意大利经济学家帕累托提出了判断经济状态好坏的标准，即帕累托最优准则。

在对 2 种社会经济状态 A 与 B 比较的情况下，如果至少有一个人认为经济状态 A 比经济状态 B 好，而且没有任何一个人认为状态 B 比状态 A 好，则从社会的观点看，认为状态 A 优于状态 B。

费用效益分析有时又称为效益费用分析，它是通过比较项目的预期效益和预计代价（费用），判断项目的费用有效性或经济合理性，为决策者进行选择和决策提供参考或依据的一种方法。

经济效益是人们在生产实践中的有效产出与投入之比。人类的一切实践活动，如要达到一定的目的，或取得一定的有效成果，都要耗费一定的劳动，这两者之比称为经济效益。经

济效益是指能够用货币度量的效益。为了准确反映项目的经济合理性，费用效益分析必须同时反映项目投入和产出 2 个因素影响的结果，因此常用的表示方法有 2 种：比率表示法和差额表示法。

1. 比率表示法

比率表示法是利用该项目的效益总额与其费用总额之比计算该项目效益费用比的一种方法。其计算公式为

$$费用效益比 = \frac{效益}{费用} \tag{8-18}$$

这种表示方法的特点是可以用双量纲表示。也就是说，分子和分母的量纲可以相同，也可以不同。例如，固定资产利用的经济效果用每百元固定资产提供的产值（元/百元）表示，即价值/价值。又如，能源利用的经济效果用每吨标准煤提供的产值（元/吨标准煤）表示，即价值/实物。当费用效益比=效益/费用≥1 时，表明项目的经济效果是好的，否则，则表明经济效果不好。

2. 差额表示法

差额表示法就是通过该项目的效益总额与其费用总额之差计算该项目净效益（绝对数值）的一种方法。其计算公式为

$$净效益=效益-费用 \tag{8-19}$$

这种表示方法要求产出和投入的计量单位只能用价值形式。由于此时的净效益是个绝对量，所以，它只适用于衡量规模、技术水平和技术装备以及内外条件都相似的企业或行业的经济效果。对于工程项目来讲，净效益应满足：净效益=效益-费用>0，且差值越大，经济效果越好。

8.4.2 方案比选法

方案比选是指按照一定方法和程序，对符合要求的多个备选方案进行对比分析，并从中确定出最佳方案的过程。在进行方案优选过程中所采用的方法称为方案比选法。

方案比选法可以对项目机会研究和可行性研究中提出的众多方案进行比较分析，从中选出技术可行、经济合理的方案，作为详细论证的基础。方案比选法是通过比较来选择最佳方案的方法，是工程经济分析中最常用的方法之一。

方案比选法的基本内容和步骤如下：

1）确定对比方案。对比方案可按技术目标确定若干个，对比的对象应根据对比的内容具体确定。

2）确定对比方案的指标体系，包括一般的共性指标，不同方案的目标、要求和特点，确定特点的评价指标和重点指标。

3）确定方案要达到的目标，提出实现目标的各个待选方案。

4）运用统计分析方法，对调查、收集到的大量数据进行整理、研究，为分析、评价方案提供依据。

5）运用系统分析法，用定性和定量的方法，以系统观点分析各方案的技术经济效果。计算、分析和比较指标，对不可计量的指标也要得出定性分析结果。

6）综合比较分析。在以上分析的基础上，对不同方案进行综合比较、评价，以选定最优方案。

7）将其他方案的优点充实到最佳方案中，使所选方案更趋完善，以取得更好的技术经

济效果。

8.5 工程经济分析的一般过程

工程经济分析是一个不断深入、不断反馈的动态规划过程。一个工程项目从提出意向到达到预期目标，需要经过多个工作阶段，分段进行，不断深入。从纵向看，前一阶段的工作成果是后一阶段工作的前提和基础，后一阶段是前一阶段工作的深入和细化；从横向看，每一个阶段又可分解成若干既相互联系又相互区别的子过程，子过程的优化离不开整体的优化，整体的优化要靠子过程的优化来实现。

工程经济分析作为一种评价和决策过程，应在事前有缜密的设计，执行中有正确的技巧，事后有决策的结论。只有这样才能避免人为的不完整和不精确，避免人力和时间的浪费。工程经济分析的基本步骤如下。

8.5.1 问题定义

问题定义，即确定项目的前提、范围和性质，如项目目标、项目规模、投入产出物品或服务的类型，以及市场特征、项目约束条件等。

分析过程的第一个步骤（问题定义）特别重要，因为它是接下来所有分析的基础。一个问题只有被透彻地理解并清晰地描述之后，才能进行以后的分析。

这里的术语"问题"只是一般概念，它包括要求进行分析评价的所有决策情况。问题通常来源于社会公众对某种产品或服务的期望。

一旦发现某个问题，应该从系统的视角加以描述。也就是说，对所处环境的界限与程度需要仔细地加以定义。这样，就可以确立问题的各个组成要素及外在的环境构成。

问题评价包括对需求和要求的反复研究，并且，评价阶段所获得的信息可能会改变对问题的原始描述。事实上，对问题进行再定义直到达成共识可能是问题解决过程中最重要的部分。

8.5.2 提出备选方案

工程经济分析过程的第二个步骤包括两项主要工作：①寻找潜在的备选方案；②对它们进行筛选，挑出其中可行的备选方案以供详细分析。这里的术语"可行的"是指根据初步评价判断，每个挑选出来以做深入分析的备选方案满足或超出现有情况下所提出的要求。

8.5.3 估计经济效果

工程经济分析过程的第三个步骤结合了工程经济分析的基本原则，并且使用了工程经济学中基本的现金流量方法。在本步骤中，应对各备选方案的相关收入和成本数据进行识别、估算，并以现金流量形式表现备选方案的经济效果。

8.5.4 选择决策判据

选择一个决策标准（工程经济分析过程的第四个步骤）反映了对比原则。决策者通常会选择那些符合组织所有者长期利益的备选方案。同样，经济决策判据应该反映在工程经济学研究过程中始终坚持的"统一、适合"的立脚点。

8.5.5 分析和比较备选方案

分析一个工程问题的经济方面（步骤 5），主要是对选定做深入研究的可行方案进行基于现金流量的估计。通常需要做出很大的努力，得到对现金流量以及其他因素（例如常常发生的通货膨胀或紧缩、汇率变化和管制要求）的合理、精确的预测。很明显，对未来不确定性的分析是工程经济分析的必要组成部分。当现金流量和其他要求的估计被确定之后，备选方案就可以如现金流量原则所要求的那样，在它们之间差别的基础上进行比较了。通常这些差别可以用货币单位（如美元）加以量化。

8.5.6 选择最佳备选方案

如果工程经济分析过程的前 5 个步骤都已很好地完成，那么选择最佳备选方案（步骤 6）就只是前面所有工作的一个简单结果。因此，技术经济模型和分析技术的合理性决定了所获结果和推荐行动方案的质量。

8.5.7 执行过程的监督与结果的后评价

最后一个步骤在对所选方案的执行结果进行收集期间或之后才可以实现。在项目的执行阶段，对项目过程进行监督将提高相关目标的实现程度，减少预期目标的可变性。步骤 6 同样是前面分析的后续步骤，将实际取得的结果与预期结果进行比较，目的是学习如何做更好的分析评价，项目后评价的反馈对任何组织经营的持续改进都具有重要作用。遗憾的是，与步骤 1 一样，在公共项目实施实践中，最后一个步骤也常常没有被坚持或没有被做好。因此，需要特别关注信息的反馈，用于正在进行的和随后的研究。

8.6 工程经济效果评价

工程经济效果评价是对工程建设项目的各种方案从技术、经济、资源、环境、政治、国防和社会等多方面进行全面的、系统的、综合的技术经济计算、分析、论证和评价，从多种可行方案中选出最优方案。经济效果评价是投资项目评价的核心内容，为了确保投资决策的正确性和科学性，研究经济效果评价方法十分必要。

8.6.1 工程经济效果的评价指标

8.2 节介绍了现金流量的概念，现在可以根据各投资方案生命周期内的现金流量来计算有关指标，以确定投资效果的好坏。经济效果的评价指标很多，它们从不同的角度反映了工程项目的经济性。根据不同的划分标准，可以对经济效果评价指标进行不同的分类：

（1）按照是否考虑资金的时间价值，分为静态评价指标和动态评价指标

不考虑资金时间价值的评价指标称为静态指标，主要包括投资收益率、资本金利润率和投资回收期；考虑了资金时间价值及项目在整个生命周期内收入与支出的全部经济数据后所得到的评价指标称为动态指标，主要包括净现值（NPV）、净年值（NAV）、内部收益率（IRR）等。静态评价指标比较简单直观，主要用于技术经济数据不完备、不精确的项目初选阶段；动态评价指标则用于项目最后决策前的可行性研究阶段。

（2）按照评价指标的不同性质，分为时间性指标、价值性指标和效率性指标

时间性指标如投资回收期、借款偿还期等；价值性指标如净现值、净年值、费用现值、

费用年值等；效率性指标如内部收益率、投资收益率等。在这些指标中，净现值、内部收益率和投资回收期是最常用的评价指标。在价值性指标中，费用现值和费用年值分别是净现值和净年值的特例，即在方案比选时，前两者只考察项目方案的费用支出。

工程经济效果的评价指标分类见表 8-2。

表 8-2　工程经济效果的评价指标分类

按是否考虑资金的时间价值	按评价指标的不同性质	指标名称
静态评价指标	时间性指标	静态投资回收期
		借款偿还期
	价值性指标	—
	效率性指标	投资收益率
		利息备付率
		偿债备付率
		资产负债率
动态评价指标	时间性指标	动态投资回收期
	价值性指标	净现值
		净年值
		净终值
	效率性指标	内部收益率
		外部收益率
		净现值率

1. 投资回收期

投资回收期也称返本期，是指从工程项目投建之日起，用项目的净收益回收全部投资所需的时间，是反映工程项目投资回收能力的重要指标。根据是否考虑资金的时间价值，投资回收期分为静态投资回收期和动态投资回收期，通常只进行工程项目静态投资回收期的计算分析。

（1）静态投资回收期

静态投资回收期（P_t）是指在不考虑资金时间价值的条件下，以工程项目的净收益回收全部投资所需要的时间，一般以年为单位。静态投资回收期宜从项目建设开始年算起，若从项目投产开始年算起，应予以特别注明。静态投资回收期的计算公式如下：

1）从建设开始年算起，如果项目投资是在期初一次投入，当项目建成投产后各年净收益（即净现金流量）均相等或基本相等时，静态投资回收期（P_t）可以表示为

$$P_t = \frac{I}{A} \tag{8-20}$$

式中，I 为工程项目在期初的一次投入额；A 为每年的净现金流量。

或表示为

$$\sum_{t=0}^{P_t}(\mathrm{CI}_t - \mathrm{CO}_t) = 0 \tag{8-21}$$

式中，CI_t 为项目第 t 年的现金流入量；CO_t 为项目第 t 年的现金流出量；$(\mathrm{CI}_t - \mathrm{CO}_t)$ 为项目第 t 年的净现金流量。

2）对于各年净收益不相等的项目，投资回收期通常用累计净现金流量求出。当计算所

得的回收期年份不是整数时，可以下式求出回收期的精确值：

$$P_t = T - 1 + \frac{\text{第}(T-1)\text{年累计净现金流量的绝对值}}{\text{第}T\text{年的净现金流量}} \tag{8-22}$$

式中，T 为工程项目各年累计净现金流量首次为正值或 0 的年份。

当然，投资项目的回收期越短越好，表明项目投资回收快、抗风险能力强。作为一种判据，当用投资回收期评价投资项目时，需要与部门或行业规定的基准静态投资回收期（P_c）相比较。判别准则为：若 $P_t \leq P_c$，则表示项目投资能在规定的时间内收回，可以考虑接受该项目；若 $P_t > P_c$，则表示项目不可行，可以拒绝该项目。

（2）动态投资回收期

动态投资回收期（P_d）是在考虑资金时间价值的条件下，按项目的基准投资收益率回收全部投资所需要的时间，即净现金流量累计现值等于 0 时的年份。其原理公式可表示为

$$\sum_{t=0}^{P_d}(CI_t - CO_t)(1+i_c)^t = 0 \tag{8-23}$$

在实际应用中，可根据项目现金流量表中的净现金流量现值，用下列近似公式计算：

$$P_d = \text{累计净现金流量开始出现正值的年份} - 1 + \frac{\text{上年累计净现金流量折现值的绝对值}}{\text{当年的净现金流量折现值}} \tag{8-24}$$

所谓基准投资收益率，是指对项目投入的资金设定的预期年回报率，也称基准折现率，一般用 i_c 表示。它是一个"及格分数线"，是进行项目经济分析的一个重要参数。

按静态分析计算的投资回收期较短，决策者可能认为经济效果尚可接受。但若考虑资金的时间价值，用折现的方法计算的动态投资回收期比用传统方法计算出的静态投资回收期长些，因此该方案未必能被接受。

（3）投资回收期指标的优缺点

使用投资回收期方法的主要优点如下。

1）简单直观。投资回收期法计算简便，容易为一般非专业人员所理解。它告诉投资者，在此时间内可以回收全部投资，在此以后的净现金流量都是投资方案的盈利。

2）降低风险。由于未来净现金流量的不确定性使项目存在风险，故投资回收期越短，则项目在未来时间所冒的风险越小；投资回收期越长，项目所冒的风险也就越大。

3）减少投资对企业流动性问题的影响。进行长期投资会使企业的流动资金减少，恶化流动比率，使企业产生流动性困难；若资金能够得到较快回收，则会较快补足营运资金，改善流动比率。

4）避免"过时"带来的损失。由于技术进步、市场变化等原因，投资决策时确定的技术、设备、产品会因"过时"而需要更新。对投资回收期短的方案，资金可以尽快回收，从而可以减少由于"过时"而带来的不利影响。

由于具有以上优点，投资回收期法在实际工作中有广泛应用。但它的缺点也是明显的：首先，它不能反映整个项目全貌，也就是说不能考察整个项目的营利性，在投资回收期以后的收益往往被忽略，投资回收期法只适用于早期效益高的项目；其次，它使具有战略意义的长期投资项目可能被拒绝，单一使用投资回收期法，容易使投资决策者产生短视行为。由于具有以上缺点，投资回收期法只是辅助决策手段，不能作为主要的决策依据。

2. 净现值

净现值（net present value，NPV）是对投资项目进行动态评价的最重要的指标之一，即

按照项目方案设定的折现率将各年净现金流量折现到同一时点（通常是期初）的现值累加值。其计算公式为

$$\text{NPV} = \sum_{t=0}^{n} (\text{CI}_t - \text{CO}_t)(1+i)^{-t} \tag{8-25}$$

式中，NPV 为项目的净现值；CI_t 为项目第 t 年的现金流入量；CO_t 为项目第 t 年的现金流出量；$(\text{CI}_t - \text{CO}_t)$ 为项目第 t 年的净现金流量；n 为项目生命周期内的计息次数；i 为设定的折现率（利率）。

判别准则为：对单一项目而言，若 NPV ≥ 0，则表示项目可行，可以考虑接受项目；若 NPV<0，则表示项目不可行，可以考虑拒绝项目。多方案比较选择时，净现值越大的方案相对越优（净现值最大准则）。

净现值指标考虑了资金的时间价值，全面考察了项目在整个生命周期内的经济状况，能够直接以货币额的大小表示项目的盈亏基本情况，经济意义明确直观。它在理论上比其他方法更完善，在实践上也有广泛的适用性。应用净现值法的一个主要问题是如何确定折现率，由于对各项资金来源预期收益估计比较困难，故资金成本仅具有理论上的意义，因而在实际应用中会受到很大的限制；另一个主要问题是，在方案比较上，当不同方案的投资额不同时，单纯看净现值容易忽视资金使用效率高的项目，但可以补充使用净现值率指标加以纠正。

净现值率（净现值指数）是指项目的净现值与全部投资现值的比值。其计算公式为

$$\text{NPVR} = \frac{\text{NPV}}{K_{\text{p}}} = \frac{\sum_{t=0}^{n}(\text{CI}_t - \text{CO}_t)(1+i)^{-t}}{\sum_{t=0}^{n}I_t(1+i)^{-t}} \tag{8-26}$$

式中，NPVR 为项目的净现值率；NPV 为项目的净现值；K_{p} 为项目全部投资的现值；I_t 为项目第 t 年的投资。

用净现值率进行方案比较时，以净现值率较大的方案为优。

3. 净年值

净现值是把项目各年净现金流量按照设定的折现率折算到建设期初的现值累加值。净现值经过资金回收系数的折算，可以得到一个与净现值等效的评价指标，即净年值（net annual value，NAV）。净年值是通过资金等值计算将项目的净现值折算成计算期内各年的等额年值。其计算公式为

$$\text{NAV} = \text{NPV}\frac{i(1+i)^n}{(1+i)^n - 1} \tag{8-27}$$

式中，NAV 为项目的净年值；NPV 为项目的净现值；$\dfrac{i(1+i)^n}{(1+i)^n - 1}$ 为资金回收系数；n 为项目的计息次数；i 为折现率（利率）。

判别准则为：若 NAV ≥ 0，则可以考虑接受项目；若 NAV<0，则拒绝项目。

4. 内部收益率

内部收益率（internal rate of return，IRR）是非常重要的评价指标之一。内部收益率本身是一个折现率，它是指使项目在整个计算期内各年净现金流量的现值累计等于 0 时的折现率。也就是说，在这个折现率水平下，项目的现金流入的现值之和等于其现金流出的现值之

和。实质上，内部收益率就是使项目的净现值等于 0 时的折现率。其计算公式为

$$\sum_{t=0}^{n}(\mathrm{CI}_t - \mathrm{CO}_t)(1+\mathrm{IRR})^{-t}=0 \qquad (8\text{-}28)$$

式中，IRR 为内部收益率。

设基准投资收益率为 i_c，内部收益率判别准则为：若 IRR$\geqslant i_c$，则 NPV$\geqslant 0$，可以考虑接受项目；若 IRR$<i_c$，则 NPV<0，项目在经济上不可行，应拒绝项目。

内部收益率指标考虑了资金的时间价值以及项目在整个生命周期内的经济状况，不需要事先确定一个基准收益率，而只需知道基准收益率的大致范围即可；其缺点是内部收益率计算比较复杂，对于具有非常规现金流量的项目，其内部收益率往往不是唯一的，在某些情况下甚至不存在。

5. 投资收益率

投资收益率（ROI）表示总投资的盈利水平，是指工程项目达到设计能力后正常年份的净收益与投资总额的比值。其计算公式为

$$投资收益率 = \frac{正常年份的净收益}{投资总额} \qquad (8\text{-}29)$$

投资收益率常见的形式有以下几种。

（1）投资利润率

投资利润率（ROI）是考察项目单位投资盈利能力的静态指标。其计算公式为

$$投资利润率 = \frac{年利润总额或年平均利润总额}{项目总投资} \times 100\% \qquad (8\text{-}30)$$

式中，年利润总额=年销售收入-年销售税金及附加-年总成本费用。

（2）投资利税率

投资利税率是考察项目单位投资对国家积累的贡献水平。其计算公式为

$$投资利税率 = \frac{年利税总额或年平均利税总额}{项目总投资} \times 100\% \qquad (8\text{-}31)$$

式中，年利税总额=年销售收入-年总成本费用=年利润总额+年销售税金及附加。

（3）资本金利润率

资本金净利润率（ROE）是指项目达到设计能力后正常年份的年利润总额或运营期内年平均利税总额与项目资本金的比率。资本金利润率反映投入项目的资本金的盈利水平，计算公式为

$$资本金利润率 = \frac{年利润总额或年平均利税总额}{资本金} \times 100\% \qquad (8\text{-}32)$$

投资收益率没有考虑资金的时间价值，主要反映投资项目的盈利能力。用投资收益率评价投资方案的经济效果，需要与本行业的平均水平对比，以判别项目的盈利能力是否达到本行业的平均水平。

6. 费用现值和费用年值

在对多个方案比较选优时，如果各方案的产出价值相同或能够满足同样需要但其产出效益难以用价值形态（货币）计量（如环保、教育、保健、国防），则可以通过对各方案的费用现值或费用年值的比较进行选择。

费用现值（PC）的计算公式为

$$PC=\sum_{t=0}^{n}CO_t\frac{1}{(1+i)^t} \tag{8-33}$$

费用年值（AC）的计算公式为

$$AC=PC\frac{i(1+i)^n}{(1+i)^n-1}=\frac{i(1+i)^n}{(1+i)^n-1}\sum_{t=0}^{n}CO_t\frac{1}{(1+i)^t} \tag{8-34}$$

式中，各个符号的含义同上。

费用现值和费用年值指标只能用于多个方案的比选。判断准则为：费用现值和费用年值最小的方案为最优。

8.6.2　工程项目投资方案的类型

在工程经济分析过程中，对于一般的工程项目投资来讲，各备选方案之间可能存在多种多样的关系，如有的方案是彼此独立的，有的方案是相互排斥的，有的具有从属关系，有的具有资金或收入相关关系。通过分析各方案的复杂关系，通常可以形成 3 种类型的投资方案，即独立方案、互斥方案和相关方案。

（1）独立方案

独立方案是指作为决策对象的各个方案之间的现金流量是独立的，不具有相关性，而且任一方案的采用与否都不影响其他方案是否采用的决策。

（2）互斥方案

在进行投资项目决策时，往往有两个或两个以上的备选方案可供选择，如果仅有一个备选方案能被采纳，其余的方案不得不被放弃，那么，这些方案就属于互斥方案。显然，这一类型的方案之间具有互不相容、互相排斥的性质。

（3）相关方案

当项目方案之间存在相互依存关系时，即如果接受某一方案，就会显著改变其他方案的现金流，或者会影响其他方案的接受与否，则这些方案就是相关方案。

在对一项工程项目进行投资分析时，通常首先需要解决的是要不要投资的问题，这时候的投资方案就是一个独立方案。当答案是肯定的时候，接下来需要解决的就是如何投资的问题。这时候的投资往往可以形成满足目标的多个方案，而多个方案之间往往是互斥关系，此时的投资就形成了一个互斥方案。所以，在投资决策的不同阶段，投资所形成的方案类型是不同的。

8.6.3　独立方案的经济效果评价

独立方案是否被采用，取决于方案自身的经济性，只需检验其经济效果指标，如净现值、净年值或内部收益率等是否达到一定的检验标准，从而决定项目方案的取舍。

独立方案具有可加性的特点。比如，A 与 B 是两个投资方案，只选择方案 A 时，投资30 万元，净收益 36 万元；只选择方案 B 时，投资 40 万元，净收益 47 万元。当一起选择方案 A 与 B 时，共需投资 30 万元+40 万元=70 万元，得到净收益为 36 万元+47 万元=83 万元。那么，方案 A 与 B 就具有可加性。

8.6.4　互斥方案的经济效果评价

对互斥方案的评价和选择，必须保证比选的方案具有可比性，主要包括计算时间具有可比性、计算收益与费用的范围、口径一致、计算的价格可比。

互斥方案的比选可以采用不同的评价指标，有很多计算方法。对于生命周期相同的互斥方案，增量分析法和盈亏平衡分析法是方案比选的基本方法；对于生命周期不同的互斥方案，年值法是方案比选的最简单的方法之一。

1. 生命周期相同的互斥方案的经济效果评价

对多个互斥方案的评价与选择，通常采用的分析方法有 2 种，即增量分析法和盈亏平衡分析法。

（1）增量分析法

通过计算增量净现金流量评价增量投资经济效果的方法就是增量分析法。净现值、净年值、投资回收期、内部收益率等指标都可用于增量分析。下面就差额净现值、差额投资回收期和差额内部收益率 3 个评价指标做进一步讨论。

1）差额净现值。设 A、B 为投资额不等的互斥方案，方案 A 比方案 B 投资大。2 个方案差额净现值的计算公式为

$$\Delta NPV = NPV_A - NPV_B \tag{8-35}$$

式中，ΔNPV 为差额净现值；NPV_A 和 NPV_B 分别为方案 A 与方案 B 的净现值。

判别准则为：若 $\Delta NPV \geq 0$，则表明增量投资可以接受，投资（现值）大的方案经济效果好；若 $\Delta NPV < 0$，则表明增量投资不可接受，投资（现值）小的方案经济效果好。

当有多个互斥方案时，用净现值最大准则选择最优方案比两两比较的增量分析更为简便，即净现值最大且非负的方案为最优方案。如果使用净年值指标，判别准则为：净年值最大且非负的方案为最优方案。对于仅有或仅需计算费用现金流的互斥方案，方案选择的判别准则为：费用现值或费用年值最小的方案为最优方案。

2）差额投资回收期。差额投资回收期又称为追加投资回收期，是一个方案较另一个方案多支出的投资，用年成本的节约额逐年回收的年限。

设 A、B 为投资额不等的互斥方案，在两个方案的产出量相同的情况下，差额投资回收期的计算公式为

$$\Delta P_d = \frac{I_A - I_B}{C_A - C_B} \tag{8-36}$$

式中，ΔP_d 为差额投资回收期；I_A 和 I_B 分别为方案 A 和 B 的投资总额，且 $I_A > I_B$；C_A、C_B 分别为方案 A、B 的年成本，且 $C_A > C_B$。

计算得到的差额投资回收期 ΔP_d 可与基准投资回收期 P_c 比较：当 $\Delta P_d < P_c$ 时，说明投资的增加部分经济效益是好的，应当选择投资大的方案；当 $\Delta P_d > P_c$ 时，说明增加的投资不经济，应当选择投资小的方案。

3）差额内部收益率。差额内部收益率（ΔIRR）是 2 个方案各年净现金流量差额的现值之和等于 0 时的折现率。其计算公式为

$$\sum_{t=1}^{n}[(CI_t - CO_t)_A - (CI_t - CO_t)_B](1+\Delta IRR)^{-t} = 0 \tag{8-37}$$

式中，$(CI_t - CO_t)_A$ 为投资大的方案的年净现金流量；$(CI_t - CO_t)_B$ 为投资小的方案的年净现金流量；ΔIRR 为差额投资内部收益率。

式（8-37）经过变换可得到

$$NPV_A - NPV_B = 0 \tag{8-38}$$

可见，差额内部收益率就是 2 个方案净现值相等时的折现率。

用差额内部收益率作为评价指标的判别准则为：若 $\Delta IRR > i_c$，则投资大的方案为优；若 $\Delta IRR < i_c$，则投资小的方案为优。

现值反映的是项目资金的盈利超出最低期望盈利的超额净收益现值。因此，在对互斥方案进行比较时，净现值最大准则（以及最小费用准则）是正确的判别标准。但在多方案比较时，一般不直接采用净现值或内部收益率指标，而是采用差额内部收益率指标。因为差额内部收益率指标的比选结论在任何情况下都与采用净现值法所得出的结论相一致，符合净现值最大化准则。

（2）盈亏平衡分析法

盈亏平衡分析法是根据方案的成本与收益关系确定盈亏平衡点（保本点），进而选择方案的一种分析方法。对多个互斥方案进行评价选择时，如果存在一个共有的不确定因素影响，通常采用盈亏平衡分析法进行决策。

前面已经介绍了利润与产量之间的关系，即

$$税后利润 = 销售收入 - 总成本费用 - 营业税金及附加 - 所得税 \tag{8-39}$$

在不考虑营业税金及附加与所得税的情况下，式（8-39）就可以简化为

$$
\begin{aligned}
利润 &= 销售收入 - 总成本费用 \\
&= 销售收入 - (固定成本 + 可变成本) \\
&= 销量 \times 价格 - 固定成本 - 单位产品的可变成本 \times 产量
\end{aligned} \tag{8-40}
$$

简便起见，做如下假设：

1）市场处于卖方市场（供小于求），生产量与销售量一致，即产品不积压。

2）产品价格稳定，此时才有销售收入与产量的线性关系。

3）产量在其相关产量范围内，即变动成本与产量呈线性关系，固定成本在一定生产限度内与产量无关。

根据上述假设，式（8-40）就可以简化为

$$
\begin{aligned}
利润 &= 销量 \times 价格 - 固定成本 - 单位产品的可变成本 \times 产量 \\
&= 产量 \times 价格 - 固定成本 - 单位产品的可变成本 \times 产量
\end{aligned}
$$

如若保持项目盈亏平衡，则有

$$产量 \times 价格 - 固定成本 - 单位产品的可变成本 \times 产量 = 0 \tag{8-41}$$

整理上式，就可得到盈亏平衡点的产量，即

$$产量 = \frac{固定成本}{价格 - 单位产品的可变成本} \tag{8-42}$$

2. 生命周期不同的互斥方案的比较选择

对生命周期不同的互斥方案进行比较选择，要求方案之间必须具有可比性。

（1）年值法

对生命周期不同的互斥方案进行比较选择时，年值法是最简单的方法之一，使用的经济指标有净年值与费用年值。

使用净年值对互斥方案进行比较选择时，判别准则为：净年值最大且非负的方案为最优方案。对于仅有或仅需计算费用现金流的互斥方案，使用费用年值进行比选时，判别准则为：费用年值最小的方案为最优方案。

用年值法对生命周期不同的互斥方案比较选择时，实际上假定了各方案可以无限多次重复实施。在这一假定的前提下，年值法以"年"为时间单位比较各方案的经济效果，从而使

生命周期不同的互斥方案具有可比性。

（2）现值法

当互斥方案的生命周期不同时，各方案的现金流在各自生命周期内的现值不具有可比性。如果要使用现值指标，如净现值、费用现值进行方案比较选择，需要设定一个共同的分析期。分析期的设定通常有以下几种处理方法：

1）生命周期最小公倍数法。以备选方案计算期的最小公倍数作为比选方案共同的分析期，假定各方案均在这样一个共同的分析期内重复进行。例如，有两个备选方案 A 和 B，方案 A 的生命周期为 10 年，方案 B 的生命周期为 15 年，取两个方案的最小公倍数 30 年作为分析期，假定方案 A 重复实施 3 次，方案 B 重复实施 2 次，这样就把生命周期不等的互斥方案转化为生命周期相同的互斥方案了。

2）合理分析期法。一般取方案最短或最长的生命周期作为分析期，通过比较各方案在共同研究期内的净现值，净现值非负最大方案为最佳方案。

对于计算期比共同分析期长的方案，要对其在共同研究期以后的现金流量进行合理的等值估算，以免影响结论的正确性。

3）无限计算期法。如果方案的最小公倍数很大，为简化计算，则按计算期为无穷大计算 NPV，净现值非负最大方案为最佳方案。

8.6.5 相关方案的经济效果评价

相关方案是指在一组投资方案中，方案之间不完全互斥，也不完全相互依存，但一个方案的取舍会导致其他方案现金流量的变化。如果两个或多个方案之间，某一方案的实施要求以另一方案或另几个方案为条件，则这两个或若干个方案具有相互依存性，或者说具有相互互补性。

在多个方案之间，如果接受或拒绝某一方案，会显著影响其他方案的现金流量，或者会影响对其他方案的接受或拒绝，那么这些方案就是相关的。相关方案的类型主要有以下两种：

（1）现金流相关型

如果若干方案中任一方案的取舍会导致其他方案现金流量的变化，那么这些方案之间具有相关性。

（2）资金约束导致的方案相关

如果没有资金总额约束，各方案具有独立性，但在资金有限的情况下，接受某些方案则意味着不得不放弃另外一些方案，那么这些方案之间具有相关性。

参 考 文 献

[1] 刘新梅. 工程经济分析[M]. 2 版. 北京：北京大学出版社，2014.

[2] 王永祥，陈进. 工程经济分析[M]. 北京：北京理工大学出版社，2012.

第9章　工程项目的策划与建设程序

一个工程项目是由许多子系统构成的一个集合，具有一次性、暂时性、复杂性、不确定性等特点。这些特点对工程项目管理提出高要求，决定着项目目标实现的难易程度，要求管理者结合项目资源及所处的建设环境，事先对工程项目进行科学合理的策划和安排。事实上，一个项目从启动到完成，都需要精心的准备和策划过程。为此，本章将简要介绍工程项目的策划与建设程序。

9.1　工程项目策划的概念

工程项目策划是工程项目管理知识体系中十分重要的组成部分，它是在实施之前对项目相关情况展开构想、分析与论证，把项目建设意图转换成定义明确、系统清晰、目标具体且具有策略性运作思路的系统活动过程。工程项目策划分为项目前期策划和项目实施策划两种。项目前期策划的主要任务是定义工程项目建设的任务和意义，明确建设目的。按照我国基本建设程序划分，项目前期策划主要是在项目建议书和可行性研究报告阶段；项目实施策划是在工程项目立项之后，以实现决策阶段所拟定的目标为方向，形成具有指导性的实施方案。简单来说，前期策划解决的是工程项目能否立项，实施策划关注的是项目立项之后，工程目标如何实现。从前期策划到实施策划，要经历一个从模糊概念，经过不断细化、不断调整、不断完善，最后形成详细可行的建设方案的过程。

一个工程项目一定会有两个角色，即工程项目的需求方和工程项目的实施和完成方，这两个角色一般称为甲方和乙方。甲方一般是项目的需求方和出资方，乙方一般是项目的实施方。甲方和乙方可以是一个单位的两个部门，也可以是两个不同单位。

甲方一般基于提高工作效率、提高产品质量、降低成本、减少污染等角度提出项目需求，但这个项目能否得到相关领导的批准和单位立项，必须先由甲方撰写项目可行性分析报告。在该报告中必须写明以下几点：

1）为什么必须完成这个项目？对相关单位和部门有什么好处？

2）行业内（或国内外）有无类似项目？是引进还是重新开发？为什么？

3）说明和计算开发成本和周期，以及何时能收回投资成本和获益。

4）建议项目由哪个部门和人员负责。

一般在项目可行性分析报告中会包含简单的项目需求分析。项目可行性分析报告提交给上级后，一般会开会讨论是否通过该报告，通过后就会成立相关临时团队或机构负责该项目，即甲方建立。

按照我国相关规定，投资金额超过20万元（含20万元）的项目，必须招标。因此在招标前一个月，必须完成招标文件，招标文件中必须说明项目需求分析、项目所需的技术指标和项目实施单位的资质。招标文件一般在政府指定的招标网上公布，对该项目有兴趣且能完成和符合招标文件要求的单位，可以到政府指定的招标公司购买标书。购买标书的单位，在规定的时间内了解甲方需求，提交投标文件（含项目解决方案或设计方案），参与竞标。按照国家规定：投标方必须超过 3 家，否则为废标。在竞标中获胜者为中标者，与甲方拟定项目开发合同。在合同中，中标方被称为乙方。

低于 20 万元的项目一般采取议标，即想参与该项目实施的单位到甲方购买标书，然后在甲方单位参加项目答辩。同上，获胜者为中标方，与甲方签订项目相关合同。

乙方的投标文件一般包含项目的解决方案，但由于对甲方的需求还不完全清楚，因此，该解决方案一般不是项目验收的项目解决方案。

甲乙双方签订合同后，第一步就是乙方要了解甲方的项目需求。一般项目需求分析报告由甲方提供，但鉴于甲方对技术的掌握程度，因此该需求分析报告最后都是由乙方完成的。

9.2 工程项目的前期策划

工程项目的前期策划工作流程主要有以下 4 个步骤：

（1）项目构思与选择

项目构思是项目发起之源，是寻找项目机会的过程。项目构思往往产生于对解决上层系统问题的期望，或者是满足上层系统的实际需要，又或是达成某种战略目标或者战略计划。

（2）目标设计与项目定义

通过识别、分析工程项目建设的内外因素，提出项目目标因素，进而构建目标系统。通过对目标的书面说明，形成项目定义，最终完成项目建议书。

1）环境调查与问题研究。通过对企业自身、市场、社会、自然环境等调查，全面识别、分析和研究工程项目建设问题，确定问题产生的原因及其影响机制，为后续目标设计和项目决策提供依据。

2）项目目标设计。结合企业自身战略需求，提出项目目标因素。通过对目标因素的优化组合，形成项目的目标系统，也就是项目最终所要实现的目标。

3）项目定义与总体方案策划。项目定义是指在可行性前提下划定项目目标范围，对各个目标做出说明，并根据项目总目标对项目总体实施方案进行策划。

4）编制项目建议书。项目建议书是对环境条件、存在问题、项目总目标、项目定义和总体方案的说明与细化，提出在可行性研究中需要考虑的细节问题。

（3）可行性研究

可行性研究是从技术、经济、环境、社会等角度对项目总目标和总体实施方案进行分析论证，是前期策划阶段最关键的工作之一，其最终成果是可行性研究报告。

（4）项目评价与立项决策

项目评价是在可行性研究报告的基础上对项目进行财务评价、国民经济评价和环境影响评价等，为项目的最终决策提供依据。项目决策则建立在项目评价和可行性研究报告的基础上，做出是否予以立项的决定。

9.2.1 工程项目的需求分析

工程项目的需求分析就是收集、分析用户的需求，需要与关键用户进行反复沟通，通过沟通明确用户的业务流程及实际需求。

1. 工程项目的需求分析说明

工程项目的需求包括几个不同的层次：业务需求、用户需求、功能需求和非功能需求。

1）业务需求反映了组织机构或客户对系统、产品高层次的目标要求。

2）用户需求是指用户使用产品必须完成的任务。

3）功能需求定义了开发人员必须实现的系统功能，使得用户能完成他们的任务，从而满足业务需求。

4）非功能需求包括产品必须遵从的标准、规范和合约，外部界面的具体细节，性能要求，设计或实现的约束条件及质量属性。

除此之外，在进行需求分析时，还要考虑隐性需求。一般而言，隐性需求包括维护需求、升级需求、易用性需求和性能需求。

由于现在客户也在不断成熟，以上隐性需求会或多或少地涉及，但是很可能不够全面，所以需要认认真真地考虑甲方的隐性需求，了解这些隐性需求到底应该包含什么内容。

（1）维护需求

维护需求主要是满足甲方项目运行中的一些日常维护，一般至少包括以下几方面：

1）日志需求。日志需求与客户的隐性需求密切相关。例如，日志要记录维护信息和升级信息，要简单明了，另外日志记录功能还不能对系统的性能有大的影响。

2）故障定位的能力。故障定位的能力是当系统出现问题时，客户希望系统能够通过某种方式迅速查明故障原因，并找到解决或者规避故障的办法。

3）日常维护。通常包括软件和硬件的"健康检查"。

4）故障报警。当系统出现严重故障时，能够给出相应的报警信息，并触发故障处理流程。

（2）升级需求

一般来说，客户对升级的需求涉及以下几点：

1）可控制的升级。可控制的升级，即检测是否可升级、是否执行升级、多个升级目标的选择、升级的计划任务等都是可以控制的。比如，可以设定自动检测是否升级；设定自动升级到最高版本；设定执行升级必须为手工设置；设置手工升级时，可以立即升级，也可以指定计划任务时间等。

2）不影响业务的升级。基本上客户都希望升级不要影响他们的正常业务，但是基于原系统的再开发项目必然受限于原系统的升级方案。这时就要考虑以下问题：①能否通过升级使系统以后升级不再影响业务。②如果不能，怎样使（本次）升级对业务的影响最小。③升级的简单性。升级应该简单快捷，没有太多的参数需要配置，也没有太多需要手工干预的步骤。④升级的完整性。尤其是对于分布式系统，升级时需要考虑各个部件之间版本的一致性。一个升级方案必须是完整的，不能在升级以后出现由于版本间不兼容而导致系统无法工作。

（3）易用性需求

易用性的关键是业务模型要与客户的一致。业务模型代表着思维模式，要从客户的角度来设计系统，操作应该照顾客户的习惯，尽可能地降低客户的学习成本。易用性还表现在系统简单易懂、清楚明了。

（4）性能需求

性能需求具体要求涉及以下几个方面：

1）首先清楚各部分都有什么样的性能需求。用户参与的操作，性能要求通常高于其他操作。

2）知道自己的"承受上限"。达到上限的时候，通过合理的方法让系统给予提示，而不是直接"瘫痪"。

只有对需求进行分析、总结和概括，才能提出准确可行的解决方案。因为只有这样才能明确用户项目的内容和目标，准确评估自己的成本，从而提出一个切实可行的项目解决方案。

2. 工程项目需求分析的理解

把握好需求分析对系统的开发是至关重要的。很多初学者或者开发人员在撰写工程项目解决方案时，常常把自己当成用户，按照自己的思维设计系统，这是严重的错误。还有一些初学者分不清需求分析的 3 个层次，把业务需求、用户需求和功能需求混为一谈，这也是错误的做法。事实上，需求分析说明书是在与用户对系统需求取得共同理解并达成协议的条件下编写的，也是工程项目实施的基础。

3. 工程项目需求分析中的沟通和确认

研发人员与用户的交流需要在良好的气氛中进行，并在沟通和交流中达成共识。需求分析沟通的目的除了完成技术性能指标的详细说明外，还要完成需求确认，即在"需求分析说明书"上签名。对需求分析达成一定的共识会使双方易于解决将来的摩擦，这些摩擦来源于项目的改进和需求的误差或市场和业务的新要求等。

9.2.2 工程项目的目标设计

每个工程项目目标都难以孤立存在，不同的目标之间存在矛盾关系，有些目标甚至是"牵一发而动全身"。这里以工程项目三大目标之间的关系为例进行讲解。

一般来说，工程项目管理是在限定的时间内，在限定的资源（资金、劳动力、设备材料等）条件下，以尽可能快的进度、尽可能低的费用（投资或成本）完成项目任务。因此，工程项目管理的 3 个主要目标是质量（功能、生产能力等）目标、进度（工期）目标和成本（投资、费用）目标。三大目标在建设周期内有着密切的对立与统一关系。

1）它们构成项目管理的目标系统。在很多情况下，为实现其中一个目标，就得牺牲其他两个，即三者存在对立的一面。例如，考虑缩短项目工期，必须增加资源投入，相应地会增加项目成本。如果不采取任何防范措施，则项目质量会下降。

2）它们相互联系、相互影响，构成不可分割的整体。任何强调最低质量、成本和费用的做法都是片面的。例如，适当提高项目质量标准（功能要求），会造成投资和建设工期的增加，但能够节约项目投入使用后的运营成本和维修费用。

3）它们的对立统一关系，不仅仅体现在项目总体上，而且反映在项目构成的各个单元上，以及项目管理目标的基本逻辑关系上。

如今，工程项目管理的目标已悄然变化。除了传统的三大目标（质量、进度和成本），人们对工程项目管理的诉求越来越多，其中很重要的一点就是要反映用户满意度。任何工程项目建设的终极目标就是要使用户满意，使用户能够接受完成的项目。用户处于整个项目的核心位置，如果项目不能被用户接受，则意味着项目失败。此外，可持续发展要求工程项目管理要注意在经济、社会、环境 3 个方面保持平衡。当前，投资者大多重视工程项目的经济效益，对可持续性考虑不足，不利于工程项目发挥其社会和环境效益，还可能导致无法挽回的人身伤亡和财产损失。

由于项目目标是工程项目管理实施规划的核心，且在策划阶段直接确定后面一系列的目标，决定着项目成败，因此，工程项目管理人员在确定项目目标时务必十分慎重。

9.2.3　工程项目的可行性研究

1．可行性研究的基本概念

项目可行性研究是指对某工程项目在做出是否投资的决策之前，先对与该项目相关的技术、经济、社会、环境等方面进行全面的调查研究，分析项目的有利和不利条件，论证项目建设的必要性、财务盈利性、经济合理性、技术先进性和适应性以及建设条件的可能性和可行性，对项目建成后的经济效益、社会效益、环境效益等予以科学预测和评价，为项目立项提供决策依据。

可行性研究是在工程投资决策之前，运用现代科学技术成果，对工程项目建设方案进行系统、科学、综合的研究、分析、论证的一种工作方法。它的目的是保证拟建项目在技术上先进可行、在经济上合理有利。可行性研究应遵照科学、客观、公正的基本原则，编制人员要坚持实事求是的态度，完成可行性研究的编制，减少甚至避免项目的决策失误。

2．可行性研究的阶段

可行性研究有广义和狭义之分。广义的可行性研究包含投资机会研究、初步可行性研究和详细可行性研究；狭义的可行性研究仅指详细可行性研究。见表 9-1，从投资机会研究到详细可行性研究是一个论证不断细化的过程。

表 9-1　可行性研究各阶段的区别与联系

工作阶段	工作内容	工作成果	研究作用	估算精度	研究费用占投资费用比例
投资机会研究	鉴别投资方向；寻求投资机会；确定初步可行性研究的范围；确定辅助研究的关键方面	项目建议书	对投资方向进行初步筛选，确定是否需要进行初步可行性研究	±30%	0.2%～1.0%
初步可行性研究	确定项目的选择标准；确定是否开始可行性研究、辅助研究	初步可行性研究报告	判定是否有必要进行详细可行性研究	±20%	0.25%～1.25%
详细可行性研究	确定项目选择标准；开展详细调查研究；进行深入的技术经济分析和效益论证；进行多方案比选；确定项目可行性	可行性研究报告	作为投资决策的重要依据	±10%	大型项目 0.8%～1% 中小型项目 1%～3%

3．可行性研究的依据

可行性研究很注重研究的合理性和充分性，一般都要参阅大量的资料，比如：

1）国家相关法律法规。

2）国家和地方的经济社会发展长期规划、经济建设总体方案、行业发展规划。

3）企业自身发展规划。

4）项目建议书及批复文件。

5）可行性研究委托单位意见及委托合同。

6）国家批准的资源报告、国土开发整治规划、工业基地规划、江河流域规划、路网规划等。

7）拟建设场址的地理、气象、水文、地质、生态等自然情况资料和经济、文化等社会情况资料。

8）工程技术、经济方面的规范、标准、定额等规范性文件。

9）合资、合作项目各方签订的协议书或意向书。

10）其他相关数据资料。

4．可行性研究报告的内容结构

可行性研究报告并没有一定的格式框架。下面给出的报告框架可供参考：

1）总论。对报告全文的综述，主要包括项目背景、可行性研究的结论、主要技术指标、存在的问题和建议等。

2）项目背景及发展概况。对项目提出的背景、缘由，以及项目发起人的基本情况和项目发展概况予以描述，对项目建议书的编制审批过程进行阐述。

3）市场分析及拟建规模。对市场调查过程、结果予以描述，针对产品方案、产品市场供需现状及趋势进行分析，最终得出项目建设规模。

4）资源条件情况。资源条件情况根据项目性质的不同而有所不同。资源开发性项目要论证资源开发利用的可行性，生产性项目需要对主要材料和辅助材料、能源动力的供应情况进行分析论证。

5）建设条件及场址方案。分析建设条件及场址的自然和社会条件。自然条件包括地理、气象、水文、地质等，社会条件包括当地经济文化现状、基础设施配套情况、项目征地、拆迁、移民的情况等。

6）工程技术方案。对生产的技术方案、设备方案和工程建设方案进行介绍，确定技术方案的合理性和先进性。

7）环境影响评价、劳动保护与安全卫生。包括对项目所在地的生态环境情况分析，生产主要污染源、污染物的排放情况和处理方案，以及项目建设生产人员的职业危害、劳动安全、消防措施的分析。

8）企业组织与劳动定员。包括企业组织形式与制度、人员需求及教育培训情况等内容。

9）项目实施进度计划。包括项目实施各阶段的人员组织、工作安排、资金投入等内容。

10）投资估算与资金筹措方案。估算项目固定投资总额，分析资金使用计划，明确资金筹措方案等。

11）项目财务、经济效益、社会影响评价。对项目进行财务评价、国民经济效益评价和社会影响评价。其中社会影响评价包括对项目与当地的政治、文化、科技、国防的适应性进行分析论证。

12）风险和不确定性分析。对项目风险进行识别、估计、分析，最终提出风险防范对策。

13）可行性研究结论与建议。围绕项目是否可行得出明确的结论，详细说明方案的优缺点，对尚无法确定的内容要给予陈述。

14）财务报表及其他附件。将财务报表和其他需要在可行性研究报告中体现的材料作为附件编入可行性研究报告中。

5．可行性研究报告的作用

1）作为工程项目投资决策的依据。通过对项目资料的研究分析，论证工程项目建设的必要性和可行性、技术方案的经济性，为项目的投资决策提供参考和支持。

2）作为编制设计任务书的依据。可行性研究对项目的基础数据进行分析和论证，为设计任务书的编制提供基础数据。

3）作为向银行等金融机构申请贷款或向社会筹集资金的依据。国内银行及其他金融机构在批准项目贷款申请前，一般要审查建设项目的可行性研究报告，以对项目进行全面、准确的评价。由于金融机构多数时候并没有专业的项目管理人员，所以很大程度上要依托可行性研究报告的内容。

4）作为与相关单位签订合同或协议的依据。可行性研究报告明确了项目的技术经济指标，可以以此作为依据签订项目设计合同、设备采购合同等。

5）作为向政府部门报批审查的依据。可行性研究报告是获得政府部门颁发投资许可的依据，也是向规划、建设、环境等部门申请建设许可及其他证件的重要材料。

6）作为项目开展科研实验、设置组织机构、开展人员招聘培训等工作的依据。

7）作为项目后评价的依据。在项目竣工投产后，对项目的生产经营情况开展项目后评价。此时需要将可行性研究报告中制定的生产纲要、技术标准、经济效果指标等内容作为评价的依据。

9.3　工程项目的实施策划

9.3.1　工程项目实施策划的概念、作用和要求

1. 工程项目实施策划的概念

在项目立项之后，根据前期策划所确立的基本目标，对项目实施进行预先安排，将项目构思转变成具有可操作性的工作计划，就是所谓的工程项目实施策划。工程项目实施策划包括工程项目管理规划大纲、工程项目管理实施规划和工程项目施工组织设计 3 个部分。总体来说，前者是后者编制的依据，后者是前者的发展。

1）工程项目管理规划大纲。它是由企业管理层或由其委托的项目管理单位在投标之前组织编制，在项目管理过程中作为投标人的项目管理总体构想或项目管理的宏观方案，用于指导项目投标和签订合同要求的文件。

2）工程项目管理实施规划。它由项目经理在项目开工之前组织编制，是对工程项目管理规划大纲的具体和深化，用于指导施工项目实施阶段管理。

3）工程项目施工组织设计。根据上述实施规划，编制工程项目管理实施手册，进而进行施工组织设计。

2. 工程项目实施策划的作用

工程项目实施策划作用显著，主要体现在以下几点：

1）研究和制定详细的工程项目管理目标，作为指导工程项目建设的依据。

2）制定相关工程项目目标管理的组织、程序和方法，落实组织责任。

3）作为项目管理规范，在项目管理过程中落实执行。

4）作为考核项目管理活动的标准和方法。

3. 工程项目实施策划的要求

1）工程项目实施策划应包括对项目建设目标的研究与分解。应详细地分析项目总目标，厘清总任务，使各参与方对项目总目标尽早达成共识。

2）工程项目实施策划应符合实际。①反映环境要求。包括对环境调查与分析，注意评估环境因素的制约和要求，保证规划的科学性和实用性。②反映项目本身的客观规律性。应按照工程项目规模、技术要求、项目逻辑性和规律性做计划，不能片面、过分地强调缩短工期和压缩费用。③反映项目相关方的实际情况。包括业主的资金实力、材料设备采购能力、管理协调能力；承包商技术实力、劳动力水平、机械设备情况、生产效率和管理水平、过去同类工程的经验，以及对项目资源投入的保障能力等；设计单位、供应商、分包商完成相关

任务的能力和组织能力等。在策划编制过程中，应当充分了解业主的实际情况，对项目各方进行调查摸底，以确保规划所做的各项安排符合实际情况。

3）内容的全面性和系统性要求。工程项目管理实施规划的内容多、涉及面广，需要对项目管理的各个方面及各种要素进行统一安排。

4）策划应有弹性，留有余地。由于编写策划时不可能全面、准确地预测未来的所有情况，所以工程项目策划要留有足够的弹性。造成现实情况变化有很多方面的原因：①由于市场、环境、气候等因素发生变化，原计划的目标和规划内容可能不符合实际情况。②项目投资者变化出现新需求、新主意。③有关方面的干扰，如政府部门干预、新法律法规的颁布实施、项目周边居民干扰等。④可能存在的项目计划、设计考虑不周、错误或矛盾。⑤实施过程中出现的工程质量、安全等问题。

另外，编写策划时应包括相应的风险分析和应对措施

现代项目处于动态变化之中，实现项目目标的过程中存在很多不确定因素，面临的风险越来越大。因此，对可能发生的困难、问题和干扰因素，应事先进行必要的预测和科学分析，提出相应的预防措施，最大限度地减少风险发生造成的损失。

工程项目管理规划应在项目实施过程中得到贯彻落实。为此，在执行过程中应注意以下几点：

1）落实组织责任。将工程项目管理规划所确定的各个目标落实到相关部门、组织及个人，保证计划得到贯彻执行。

2）动态性。由于建立在许多假设条件的基础上，工程项目管理规划会有与工程实际不相符的地方，因此，该规划应随着实际情况而做动态调整。

3）层次性。在项目初期，由于信息比较缺乏、技术方案还不明确，项目计划是粗线条的。在项目实施过程中，项目目标不断细化、技术逐渐清晰，这时应当对规划的相关部分进行细化。一方面，要确定具体的控制子目标；另一方面，要制定具有可操作性的制度和程序。

4）协调性。项目管理规划包含项目管理的各个职能，贯穿项目管理的各个阶段，是由各种专项计划组成的。这些计划既相互独立，又相互联系。在规划执行过程中，专项计划往往由不同的组织或部门执行，当其中某项计划因实际情况发生调整时，应及时与其他相关计划进行协调，并做出相应调整。

9.3.2　工程项目管理规划大纲

工程项目管理规划大纲由项目管理班子按照招标文件及发包人对招标文件的解释、企业管理层对招标文件的分析结果、工程现场情况、发包人提供的信息和资料、有关市场信息以及投标决策意见编写而成。它具有战略性、全局性和宏观性。其中，战略性体现在它的内容高屋建瓴，具有原则、长期和长效的指导性；全局性反映在它针对的是整个工程项目生命周期，而不是某个部分或局部，更不是工程项目生命周期的某个阶段；宏观性体现在它涉及工程所处的经济社会环境、管理关系、相关组织都是相对宏观的。

1. 编制依据

工程项目管理规划大纲的编制应建立在充分掌握工程现状的基础之上，一般参照以下依据：

1）可行性研究报告。

2）设计文件、标准、规范及有关规定。

3）招标文件、合同文件及发包方对招标文件的解释。

4）工程现场调查结果。

5）工程投标竞争信息。

6）企业法定代表人对项目的投标决策与判断。

7）发包人提供的工程资料和信息。

2．编制程序

工程项目管理规划大纲的编制需要由浅入深、层层递进，严格按照一定的程序，具体如图 9-1 所示。

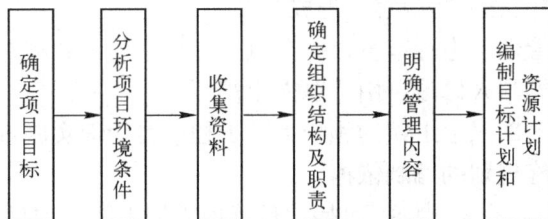

图 9-1　工程项目管理规划大纲的编制程序

其中，编制目标计划和资源计划是整个编制过程的关键环节，对实现项目目标和合理使用资源有着重要意义。

9.3.3　工程项目管理实施规划

1．工程项目管理实施规划概述

工程项目管理实施规划是项目实施过程的管理依据。它对整个项目管理过程提出管理目标，又为实现目标做出管理规划，对项目管理取得成功有重要意义。

工程项目管理实施规划应以工程项目管理规划大纲的总体构想和决策意图为指导，具体规定各项管理业务的目标要求、职责分工和管理办法，把履行合同和落实项目管理目标责任书的任务贯彻在实施规划中，是项目管理人员的行为指南。

工程项目管理实施规划是项目实施过程的管理依据。它对整个项目管理过程提出管理目标，又为实现目标做出管理规划，对项目管理取得成功有重要意义。项目管理实施规划具有实施性。实施性是指它可以作为实施阶段项目管理实际操作的依据和工作目标。项目管理实施规划追求管理效率和良好效果。项目管理实施规划可以起到提高管理效率的作用。因为管理过程中，事先有策划，过程中有办法及制度，目标明确，安排得当，措施得力。必然会提高效率。

2．工程项目管理实施规划的程序和步骤

（1）工程项目管理实施规划的程序

工程项目管理实施规划应对工程项目管理规划大纲进行细化，使其具有可操作性。

编制工程项目管理实施规划应遵循下列程序：

1）了解项目各相关方的要求。

2）分析工程项目的条件和环境。

3）熟悉相关的法规和文件。

4）组织编制。

5）履行报批手续。

（2）工程项目管理实施规划的步骤

工程项目管理实施规划的具体步骤如下：

1）工程施工合同和施工条件分析。

2）确定项目管理实施规划的目录及框架。

3）分工编写。项目管理实施规划必须按照专业和管理职能分别由项目管理部的各部门（或各职能人员）编写，有时还需要企业管理层的一些职能部门参与。

4）汇总协调。由项目经理协调上述各部门（或各职能人员）的编写工作，给予指导，最后由项目经理指定人员汇总编写内容，形成初稿。

5）统一审查。组织管理层进行审查，并在执行过程中监督和跟踪。

6）修改定稿。由原编写人修改，由汇总人定稿。

7）报批。由项目经理部报给组织的领导批准工程项目管理实施规划。

3. 工程项目管理实施规划的编制依据

工程项目管理实施规划的编制依据包括项目管理规划大纲、项目条件和环境分析资料、工程合同及相关文件、同类项目的相关资料等。

（1）项目管理规划大纲

工程项目管理实施规划是工程项目管理规划大纲的细化和具体化。为指导项目的实施具体规定各项目管理目标的要求、职责分工和管理方法，为履行任务做出精细安排。

（2）项目条件和环境分析资料

项目实施条件和环境分析资料越清晰、可靠，编制的项目管理实施规划越有指导价值。因此，应广泛调查和收集项目条件和环境资料，并对这些资料进行科学分析。

（3）工程合同及相关文件

合同中规定了项目管理工作的任务和目标，具有强制性。相关文件包括设计文件、法规文件、定额文件、政策文件、指令文件等。

（4）同类项目的相关资料

同类项目积累下来的经验、数据等是快速编制项目管理实施规划的有效参考依据。

4. 工程项目管理实施规划的内容

工程项目管理实施规划应包括下列内容：

（1）项目概况

项目概况应在项目管理规划大纲的基础上根据项目实施的需要进一步细化。一般包括工程特点、建设地点及环境特征、施工条件、工程管理特点、工程管理总体要求以及施工项目工作目录等。

（2）总体工作计划

总体工作计划应将项目管理目标、项目实施的总时间和阶段划分具体明确，对各种资源的总投入做出安排，提出技术路线、组织路线和管理路线。一般包括：

1）项目的质量、进度、成本及安全目标。

2）拟投入的劳动力人数（包括高峰人数、平均人数）。

3）资源计划（包括劳动力使用计划、材料设备供应计划、机械设备供应计划）。

4）分包计划。

5）区段划分与施工程序。

6）项目管理总体安排（包括施工项目经理部组织机构、施工项目经理部主要管理人员、施工项目经理部工作总流程、施工项目经理部工作分解和责任矩阵，以及施工项目管理过程中的控制、协调、总结、考核工作过程的规定）。

（3）组织方案

组织方案应编制出项目的项目结构图、组织结构图、合同结构图、编码结构图、重点工作流程图、任务分工表、职能分工表，并进行必要的说明。

（4）技术方案

主要是技术性或专业性的实施方案，应辅以构造图、流程图和各种表格。

（5）各种管理计划

进度计划应编制出能反映工艺关系和组织关系，可反映时间计划、反映相应进程的资源（人力、材料、机械设备和大型工具等）需用量计划以及相应的说明。质量计划、职业健康安全与环境管理计划、成本计划、资源需求计划、风险管理计划、信息管理计划、项目沟通管理计划和项目收尾管理计划均应按 GB/T 50326—2017《建设工程项目管理规范》相应章节的条文及说明编制。为了满足项目实施的需求，应尽量细化，尽可能利用图表表示。

（6）项目现场平面布置图

1）应说明施工现场情况、施工现场平面的特点、施工现场平面布置的原则。

2）确定现场管理目标、现场管理原则、现场管理的主要措施、施工平面图及其说明。

3）在施工现场平面图布置和施工现场管理规划中必须符合的环境保护法、劳动保护法、城市管理规定、工程施工规范、文明现场标准等。

（7）项目目标控制措施

项目目标控制措施应针对目标需要进行制定，具体包括技术措施、经济措施、组织措施及合同措施等。

（8）技术经济指标

技术经济指标应根据项目的特点选定有代表性的指标，且应突出实施难点和对策，以满足分析评价和持续改进的需要。

每个项目的项目管理实施规划执行完成以后，都应当按照管理的策划、实施、检查、处置（PDCA）循环原理进行认真总结，形成文字资料，并同其他档案资料一并归档保存，为项目管理规划的持续改进积累管理资源。

9.3.4　工程项目施工组织设计

1. 工程项目施工组织设计概述

施工组织设计是以施工项目为对象编制的、用以指导施工的技术、经济和管理的综合性文件。若施工图设计是解决造什么样的建筑物产品的问题，则施工组织设计就是解决如何建造的问题。由于受通信工程产品及其施工特点的影响，每一个工程项目开工前都必须根据工程特点与施工条件来编制施工组织设计。

施工组织设计的基本任务是根据国家有关技术政策、建设项目要求、施工组织的原则，结合工程的具体条件，确定经济合理的施工方案，对拟建工程在人力和物力、时间和空间、技术和组织等方面统筹安排，以保证按照既定目标，优质、低耗、高速、安全地完成施工任务。

2. 工程项目施工组织设计的作用

施工组织设计是对施工活动实行科学管理的重要手段。其作用是通过施工组织设计的编制，明确工程的施工方案、施工顺序、劳动组织措施、施工进度计划及资源需用量与供应计划，明确临时设施、材料和机具的具体位置，有效地使用施工场地，提高经济效益。

施工组织设计还具有统筹安排和协调施工中各种关系的作用。经验证明，如果一个工程施工组织设计能反映客观实际，符合国家政策和合同规定的要求，符合施工工艺规律，并能认真地贯彻执行，那么施工就可以有条不紊地进行，就能较好发挥投资效益。

3. 工程项目施工组织设计的类型

施工组织设计按设计阶段和编制对象不同，可分为施工组织总设计、单位工程施工组织设计和施工方案 3 种类型。

（1）施工组织总设计

施工组织总设计是以若干单位工程组成的群体工程或特大型项目为主要对象编制的施工组织设计。施工组织总设计一般在建设项目的初步设计或扩大初步设计批准之后，由总承包单位在总工程师领导下进行。建设单位、设计单位和分包单位协助总承包单位工作。

施工组织总设计是对整个项目的施工过程起统筹规划、重点控制的作用。其任务是确定建设项目的开展程序、主要建筑物的施工方案、建设项目的施工总进度计划和资源需用量计划及施工现场总体规划等。

（2）单位工程施工组织设计

单位工程施工组织设计是以单位（子单位）工程为主要对象编制的施工组织设计，对单位（子单位）工程的施工过程起指导和约束作用。单位工程施工组织设计是施工图设计完成之后、工程开工之前，在施工项目负责人的领导下进行编制的。

（3）施工方案

施工方案是以分部（分项）工程或专项工程为主要对象编制的施工技术与组织方案，用以具体指导其施工过程。施工方案由项目技术负责人负责编制。

对重点、难点分部（分项）工程和危险性较大工程的分部（分项）工程，施工前应编制专项施工方案；对超过一定规模的危险性较大的分部（分项）工程，应当组织专家对专项方案进行论证。

4. 工程项目施工组织设计的编制依据

（1）计划文件

1）建设项目的可行性研究报告。

2）国家批准的固定资产投资计划。

3）单位工程项目一览表。

4）施工项目分期分批投产计划。

5）投资指标和设备材料订货指标。

6）建设地点所在地区主管部门的批复文件。

7）施工单位主管部门下达的施工任务。

（2）设计文件

1）经批准的初步设计或技术设计及设计说明书。

2）项目总概算或修正总概算。

（3）合同文件和建设地区的调查资料

1）合同文件。合同文件即施工单位与建设单位签订的工程承包合同。

2）建设地区的调查资料。建设地区的调查资料包括地形、地质、气象和地区性技术经济条件等资料。

9.4 工程项目的建设程序

建设程序科学地总结了以往建设工作的实践经验，反映了建设工作所固有的客观规律和实践经验，是建设项目科学决策和顺利开展的重要保证。工程项目的建设过程必须遵守必要的建设程序，无论是前期决策还是后期实施运营，都要遵循合理的工程项目建设程序。

工程项目的建设程序是指建设项目从设想、选择、评估、决策、设计、施工到竣工验收、投入生产的整个建设过程中，各项工作必须遵循的先后次序。按照建设项目发展的内在联系和发展过程，建设程序可分成若干阶段，每个阶段有着不同的工作内容，要有机地联系在一起。当前，我国工程建设项目总量大、种类多，只有遵循工程基本建设程序，方能保证我国建设市场秩序，提高投资效率；反之，若违背工程建设的基本程序，将会破坏建筑市场秩序，降低投资决策效率，削弱行业竞争力。

如图 9-2 所示，我国工程项目的建设程序共有以下几个阶段：项目建议书阶段、可行性研究阶段、设计方案阶段、建设准备阶段、工程施工阶段、竣工验收阶段及交付使用阶段。简言之，可将工程项目建设程序分为项目决策和项目实施两大阶段。其中，项目建议书阶段和可行性研究阶段称为项目决策阶段；设计方案阶段、建设准备阶段、工程施工阶段、竣工验收阶段及交付使用阶段称为项目实施阶段。

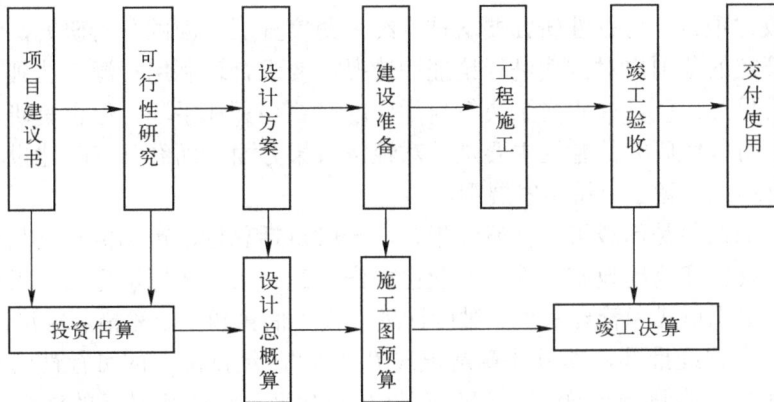

图 9-2 我国工程项目的建设程序

9.4.1 项目建议书阶段

项目建议书也称为机会研究文件或初步可行性研究文件，是指项目建设筹建单位或项目法人，根据国家和地方中长期规划、产业政策、生产力布局、国内外市场、当地内外部条件，提出的某一具体项目建议文件，是对拟建项目形成的框架性总体设想。因此，项目建议书从宏观上论述了项目设立的必要性和可能性，把项目投资的设想变为概略性投资建议，供国家选择，或为投资者对是否进行下一步工作提供决策参考。

不同项目因其规模、建设难度、市场需求、业主偏好等差异，项目建议书的内容会有所不同，但主要包括以下 6 个方面：

1) 项目提出的必要性和依据。要分析拟建项目的背景、地点或相关行业规划等内容，给出支持项目建设的必要性分析。若是针对改建项目，则要说明企业情况，对于引进技术和设备的项目，还要对国内外技术差距、进口理由、工艺及生产条件等方面予以说明。

2）产品方案、拟建规模和建设地点的初步设想。包括产品的市场分析与预测、产品的年产值、产品方案设想、建设地点及规模论证等。

3）资源情况、建设条件、协作关系等初步分析。如资源供给可行性及可靠度、主要协作条件情况、项目拟建地点水电及其他公用设施、地方材料供应情况等。对于引进的设备及技术，还要着重分析其具备的条件和资源落实情况（如材料、电力、交通运输等方面）。

4）投资估算和资金筹措设想。根据前期掌握数据情况，对项目进行估算或匡算。倘若部分投资者看重该部分内容，则在项目资料允许的情况下还可以开展详细估算。

5）进度安排。包括建设前期工作安排（项目询价、考察、谈判、设计等）及项目建设需要的时间和生产经营时间等。

6）经济效益和社会效益。其中，前者包括项目投资的内部收益率、贷款偿还期、盈利能力、偿还能力等财务指标。同时，对建设项目的社会效益和社会影响也可以纳入评估。

9.4.2　可行性研究阶段

项目建议书获得通过之后，应着手开展可行性研究。可行性研究是指在尽职调查的基础上，通过市场分析、技术分析、财务分析和国民经济分析，对项目投资建设的必要性、可行性和合理性进行技术经济的综合评价，为项目决策提供有用的支持。本阶段的主要任务是通过多方案比较，提出评价意见，推荐最佳方案。

对新建或改建项目，可行性研究要从技术经济角度开展全面的分析研究，预测投产后的经济效果，在既定的范围内对方案进行论证和选择，要求合理利用资源，达到预定经济、社会、环境等建设目标。可行性研究是决策科学化的必要步骤和手段，但也有研究指出，当前业界对建设项目可行性研究的重视主要是针对经济效果方面，而经常忽略建设项目在环境和社会等方面的表现，违背了可持续发展观。

可行性研究的结果是形成可行性研究报告，一般包括总论，市场需求预测和拟建规模，资源、原材料、燃料和公用设施条件，专业化协作，建厂条件和厂址方案，工程设计方案，环境保护，生产组织形式和管理系统，进度计划，投资估算和资金筹措，经济评价等内容。

可行性研究报告经批准，项目才算是正式“立项”。经批准后的可行性研究报告是初步设计的依据，不能随意修改或变更。部分行业人士对可行性研究目标的观念落后，套话连篇，重形式、轻内容，缺乏翔实可靠的实地调查，对市场现状及未来发展预期不足，投资必要性论证无力；技术、财务和经济可行性论述存在缺陷，水分偏大，且对许多风险因素预期不足，应对措施准备不力等。因此，如今要求改变的呼声越来越大。目前，我国不断推进投资体制改革，可行性研究也出现了一些新的变化。可行性研究不应只是为了迎合政府及投资管理部门审查，而应更加贴近市场，充分反映市场发展需求，对技术、财务和经济可行性的论述更加科学规范，更加重视不同方案的比选，切实落实“谁投资，谁决策，谁承担风险”的原则。

9.4.3　设计方案阶段

可行性研究报告通过之后，建设单位就会委托设计单位，按照可行性研究报告的有关要求和方案编制设计文件，作为安排建设项目和工程施工组织的主要依据。

一个建设项目在资源利用上是否合理，场区布置是否紧凑、适度，设备选型是否得当，技术、工艺、流程是否先进合理，生产组织是否科学、严谨，能否以较少的投资取得产量多、质量好、效率高、消耗少、成本低、利润大的综合效果，在很大程度上取决于设计质量的好坏和设计水平的高低。

一般工业与民用建设项目按初步设计和施工图设计 2 个阶段进行，称为两阶段设计；对于技术复杂的项目，可按初步设计、技术设计和施工图设计 3 个阶段进行，称为三阶段设计。小型建设项目中技术简单的，可简化为一阶段设计，即直接作施工图设计。

根据《关于印发〈邮电基本建设工程设计文件编制和审批办法〉的通知》（邮电部邮部〔1992〕39 号），邮电建设项目的工程设计一般按 2 个阶段进行，即初步设计及施工图设计。对有些技术复杂的工程，可增加技术设计阶段；对规模较小、技术成熟或套用标准设计的工程，可按一阶段设计。

1．初步设计

初步设计是根据批准的可行性研究报告、设计任务书、初步勘测资料及设计规范要求编制的。初步设计是整个设计构思基本成型的阶段，要求明确拟建工程在指定地点和规定期限内进行建设的技术可行性和经济合理性，给出主要技术方案、工程总造价和主要技术经济指标。在初步设计阶段应编制设计总概算。

每个建设项目都应编制总体部分的总体设计文件（即综合册）和各单项工程设计文件。在初步设计阶段，其内容深度要求如下：

1）总体设计文件内容包括设计总说明及附录、各单项设计总图、总概算编制说明及概算总表。

2）各单项工程设计文件一般由文字说明、图纸和概算 3 个部分组成。另外，在初步设计阶段还应另册提出技术规范书、分交方案，说明工程要求的技术条件及有关数据等。其中，引进设备的工程技术规范书应用中、外文编写。

2．技术设计

技术设计是根据已批准的初步设计，对设计中比较复杂的项目、遗留问题或特殊需要，通过更详细的设计和计算，进一步研究和阐明其可靠性和合理性，准确地解决各个主要技术问题。在技术设计阶段应编制修正概算。

3．施工图设计

施工图设计是在初步设计和技术设计的基础上，完整表达建筑物外形、内部空间尺寸、结构体系、构造状况及建筑群的组成和周围环境的配合，还包括各种输送系统、管道系统、控制系统、建筑设备的设计和选型。在工艺方面，应确定各种设备的型号、规格以及各种非标准的制造加工图。施工图设计的深度应满足设备材料的选择与确定、非标准设备的设计与加工制作、施工图预算的编制、建筑工程施工和安装的要求。施工图设计文件应根据批准的初步设计文件和主要设备订货合同进行编制，一般由文字说明、图纸和预算 3 个部分组成。施工图设计的深度应满足设备和材料的订货、施工图预算的编制、设备安装工艺及其他施工技术要求等。

9.4.4　建设准备阶段

为保证工程项目的顺利实施，工程项目在开工前应做好建设准备工作，主要包括征地、拆迁和场地平整，完成施工用水、用电、道路等准备工作，组织设备，材料订货，准备施工图，组织施工招投标，择优选择施工单位等工作。

按规定具备开工条件，便可组织开工。建设工程开工前，建设单位应当按照国家的有关规定向工程所在地县级以上建设行政管理部门申请领取施工许可证。

9.4.5 工程施工阶段

该阶段是项目决策的实施、建成投产发挥投资效益的关键阶段。施工单位要完成设计文件中规定的全部房屋、设施、构筑物等建设任务；设备供应商提供合格的设备和安装服务；监理单位接受业主的委托，提供监理服务，在确保质量、工期和投资等目标实现的前提下，达到竣工标准要求。

在工程施工阶段也应进行生产准备工作。生产准备工作是衔接建设和生产的桥梁，是建设阶段转入生产经营阶段的必要条件。

工程施工准备一般包括以下5个方面：

1）组建管理机构，制订管理制度和有关规定。

2）招收并培训生产人员，组织生产人员参加设备的安装、调试和工程验收。

3）签订原料、材料、协作产品、燃料、水、电等供应及运输的协议。

4）进行工具、器具、备件等的制造或订货。

5）其他必需的生产准备。

9.4.6 竣工验收及交付使用阶段

当建设项目按照设计文件的内容全部完工后，应组织竣工验收。该阶段是工程建设过程的最后一个环节，是投资成果转入生产和使用的标志，对促进建设项目及时投产、发挥投资效果、总结建设经验意义重大。建设项目验收合格后便可交付使用，同时按照规定开展保修。

9.4.7 通信工程项目的建设程序

通信工程建设项目是指按一个总体设计进行建设，经济上实行统一核算，行政上有独立的组织形式，实行统一管理的建设单位。

通信工程的大中型和限额以上的建设项目从前期工作到建设、投产，要经过立项、实施和验收投产3个阶段。基本建设程序如图9-3所示。

1. 立项阶段

（1）项目建议书

项目建议书是工程建设程序中最初阶段的工作。在投资决策前，拟定该工程项目的轮廓设想，包括项目提出的背景、建设的必要性和主要依据、对建设规模和地点等的初步设想、工程投资估算和资金来源、工程进度、经济及社会效益估计等。

（2）可行性研究

可行性研究是对拟建项目在决策前进行方案比较、技术经济性分析的一种科学分析方法，是建设前期工作的重要环节。根据原邮电部拟订的《邮电通信建设项目可行性研究编制内容试行草案》的规定，凡是达到国家规定的大中型建设项目，以及利用外资的项目、技术引进项目、主要设备引进项目、国际出口局新建项目和重大技术改造项目等，都要进行可行性研究。小型通信建设项目也要求参照本试行草案进行技术经济论证。

2. 实施阶段

（1）初步设计

初步设计是根据批准的可行性研究报告，以及有关的设计标准、规范，在通过现场勘察工作取得可靠的设计基础资料后进行编制的。初步设计的主要任务是确定项目的建设方案、进行设备选型、编制工程项目的总概算。其中，初步设计阶段的主要设计方案及重大技术措施等应通过技术经济分析，进行多方案比选论证，对未采用方案的扼要情况及采用方案的选定理由均应写入设计文件中。

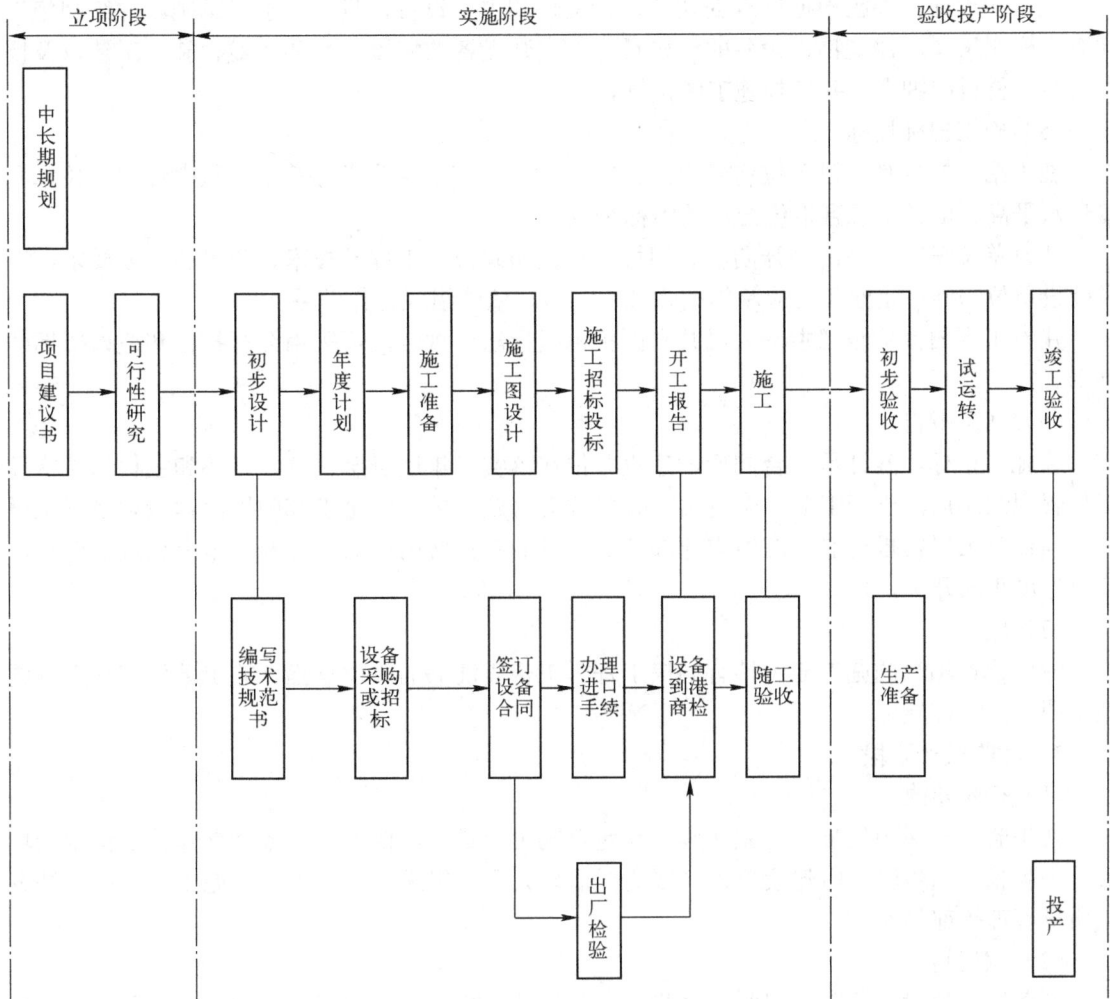

图 9-3　基本建设程序

（2）年度计划

年度计划包括基本建设拨款计划、设备和主材（采购）储备贷款计划、工期组织配合计划等，是编制保证工程项目总进度要求的重要文件。

建设项目必须具有经过批准的初步设计和总概算，经资金、物资、设计、施工能力等综合平衡后，才能列入年度建设计划。经批准的年度建设计划是进行基本建设拨款或贷款的主要依据。年度计划中应包括整个工程项目和年度的投资及进度计划。

（3）施工准备

施工准备是基本建设程序中的重要环节，是衔接基本建设和生产的桥梁。建设单位应根据建设项目或单项工程的技术特点，适时组成机构，做好以下几项工作：

1）制定建设工程管理制度，落实管理人员。

2）汇总拟采购设备、主材的技术资料。

3）落实施工和生产物资的供货来源。

4）落实施工环境的准备工作，如征地、拆迁、"三通一平"（水、电、路通和平整土地）等。

（4）施工图设计

施工图设计文件应根据批准的初步设计文件和主要设备订货合同进行编制，并绘制施工详图，标明房屋、建筑物、设备的结构尺寸，安装设备的配置关系和布线、施工工艺以及提供设备、材料明细表，并编制施工图预算。

（5）施工招标投标

施工招标投标是建设单位将建设工程发包，鼓励施工企业投标竞争，从中评定出技术和管理水平高、信誉可靠且报价合理的中标企业。

建设单位编制标书，公开向社会招标，预先明确拟建工程的技术、质量和工期要求，以及建设单位与施工企业各自应承担的责任与义务，依法组成合作关系。

建设工程招标依照《中华人民共和国招标投标法》规定，可采用公开招标和邀请招标两种形式。

（6）开工报告

经施工招标，签订承包合同后，建设单位在落实了年度资金拨款、设备和主材的供货及工程管理组织后，于开工前一个月由建设单位会同施工单位向主管部门提出建设项目开工报告。项目开工报告报批前，应由审计部门对项目的有关费用计取标准及资金渠道进行审计，项目方可正式开工。

（7）施工

通信建设项目的施工应由持有通信工程施工资质证书的单位承担。施工单位应按批准的施工图设计进行施工。

3. 验收投产阶段

（1）初步验收

初步验收一般由施工企业完成施工承包合同工程量后，依据合同条款向建设单位申请项目完工验收。初步验收由建设单位（或委托监理公司）组织，相关设计、施工、维护、档案及质量管理等部门参加。

（2）试运转

试运转由建设单位负责组织，供货厂商、设计、施工和维护部门参加，对设备、系统的性能、功能和各项技术指标及设计和施工质量等进行全面考核。经过试运转，如发现有质量问题，由相关责任单位负责免费返修。试运转期一般为 3 个月。

（3）竣工验收

竣工验收是工程建设过程的最后一个环节，是全面考核建设成果，检验设计和工程质量是否符合要求，审查投资使用是否合理的重要步骤。

竣工项目验收前，建设单位应向主管部门提交竣工验收报告，编制项目工程总决算，并系统整理出相关技术资料（包括竣工图、测试资料、重大障碍和事故处理记录等），清理所有财产和物资等，报上级主管部门审查。竣工项目经验收交接后，应迅速办理固定资产交付使用的转账手续，技术档案移交维护单位统一保管。

参 考 文 献

[1] 陆惠民，苏振民，王延树，等. 工程项目管理[M]. 3 版. 南京：东南大学出版社，2015.

[2] 汤勇. 工程项目管理[M]. 北京：中国电力出版社，2015.

[3] 叶堃晖. 工程项目管理[M]. 重庆：重庆大学出版社，2017.